ASSOCIATION FRANÇAISE

POUR

L'AVANCEMENT DES SCIENCES

Une table des matières et une table analytique, par ordre alphabétique, terminent chaque Tome des Comptes rendus des travaux de l'Association en 1910.

46474   Paris. — Imp. GAUTHIER-VILLARS, quai des Grands-Augustins, 55.

ASSOCIATION FRANÇAISE

POUR

L'AVANCEMENT DES SCIENCES

FUSIONNÉE AVEC

L'ASSOCIATION SCIENTIFIQUE DE FRANCE

(Fondée par Le Verrier en 1864).

Reconnues d'utilité publique.

COMPTE RENDU DE LA 39ᵐᵉ SESSION.

TOULOUSE

— 1910 —

NOTES ET MÉMOIRES

TOME I

MATHÉMATIQUES, ASTRONOMIE ET GÉODÉSIE, MÉCANIQUE;
NAVIGATION, GÉNIE CIVIL ET MILITAIRE;
PHYSIQUE, CHIMIE, MÉTÉOROLOGIE ET PHYSIQUE DU GLOBE.

PARIS,

AU SECRÉTARIAT DE L'ASSOCIATION

Rue Serpente, 28

ET CHEZ MM. MASSON ET Cⁱᵉ, LIBRAIRES DE L'ACADÉMIE DE MÉDECINE

Boulevard Saint-Germain, 120.

—

1911

LISTE DES CONGRÈS ET DE LEURS PRÉSIDENTS.

— VOLUMES —

ANNÉES.		VILLES.		PRÉSIDENTS.	
1872	1re Session.	Bordeaux........	1 volume.	Claude BERNARD	(*Décédé.*)
1873	2e —	Lyon...........	1 —	DE QUATREFAGES...........	(*Décédé.*)
1874	3e —	Lille	1 —	Adolphe WURTZ...........	(*Décédé.*)
1875	4e —	Nantes	1 —	Adolphe D'EICHTAL	(*Décédé.*)
1876	5e —	Clermont-Ferrand.	1 —	J.-B. DUMAS	(*Décédé.*)
1877	6e —	Le Havre.........	1 —	Paul BROCA.............	(*Décédé.*)
1878	7e —	Paris...........	1 —	Edmond FRÉMY...........	(*Décédé.*)
1879	8e —	Montpellier	1 —	Agénor BARDOUX..........	(*Décédé.*)
1880	9e —	Reims..........	1 —	J.-B. KRANTZ.............	(*Décédé.*)
1881	10e —	Alger	1 —	Auguste CHAUVEAU.	
1882	11e —	La Rochelle	1 —	Jules JANSSEN............	(*Décédé.*)
1883	12e —	Rouen..........	1 —	Frédéric PASSY.	
1884	13e —	Blois..........	2 volumes (1).	Anatole BOUQUET DE LA GRYE.	(*Décédé.*)
1885	14e —	Grenoble	2 — (2).	Aristide VERNEUIL..........	(*Décédé.*)
1886	15e —	Nancy..........	2 —	Charles FRIEDEL	(*Décédé.*)
1887	16e —	Toulouse	2 —	Jules ROCHARD..........	(*Décédé.*)
1888	17e —	Oran...........	2 —	Aimé LAUSSEDAT..........	(*Décédé.*)
1889	18e —	Paris..........	2 —	Henri DE LACAZE-DUTHIERS..	(*Décédé.*)
1890	19e —	Limoges.........	2 —	Alfred CORNU............	(*Décédé.*)
1891	20e —	Marseille	2 —	P.-P. DEHÉRAIN...........	(*Décédé.*)
1892	21e —	Pau...........	2 —	Édouard COLLIGNON.	
1893	22e —	Besançon........	2 —	Charles BOUCHARD.	
1894	23e —	Caen..........	2 —	É. MASCART	(*Décédé.*)
1895	24e —	Bordeaux........	2 —	Émile TRÉLAT...........	(*Décédé.*)
1896	25e —	Tunis	2 —	Paul DISLÈRE.	
1897	26e —	Saint-Étienne....	2 —	J.-E. MAREY............	(*Décédé.*)
1898	27e —	Nantes	2 —	Édouard GRIMAUX.........	(*Décédé.*)
1899	28e —	Boulogne-sur-Mer.	2 —	Paul BROUARDEL........	(*Décédé.*)
1900	29e —	Paris..........	2 —	Hippolyte SEBERT.	
1901	30e —	Ajaccio.........	2 —	E.-T. HAMY..............	(*Décédé.*)
1902	31e —	Montauban......	2 —	Jules CARPENTIER.	
1903	32e —	Angers.........	2 —	Émile LEVASSEUR.	
1904	33e —	Grenoble	1 volume (3).	C.-A. LAISANT.	
1905	34e —	Cherbourg......	1 — (3).	Alfred GIARD	(*Décédé.*)
1906	35e —	Lyon..........	2 volumes.	Gabriel LIPPMANN.	
1907	36e —	Reims.........	2 —	Henri HENROT.	
1908	37e —	Clermont-Ferrand.	1 volume (4).	Paul APPELL.	
1909	38e —	Lille..........	1 — (5).	Louis LANDOUZY.	
1910	39e —	Toulouse	1 — (6).	C.-M. GARIEL.	

(1) Reliés ensemble ou séparément.

(2) A partir de la 14e Session, les Tomes I et II sont reliés séparément.

(3) Pour le 33e Congrès de Grenoble, 1904, et le 34e, Cherbourg, 1905, le Tome I a été remplacé par un Bulletin mensuel dont les numéros 8 et 9 de chaque année ont été consacrés aux comptes rendus des séances générales et aux procès-verbaux des Sections.

(4) Le Tome I a été remplacé par deux brochures parues en septembre 1908.

(5) Le Tome I a été remplacé par une brochure parue en septembre 1909.

(6) Le Tome I a été remplacé par une brochure parue en septembre 1910. Le volume des Notes et Mémoires existe divisé en quatre Tomes dont chacun comprend sa Table des matières et sa Table analytique par ordre alphabétique.

ASSOCIATION FRANÇAISE

POUR

L'AVANCEMENT DES SCIENCES

MATHÉMATIQUES, ASTRONOMIE ET GÉODÉSIE.
MÉCANIQUE.

M. L.-F.-J. GARDÈS,

Ancien Élève de l'École nationale supérieure des Mines (Montauban).

LA RÉFORME DU CALENDRIER RUSSE.

52.93-4 (47)

5 Août.

On annonce, depuis quelques années, la prochaine adoption du Calendrier grégorien en Russie : il est intéressant de rechercher dans quelles
conditions cette réforme peut être effectuée.

Le Calendrier julien, toujours en vigueur en Russie, diffère du grégorien sur deux points : 1º l'année ne commence pas le même jour et le
1er janvier grégorien arrive actuellement 13 jours avant le 1er janvier julien;
cet écart augmenterait indéfiniment à raison de 3 jours tous les 400 ans et
deviendrait à la longue un obstacle sérieux aux relations de plus en plus
nombreuses existant entre des pays où régnerait des calendriers différents;
2º la révolution de la lune politique, qui doit être une lunaison moyenne
restant toujours en concordance presque exacte avec celle de la lune
vraie, a été inexactement calculée en 325, lors du concile de Nicée.

Par suite, dans le Calendrier julien, aucune modification n'ayant été
apportée aux règles établies en 325, les nouvelles lunes politiques sont
indiquées actuellement 5 jours trop tard et cet écart entre elles et les
nouvelles lunes vraies augmenterait indéfiniment à raison de 8 jours
tous les 2500 ans; tandis que la nouvelle lune politique grégorienne arrive

*1.

et arrivera toujours, pendant de longs siècles, en même temps que la nouvelle lune vraie, à 1 ou 2 jours près au maximum.

Pour que la réforme soit complète et qu'il y ait concordance absolue, il faut donc la faire porter sur le Calendrier solaire et sur le Calendrier lunaire.

Le procédé le plus simple pour y arriver consisterait à imiter la réforme grégorienne et à décider, par exemple, 1° que le lendemain du dimanche 18 février 1911 (ancien style) sera le lundi 1ᵉʳ janvier 1912 (nouveau style); 2° que la lune politique, au lieu d'être âgée de 20 jours comme elle doit l'être dans le Calendrier Julien le 31 décembre 1911, sera comptée comme âgée de 11 jours; 3° enfin qu'à partir du 1 janvier 1912 toutes les règles du Calendrier grégorien seront en vigueur en Russie.

Mais ce procédé, pour commode qu'il soit en théorie, est peu pratique, car les difficultés rencontrées après 1582 pour l'adoption du Calendrier grégorien dans divers pays, se représenteraient. Il faut compter, en effet, avec les habitudes prises : la diminution des gages et salaires au mois ou à l'année s'imposerait et serait difficilement acceptée, et l'on ne manquerait pas de crier contre l'augmentation des impôts ou du prix des baux quelles que soient les précautions qu'on aurait pu prendre pour parer à cet inconvénient. Sans parler des délais civils, commerciaux, pénaux ou autres qui seraient tous bouleversés, il faut aussi compter avec l'ignorance et la superstition, avec l'agitation que la suppression de 13 jours causerait chez ceux qui s'imagineraient avoir perdu 13 jours de vie.

Le mieux serait donc qu'il fût procédé à la réforme sans qu'on pût s'en apercevoir et l'on y arriverait sans peine en répétant plus en grand la réforme d'Auguste (10 ans av. J.-C.),   c'est-à-dire en rendant communes un certain nombre d'années bissextiles.

Calendrier solaire. — 400 années solaires du calendrier julien comprennent, à raison de 365,25 jours l'une 146100 jours répartis en 300 années communes de 365 jours et 100 années bissextiles de 366 jours.

400 années solaires du calendrier grégorien comprennent, à raison de 365,2425 jours l'une, 146097 jours répartis en 303 années communes et 97 années bissextiles. A 3 années communes succède une année bissextile, comme dans le calendrier julien; mais sur 4 années séculaires consécutives, toutes bissextiles dans ce dernier calendrier, une seule l'est dans le calendrier grégorien.

La différence de 13 jours entre les deux calendriers vient de là; on avait compté trop d'années bissextiles, et l'écart qui atteignait déjà 10 jours en 1582, s'est élevé à 11, 12 et 13 jours à partir de 1700, 1800 et 1900.

Il suffira donc, pour supprimer ces 13 jours, de faire communes treize années qui devraient être bissextiles, par exemple, en commençant par 1912. On pourrait bien supprimer le 29 février de chacune des 13 premières années qui devraient être bissextiles depuis et y compris 1912, mais cela compliquerait la correction à faire au point de vue du calendrier lunaire.

Pour que la réforme soit en parfaite harmonie avec les règles du comput, elle doit s'accomplir par des corrections pratiquées à intervalles réguliers comme elles auraient dû avoir lieu dans le passé; seulement, au lieu de les faire tous les 100 ans, à la fin de chaque siècle, on pourra les faire tous les 4 ans.

Dès lors, dans toutes les années bissextiles, depuis et y compris 1912, jusqu'à ce que l'écart de 13 jours ait entièrement disparu, il faudra supprimer en Russie le 29 février ou le maintenir, suivant qu'au siècle mis en correspondance avec l'année bissextile considérée, l'écart des deux calendriers aurait augmenté ou serait resté stationnaire. La péréquation de la réforme demandera 12 ans de plus, parce qu'il n'y aura pas à rendre communes les années bissextiles mises en regard des années séculaires 800, 1200 et 1600 bissextiles dans les deux calendriers; mais certaines corrections lunaires pouvant avoir lieu sans qu'il y ait équation solaire, on suivra ainsi de plus près les règles du comput, et cela permettra d'appliquer aux périodes de 4 ans les méthodes de calcul usitées pour les périodes séculaires, en substituant seulement le chiffre 4 au nombre 100.

Le *Tableau I* indique les années bissextiles dans les deux calendriers qui resteront bissextiles ou deviendront communes dans le calendrier transitoire russe : il contient divers éléments s'appliquant au calendrier lunaire, ainsi qu'on le verra plus loin. Pour le moment, il suffit d'en examiner les 4 premières colonnes.

Le *Tableau II* donne les *Lettres dominicales* de toutes les années jusqu'en 1972 dans les calendriers julien et grégorien, ainsi que dans le calendrier transitoire russe; dans ce dernier, on remarquera que 3 années distantes entre elles de 16 ans, restent bissextiles, savoir 1928, 1944 et 1960; que par suite, sur 4 périodes consécutives de 4 ans, il ne sera fait que 3 corrections, de même que dans le calendrier grégorien sur 4 années séculaires successives, trois restent communes. Ce Tableau, comme le premier, contient des renseignements relatifs au calendrier lunaire et sur lesquels il y aura lieu de revenir.

Calendrier lunaire. — Pour bien bien comprendre les règles qui doivent nous guider, il paraît nécessaire d'indiquer quelques-uns des éléments du calendrier lunaire et des moyens ingénieux qu'on a combinés, en 1582, pour le faire concorder avec le calendrier solaire.

I. *Lune politique, moyenne ou ecclésiastique.*
— La durée d'une lunaison vraie est de...... 29,53058912 jours
Celle attribuée à la lunaison de la lune moyenne est
de.. 29,53059234 —
La lunaison politique est donc trop longue de..... 0,00000322 —

Au bout de 10000 périodes de 19 ans, comprenant chacune 235 lunaisons, soit en 190000 ans, cela fait 235 × 10000 × 0,00000322 = 7,567 jours ou environ 1 jour en 25000 ans. C'est là une différence d'autant plus négligeable que la durée de la lunaison réelle n'est pas fixée et augmentera pendant plusieurs siècles pour diminuer ensuite. On peut donc considérer comme exacte la durée adoptée pour la révolution synodique de la lune moyenne.

II. *Concordance des calendriers solaire et lunaire.*
— Dans le calendrier grégorien 190000 ans de
385,2425 font.................................... 69396075 jours
235 × 10000 lunaisons de 29,53059234 durent..... 69396892 —

Soit 817 jours de plus............................ 817 jours

Dans le calendrier lunaire on compte, en 19 ans, 235 lunaisons de 29 ou de 30 jours durant en tout 6935 jours; en 10000 cycles, soit en 190 ans, on comptera donc....................................... 69350000 jours

Mais les lunaisons de ces 10000 cycles durent plus longtemps parce que leur durée alternative de 29 et de 30 jours est établie sans tenir compte des années bissextiles; en sorte qu'on néglige 97 jours tous les 400 ans, soit en 190000 ans............. 46075 —

Par conséquent les 2350000 lunaisons auront duré.. 69396075 jours

c'est-à-dire exactement autant que les 190000 années grégoriennes. Mais pour faire concorder ces lunaisons avec la lune vraie, il faut supprimer les 817 jours trouvés en excès et, pour y arriver, on modifie les *épactes* c'est-à-dire l'âge de la lune moyenne au 31 décembre de chaque année, en les augmentant ou en les diminuant d'une unité à intervalles déterminés, de façon à ce qu'en moyenne la lune politique, ainsi rajeunie ou veillie, diffère le moins possible de la lune vraie; on arrive à ce résultat par deux corrections : 1° la *métemptose* ou *équation solaire*, qui rajeunit la lune politique en diminuant l'épacte de 1 jour et en faisant ainsi avancer les sièges des nouvelles lunes vers la fin du mois. 2° la *præmptose* ou *équations lunaire*, qui consiste à augmenter l'épacte d'une unité, c'est-à-dire à vieillir la lune politique en faisant reculer les sièges des nouvelles lunes vers le commencement des mois. La première a lieu trois fois tous les 400 ans, ce qui fait en 190000 ans.   1425 jours

La seconde 8 fois tous les 2500 ans, soit pour 190000 ans.   608 —

La balance de ces deux équations donne exactement le chiffre en excès de............................   817 jours

Ainsi on aura rajeuni la lune de 817 jours, tantôt en augmentant, tantôt en diminuant son âge de 1 jour et l'on sera ainsi parvenu à faire concorder le calendrier solaire grégorien avec le calendrier lunaire.

Dans le calendrier julien, au contraire, 190000 ans
de 365,25 jours l'un durent...................... 69397500 jours
Les 235 × 1000 lunaisons ne varient pas et durent.... 69396892 —

Soit en moins..................................... 608 jours

Dans ce calendrier, on doit compter le même nombre
de lunaisons, soit 2350000, durant aussi......... 69350000 jours
plus les jours bissextiles à raison de 1 tous les 4 ans,
sans exception, soit pour 19000 ans .... 47500 —

Cela donne exactement le nombre des jours de
190000 ans juliens............................ 69397500 jours

Si, en 325, on avait exactement calculé les éléments du calendrier lunaire julien, on aurait pu, par la correction de la præmptose, vieillir la lune politique de 608 jours, en ajoutant 1 jour à l'épacte 8 fois tous les 2500 ans; on aurait ainsi obtenu la concordance entre le calendrier solaire julien et le calendrier lunaire, mais tous deux auraient été erronés d'un même nombre de jours que la métemptose a fait disparaître.

C'est parce qu'on n'a rien fait à cet égard, pas même depuis qu'en 1582 on avait fixé à 500, 800, 1100, 1400 et 1800, le époques où l'équation lunaire devait avoir lieu, que les lunes politiques usitées dans le calendrier julien sont trop jeunes de 5 jours et que cet écart s'accroîtra à raison de 8 jours tous les 2500 ans.

III. *Balance des corrections.* — En 325, la lune était nouvelle le 1er janvier et aucune correction n'ayant eu lieu depuis lors, on compte toujours dans le calendrier julien comme si la lune était toujours nouvelle le 1er janvier des années qui ont 3 pour nombre d'or, telles que 325 et 1902. Les années où $N = 2$ se terminant par un mois embolismique de 29 jours, le 31 décembre 324, la lune avait 29 jours, en sorte que si l'on avait compté par épactes à cette époque, pour 325, on aurait eu $E = 29$.

Mais si le calendrier julien donne le même chiffre 29 pour 1902, pour ramener ce chiffre à celui que doit donner la lune moyenne, nous avons deux corrections à faire, la præmptose qui nous fait ajouter 5 jours pour réparer l'erreur commise en omettant d'augmenter l'épacte d'un jour à chacune des années 500, 800, 1100, 1400 et 1800 et la métemptose qui nous fait retrancher 13 jours pour réparer l'erreur commise en négligeant de supprimer les 10 jours qui ont constitué la réforme grégorienne et 1 jour de plus pour chacune des années 1700, 1800 et 1900, en sorte que l'épacte exacte de 1902 doit être égale à $29 + 5 — 13 = 21$ qui est bien l'épacte grégorienne des années 1902, 1959, 1978, etc., où $N = 3$.

Ainsi il est bien exact que pour ramener le calendrier lunaire julien à l'exactitude et le faire concorder avec le calendrier lunaire grégorien, il faut supprimer 13 jours dans les lunaisons et en ajouter 5. Rien n'est plus facile.

IV. *Moyens possibles.* — On pourrait continuer à calculer la date de Pâques par le nombre d'or et la lettre dominicale comme on le fait actuellement dans le calendrier julien, jusqu'en 1972 inclusivement, époque à partir de laquelle les règles du calendrier grégorien recevraient leur pleine et entière application; ce moyen est certainement des plus simples et revient à faire la correction en bloc à la fin de la période transitoire; il tiendrait la fête de Pâques presque toujours très voisine des Pâques juliennes, surtout au début de là période transitoire. On pourrait aussi célébrer la fête de Pâques au dimanche le plus rapproché de la date des Pâques grégoriennes ou en calculer la date par l'épacte grégorienne et par la lettre dominicale, ce qui reviendrait à faire la correction en bloc au début de la période transitoire et ferait célébrer les Pâques en Russie à des dates très voisines des Pâques grégoriennes. Mais nous pensons qu'il vaut mieux procéder ici aussi par étapes et faire suivre la correction solaire pas à pas par la correction lunaire : cela donnera pour Pâques des dates généralement comprises entre celles fixées pour cette fête dans les deux calendriers : voici la marche de l'opération.

Nous avons dit que dans le calendrier lunaire on ne tient pas compte des jours bissextiles pour la fixation des mois, mais que ces jours entrent néanmoins en compte pour faire concorder l'année solaire avec le calendrier lunaire. Donc, en supprimant le 29 février 1912, la lunaison en cours, qui aurait dû avoir 29 jours plus le 29 février, ne durera que 29 jours exactement et par suite le 31 décembre 1912 il faudra compter pour l'âge de la lune 10 jours seulement de plus qu'au 31 décembre 1911. En sorte que la suppression du 29 février 1912 remplaçant la correction qui aurait dû être faite avant l'an 500, la suite des épactes pour les années ci-après du calendrier transitoire sera :

Années..	1902.	1903...	1910.	1911.	1912.	1913.	1914.	1915.
E.......	29	10...	27	8	**18**	29	10	21

En 1916 on supprimerait le jour qu'il eût fallu supprimer en 500, mais la correction lunaire qui devait avoir lieu en 500 annule l'équation solaire et la suite des épactes continue dans le calendrier transitoire sans modifications.

Années	1915.	1916.	1917.	1918.	1919.
E............	21	2	13	24	6

Celle de 1919 surpasse de 12 celle de 1918 à cause du *saut de la lune* qui a toujours lieu lorsqu'on passe de N = 19 à N = 1.

Et ainsi de suite.... Nous ne calculerons pas ici les épactes du calendrier transitoire jusqu'en 1972, époque à laquelle ce calendrier prendra fin; elles sont toutes indiquées dans le Tableau II et le Tableau I permet de suivre les corrections et d'en apercevoir les conséquences.

Toutes les fois qu'il y a équation solaire l'indice des épactes pour le siècle considéré diminue d'une unité. Toutes les fois qu'il y a équation lunaire, cet indice augmente d'une unité. Par suite il ne varie pas si les deux corrections ont lieu en même temps.

Cet indice trouvé (on sait que l'indice de la série d'épactes en cours dans chaque siècle est l'épacte des années de ce siècle où $N = 3$), on en déduit facilement l'épacte d'une année quelconque en choisissant dans la série celle qui correspond au nombre d'or de cette année.

Les épactes des années 1912 à 1972 sont indiquées dans le Tableau II pour le calendrier grégorien et le calendrier transitoire russe. Le nombre d'or commun à ces deux calendriers et au calendrier julien y figure également.

La connaissance de ces éléments et de la lettre dominicale permet de trouver facilement les dates de Pâques dans les trois calendriers : nous les avons, au surplus, indiquées dans le Tableau II. Les données de ce Tableau comparées à celles du Tableau I permettent de suivre la marche progressive, régulière et sans à-coups de la réforme, telle qu'elle nous paraît devoir être opérée, pour arriver au résultat cherché avec la rapidité la plus grande qu'on puisse obtenir, si l'on veut employer un procédé présentant le minimum des inconvénients.

TABLEAU I.

Après le 28 février des années indiquées dans cette colonne,	en regard desquelles nous plaçons les années séculaires	l'écart des deux calendriers est réduit aux jours ci-dessous	en faisant la correction solaire indiquée ici.	Cette correction, jointe à l'équation lunaire qui se fait par les corrections ci-dessous,	ramène l'indice des épactes pour les années indiquées à la 1ʳᵉ colonne et pour les 3 années suivantes à	Ce qui donne pour épactes des années de la 1ʳᵉ colonne
1908 bissext.	325	13	0	0	29	5
1912 comm..	400 (¹)	12	—1	0	28	18
1916 id.	500	11	—1	+1	28	2
1920 id.	600	10	—1	0	27	16
1924 id.	700	9	—1	0	26	29
1928 bissext.	800	9	0	+1	27	14
1932 comm..	900	8	—1	0	26	27
1936 id.	1000	7	—1	0	25	10
1940 id.	1100	6	—1	+1	25	25
1944 bissext.	1200	6	0	0	25	9
1948 comm..	1300	5	—1	0	24	22
1952 id.	1400	4	—1	+1	24	6
1956 id.	1500	3	—1	0	23	19
1960 bissext.	1600	3	0	0	23	4
1964 comm..	1700	2	—1	0	22	17
1968 id.	1800	1	—1	+1	21	1
1972 id.	1900	0	—1	0	21	14

(¹) L'année 400 est considérée ici comme ayant été bissextile à tort; en réalité, cette année n'a jamais existé, l'ère chrétienne n'ayant été mise en usage que plus tard; mais vers 400 ou 425, il y a eu une année qui a été bissextile, alors qu'il l'eût fallu commune, sans quoi la réforme grégorienne n'aurait dû être que de 9 jours.

TABLEAU II.

ANNÉES	grégorien			russe transitoire			julien		
	L_g	E_g	P_g	L_t	E_t	P_t	L_j	N	P_j
1911	A	*	16 avril	B	8	10 avril	B	12	10 avril
1912	GF	11	7	A	18	2	AG	13	25 mars
13	E	22	23 mars	G	29	15	F	14	14 avril
14	D	3	12 avril	F	10	7	E	15	6
15	C	14	4	E	21	30 mars	D	16	22 mars
1916	BA	25	23	D	2	12 avril	CB	17	10 avril
17	G	6	8	C	13	4	A	18	2
18	F	17	31 mars	B	24	24	G	19	22
19	E	29	20 avril	A	6	9	F	1	7
1920	DC	10	4	G	16	1	ED	2	29 mars
21	B	21	27 mars	F	27	21	C	3	18 avril
22	A	2	16 avril	E	8	6	B	4	3
23	G	13	1	D	19	29 mars	A	5	26 mars
1924	FE	24	20	C	29	18 avril	GF	6	14 avril
25	D	5	12	B	10	10	E	7	6
26	C	16	4	A	21	26 mars	D	8	19
27	B	27	17	G	2	15 avril	C	9	11
1928	AG	8	8	FE	14	6	BA	10	2
29	F	19	31 mars	D	25	19	G	11	22
30	E	*	20 avril	C	6	11	F	12	7
31	D	11	5	B	17	3	E	13	30 mars
1932	CB	22	27 mars	A	27	23	DC	14	18 avril
33	A	3	16 avril	G	8	8	B	15	3
34	G	14	1	F	19	31 mars	A	16	26 mars
35	F	25	21	E	*	20 avril	G	17	15 avril
1936	ED	6	12	D	10	5	FE	18	30 mars
37	C	17	28 mars	C	21	28 mars	D	19	19 avril
38	B	29	17 avril	B	3	17 avril	C	1	11
39	A	10	9	A	14	2	B	2	27 mars
1940	GF	21	24 mars	G	25	22	AG	3	15 avril
41	E	2	13 avril	F	6	14	F	4	7
42	D	13	5	E	17	30 mars	E	5	23 mars
1943	C	24	25 avril	D	28	19 avril	D	6	12 avril
1944	BA	5	9	CB	9	10	CB	7	3
45	G	16	1	A	20	26 mars	A	8	23
46	F	27	21	G	1	15 avril	G	9	8
47	E	8	6	F	12	7	F	10	31 mars
1948	DC	19	28 mars	E	22	23 mars	ED	11	19 avril
49	B	*	17 avril	D	3	12 avril	C	12	11
50	A	11	9	C	14	4	B	13	27 mars
51	G	22	25 mars	B	25	24	A	14	16 avril
1952	FE	3	13 avril	A	6	9	GF	15	7
53	D	14	5	G	17	1	E	16	23 mars
54	C	25	18	F	28	21	D	17	12 avril
55	B	6	10	E	9	6	C	18	4
1956	AG	17	1	D	19	29 mars	BA	19	23
57	F	29	21	C	1	18 avril	G	1	8
58	E	10	6	B	12	3	F	2	31 mars
59	D	21	29 mars	A	23	26 mars	E	3	20 avril
1960	CB	2	17 avril	GF	4	14 avril	DC	4	4
61	A	13	2	E	15	30 mars	B	5	27 mars
62	G	24	22	D	26	19 avril	A	6	16 avril
63	F	5	14	C	7	11	G	7	1
1964	ED	16	29 mars	B	17	3	FE	8	20
65	C	27	18 avril	A	28	16	D	9	12
66	B	8	10	G	9	8	C	10	28 mars
67	A	19	26 mars	F	20	31 mars	B	11	17 avril
1968	GF	*	14 avril	E	1	13 avril	AG	12	8
69	E	11	6	D	12	5	F	13	31 mars
70	D	22	29 mars	C	23	28 mars	E	14	13 avril
71	C	3	14 avril	B	4	10 avril	D	15	5
1972	BA	14	2	A	14	2	CB	16	27 mars
73	G	25	22	G	25	22	A	17	16 avril
74	F	6	14	F	6	14	G	18	1

M. Ernest LEBON,

Professeur honoraire du Lycée Charlemagne (Paris).

PRÉSENTATION AUX SECTIONS I ET II DE SES DEUX OPUSCULES INTITULÉS « SAVANTS DU JOUR » : GASTON DARBOUX et ÉMILE PICARD (*).

---

92 — Darboux (Gaston).
92 — Picard (Émile)

6 *Août.*

J'ai l'honneur de présenter aux Sections I et II de l'Association Française deux - Opuscules contenant la Biographie de MM. Gaston Darboux et Émile Picard, avec la Bibliographie analytique de leurs Écrits.

En tête de l'Opuscule consacré à M. G. Darboux, j'ai publié une Notice où se trouvent retracée la belle carrière qu'il a parcourue et donnés les principaux caractères de ses intéressantes recherches. Qu'il me soit permis de rappeler ici quelques passages de cette Notice.

« M. Darboux a généralisé des questions dont des cas particuliers avaient seuls été abordés. Il a su établir des rapprochements entre des théories dont on n'avait pas encore aperçu les points communs. Il a fait faire de sensibles progrès à la solution de problèmes qui se rencontrent en analyse et en physique mathématique. Dans un important Ouvrage sur la *Géométrie infinitésimale,* dont les quatre volumes ont été publiés de 1887 à 1896, il a exposé non seulement les travaux de ses devanciers, mais encore ses recherches personnelles, qui auraient pu donner naissance à un grand nombre de Mémoires originaux... »

« Avec le même soin et la même compétence, M. Darboux a commencé en 1898, *Sur les systèmes orthogonaux et les coordonnées curvilignes,* la publication d'un Ouvrage qui complète le précédent... »

« L'ensemble de ces deux Ouvrages constitue une histoire documentée de la Géométrie infinitésimale pendant le XIXe siècle. M. Darboux a tracé les grandes lignes de cette histoire dans la Conférence qu'il a faite au Congrès des mathématiciens tenu à Rome en avril 1908. Quelques années avant, au Congrès d'Arts et de Science tenu à Saint-Louis en septembre 1904, il avait lu une Étude approfondie sur le développement de toute la Géométrie moderne. De plus, il a fourni de précieux matériaux à l'histoire des Sciences, en analysant un grand nombre d'Ouvrages variés, en composant quelques Éloges et Notices histo-

---

(*) Deux Volumes grand in-8° (28 × 19), papier de Hollande, avec deux portraits en héliogravure. Paris, Gauthier-Villars, 10 janvier 1910, 1er juin 1910.

riques et plusieurs Discours qu'il a lus dans de solennelles cérémonies où il représentait l'Institut, le Gouvernement ou l'Université de Paris. Tous ces écrits donnent à M. DARBOUX une place importante dans le monde des lettres... »

« M. DARBOUX est resté simple et modeste, bien qu'il soit arrivé à une situation très élevée. Il importe de faire remarquer qu'il la doit seulement à ses efforts et à son talent : aucun de ses ascendants n'a occupé de position même modeste, dans le monde de la science, de l'administration ou de la politique; si des savants l'ont protégé au début de sa carrière et lui ont ouvert les portes de la gloire, c'est qu'ils avaient vu dans ses travaux des points de nature à faire progresser la Science et reconnu en lui des qualités de premier ordre... »

Dans la séance du 17 janvier 1910 de l'Académie des Sciences, ce livre a été signalé par le Secrétaire perpétuel M. van Tieghem et présenté en ces termes par le Président, M. Émile Picard :

« Je dépose sur le bureau, de la part de M. Ernest Lebon, un Ouvrage intitulé GASTON DARBOUX, qui renferme une *Biographie* et une *Bibliographie analytique des Écrits* de M. DARBOUX. M. Lebon a entrepris de publier une série de petits volumes de nature analogue, sous le titre général de *Savants du Jour*. Déjà, il y a quelques mois, le premier volume de cette série, consacré à M. Henri Poincaré, a été présenté à l'Académie.

Dans l'Opuscule actuel, on trouvera une très intéressante biographie de notre Secrétaire perpétuel, avec une vue générale sur son œuvre scientifique. La liste des Mémoires et Ouvrages, qui ont été distribués en sept Sections, a été établie avec un soin extrême. Leur énumération constituerait déjà un document précieux; mais M. Lebon ne s'en est pas tenu là. Il donne quelquefois un court résumé du travail mentionné, et indique les analyses dont il a fait l'objet. La Collection, dont M. Ernest Lebon vient de publier les deux premiers volumes, rendra certainement les plus grands services aux chercheurs et aux historiens de la Science. »

Dans l'Opuscule consacré à M. É. PICARD, j'ai fait précéder la Section des *Fonctions et Surfaces algébriques* d'appréciations dues à MM. Henri Poincaré et Federigo Enriquez, et la Section de *Philosophie scientifique et Histoire des sciences* d'appréciations dues à MM. Alfred Picard et Lucien Poincaré, afin de faire connaître mieux l'Œuvre de M. ÉMILE PICARD.

Je demande la permission de résumer quelques-uns des passages de la Notice que j'ai placée en tête de cet Opuscule.

Ayant soutenu brillamment en Sorbonne, le 16 juin 1877, sa thèse de Docteur ès sciences mathématiques, ayant été admis premier au Concours d'agrégation des Sciences mathématiques, le 18 septembre 1877, M. ÉMILE PICARD se trouvait, à l'âge de 21 ans seulement, en possession des deux diplômes qui, obtenus dans de si honorables conditions, permettent d'aspirer aux plus hautes situations universitaires.

Du 29 janvier 1877 au 23 septembre 1889, M. É. PICARD avait publié 117 Notes et Mémoires d'Analyse pure et appliquée. A partir de l'année 1881, l'Académie des Sciences l'avait plusieurs fois regardé comme digne d'entrer dans son sein; en 1886, elle lui avait accordé le Prix Poncelet pour l'ensemble de ses travaux mathématiques; en 1888, elle lui avait décerné, d'après les conclusions d'un très élogieux Rapport de M. Henri Poincaré, le Grand Prix des Sciences mathématiques pour son célèbre Mémoire sur la théorie des fonctions algébriques. Aussi parut-il tout naturel qu'elle lui accordât, le 11 novembre 1889, un fauteuil dans la Section de Géométrie. C'est grâce à des travaux scientifiques de premier ordre que M. É. Picard obtint cette distinction à un âge (33 ans) où bien des chercheurs commencent seulement à se faire connaître et apprécier. Ce succès ne ralentit pas son ardeur.

Plusieurs des questions dont M. É. Picard s'est occupé sont désignées par son nom. Au début de la théorie des fonctions entières, se trouvent deux principes que plusieurs géomètres ont appelés *Théorèmes de Picard*. Le groupe de transformations de points dans l'espace situé d'un même côté d'un plan a été nommé *Groupe de Picard* par MM. R. Fricke et Félix Klein. Une classe de surfaces hyperelliptiques a été désignée par M. Henri Poincaré sous la dénomination de *Surfaces de Picard*. Beaucoup de mathématiciens ont appliqué le nom d'*Intégrales de Picard* aux intégrales de différentielles totales de seconde espèce et de troisième qui jouent un rôle si important dans la théorie des fonctions algébriques de deux variables indépendantes.

Rappelons que c'est au prix de grandes fatigues de l'esprit que M. É. Picard est parvenu à établir par l'analyse, en 22 années, cette théorie dont plusieurs points sont à présent abordés géométriquement par d'illustres géomètres italiens.

Ne se bornant pas à la tâche si difficile d'étendre le domaine des Mathématiques, M. É. Picard a présenté avec une haute compétence l'histoire philosophique des conquêtes de l'esprit humain pendant la seconde moitié du xixe siècle, dans des Conférences en Amérique et dans son Rapport intitulé *Sciences*, écrit, sur la demande du Gouvernement Français, pour faire partie de l'Introduction générale aux rapports du Jury international de l'Exposition universelle de 1900, à Paris.

En présentant ce Livre à l'Académie des Sciences, dans la Séance du 20 juin 1910, M. Gaston Darboux, secrétaire perpétuel, s'est exprimé en ces termes :

« J'ai l'honneur de présenter à l'Académie un nouveau volume de la Collection des *Savants du jour* entreprise par M. Ernest Lebon. Ce volume est consacré au Président actuel de l'Académie des Sciences, M. Émile Picard.

» Comme les volumes précédents, celui-ci se recommande par une abondance dans les informations, une sûreté dans les renseignements de toute nature qui feront la Collection de M. E. Lebon le guide le plus précieux pour les futurs historiens de la Science.

» J'y signalerai plus particulièrement la charmante Notice biographique qui ouvre le volume. Elle nous fait connaître la jeunesse de M. Émile Picard, ses premières études et ses succès, puis ses découvertes et les principaux incidents de sa belle carrière scientifique. Elle insiste, comme il convient, sur les incursions que notre Président a faites dans le domaine de la philosophie des sciences, et, plus particulièrement, sur le beau Rapport qu'il fut amené à écrire en 1900 sur l'ensemble du progrès scientifique, à la demande du Commissaire général de l'Exposition universelle internationale, notre confrère Alfred Picard. »

En faisant précéder les principales Sections de mon travail d'appréciations dues à des hommes illustres, il me semble que j'y ai introduit des éléments qui font oublier la sécheresse inévitable de suites analytiques d'énumérations de titres d'écrits, bien que les titres vagues soient accompagnés de sobres explications.

C'est pourquoi j'ose me flatter d'être parvenu à composer des Ouvrages qui soient à la fois intéressants pour les personnes qui désirent connaître, seulement dans son ensemble, l'œuvre géométrique de M. GASTON DARBOUX et l'œuvre analytique de M. ÉMILE PICARD, très utile à celles qui se livrent à des études et des recherches dans le domaine si étendu de la Géométrie infinitésimale et de l'Analyse pure.

Je crois avoir signalé tous les Écrits originaux de ces deux savants et les principales analyses dont ces Écrits ont été le sujet. Ce n'est qu'après les avoir lus ou parcourus que j'ai donné les références et les renseignements qui s'y rapportent. On rendrait service à la Science en m'indiquant les omissions.

Je ne voudrais pas terminer cette présentation sans remercier publiquement la Commission administrative de l'Académie des Sciences d'avoir bien voulu honorer d'une importante souscription la Collection que j'ai entreprise sur les *Savants du jour*.

<hr>

M. ÉMILE BELOT,

Président des 1ʳᵉ et 2ᵉ Sections,
Directeur des Manufactures de l'État (Paris).

<hr>

SUR UNE CONCLUSION INEXACTE DE LAPLACE DANS LA THÉORIE DES SATELLITES DE JUPITER.

52.345

5 Août.

On connaît la belle théorie qui a fait découvrir à Laplace, dans les inégalités dépendant du carré de la force perturbatrice pour les satellites I, II, III de Jupiter, les causes des relations (déjà connues par l'observation) qui lient leurs moyens mouvements (n) et leurs longitudes moyennes (ν) :

$$(1) \qquad n - 3n' + 2n'' = 0,$$

$$(2) \qquad \nu - 3\nu' + 2\nu'' = 180°.$$

Ces causes résident dans les termes dépendant de l'angle

$$(3) \qquad \varphi = nt + \varepsilon - 3(n't + \varepsilon') + 2(n''t + \varepsilon'') = \nu - 3\nu' + 2\nu'',$$

qui, par une double intégration, acquièrent le diviseur très petit $(n - 3n' + 2n'')^2$, ce qui les rend sensibles.

Dans la Préface du Livre VIII, p. ix et au début du Chapitre VI de ce même Livre, Laplace s'exprime ainsi :

« Dans l'origine, la longitude moyenne du premier satellite, moins trois fois celle du second, plus deux fois celle du troisième, a très peu différé de la demi-circonférence, et alors l'attraction mutuelle de ces trois satellites a suffi pour faire disparaître cette différence. »

Nous croyons pouvoir montrer, en suivant la démonstration de Laplace, que rien ne l'autorise à conclure qu'*à l'origine* la relation (2) était à peu près vérifiée pour les satellites I, II, III de Jupiter.

Cette question s'est posée pour nous dans nos recherches de Cosmogonie tourbillonnaire qui assignent à tous les satellites d'un système une position originelle où ils sont alignés en conjonction sur le même rayon vecteur. Or il est facile de voir que la relation (2) empêche actuellement les satellites I, II, III de Jupiter d'avoir la même longitude : il faut donc, d'après nous, que cette relation n'ait pas été vérifiée à l'origine comme l'affirme Laplace.

Il arrive aux relations (1) et (2) au moyen de l'équation différentielle

$$(4) \qquad \frac{d^2\varphi}{dt^2} = kn^2 \sin\varphi,$$

qu'il intègre *en supposant k et n^2 constants parce que leurs variations actuelles sont très petites*. Il obtient ainsi l'expression

$$(5) \qquad dt = \frac{\pm\, d\varphi}{\sqrt{c - 2kn^2 \cos\varphi}},$$

dont le radical, pour être réel, impose la condition

$$\varphi = 180°.$$

Cette condition devant être remplie quel que soit le temps t, on peut de l'expression (3) de φ tirer les deux relations (1) et (2). Mais il y a une véritable pétition de principe à admettre qu'*à l'origine* k et n^2 étaient constants avec des valeurs peu différentes de leurs valeurs actuelles, seule hypothèse qui permet avec l'intégration de (4) la discussion de l'expression (5) et par suite la démonstration des relations (1) et (2).

Voici, à notre avis, comment il faut rétablir la discussion : A l'origine, d'après nos recherches, n, n' et n'' partent de zéro, ce qui vérifie bien la relation (1) : mais le second membre de (4) est alors nul *quel que soit* φ ; car k est de la forme $\dfrac{n}{2n'-n}\, k_1$ en sorte que $\dfrac{n^3}{2n'-n}\, k_1$ est nul à l'origine : n, qui est égal d'abord à n', augmente peu à peu jusqu'à devenir, comme actuellement, très peu inférieur à $2n'$. Le coefficient de sin φ dans (4), d'abord nul à l'origine, augmente donc et tend vers la valeur positive actuelle.

Ainsi au début φ peut être quelconque et partir de zéro puisque

$$\frac{d\varphi}{dt} = \text{const.}$$

φ augmente jusqu'à ce que k ait sa valeur positive actuelle, et c'est alors seulement que φ ne pourra plus prendre que des valeurs voisines de 180°.

Ainsi c'est à tort que Laplace, sans se préoccuper des valeurs de k et n^2 à l'origine, a cru pouvoir étendre sa démonstration de la relation (2) jusqu'à cette époque; dès l'origine les satellites I, II, III ont, par leurs moyens mouvements partant de zéro et augmentant graduellement, vérifié la relation (1) ; mais ils ont pu, contrairement aux idées de Laplace, être en conjonction du même côté de Jupiter ($\varphi = 0$) avant de vérifier la relation (2) ($\varphi = 180°$).

M. Émile BELOT,

SUR LA ROTATION ET LA CONSTITUTION INTERNE DU SOLEIL.

52.3₇-3-6

3 *Août.*

Les formules de Clairaut, appliquées au Soleil, donnent $\frac{1}{93800}$ et $\frac{1}{37500}$ comme limites de son aplatissement qui est trop faible pour être mesurable : on ne peut donc par cette méthode obtenir aucune notion sur sa constitution interne. La loi des rotations présentée à l'Académie des Sciences (*Comptes rendus*, 24 décembre 1906), démontrée en 1908 (*Comptes rendus du Congrès de Clermont-Ferrand*) et très exactement vérifiée par les planètes, peut apporter quelques clartés sur la question de la condensation interne du Soleil. Cette loi s'exprime par la formule suivante où T est la durée de rotation d'un astre en heures, δ sa distance au centre du système en rayons de l'orbite terrestre, R son rayon en rayons terrestres, Δ sa densité par rapport à l'eau :

$$(1) \qquad T = T_1 + T_2 = 23{,}75\,\delta^{-\frac{1}{2}}\,R^{-\frac{1}{2{,}7}} + 0{,}61\,R\,\Delta^{-\frac{1}{2}}.$$

Considérons d'abord le terme T_2 dont la valeur pour le Soleil est de $56^h{,}15$: il représente l'apport de rotation fait au noyau, après sa condensation, par la matière satellitaire, qui s'agrège à lui dans sa région équatoriale : un satellite-limite arriverait à l'équateur solaire avec une vitesse tangentielle de 440 km, soit 220 fois plus grande que la vitesse tangentielle équatoriale (2 km : sec). On conçoit donc que la matière satellitaire ait accéléré la rotation des régions équatoriales d'astres comme le Soleil et Jupiter, et en s'écoulant vers les pôles ait produit la variation de la rotation avec la latitude.

La ceinture satellitaire du Soleil crée une discontinuité des densités et des vitesses tangentielles dont la profondeur est maxima à l'équateur : cette discontinuité est cause de la formation de tourbillons suivant la théorie d'Emden, qui n'a d'ailleurs cherché à l'expliquer que par l'équilibre convectif thermique : les tourbillons formés ayant près de l'équateur leur axe perpendiculaire à ce plan ne pourront percer la surface solaire qu'à une certaine distance au-dessus ou au-dessous de ce plan, ainsi qu'on le constate pour les taches. La variation de leur latitude dépendrait alors d'une oscillation en profondeur de la surface de discontinuité due à la matière satellitaire.

Considérons maintenant le terme T_1, de la formule (1) qui concerne la rotation du noyau. Dans les Notes précitées, une application sommaire avait été faite au Soleil en supposant qu'à chaque instant de sa formation δ et R coïncidaient, ce qui avait donné $T = 22$ jours, valeur déjà assez approchée de la durée de rotation solaire.

Mais en réalité, toute la matière contenue dans la sphère de rayon R est à une distance moyenne R_0 du centre $(R_0 < R)$ d'autant plus petite que la matière est plus condensée vers le centre. La distance δ ne peut donc varier dans le terme T_1 que de zéro à R_0, tandis que le rayon solaire varie de zéro à R. En désignant par C une constante définie par les unités choisies, la valeur moyenne de T_1 sera donc donnée par l'expression

$$(2) \qquad T_1 \int_0^R dr = C \int_0^R \left(r\,\frac{R_0}{R} \right)^{-\frac{1}{2}} r^{-\frac{1}{2{,}7}}\,dr;$$

d'où, en posant $R_0 = \alpha R$,

$$(3) \qquad T_1 = 471^h{,}61\,\alpha^{-\frac{1}{2}}.$$

Ainsi la durée de rotation T du Soleil, en tant qu'elle dépend de T_1, sera d'autant plus longue que R_0 est plus petit ou que la matière est plus condensée vers le centre. On peut donc chercher s'il est possible de déterminer la loi de densité interne de telle manière que T coïncide avec la durée moyenne de rotation du Soleil.

La valeur de R_0 se calculera en prenant les moments de chaque masse élémentaire par rapport au centre :

$$(4) \qquad R_0 \int_0^R r^2 \rho \, dr = \int_0^R r^3 \rho \, dr,$$

ρ étant la densité variable à la distance r du centre.

Admettons une loi des densités de même forme que celle qui rend intégrable l'équation de Clairaut et qui a été utilisée pour la Terre par E. Roche et Maurice Lévy :

$$(5) \qquad \rho = \rho_0 \left[1 - K \left(\frac{r}{R} \right)^n \right],$$

ρ_0 étant la densité au centre : en exprimant que la densité moyenne du Soleil est $1,4$, on a la condition

$$(6) \qquad 1 - K = \frac{1,4(n+3)}{3 \rho_0} - \frac{n}{3} = \frac{\rho_1}{\rho_0},$$

où ρ_1 désigne la densité à la surface de la photosphère.

Il faut que $1 - K$ soit positif et K très voisin de 1 ; car la densité au centre ρ_0 est certainement forte et ρ_1 probablement inférieure à 1 : d'après (6) il en résulte que n doit être fractionnaire.

En portant la valeur (5) de ρ dans (4) on trouve

$$(7) \qquad \alpha = \frac{3}{4} \frac{[n + 4(1 - K)](n+3)}{[n + 3(1 - K)](n+4)}.$$

Supposons d'abord le Soleil homogène ($K = 0$) ; (7) donne

$$\alpha_m = 0,75 ;$$

d'où, par (1) et (3),

$$T_m = 24^j 14^h,7.$$

En second lieu, supposons $\rho_1 = 0$ et ρ_0 tendant vers l'infini ($K = 1$, $n = 0$), α tend vers

$$\alpha_M = \left(\frac{3}{4} \right)^2 \qquad \text{ou} \qquad 0,5625.$$

A cette valeur correspond par (1) et (3)

$$T_M = 28^j 13^h.$$

Le Soleil n'est ni homogène ni condensé au point que sa densité soit nulle à la surface et énorme au centre : sa durée *moyenne* de rotation doit donc être comprise entre T_m et T_M, ce qu'on constate en effet : T_m coïncide avec la durée de rotation minima mesurée à l'équateur par les raies du fer (Duner, Bergstrand, Halm), T_M correspond à la vitesse mesurée à la latitude de 55°. Il faut toutefois expliquer pourquoi au delà de 60° de latitude, on a mesuré des durées dépassant 30 jours : c'est que, d'après les formules (1) et (2), T_1 qui est prépondérant dans le calcul de T n'a cessé de décroître pendant la période d'augmentation de masse et de diamètre du Soleil. On peut calculer par ces formules que T atteignait 30 jours quand le diamètre solaire n'avait que 0,92 de sa valeur actuelle, c'est-à-dire au moment où le noyau n'avait presque rien reçu de la condensation équatoriale de matière satellitaire qui en a accéléré la rotation.

La valeur moyenne de T, comprise entre T_m et T_M, doit, d'après ce qui précède, peu différer de 28 jours, et alors α, d'après (3), s'écarte peu de 0,5868. Il est possible de satisfaire aux égalités (5), (6) et (7) par des systèmes de valeurs ρ_0, K, n dont voici quelques exemples :

ρ_0.	ρ_1.	ρ_m.	n.	K.	α.	T.
						j h
9,70	0,0166	2,853	$\frac{1}{2}$	0,99828	0,5854	28. 0,55
13,80	0,0222	2,838	$\frac{1}{3}$	0,99839	0,5802	28. 3,26
21	0,0966	2,803	$\frac{1}{5}$	0,99540	0,5837	28. 1,44
31	0,166	2,728	$\frac{1}{8}$	0,99463	0,5898	27.22,34

ρ_m est la densité au milieu du rayon.

Ces diverses solutions sont caractérisées par une forte condensation centrale (densité au centre de 200 à 600 plus forte que la densité à la surface) et par une densité ρ_m au milieu du rayon à peu près constante et égale à deux fois la densité moyenne. On peut rapprocher ces résultats des notions que d'autres théories ont données sur la constitution interne du Soleil.

La théorie d'Homer Lane, complétée par W. Thomson et T. See (*) et basée sur l'équilibre convectif d'une sphère gazeuse, aboutit à la formule

$$(8) \qquad \rho = \rho_0 \left[1 - f\left(\frac{r}{R}\right)^2 \right]^{\frac{1}{\gamma-1}},$$

où γ est le rapport $\dfrac{C}{c}$ des chaleurs spécifiques à pression et à volume constant. Pour $\gamma = 1,66$ (gaz monoatomiques), on trouve $\rho_0 = 8,42$; pour $\gamma = 1,40$ (gaz diatomiques), on trouve $\rho_0 = 31,5$. Ces valeurs de ρ_0 correspondent assez exactement aux valeurs limites du Tableau précédent, et la courbe représentant les ρ dans cette théorie diffère peu de celle qu'on déduit de la formule (5) : mais celle-ci donne un accroissement rapide de la densité ρ près de la photosphère, tandis que la formule (8) où f est une série tendant lentement vers l'unité quand r tend vers R, correspond à un accroissement lent de la densité près de la surface, ce qui paraît peu vraisemblable. D'autre part, la théorie de Lane semble en contradiction avec celle d'Emden; car, s'il existe des surfaces de discontinuité, elles forment autant d'obstacles à l'équilibre convectif.

D'après Emden, ces surfaces différeraient peu de cylindres concentriques à l'axe solaire, et leur profil aurait sa convexité tournée vers cet axe :

(*) C. J. BOSLER, *Théories modernes du Soleil*, 1910.

c'est aussi la même forme des surfaces de discontinuité que nous déduisons de l'apport équatorial de matière satellitaire sur le noyau du Soleil antérieurement condensé. Il est remarquable que les durées de rotation planétaires ayant servi à déterminer les coefficients numériques de la formule (1) permettent d'en déduire les limites $24^j14^h,7$ et 28^j13^h entre lesquelles est réellement comprise la durée de rotation moyenne du Soleil et d'en tirer des notions nouvelles sur sa condensation interne.

M. Auguste LEBEUF,

Directeur de l'Observatoire national (Besançon).

52.21 (44-46) + 681.114.4

EXTRAIT DU COMPTE RENDU SOMMAIRE DE L'ANNÉE CHRONOMÉTRIQUE 1909-1910 (1ᵉʳ MAI 1909-30 AVRIL 1910).

5 Août.

Coupe chronométrique.

Fabricant : L. Leroy et Cⁱᵉ ⎰ avec 267,4 points, formule de Besançon.
Régleur : M. Quélos   ⎱ ou 270,0 points, formule de Genève.

Prix de série au-dessus de 250 points : Moyenne de 5 chronomètres.

		Formule de Besançon.	Formule de Genève.
1° Fabricants	L. Leroy et Cⁱᵉ.	260 points.	265 points.
	Lipmann frères.	252 —	255 —
2° Régleurs........	M. Quélos	257 —	261 —
	A. Jaccard......	252 —	256 —
	G. Grogg	251 —	255 —

Records chronométriques enregistrés aux Observatoires de Genève et Besançon calculés selon la méthode genevoise.

I. — *Ancienne formule (maximum : 300 points).*

1° *Pièces isolées au-dessus de 260 points.*

Années.	Nᵒˢ du chronomètre.	Points.	Fabricants.	Régleurs.	Lieu.
1900	2001	264,8	Marius Favre et Cⁱᵉ.	Marius Favre.	Genève.
1905	23744	265,0	A. Hüning.	U. Wehrli.	Genève.
1906-1907	913	265,1	Antoine frères.	A. Jaccard.	*Besançon.*

Années.	Nos du chronomètre.	Points.	Fabricants.	Régleurs.	Lieu.
1907	132696	262,8	Patek-Philippe et Cie.	C. Batifolier.	Genève.
1908	34626	268,4	A. Hüning.	H. Wehrli.	Genève.
1908	28428	260,2	Golay fils et Stahl.	C. Batifolier.	Genève.
1908-1909	9004	263,0	Geismar et Cie.	G. Grogg.	Besançon.
1909	132657	261,2 (*)	Patek-Philippe et Cie.	J. Golay-Audemars.	Genève.
1909	146808	260,6	Patek-Philippe et Cie.	C. Batifolier.	Genève.
1909-1910	6508	270,0	L. Leroy et Cie.	M. Quélos.	Besançon.
1909-1910	7075	270,8	L. Leroy et Cie.	G. Grogg.	Besancon.
1909-1910	6500	267,8	L. Leroy et Cie.	M. Quélos.	Besançon.
1909-1910	15398	263,3 (*)	X.	G. Grogg.	Besançon.
1909-1910	78489	260,9	Lipmann frères.	A. Jaccard.	Besançon.

2° *Prix de série : moyenne de 5 chronomètres.*

	Années.	Points.	Fabricants.	Lieu.
1° Fabricants.	1900	257,3	Marius Favre et Cie.	Genève.
	1909-1910	264,6	L. Leroy et Cie.	Besançon.
2° Régleurs...	1900	257,3	Marius Favre.	Genève.
	1909-1910	261,1	M. Quélos.	Besançon.

Vérifié le 26 juin 1910 par la Commission de l'Observatoire :

MM. H. PADÉ, recteur de l'Académie ; DURAND, adjoint de la Ville de Besançon ; ANDRADE, professeur à l'Université ; H. TISSOT, président du Syndicat de la Fabrique d'Horlogerie ; G. GROGG, régleur de précision.

Résultats chronométriques obtenus du 1er Mai 1909 au 30 Avril 1910 et comparaison sommaire avec les résultats des années antérieures.

Dépôts.	1909-1910.	1908-1909.	1907-1908.	1906-1907.
Chronomètres de marine....	3	3	1	2
1re classe d'épreuves.......	303	293	249	193
2e classe d'épreuves........	203	156	165	135
3e classe d'épreuves........	684	649	631	534
Épreuves additionnelles.....	2	3	4	4
Total des dépôts.....	1195	1104	1050	868

(*) Pas de récompense.

Bulletins.	1909-1910.	1908-1909.	1907-1908.	1906-1907.
Chronomètres de marine....	2	3	1	2
1re classe d'épreuves (*)....	202	198	199	154
2e classe d'épreuves........	158	133	147	117
3e classe d'épreuves........	508	432	435	382
Épreuves additionnelles	2	1	3	2
Total des Bulletins délivrés..	872	767	785	657

Concours chronométrique.

Chronomètres admis au Concours.

Années	1909-1910.	1908-1909.	1907-1908.	1906-1907.
	197	186	140	107

Récompenses.

	1909-1910.	1908-1909.	1907-1908.	1906-1907.
Coupe...................	1	1	1	1
Médailles d'or.............	86	61	47	42
Médailles d'argent........	45	43	27	16
Médailles de bronze........	30	43	27	12
Total des récompenses.	162	148	102	71

M. Gaston TARRY,

(Le Havre).

51-356-41

NOTE SUR LES ANGLES HYPERBOLIQUES.

2 Août.

Formules fondamentales de la trigonométrie hyperbolique. — AO et OB
étant deux rayons d'un cercle, on sait que dans les fonctions circulaires
$\sin\alpha$, ..., l'argument α de l'angle AOB peut être considéré comme égal
au double de l'aire du secteur circulaire AOB, le rayon pris comme unité.

Soit maintenant une hyperbole équilatère dont le demi-axe OS soit
égal à l'unité. Prenons pour variable α le double du secteur hyperbolique
SOA et du point A abaissons la perpendiculaire AH sur OS. Par définition

---

(*) 24 chronomètres ont été retirés avant la fin des épreuves.

on dit que AH et OH sont respectivement le sinus hyperbolique et le cosinus hyperbolique de l'angle hyperbolique SOA d'argument α, et l'on désigne ces fonctions par $\sinh \alpha$ et $\cosh \alpha$.

Soit β le double du secteur hyperbolique AOB. L'angle hyperbolique SOB est d'argument $\alpha + \beta$, et en menant la perpendiculaire BP à OS on a

$$OP = \cosh(\alpha + \beta), \qquad PB = \sinh(\alpha + \beta).$$

L'idée vient naturellement de concevoir l'angle AOB comme une représentation de l'angle hyperbolique d'argument β. C'est pourquoi nous dirons, par convention, que tout angle au centre dont les côtés déterminent un secteur hyperbolique, dont le double de l'aire est mesuré par θ, est un angle hyperbolique d'argument θ.

Ensuite, il n'y a rien que de naturel à considérer comme angle hyperbolique d'argument θ tout angle qui, transporté parallèlement à lui-même de manière que son sommet vienne coïncider avec le centre de l'hyperbole, se confond avec un angle de même argument θ.

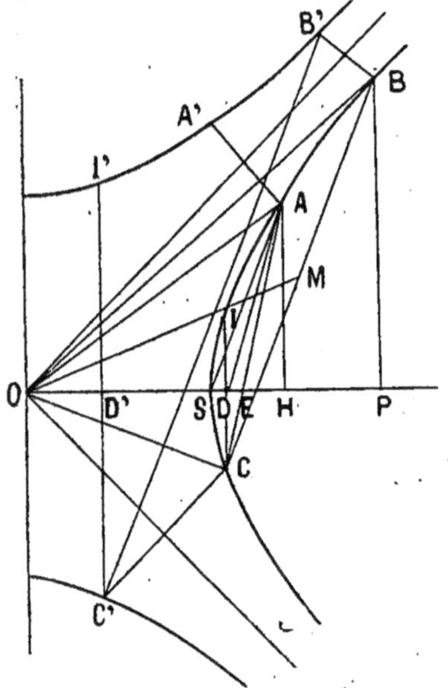

Il importe de remarquer qu'un angle hyperbolique donné par la direction de ses côtés n'est déterminé en grandeur que si l'on connaît la direction origine OS de l'axe transverse.

Menons par le point B la parallèle à la corde AS, et soit C son second point d'intersection avec l'hyperbole. Désignons par M le milieu de la corde BC.

On sait que la droite OM passe par les milieux de toutes les cordes parallèles à BC dans l'hyperbole et sa conjuguée, et par conséquent par les milieux des cordes AS et B'C', B' et C' étant les symétriques de B et C par rapport aux asymptotes voisines.

On sait aussi que si des droites parallèles AA', BB', CC',... en nombre quelconque, même infini, ont leurs points milieux en ligne droite, les polygones ABC..., A'B'C'... sont équivalents.

Il suit de là que les secteurs hyperboliques OAB, OCS sont équivalents, ainsi que les triangles OAB, OCS et les segments hyperboliques correspondants. Par suite, l'angle COS est égal à l'angle hyperbolique AOB, d'argument β et l'on a, D étant la projection de C sur OS.

$$OD = \cosh \beta, \qquad CD = \sinh \beta.$$

De plus, le double de l'aire du triangle OCS ayant pour mesure $\sinh\beta$, il est clair que le double de l'aire du triangle OAB est aussi égal à $\sinh\beta$. Ce qui démontre le théorème suivant :

A des angles hyperboliques de même argument θ correspondent, quelles que soient leurs positions, non seulement des secteurs hyperboliques équivalents, mais encore des segments hyperboliques équivalents, et des triangles équivalents dont le double de l'aire est égal à $\sin h\theta$.

Ce théorème va nous permettre de trouver par la géométrie élémentaire la valeur de $\sinh(\alpha + \beta)$.

L'angle hyperbolique AOC ayant pour argument $\alpha + \beta$, il en résulte

$$\text{aire } 2\,\mathrm{AOC} = \sinh(\alpha + \beta).$$

Désignons par E l'intersection de AC avec OS. On voit aisément que le triangle AED est équivalent au triangle CEH.

Si du triangle AOC nous retranchons le triangle AED et si, par compensation, nous ajoutons le triangle équivalent CEH, nous aurons remplacé l'aire de ce triangle par la somme des aires des deux triangles OAD, OHC, et nous aurons

$$\sinh(\alpha + \beta) = 2\,\mathrm{OAC} = 2\,\mathrm{OAD} + 2\,\mathrm{OHC}.$$

Or $2\,\mathrm{OAD} = \sinh\alpha\cosh\beta$ et $2\,\mathrm{OHC} = \cosh\alpha\sinh\beta$. Donc

$$\sinh(\alpha + \beta) = \sinh\alpha\cosh\beta + \cosh\alpha\sinh\beta.$$

Soit I le symétrique de C par rapport à OS. L'angle hyperbolique IOA étant évidemment d'argument $\alpha - \beta$, le double de l'aire du triangle AOI est égal à $\sinh(\alpha - \beta)$ et l'on a

$$\sinh(\alpha - \beta) = 2\,\mathrm{AOI} = 2\,\mathrm{AOD} - 2\,\mathrm{OID} - 2\,\mathrm{AID}.$$

Remplaçons le triangle AID par le triangle équivalent IDH, il vient

$$\sinh(\alpha - \beta) = 2\,\mathrm{AOD} - 2\,\mathrm{OID} - 2\,\mathrm{IDH} = 2\,\mathrm{AOD} - 2\,\mathrm{OIH},$$
$$\sinh(\alpha - \beta) = \sinh\alpha\cosh\beta - \cosh\alpha\sinh\beta.$$

Pour arriver par la même méthode à trouver la valeur de $\cosh(\alpha \pm \beta)$, il faudra opérer sur des triangles dont le double de l'aire sera égal au cosinus de l'argument de l'angle correspondant.

Commençons par la formule de $\cosh(\alpha \pm \beta)$.

Le double de l'aire du triangle OB$'$S est évidemment égal à $\cosh(\alpha + \beta)$. D'autre part, les droites B$'$C$'$ et SA ayant leurs points milieux sur la droite OM, le triangle OC$'$A est équivalent au triangle OB$'$S et par suite

$$\cosh(\alpha + \beta) = 2\,\mathrm{OC}'\mathrm{A}.$$

L'aire du triangle OC$'$A est égale à l'aire du triangle OC$'$H, augmentée de l'aire du triangle OHA, puis diminuée de l'aire du triangle C$'$AH ou du triangle équivalent D$'$HA, D$'$ étant la projection de C$'$ sur OS. D'où

$$\cosh(\alpha + \beta) = 2\,\mathrm{OC}'\mathrm{H} + 2\,\mathrm{OHA} - 2\,\mathrm{D}'\mathrm{HA} = 2\,\mathrm{OC}'\mathrm{H} + 2\,\mathrm{OD}'\mathrm{A},$$
$$\cosh(\alpha + \beta) = \cosh\alpha\cosh\beta + \sinh\alpha\sinh\beta.$$

Avant de poursuivre, j'attirerai l'attention sur une propriété importante.

Soit A′ le symétrique de A par rapport à l'asymptote voisine. Le double de l'aire du triangle OSA, correspondant à un angle d'argument α et dont un côté est le demi-axe transverse OS, est égal à $\sinh\alpha$, puis le double de l'aire du triangle OSA′ est égal à $\cosh\alpha$. Nous allons démontrer que la même propriété s'étend au cas où l'angle hyperbolique occupe un position quelconque par rapport à la direction origine OS.

Considérons l'angle hyperbolique AOB d'argument β. Son triangle est OAB, dont le double de l'aire est égal à $\sinh\beta$. Nous disons que le double de l'aire du triangle OAB′, ou OA′B, est égal à $\cosh\beta$.

En effet, les droites AS et B′C′ ayant leurs points milieux sur la droite OM, il est clair que les triangles OAB′ et OSC′ sont équivalents. Or le double de l'aire du triangle OSC′ est égal à $\cosh\beta$. Donc le double de l'aire du triangle OAB′ est aussi égal à $\cosh\beta$.   (C. Q. F. D.).

Soit I′ le symétrique de I par rapport à l'asymptote voisine. L'angle hyperbolique IOA étant d'argument $\alpha-\beta$, en vertu de la proposition précédente le double de l'aire du triangle OI′A est égal à $\cosh(\alpha-\beta)$. Ainsi

$$\cosh(\alpha-\beta) = 2\,\mathrm{OI'A},$$

et I′ est aussi le symétrique de C′ par rapport à OS.

L'aire du triangle OI′A est égale à l'aire du triangle OI′H, augmentée de l'aire du triangle I′HA ou de son équivalent D′HA, puis diminuée de l'aire du triangle OHA. Nous avons donc

$$\cosh(\alpha-\beta) = 2\,\mathrm{OI'H} + 2\,\mathrm{D'HA} - 2\,\mathrm{OHA} = 2\,\mathrm{OI'H} - 2\,\mathrm{OD'A},$$
$$\cosh(\alpha-\beta) = \cosh\alpha\,\cosh\beta - \sinh\alpha\,\sinh\beta.$$

On remarque que, contrairement à ce qui a lieu pour les fonctions circulaires, les signes se correspondent dans les deux membres pour le cosinus hyperbolique d'une somme ou d'une différence.

Si je m'étais conformé à l'usage, qui est de suivre pour l'exposition la marche inverse de la découverte, il m'eût été facile de faire un exposé plus logique, et même de simplifier quelques démonstrations. Ainsi, pour trouver la formule du cosinus de la différence de deux angles quelconques, j'aurais choisi pour ces angles $\alpha+\beta$ et β, ce qui eût été plus expéditif. C'est même ce que j'avais fait, lorsqu'au milieu de la démonstration j'ai aperçu le théorème relatif à l'aire de même mesure que le cosinus d'un angle de position quelconque. Après réflexion, il m'a paru plus intéressant de présenter les démonstrations dans l'ordre de leur apparition. C'est ce qui justifie le décousu de cette Note.

Des formules qui précèdent on déduit immédiatement la suivante :

$$(\cosh\alpha \pm \sinh\alpha)(\cosh\beta \pm \sinh\beta) = \cosh(\alpha+\beta) \pm \sinh(\alpha+\beta),$$

et, par voie de conséquence, la formule qui correspond à celle de Moivre, mais où les imaginaires n'existent plus,

$$(\cosh\alpha \pm \sinh\alpha)^m = \cosh m\alpha \pm \sinh m\alpha.$$

Pour en finir avec la trigonométrie hyperbolique, il nous reste à dire quelques mots sur la tangente hyperbolique, définie comme le rapport du sinus hyperbolique au cosinus hyperbolique.

Des égalités

$$\tanh(\alpha \pm \beta) = \frac{\sinh(\alpha \pm \beta)}{\cosh(\alpha \pm \beta)},$$

on déduit immédiatement

$$\tanh(\alpha + \beta) = \frac{\sinh\alpha\cosh\beta + \cosh\alpha\sinh\beta}{\cosh\alpha\cosh\beta + \sinh\alpha\sinh\beta} = \frac{\dfrac{\sinh\alpha}{\cosh\alpha} + \dfrac{\sinh\beta}{\cosh\beta}}{1 + \dfrac{\sinh\alpha}{\cosh\alpha}\dfrac{\sinh\beta}{\cosh\beta}}$$

$$= \frac{\tanh\alpha + \tanh\beta}{1 + \tanh\alpha\tanh\beta}.$$

et pareillement

$$\tanh(\alpha - \beta) = \frac{\tanh\alpha - \tanh\beta}{1 - \tanh\alpha\tanh\beta}.$$

Comme pour le cosinus hyperbolique de la somme et de la différence de deux angles, les signes + et — se correspondent dans les deux membres.

On trouvera dans les Comptes rendus de l'Association (*Congrès de Paris*, 1889) un mode de représentation de l'angle circulaire $\alpha + \beta i$. On y verra que l'argument β de la partie imaginaire a été représenté par un angle hyperbolique de même argument β.

Cette représentation géométrique est identique à celle donnée par M. Marie, dans sa *Théorie des fonctions des variables imaginaires*, et en désaccord avec celle de la *Réforme cartésienne* de M. Mouchot. Cependant, M. Mouchot avait bien voulu reconnaître l'exactitude de ma représentation.

Ce rapprochement entre les angles circulaires et les angles hyperboliques m'encourage à chercher d'autres correspondances. C'est pourquoi je continue.

Quelques théorèmes nouveaux. — Nous allons nous attaquer à l'angle hyperbolique imaginaire, en nous fiant hardiment à la méthode dite *des relations contingentes*, c'est-à-dire au fond à l'analogie, à l'induction et à l'intuition, qui peuvent nous tromper, mais qui conduisent parfois à des découvertes qu'elles semblent prévoir.

Dans le cercle deux rayons rectangulaires, qui sont deux rayons conjugués, déterminent un angle circulaire réel égal à $\dfrac{\pi}{2}$.

Par une hasardeuse analogie, nous dirons que dans la figure formée par une hyperbole équilatère et sa conjuguée deux rayons symétriques par rapport aux asymptotes, qui sont deux rayons conjugués, déterminent un angle hyperbolique imaginaire égal à $\dfrac{\pi\sqrt{-1}}{2}$.

Nous donnerons à $\sinh\dfrac{\pi i}{2}$ et $\cosh\dfrac{\pi i}{2}$ les valeurs i et zéro trouvées par l'analyse.

Enfin nous étendrons aux angles imaginaires les formules démontrées seulement pour les angles réels. Nous aurons alors

$$\sinh\frac{\pi i}{2} = i, \qquad \sinh\pi i = 0, \qquad \sinh\frac{3\pi i}{2} = -i, \qquad \sinh 2\pi i = 0 = \sinh 0,$$

$$\cosh\frac{\pi i}{2} = 0, \qquad \cosh\pi i = -1, \qquad \cosh\frac{3\pi i}{2} = 0, \qquad \cosh 2\pi i = 1 = \cosh 0,$$

$$\sinh\left(\alpha + \frac{\pi i}{2}\right) = i\cosh\alpha,$$

$$\cosh\left(\alpha + \frac{\pi i}{2}\right) = i\sinh\alpha,$$

$$\tanh\left(\alpha + \frac{\pi i}{2}\right) = \frac{1}{\tanh\alpha},$$

$$\sinh(\alpha + \pi i) = -\sinh\alpha,$$

$$\cosh(\alpha + \pi i) = -\cosh\alpha,$$

$$\tanh(\alpha + \pi i) = \tanh\alpha,$$

$$\sinh\left(\alpha + \frac{3\pi i}{2}\right) = -i\cosh\alpha,$$

$$\cosh\left(\alpha + \frac{3\pi i}{2}\right) = -i\sinh\alpha,$$

$$\tanh\left(\alpha + \frac{3\pi i}{2}\right) = \frac{1}{\tanh\alpha},$$

$$\sinh(\alpha + 2\pi i) = \sinh\alpha,$$

$$\cosh(\alpha + 2\pi i) = \cosh\alpha,$$

$$\tanh(\alpha + 2\pi i) = \tanh\alpha.$$

On remarquera que les tangentes ont toujours des valeurs réelles, et on en conjecturéra que les théorèmes concernant les angles réels s'étendront aux angles imaginaires, lorsque la démonstration sera basée sur les propriétés des tangentes. Il y aura comme un enchevêtrement entre les angles réels et les angles imaginaires.

On remarquera encore que les angles θ et $\theta + 2\pi i$, ayant mêmes fonctions hyperboliques, ne peuvent avoir qu'une même représentation matérielle; ce qui tient à ce que les fonctions hyperboliques sont périodiques, et admettent pour période $2\pi i$.

Reportons la vue sur notre figure.

L'angle hyperbolique réel AOB est égal à β, l'angle hyperbolique imaginaire BOB′ est égal à $\frac{\pi i}{2}$, et par suite l'angle AOB′ est égal à $\beta + \frac{\pi i}{2}$.

Si l'intuition ne nous trompe pas, le triangle AOB′, correspondant à l'angle hyperbolique imaginaire d'argument $\beta + \frac{\pi i}{2}$, doit être la représentation idéale, mais fidèle, d'un triangle imaginaire dont le double de l'aire est égal à $\sinh\left(\beta + \dfrac{\pi i}{2}\right)$. En conséquence, nous devons trouver pour mesure du double de l'aire du triangle image OAB$'$ un nombre réel caché sous la forme $i\sinh\left(\beta + \dfrac{\pi i}{2}\right)$.

Or $\sinh\left(\beta + \dfrac{\pi i}{2}\right)$ est égal à $i\cosh\beta$, d'après nos formules.

Donc le double de l'aire du triangle OAB$'$ devra être égal à $\cosh\beta$.

D'autre part, nous avons démontré que le double de l'aire du triangle OAB$'$ est précisément égal à $\cosh\beta$. D'où nous concluons que cette première prévision est justifiée. C'est une satisfaction de bon augure.

Notre mode de représentation des angles imaginaires a été entièrement suggéré par la lecture de l'*Essai sur les fonctions hyperboliques*, par C.-A. Laisant.

Grâce à l'emploi de l'hyperbole conjuguée, qui complète en quelque sorte le contour de la courbe dans toutes les directions possibles autour du centre, M. Laisant est parvenu à peindre aux yeux, comme un fait géométrique, la périodicité des fonctions hyperboliques.

Pour ce qui suit je me limiterai à l'examen des propriétés des angles hyperboliques réels, dans la mesure du possible à cause de l'enchevêtrement.

Nous commencerons par démontrer ce théorème fondamental :

Si, autour d'un point fixe comme sommet, on fait tourner un angle hyperbolique de grandeur constante, ses deux côtés marquent sur une droite fixe deux divisions homographiques qui ont toujours les mêmes points doubles réels, quelle que soit la grandeur de cet angle, la direction origine des angles hyperboliques étant perpendiculaire à la droite fixe.

Considérons une hyperbole équilatère de centre O et de demi-axe OM égal à 1. (Prière de faire la figure.) La perpendiculaire menée à la droite OM par le point M coupe les deux asymptotes en des points E et F. Soient A, A$'$ les points de rencontre de la droite EF avec deux droites issues du centre et formant un angle hyperbolique AOA$'$ d'argument θ, la direction origine étant OM.

Si nous désignons par x l'argument de l'angle hyperbolique MOA et par conséquent par $x + \theta$ l'argument de l'angle hyperbolique MOA$'$, il est clair qu'on a $\tanh x = \dfrac{\text{MA}}{\text{OM}}$, $\tanh(x + \theta) = \dfrac{\text{MA}'}{\text{OM}}$ et comme OM $= 1$,

$$\tanh(x + \theta) = \text{MA}', \qquad \tanh x = \text{MA}.$$

La formule démontrée

$$\tanh(x + \theta) = \frac{\tanh x + \tanh\theta}{1 + \tanh x \tanh\theta},$$

donne la relation

$$\text{MA}' = \frac{\text{MA} + \tanh\theta}{1 + \text{MA}\tanh\theta} \quad \text{ou} \quad \text{MA}'\,\text{MA}\tanh\theta + \text{MA}' - \text{MA} - \tanh\theta = 0,$$

qui exprime que les points A, A′ marquent deux divisions homographiques sur une même droite lorsque tangh θ est une constante. On voit aisément que si l'un des points A ou A′ vient en E ou F, son homologue se confond avec lui. Ce qui démontre que lorsque l'angle hyperbolique de grandeur constante θ tourne autour du point fixe O, ses deux côtés marquent sur la droite fixe EF deux divisions qui ont les mêmes points doubles E et F, quelle que soit la grandeur de θ.

Remarque. — Les points A, A′ sont tous deux à l'intérieur du segment EF ou tous deux à l'extérieur. Dans le premier cas l'angle hyperbolique est réel et égal à θ; dans le second cas il est imaginaire et égal à $\theta + \pi i$. Mais la valeur de la tangente ne change pas, puisque tangh$(\theta + \pi i)$ est égal à tangh θ et l'enchevêtrement de ces deux angles s'explique.

Pour donner au théorème toute sa généralité il resterait à considérer le cas où l'un des points A, A′ se trouve à l'intérieur du segment EF et l'autre à l'extérieur; alors la même circonstance se présente dans toutes les positions de l'angle, qui est toujours imaginaire. La démonstration ne présente pas de difficultés.

Dans le cas très particulier où l'un des côtés de l'angle se confond avec une asymptote, l'autre côté se confond aussi avec la même asymptote; ce qui autorise à dire qu'une asymptote fait avec elle-même un angle égal à un angle hyperbolique quelconque.

Notre théorème fondamental peut s'énoncer sous cette autre forme :

Quand deux divisions homographiques formées sur une même droite ont leurs deux points doubles réels, il existe, de part et d'autre de cette droite, un point d'où l'on voit, sous des angles hyperboliques égaux et formés dans le même sens de rotation, tous les segments compris entre les points de la première division et leurs homologues respectifs.

On pourrait aussi le présenter sous cette forme plus séduisante :

Le rapport anharmonique du faisceau formé par les côtés d'un angle hyperbolique d'argument θ et par les asymptotes de la courbe est égal à $e^{2\theta}$.

Le théorème similaire dans le cercle, où les asymptotes sont des droites isotropes, a été donné par Laguerre en 1853, alors qu'il était lycéen. Il m'a semblé que la relation de Laguerre n'était pas assez générale, parce qu'elle ne permettait pas de distinguer deux angles qui diffèrent de π. C'est pourquoi, dans ma Géométrie générale, je l'avais remplacée par la suivante, en utilisant les propriétés singulières des droites isotropes.

Le rapport des segments déterminés sur les deux côtés d'un angle circulaire d'argument $\alpha + \beta\sqrt{-1}$ par une droite isotrope, est égal à $e^{(\alpha+\beta\sqrt{-1})\sqrt{-1}}$.

Ce théorème peut avoir des applications dans la géométrie modulaire, lorsque le module est un nombre premier de la forme $4q + 1$, parce que dans ce cas la droite arithmétique isotrope est réelle.

Proposons-nous maintenant d'étendre à l'hyperbole équilatère l'important théorème des angles inscrits dans le cercle.

On sait que si A, B sont deux points fixés d'une circonférence et P un point variable sur l'arc APB, situé du même côté de la sécante AB que le centre O, l'angle inscrit APB est égal à la moitié de l'angle au centre AOB, quelle que soit la position du point P sur l'arc.

A cette proposition correspond la suivante :

Si A, B *sont deux points fixes d'une même branche d'hyperbole équilatère et* P *un point variable sur l'autre branche, l'angle hyperbolique inscrit* APB *est égal à la moitié de l'angle hyperbolique au centre* AOB, *quelle que soit la position du point* P *sur la branche.*

Nous prions le lecteur de faire la figure de la démonstration.

Soit Q le point diamétralement opposé à P. Menons par le point O les parallèles à PA et PB ; elles rencontreront la branche d'hyperbole AB aux points A′ et B′. L'angle hyperbolique A′OB′ est, par définition, égal à l'angle hyperbolique APB.

Or, comme il est aisé de voir, les aires des secteur OQA′, OQB′ sont égales aux moitiés des aires des secteurs OQA, OQB, et par conséquent l'aire du secteur A′OB′ est la moitié de l'aire du secteur AOB.

Donc l'angle hyperbolique A′OB′, ou son égal APB, est la moitié de l'angle hyperbolique AOB.   (C. Q. F. D.)

COROLLAIRE. — *Tous les angles hyperboliques inscrits dans un même segment sont égaux.*

Pour le cercle, à un point P situé sur l'autre arc correspond un angle circulaire qui diffère du précédent de π. Pour l'hyperbole équilatère, en s'appuyant sur les propriétés des cordes supplémentaires, on constaterait qu'à un point P situé sur l'autre branche correspond un angle hyperbolique qui diffère du précédent de πi. Enfin on étendrait la proposition au cas où les points A et B sont sur des branches différentes.

Remarque. — On obtiendrait une démonstration applicable à tous les cas, en se basant sur notre théorème fondamental et les deux propositions suivantes :

Lorsqu'un point décrit une conique à centre, les droites qui joignent ce point à deux points fixes de la conique forment deux faisceaux homographiques, qui ont deux couples de rayons parallèles (réels pour l'hyperbole et imaginaires pour l'ellipse).

Cette proposition bien connue fournirait encore une démonstration de notre théorème fondamental, et pour tous les cas.

Le rapport anharmonique de quatre points A, B, C, D *d'une conique est*

égal à la racine carrée du rapport anharmonique du faisceau P (ABCD)
qui a pour centre le pôle P *de la droite* AB.

On choisira pour pôle le centre de la conique.

Ce dernier théorème ne figure pas dans les Traités de Géométrie. Nous
l'avons rencontré dans d'autres recherches et en avons donné une démonstration très simple en 1890, dans *Mathésis*.

Les analogies existant entre l'hyperbole équilatère et le cercle sont en
trop grand nombre pour songer à les rechercher toutes. Contentons-nous
d'en indiquer encore une :

Les cordes des segments hyperboliques de même aire enveloppent une
seconde hyperbole ayant les mêmes asymptotes, c'est-à-dire un double con-
tact à l'infini avec la première.

Puisque à des angles hyperboliques de même argument correspondent
des segments hyperboliques de même aire, il nous suffira de dire que
ce théorème n'est au fond qu'un corollaire du suivant.

Si deux faisceaux homographiques ont leur sommet commun en un
point d'une conique, les cordes interceptées dans cette courbe par les
rayons homologues des deux faisceaux enveloppent une seconde conique
qui a double contact avec la première, sur la corde interceptée dans
celle-ci par les rayons doubles des deux faisceaux.

L'enchevêtrement existant entre les angles hyperboliques réels et imaginaires nous a mis dans l'obligation de considérer les angles dont l'argument est égal à une quantité réelle augmentée d'un multiple de $\dfrac{\pi i}{2}$, mais
cela nous a suffi pour cette esquisse, attendu que nous n'avions en vue
que la démonstration de propriétés concernant l'angle hyperbolique réel.

Espérant trouver dans la conique générale quelques traces des propriétés des angles circulaires, je me suis mis à leur recherche et j'ai eu la
chance d'en rencontrer qui expriment de gentils théorèmes.

En voici un concernant l'hyperbole équilatère :

Si par un point fixe situé sur la perpendiculaire au milieu d'un dia-
mètre AB *d'une hyperbole équilatère, on mène une droite quelconque coupant*
la courbe aux points P *et* Q, *la somme des angles* APB *et* AQB, *sous les-*
quels on voit le diamètre AB *des points variables* P *et* Q, *est constante.*

Les propriétés des angles hyperboliques que nous venons de démontrer
pour l'hyperbole équilatère sont toutes projectives, et par conséquent
s'appliquent à une hyperbole quelconque. Pareillement, les propriétés
des angles circulaires s'étendent par projection à une ellipse quelconque.

Pour tous ces angles, hyperboliques et elliptiques, il existe une direction origine, qui est celle de l'axe transverse pour l'hyperbole et l'une des
deux axes au choix pour l'ellipse.

Désignons par k le carré du rapport à l'axe origine de l'autre axe, et
prenons pour unité de longueur le demi-axe origine.

Nous obtenons les formules fondamentales

$$\cos^2\alpha + k\sin^2\alpha = 1,$$
$$\sin(\alpha \pm \beta) = \sin\alpha\cos\beta \pm \cos\alpha\sin\beta,$$
$$\cos(\alpha \pm \beta) = \cos\alpha\cos\beta \mp k\sin\alpha\cos\beta.$$

Il est évident que la caractéristique k est positive pour les angles elliptiques et négative pour les angles hyperboliques. En particulier, pour $k = +1$ et $k = -1$, on retrouve les formules des trigonométries du cercle et de l'hyperbole équilatère.

Des formules fondamentales on déduit les suivantes :

$$\left(\cos\alpha \pm \sqrt{-k}\sin\alpha\right)\left(\cos\beta \pm \sqrt{-k}\cos\beta\right) = \cos(\alpha + \beta) \pm \sqrt{-k}\sin(\alpha + \beta),$$
$$\left(\cos\alpha \pm \sqrt{-k}\sin\alpha\right)^m = \cos m\alpha \pm \sqrt{-k}\sin m\alpha,$$
$$\frac{\sin\alpha}{1 + \cos\alpha} = \frac{2\sin\dfrac{\alpha}{2}\cos\dfrac{\alpha}{2}}{\left(\cos^2\dfrac{\alpha}{2} + k\sin^2\dfrac{\alpha}{2}\right) + \left(\cos^2\dfrac{\alpha}{2} - k\sin^2\dfrac{\alpha}{2}\right)} = \frac{\sin\dfrac{\alpha}{2}}{\cos\dfrac{\alpha}{2}} = \tan\frac{\alpha}{2}.$$

De cette dernière relation, indépendante de la caractéristique, on déduit le théorème de Laisant, qui étend la liaison entre un double secteur hyperbolique et son *amplitude hyperbolique* à l'ellipse et à l'hyperbole quelconques.

Une distraction. — On sait que l'exactitude de la formule d'Euler a été mise en doute par quelques mathématiciens, sous le prétexte que l'opération d'élever un nombre réel à la puissance du degré $\sqrt{-1}$ n'a pas été préalablement définie.

Parmi eux figure M. F. Vallès, qui a composé un remarquable Ouvrage en trois Volumes sur *les formes imaginaires en Algèbre*.

Or le travail tout entier de M. Vallès disparaît avec la base sur laquelle il a cru pouvoir l'édifier, parce que l'auteur a été victime d'une petite distraction dans un petit calcul.

Comme la formule d'Euler n'est pas étrangère à la théorie des fonctions hyperboliques, et comme son inexactitude entraînerait celle de nos figurations géométriques de l'imaginaire, nous croyons devoir relever ici cette erreur qui n'a pas encore été signalée.

On la trouve dans le troisième Volume, page 40. Je cite textuellement.

On a, d'après la formule d'Euler,

$$e^{x\sqrt{-1}} = \cos x + \sqrt{-1}\sin x.$$

Si l'on élève les deux membres à la puissance $\sqrt{-1}$, il viendra

$$e^{-x} = \left(\cos x + \sqrt{-1}\sin x\right)^{\sqrt{-1}},$$

égalité qui, en faisant $x = \dfrac{\pi}{2}$, se réduit à $e^{-\frac{\pi}{2}} = \sqrt{-1}^{\sqrt{-1}}$.

Admettant, avec nos antagonistes, l'exactitude de la formule d'Euler, appliquons à cette formule un procédé tout à fait semblable à celui qu'ils emploient eux-mêmes, et élevons les deux termes à la puissance $-\sqrt{-1}$, il viendra

$$e^x = \left(\cos x + \sqrt{-1}\,\sin x\right)^{-\sqrt{-1}} = \left(\cos x - \sqrt{-1}\,\sin x\right)^{\sqrt{-1}}, \quad .$$

égalité qui, si l'on suppose que x devient $\dfrac{\pi}{2}$, donne

$$e^{\frac{\pi}{2}} = -\sqrt{-1}^{\sqrt{-1}}.$$

Or cette valeur de $-\sqrt{-1}^{\sqrt{-1}}$ ajoutée avec celle de $+\sqrt{-1}^{\sqrt{-1}}$ donne $e^{+\frac{\pi}{2}} + e^{-\frac{\pi}{2}} = 0$, ou $e^{\pi} = -1$, ce qu'aucun géomètre à coup sûr ne sera disposé à admettre.

M. Vallès a tout simplement oublié une parenthèse..

En la rétablissant il vient $e^{\frac{\pi}{2}} = \left(-\sqrt{-1}\right)^{\sqrt{-1}}$. Ajoutons cette valeur avec celle de $+\sqrt{-1}^{\sqrt{-1}}$, nous avons la somme

$$e^{+\frac{\pi}{2}} + e^{-\frac{\pi}{2}} = \left(-\sqrt{-1}\right)^{\sqrt{-1}} + \left(+\sqrt{-1}\right)^{\sqrt{-1}},$$

qui n'est pas égale à zéro, et ne conduit plus à des résultats inadmissibles.

Morale. — N'oubliez jamais les parenthèses.

M. Farid BOULAD,

Ingénieur E. P. C. au Service des Ponts des Chemins de fer
de l'État égyptien (Le Caire).

APPLICATION DE L'HOMOLOGIE A LA TRANSFORMATION DES NOMOGRAMMES A POINTS ALIGNÉS (*).

51-12-137

6 *Août.*

En introduisant dans le domaine de la Nomographie la transformation homographique la plus générale, M. d'Ocagne a établi une proposi-

---

(*) Qu'il me soit permis de remercier ici M. l'Ingénieur en chef des Ponts et Chaussées A. Husson, notre savant chef du Service des Ponts des Chemins de fer de l'État égyptien, pour avoir bien voulu m'autoriser à appliquer le principe des nomogrammes ci-dessus au tracé des lignes d'influence d'un pont à travées solidaires.

tion fondamentale très importante, tant pour la construction des nomogrammes à points alignés que pour la détermination de la meilleure disposition à leur donner.

A ce point de vue, l'homologie, sous sa forme la plus générale telle qu'elle a été définie par Poncelet, peut être aussi utilisée.

Elle permet, en effet, comme nous allons le montrer ici, de résoudre, d'une façon purement élémentaire et pratique, les remarquables questions suivantes exposées homographiquement par M. d'Ocagne dans son grand *Traité de Nomographie*.

1° *La transformation homographique complète des nomogrammes à points alignés*. — Nous montrerons comment on peut définir par l'homologie toute la famille des nomogrammes homographiques correspondant à une équation représentable par un nomogramme déterminé.

2° *Recherche d'une bonne disposition à donner à un nomogramme*. — Nous indiquerons, à cet effet, une construction très simple permettant de substituer, à un nomogramme déjà construit et dont le quadrangle limite est quelconque, un autre nomogramme qui lui soit homologique et qui ait, pour quadrangle correspondant, un parallélogramme quelconque. Cette construction peut être considérée comme une solution du beau problème géométrique suivant : *Étant données deux figures homographiques planes, les placer sans déformation, de manière que l'une d'elles soit homologique avec l'autre.*

3° *Déformation des échelles curvilignes à intervalles irréguliers en d'autres échelles à graduation plus uniforme*. — Pour effectuer cette déformation, nous présenterons un procédé géométrique qui permet, de plus, de concentrer rapidement autour d'un point les diverses formes des échelles homologiques à une échelle donnée. Son principe est bien simple et diffère de celui sur lequel repose le procédé connu du capitaine Lafay.

Exposons ci-après successivement les nouvelles applications ci-dessus de l'homologie.

1° *La transformation homologique complète des nomogrammes à points alignés*. — Rappelons la proposition fondamentale suivante donnée par M. d'Ocagne dans son *Traité précité de Nomographie*, p. 132, et son *Cours de Calcul graphique et Nomographie*, p. 227.

Si une équation $F_{123} = 0$ à trois variables est susceptible d'être représentée par un nomogramme à points alignés N, elle l'est par l'infinité de nomogrammes N' qu'on en déduit de ce premier par l'application de la transformation homographique la plus générale.

Si

$$x_i = \frac{f_i}{h_i}, \qquad y_i = \frac{g_i}{h_i} \qquad \text{(pour } i = 1, 2, 3)$$

*3

sont les équations définissant le nomogramme N, les divers nomogrammes N' sont donnés par les équations

$$x'_i = \frac{f'_i}{h'_i}, \qquad y'_i = \frac{g'_i}{h'_i},$$

où

$$(1) \qquad \begin{cases} f'_i = \lambda\, f_i + \mu\, g_i + \nu\, h_i, \\ g'_i = \lambda'\, f_i + \mu'\, g_i + \nu'\, h_i, \\ h'_i = \lambda''\, f_i + \mu''\, g_i + \nu''\, h_i, \end{cases}$$

les neuf paramètres λ, μ, ..., ν'' étant assujettis à la seule condition que le déterminant transformateur

$$\Delta = |\ \lambda \quad \mu' \quad \nu''\ |$$

soit différent de zéro.

Nous ferons remarquer que, pour définir les divers nomogrammes ci-dessus au moyen de la transformation homologique la plus générale, il suffit *de faire*

$$(2) \qquad \lambda = \mu' = 1, \qquad \lambda' = \mu = 0,$$

d'effectuer, sur λ'', μ'', ν'', *la substitution*

$$(3) \qquad \lambda'' = \frac{\alpha}{\delta}, \qquad \mu'' = \frac{\beta}{\delta}, \qquad \nu'' = \frac{\gamma + \delta}{\delta},$$

et de rapporter le nomogramme $N(x, y)$ *à un système d'axes* Ox, Oy; *et, toute sa famille* $N'(x', y')$ *à un autre système d'axes* $O'x'$, $O'y'$ *pris parallèlement au précédent et tel que son origine* O' *ait, par rapport à* Ox, Oy, *pour coordonnées* $x = -\nu$, $y = -\nu'$.

Dans ce cas, chacun des divers nomogrammes homographiques N' *deviendra homologique au nomogramme* N, *en ayant, pour centre d'homologie, l'origine* O', *et pour axe d'homologie la droite définie par l'équation*

$$\alpha x + \beta y + \gamma = 0.$$

En effet, si l'on désigne par (x, y) et (X, Y) les coordonnées cartésiennes correspondant respectivement à deux points homologues quelconques des deux nomogrammes N et N' par rapport au système d'axes Ox, Oy; et si après avoir introduit dans les relations (1) les expressions (2) et (3), on substitue à f_i et g_i leurs valeurs respectives $h_i x$ et $h_i y$, on obtient, précisément, les formules suivantes de la transformation homologique la plus générale (*) :

$$(4) \qquad \begin{cases} x'_i = X + \nu = \dfrac{\delta(x + \nu)}{\alpha x + \beta y + \gamma + \delta}, \\[2mm] y'_i = Y + \nu' = \dfrac{\delta(y + \nu')}{\alpha x + \beta y + \gamma + \delta} \end{cases}$$

(*) Il convient de bien remarquer que ces formules sont présentées ici sous une forme plus générale que celle indiquée par quelques auteurs qui admettent pour

relatives à toutes les figures homologiques ayant pour éléments d'homologie : un centre défini par les coordonnées $x = -v$, $y = -v'$, et
un axe homologique représenté par l'équation $\alpha x + \beta y + \gamma = 0$.

Ces formules sont, en réalité, à cinq paramètres, savoir : les trois v, v', δ,
et deux des trois autres paramètres α, β, γ.

2° *Application de l'homologie à la recherche d'une bonne disposition à donner à un nomogramme.* — Montrons comment on peut géométriquement, d'une façon purement élémentaire et expéditive, substituer, à

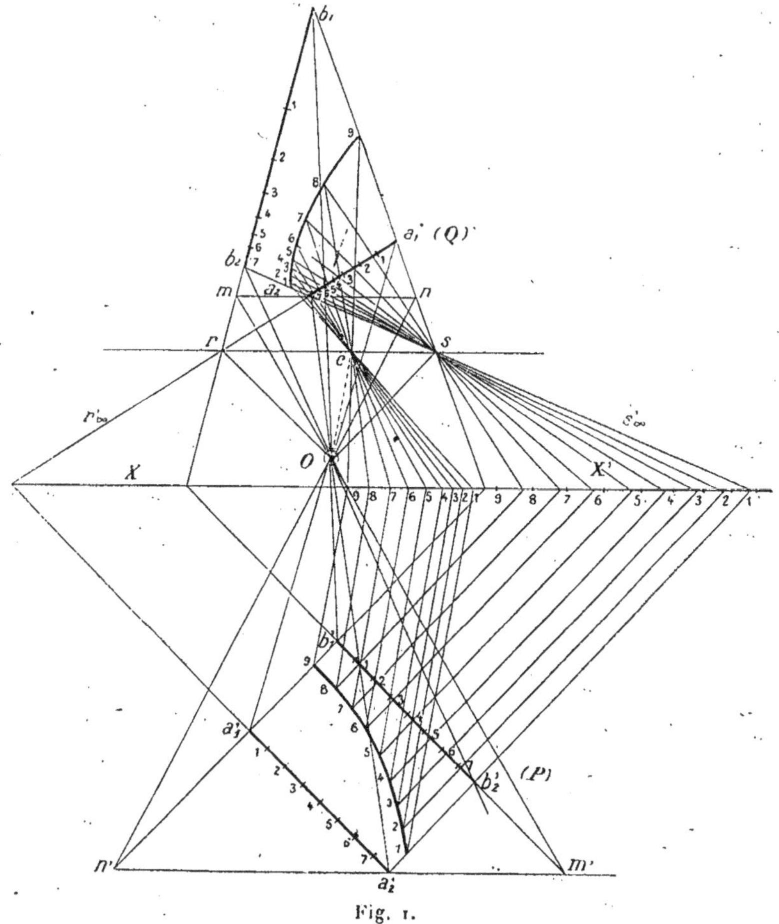

Fig. 1.

un nomogramme déjà construit et dont le quadrangle limite $a_1 b_1 b_2 a_2$
(*fig.* 1) est quelconque, un autre nomogramme qui lui soit homologique

le paramètre δ une valeur constante égale à l'unité. Nous citerons, à ce propos,
les formules figurées dans l'Ouvrage *L'Introduction à la Géométrie supérieure*, par
M. Housel, 1865, p. 164.

et qui ait pour quadrangle limite correspondant un parallélogramme quelconque $a'_1 b'_1 b'_2 a'_2$.

Pour cela, désignons respectivement par Q et P ces deux figures et supposons qu'elles soient disposées dans la figure 1, homologiquement l'une par rapport à l'autre. Soient O et XX' le *centre* et l'*axe d'homologie* correspondants. Appelons r et s les points de concours respectifs des deux couples de côtés opposés $a_1 a_2$ et $b_1 b_2$, $a_1 b_1$ et $a_2 b_2$. Soient m et n les points de rencontre respectifs des deux côtés $b_1 b_2$ et $b_1 a_1$ avec la parallèle menée par le sommet a_2 à l'axe d'homologie XX'; et m', n' leurs homologues qui sont les points d'intersection des côtés $b'_1 b'_2$ et $a'_1 b'_1$ avec la parallèle menée par a'_2 à l'axe XX'.

Cela posé, les deux figures P et Q étant homologiques, les couples de points homologues doivent être alignés sur le centre O, et les couples de droites homologues doivent se couper sur l'axe XX'.

En se rapportant à cette définition, nous pourrons déterminer successivement les éléments suivants par rapport au quadrangle Q :

1. *Direction de l'axe homologique* XX'. — Remarquons que les deux points r et s de la figure Q, ayant pour homologues, dans P, les deux points $r'(\infty)$ et $s'(\infty)$ de l'infini des deux directions $a'_1 a'_2$ et $a'_1 b'_1$, l'axe XX' est parallèle à la droite rs, et cette dernière est la *droite limite* de la figure Q. Elle correspond à tous les points de l'infini de la figure P.

2. *Direction du parallélogramme* P *par rapport à la droite* rs. —Les deux points m' et n' étant en même temps les homologues des points m et n, et situés sur une parallèle à XX', nous avons les rapports

$$\frac{a_2 m}{a_2 n} = \frac{a'_2 m'}{a'_2 n'} = \frac{m' b'_2}{b'_2 b'_1}$$

qui déterminent la direction du parallélogramme P par rapport à celle de la droite rs ou XX'.

3. *Position du centre d'homologie* O *par rapport au quadrangle* Q. — rs étant *la droite limite* de la figure Q. Le centre O est à l'intersection des deux parallèles rO et sO aux deux directions $a'_1 a'_2$ et $a'_2 b'_2$.

4. *Position définitive du parallélogramme* P *par rapport au quadrangle* Q. — Connaissant le faisceau $O(a_1 b_1 b_2 a_2)$ sur les droites duquel doivent être situés les sommets a'_1, b'_1, b'_2, a'_2, du parallélogramme P, et connaissant aussi la direction et la grandeur de ce parallélogramme, la position définitive de ce dernier est donc déterminée entièrement par rapport à Q.

5. *Position de l'axe d'homologie.* — Cet axe est le lieu des points où se coupent les droites homologues des deux figures en question.

Ayant placé ces deux figures dans leur position homologique cherchée, et connaissant les éléments d'homologie O et XX', la construction du nomogramme $a'_1\,b'_1\,b'_2\,a'_2$ peut être exécutée aisément en appliquant les propriétés connues des figures homologiques et notamment la propriété suivante, très importante au point de vue de la détermination simultanée d'un grand nombre de points :

Les droites correspondantes de deux faisceaux ayant pour bases deux systèmes quelconques de points homologues et pour sommets deux autres points homologues quelconques, se coupent sur l'axe d'homologie.

C'est au moyen de cette propriété que les échelles du nomogramme $a'_1\,b'_1\,b'_2\,a'_2$ ont été construites.

A. *Transformation homologique des nomogrammes coniques.* — Énonçons la remarque intéressante suivante relative à cette transformation.

Si le support d'une échelle d'un nomogramme à points alignés est une conique, comme cela a lieu dans le cas des nomogrammes coniques représentatifs des équations des 3ᵉ et 4ᵉ ordres, on peut, en vertu d'une propriété bien connue des coniques homologiques, substituer, au nomogramme ci-dessus, un autre nomogramme qui lui soit homologique et tel que le support correspondant à cette échelle soit une conique quelconque. Le centre d'homologie correspondant est le point de concours des tangentes communes à ces deux coniques, et l'axe homologique est la corde commune.

3° *Procédé pour déformer par l'homologie les échelles curvilignes à intervalles irréguliers en d'autres échelles à graduation plus uniforme.* — Soit A123.M.89B (*fig.* 2) une échelle curviligne donnée dont les intervalles se resserrent trop dant la partie AM, tandis qu'au contraire ils se dilatent notablement dans l'autre MB.

Pour remédier à ce défaut, nous proposons le procédé suivant qui permet de déterminer homologiquement et en quelque sorte expérimentalement, l'échelle A'1'2'.M'.8'9'B' dont la graduation peut être admise au point de vue pratique comme la plus régulière de celles correspondant à toutes les échelles homologiques à AMB.

Construisons sur un transparent un faisceau de droites

$$O\,(A',\,1',\,2',\,3',\,4',\,\ldots,\,8',\,9',\,B')$$

formant entre elles des angles égaux. Posons ce transparent sur l'échelle déjà construite AMB et faisons varier la position de ce faisceau jusqu'à ce que nous soyons arrivé, par tâtonnement, à faire passer plus ou moins bien ses droites par les points de division de l'échelle proposée. Puis fixons le transparent dans cette position. Tirons la bissectrice OM de l'angle AOB, et soient A', M', B' les trois points de rencontre respectifs des trois rayons OA, OM, OB avec un arc de cercle décrit du centre O et avec un rayon *arbitraire*.

Cela posé, considérons l'échelle A′M′B′ homologique à AMB et définie telle que ses trois points A′, M′, B′ soient respectivement les homologues de A, M, B.

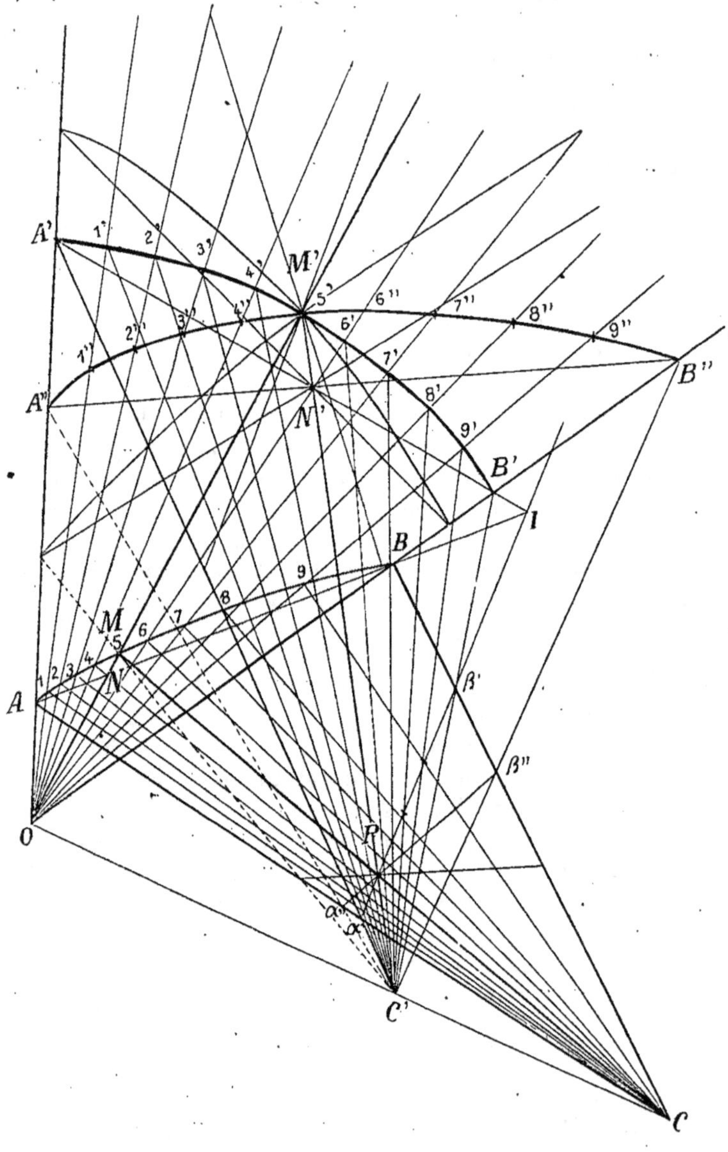

Fig. 2.

Il est évident que le point O est *le centre d'homologie* correspondant et que l'*axe homologique* est la droite α′Pβ′I sur laquelle se coupent les droites homologues.

Cet axe passe, dans cette figure, par le point de concours I des deux droites .homologues AB et A'B' et par le point P correspondant aux deux autres droites homologues MNP et M'N'P qu'on obtient en joignant M et M' aux deux points N et N' intersections des droites AB et A'B' avec un rayon quelconque ON. Quels que soient les trois points A', M', B' pris sur les trois rayons OA, OM, OB, on peut construire rapidement l'échelle A'M'B' en appliquant la remarque suivante :

Si C *et* C' *sont les deux points de rencontre respectifs des deux droites* MP *et* M'P *avec un rayon quelconque* OC, *les droites correspondantes des deux faisceaux homologues* C (A 123.M.89B) *et* C'(A' 1'2'3'.M'.8'9'B') *se coupent sur l'axe d'homologie* α' P β'.

A présent remarquons que, si l'on fait pivoter cet axe autour de l'un quelconque P de ses points, les échelles telles que A"M'B" construites d'après ci-dessus, passent toutes par le point M'; de même, leurs cordes A"B" pivotent autour du point N'.

Un simple examen des diverses formes des échelles obtenues ainsi montre que l'échelle A'M'B' est celle dont la graduation peut être considérée comme la plus rapprochée de l'arc de cercle A'M'B', et par suite la plus régulière.

D'ailleurs, cela est évident, sans même cette comparaison. En résumé, une fois déterminée la position du centre O, on obtient immédiatement l'axe homologique $\alpha'\beta'$ correspondant à l'échelle cherchée A'M'B'. La transformation à appliquer est définie par les formules (4) dans lesquelles on substituera aux paramètres ν, ν', α, β, γ leurs valeurs correspondant aux éléments O et $\alpha'\beta'$ d'homologie.

Quant au paramètre δ, sa valeur sera tirée des formules ci-dessus, après y avoir introduit les coordonnées correspondant à deux points homologues quelconques.

M. L. MONTANGERAND,

Astronome-Adjoint à l'Observatoire (Toulouse).

52.389 : 77.83

SUR DES UTILISATIONS INTÉRESSANTES DES CLICHÉS DE LA CARTE PHOTOGRAPHIQUE INTERNATIONALE DU CIEL.

---

2 *Août.*

On sait que, sur l'initiative de la France, dix-huit observatoires astronomiques, répartis dans les deux hémisphères, ont entrepris l'exécution photographique de la Carte du Ciel. Cette immense et grandiose entreprise, dont les conditions pratiques ont été précisées par le premier Congrès international spécial de 1887, est actuellement en très bonne voie, et l'on peut prévoir, pour un avenir relativement prochain, son complet achèvement.

Cette œuvre, qui fera honneur à l'Astronomie contemporaine, aura été une incomparable méthode de découvertes précieuses dans le monde sidéral. Je désirerais indiquer quelles sont, parmi ces découvertes astronomiques, quelques-unes de celles qui n'ont pas été escomptées jusqu'ici.

Pour la clarté de l'exposé, je dois rappeler en quoi consiste le travail des observatoires participants, à chacun desquels est dévolue une zone du ciel entier, zone limitée par deux parallèles de latitude.

Une première catégorie de clichés comporte deux poses de durées inégales ($2^m 3o^s, 5^m$) faites en déplaçant, de l'une à l'autre, légèrement l'instrument, de manière à avoir pour chaque étoile deux images voisines sur la même plaque. Ces clichés, embrassant quatre degrés carrés célestes, sont mesurés avec des appareils spéciaux d'une extrême délicatesse. Les résultats des mesures donnent les positions précises des étoiles jusqu'à la 12e grandeur stellaire. L'ensemble pour le ciel entier de ces positions précises formera le Catalogue astrophotographique international qui comprendra plusieurs millions d'étoiles.

Une seconde catégorie de clichés de même étendue comporte trois poses immédiatement consécutives d'égale durée (30 minutes) fournissant des images d'égale intensité et de même diamètre, pour chaque étoile, et disposées en triangle équilatéral dont le côté vaut $\frac{1}{8}$ de millimètre ou environ 7 secondes d'arc. Cette triplicité des images a été reconnue nécessaire pour permettre l'identification des étoiles et leur distinction d'avec les taches ou défauts de la plaque; la confusion des vraies et des fausses images stellaires est ainsi rendue impossible.

Les clichés de cette seconde catégorie ne sont pas destinés à une mesure complète. Ils sont reproduits, avec un agrandissement de deux fois par les procédés les plus perfectionnés de l'héliogravure. L'ensemble des épreuves constituera l'atlas de la Carte du Ciel proprement dite renfermant les étoiles jusqu'à la 15e grandeur.

La présente communication a pour objet quelques remarques au sujet de ces derniers clichés. Dans une autre occasion je pourrai m'occuper de ceux du Catalogue. Il m'a paru que les résultats à attendre de l'examen et l'étude des clichés de la Carte pouvaient être notablement augmentés sans beaucoup de peine, par un simple changement dans la succession des trois poses convenues. Il suffit de faire ces poses, non à la suite l'une de l'autre et dans la même soirée comme il avait été prévu jusqu'ici, mais à un jour au moins d'intervalle. Et voici comment se justifie ce nouveau mode d'obtention.

On sait qu'une étoile est dite *variable* quand son éclat change d'une manière continue, pour repasser après une période plus ou moins longue, de quelques jours en général, aux intensités antérieures. Or, il est bien rare que la période soit inférieure à 12 heures (une étoile exceptionnelle a comme période 2 heures environ). On voit donc que si une variable ordinaire se trouve photographiée sur une plaque, elle a toutes chances, à l'examen du cliché, d'être inaperçue, son éclat n'ayant pas sensiblement varié pendant le temps (1 heure 30 minutes) qu'a duré l'obtention des images.

Je dois signaler pourtant que la découverte de deux ou trois étoiles variables à courte période a été faite à l'Observatoire de Paris par M. J. Baillaud sur des clichés faits dans les conditions habituelles. Mais si l'on prend la précaution de faire les trois poses en deux soirées séparées par un intervalle assez long (un ou plusieurs jours), les variables donneront des images très différentes d'intensité, donc tout à fait reconnaissables et faciles à distinguer.

Faire les clichés de la Carte en deux fois, voilà donc un moyen très simple de découvrir systématiquement les nombreuses étoiles variables qui sont disséminées dans le ciel. Cette recommandation est d'autant plus légitime qu'avec les émulsions photographiques actuelles qui sont d'extrême sensibilité, on peut s'en tenir à des durées de pose de 20 minutes au lieu de 30, pour enregistrer la grandeur stellaire 14 regardée comme nécessaire. Dans la pratique j'estime qu'on doit faire la première pose la première soirée et les deux autres la seconde soirée.

On pourrait croire que l'interruption dans l'obtention des clichés retarderait la marche normale du service. Il n'en est rien, puisqu'on peut, en retirant le cliché en cours, de son châssis de pose, faire tout travail désiré. Et l'on n'a pas à craindre que ce retrait et la remise en place faussent la position des images sur la plaque. J'ai, en effet, démontré, dès 1890, qu'on pouvait très exactement remettre en place une plaque enlevée de son châssis. Ces expériences ont été faites sur différents astres, particulièrement sur les Nébuleuses de la Lyre et d'Orion.

Je dois ajouter que mon service professionnel à l'Observatoire de Toulouse ne m'a pas permis de faire, sur les quelques clichés que j'ai pu obtenir avec l'intervalle proposé, les recherches que j'aurais souhaitées.

Il y a une autre utilisation importante et non prévue des clichés de la Carte du Ciel : la recherche des planètes inconnues et principalement la planète transneptunienne.

Je rappelle qu'on nomme *transneptunienne* la planète gravitant autour du Soleil au delà de Neptune et dont l'existence probable paraît démontrée par les conséquences des lois de la Mécanique céleste et diverses considérations cosmogoniques.

Les planètes, étant des astres mobiles, se déplacent en général avec une grande rapidité relative. Si un de ces astres se trouve dans le champ photographié, son déplacement continu donne sur la plaque des images, non rondes comme pour les étoiles fixes, mais allongées. C'est précisément cet allongement qui a permis la découverte de nombreuses petites planètes. A Toulouse même j'ai ainsi retrouvé deux astéroïdes.

Pour une planète éloignée, comme Uranus, et plus encore Neptune, l'allongement est faible et permet à peine la reconnaissance de ces astres. A plus forte raison en est-il ainsi pour une planète transneptunienne. Mais si les trois poses du cliché examiné ont été faites, non consécutivement, mais avec un intervalle d'un ou plusieurs jours, le cliché en question est dans les meilleures conditions pour que l'examen se poursuive avec fruit au point de vue planétaire.

En effet, une planète transneptuniennē, supposée placée dans l'espace en conformité de la loi des distances de Bode (loi suffisamment approchée), se déplace dans le ciel de $\frac{11}{5}$ environ par jour, ce qui fait sur la plaque $\frac{1}{3}$ de millimètre. Du jour au lendemain les écarts de position des images de la planète seraient donc de $\frac{1}{5}$ de millimètre. Ces écarts sont très appréciables, surtout aux appareils de mesure. Quant à l'éclat lumineux de la planète, il serait assez grand pour donner naissance aux images à examiner.

Une planète transneptunienne éventuelle pourrait donc être décelée par l'étude des clichés obtenus dans la région sidérale écliptique fréquentée par les planètes, et pour laquelle il y aurait lieu, en conséquence, d'appliquer les conditions d'intervalle recommandées.

Les clichés de Toulouse obtenus dans ces conditions ne m'ont pas, à l'examen, donné de résultats. Mais il faut naturellement, pour cette recherche, beaucoup de persévérance. On peut ainsi espérer une heureuse bonne fortune.

Voilà, passées en revue, deux utilisations intéressantes des clichés de la Carte du Ciel. Il y en a d'autres que je développerai dans une autre occasion.

Je voudrais terminer cette communication en signalant un complément à apporter à la publication de la Carte. Cette publication se fait en feuilles tirées, comme je l'ai dit plus haut, par l'héliogravure. Ces feuilles, dont j'ai présenté un exemplaire (de centre sidéral $19^h56^m + 9°$) portent en légende diverses indications parmi lesquelles un nombre représentant le recensement statistique des étoiles de la Carte, dans les limites d'un quadrillage appelé *réseau* qui recouvre l'étendue photographiée.

Certains observatoires ne donnent pas ce dénombrement; d'autres indiquent le nombre des étoiles comptées sur la reproduction héliogravée. Ce nombre est évidemment important à plus d'un titre, comparativement, par exemple, avec le nombre correspondant au cliché original lui-même. Mais ce dernier nombre, relatif à l'original, devrait figurer sur la légende de la Carte.

On aurait ainsi, pour la totalité des Cartes célestes, une fois publiées, le moyen de relever, région par région, le dénombrement des étoiles qui sont, comme on sait, différemment réparties dans le Ciel. On pourrait alors étudier la distribution stellaire dans l'espace et résoudre, par cette étude, d'importantes questions concernant la diffusion de la matière cosmique dans l'univers.

J'en ai fini avec ces utilisations de la Carte du Ciel. J'avais, avec de brefs commentaires, proposé au Congrès astronomique d'avril 1909 l'application de ces idées nouvelles. Ces propositions ont, à ma vive satisfaction, été acceptées par ce Congrès auquel j'ai eu l'honneur de participer.

M. André GÉRARDIN,

Membre de la Société mathématique de France (Nancy).

ERREURS DE MATHÉMATICIENS (*).

512.81

2 *Août.*

J'ai cité différentes erreurs commises par Legendre, Euler, Sophie Germain, Cauchy, Laplace, et beaucoup d'autres mathématiciens. Je ne puis insister ici sur cette question, qui relève principalement de la bibliographie, et qui d'ailleurs a déjà été traitée en partie par certains de nos collègues, dans l'*Intermédiaire des Mathématiciens* (quest. **2855, 1904;** 285; **1905,** 275; **1906,** 63, 110, 150, 200, 248; **1907,** 31, 275; **1908,** 60, 230; **1909,** 272).

J'ai relevé certaines erreurs dans *Sphinx-Œdipe* (**1909,** 45, 95, 121).

La Question à l'ordre du jour, posée par M. Belot, notre président de section, vise spécialement les *erreurs de raisonnement*.

Voici quelques notes succinctes :

Legendre dit que $x^3 + y^3 = 6z^3$ est impossible; or $17^3 + 37^3 = 6 \times 21^3$, solution indiquée par Ed. Lucas et autres.

Voir l'article de M. Dujardin (*Comptes rendus*, 12 novembre 1894, t. **119,** p. 843) : *Sur une erreur relevée dans la Théorie des Nombres de* Legendre.

J'ai effectué mes recherches principalement dans la *Théorie des Nombres*, et je publierai mes résultats dans l'*Intermédiaire des Mathématiciens* et dans *Sphinx-Œdipe*.

(*) Question à l'ordre du jour.

M. André GÉRARDIN.

RÉSOLUTION EN ENTIERS POSITIFS DE $x^4 + y^4 + z^4 = u^4 + v^4 + w^4$
CAS PARTICULIERS.

512.81

6 *Août.*

J'ai présenté l'an dernier, au Congrès de *Lille* de l'*Association française pour l'avancement des Sciences*, un Mémoire où je donnais des solutions générales de

$$a^2 + y^2 + z^2 = u^2 + v^2 \quad \text{et} \quad x^3 + y^3 + z^3 = u^3 + v^5.$$

Il est très facile de passer au quatrième degré en utilisant différentes méthodes élémentaires.

Je vois d'abord partir d'*une* solution connue d'identités aux degrés $n = 1$, 2 et 4, en même temps, et montrer qu'on peut immédiatement en tirer des systèmes généraux de résolution.

Dans un premier problème, j'utiliserai une solution initiale, indiquée par M. E.-B. Escott (*Intermédiaire des Mathématiciens*, quest. 2844, posée en 1904, p. 261; non résolue).

Connaissant

$$1^4 + 9^4 + 10^4 = 5^4 + 6^4 + 11^4,$$

je remarque qu'on peut l'écrire

$$1 + 9 + (-10) = 5 + 6 + (-11),$$
$$1^2 + 9^2 + (-10)^2 = 5^2 + 6^2 + (-11)^2,$$
$$1^4 + 9^4 + (-10)^4 = 5^4 + 6^4 + (-11)^4,$$

ce qui nous donne une identité à trois degrés non consécutifs. J'écris cette solution sous la forme

$$(2r)^4 + x^4 + (2r - x)^4 = (2r + 1)^4 + r^4 + (r + 1)^4,$$

et j'en tire les formules générales suivantes, vraies en même temps aux degrés $n = 1$, 2 et 4, et rendues homogènes :

$$(6s^2 + 4sk) + (k^2 + sk - 3s^2) + [-(k^2 + 5sk + 3s^2)]$$
$$\overset{n}{=} (6s^2 + 4sk + k^2) + [-(3s^2 + 2sk + k^2)] + [-(3s^2 + 2sk)].$$

J'ai trouvé, d'autre part, l'identité suivante :

$$(a) + [(c - b)m + b] + [(a - b)m + c]$$
$$\overset{2}{=} [a - (b - c)m] + [(a - b)m + b] + (c).$$

Si je fais, par exemple,

$$a = b - 2, \qquad m = 3b - 1, \qquad c = 2b - a - 1,$$

j'obtiendrai l'égalité suivante plus simple que la précédente :

$$(f - 2g) + (4f - g) + (3g - 5f) \overset{n}{=} (4f - 3g) + (2g - 5f) + (f + g).$$

Nous pouvons, de même, trouver une solution générale *sans connaître de solution initiale*. On a, en effet,

$$x^4 + y^4 + (x + y)^4 = z^4 + t^4 + (z + t)^4$$

qui se ramène à

$$x^4 + 2x^3y + 3x^2y^2 + 2xy^3 + y^4 = z^4 + 2z^3t + 3z^2t^2 + 2zt^3 + t^4,$$

ce qui est la même chose que

$$(x^2 + xy + y^2)^2 = (z^2 + zt + t^2)^2.$$

Pour résoudre

$$x^2 + xy + y^2 = z^2 + zt + t^2,$$

le plus simple est évidemment de multiplier par 4 les deux membres, qui s'écrivent alors

$$(2x + y)^2 + 3y^2 = (2z + t)^2 + 3t^2$$

dont on connaît la solution générale

$$(mn + 3pq)^2 + 3(mp - nq)^2 = (mn - 3pq)^2 + 3(mp + nq)^2.$$

On en tirera facilement les valeurs des inconnues.

Pour plus de commodité, je vais indiquer encore une formule, vraie en même temps, seulement aux degrés 2 et 4; le lecteur verra facilement quels nombres doivent être changés de signe pour avoir l'identité au premier degré :

$$\begin{aligned}
&(f - 2g) + (4f - g) + (5f - 3g) + (f - g)\\
&+ (4f + 3g) + (5f + 2g) + (4f + 11g) + (5f + 12g)\\
\overset{n}{=}\ &(4f - 3g) + (5f - 2g) + (4f + g) + (5f + 3g)\\
&+ (f + 2g) + (4f + 9g) + (5f + 13g) + (f + 4g).
\end{aligned}$$

Résolution de $x^4 + y^4 + z^4 = u^4 + v^4$ (et équations similaires). — Pour ce problème spécial, suite de mes précédentes études, j'ai d'abord trouvé trois méthodes qui permettent, en partant d'une solution connue, d'en trouver d'autres, en utilisant la méthode de FERMAT; j'indiquerai, pour terminer, une dernière méthode qui, sans connaître de solution, indique des formules de résolution du problème.

Première méthode. — Partons d'une solution connue, telle que

$$\text{(1)} \qquad 1^4 + 25^4 + 42^4 = 17^4 + 43^4$$

indiquée par M. GRIGORIEF, de Kazan, dans l'*Intermédiaire des Mathématiciens* (quest. 3253, 1907, p. 172; non résolue).

Posons, en effet,

$$\text{(2)} \qquad 1^4 + x^4 + (x + y)^4 = y^4 + (x + y + 1)^4,$$

puis

$$\text{(3)} \qquad x = y + 2p,$$

ce qui est indiqué par la marche du problème. Nous parvenons alors à l'équation

$$\text{(4)} \qquad (p - 4)y^2 + (2p^2 - 8p - 3)y + (2p^2 - 4p^2 - 3p - 1) = 0.$$

On voit que $p = 4$ étant solution, il suffira, pour en obtenir une nouvelle, de poser $p = a + 4$; le déterminant de (4) deviendra

$$(2a^2 + 8a - 3)^2 - 4a(2a^3 + 20a^2 + 61a + 51) = Z^2$$

ou encore

$$9 - 252a - 192a^2 - 48a^3 - 4a^4 = Z^2.$$

On posera

$$Z = 3 - 42a + fa^2$$

et, comme nous voulons d'abord annuler le coefficient de a^2, nous devrons poser

$$f = -326.$$

Il reste alors

$$Z^2 = (3 - 42a - 326a^2)^2 - a^3(g + ak),$$

g et k représentant des nombres connus.

Pour avoir une nouvelle solution, il suffira de poser $a = -\dfrac{g}{k}$; nous pouvons accepter ici une solution fractionnaire, puisqu'en multipliant tous les nombres par k^4, on aura une solution entière; il faut noter aussi que $a = -\dfrac{g}{k}$ doit être rendue irréductible.

Nous aurons donc

$$Z = 3 + 42\frac{g}{k} - 326\frac{g^2}{k^2}.$$

Les équations (2), (3) et (4) nous donneront immédiatement la valeur cherchée des inconnues.

Deuxième méthode. — Partons de la même solution initiale, mais posons

$$1^4 + (8 + x)^4 + y^4 = x^4 + (y + 1)^4.$$

Le développement montre qu'on doit écrire $y = 2g$, puis

$$(5) \qquad 4(x^3 + 12x^2 + 64x + 128) = g(4g^2 + 3g + 1).$$

Posons $g = x + h$; nous aurons l'équation

$$(15 - 12h)x^2 + (255 - 6a - 12h^2)x + (512 - h - 3h^2 - 4h^3) = 0.$$

On écrira que le déterminant est un carré parfait, ce qui donnera une infinité de solutions, à la seule condition d'en avoir une; or, si l'on annule le coefficient de x^2, ce qui donne $h = \dfrac{15}{4}$, on aura

$$x = -\frac{2041}{510},$$

puis

$$y = -\frac{257}{510}.$$

On parvient ainsi à la nouvelle solution

$$257^4 + 510^4 + 2039^4 = 253^4 + 2041^4.$$

Nous pouvons encore opérer autrement, en partant de (5), puisque nous connaissons une solution initiale; nous poserons en effet

$$x = 17 + f, \qquad g = 21 + k,$$

et nous obtiendrons alors

$$(6) \qquad f^3 + 63f^2 + 1339f = 64l^3 + 1020l^2 + 5419l,$$

car nous sommes obligés de poser $k = 4l$, puis $f = 4l + m$, pour éliminer $64l^3$; nous trouvons ainsi une simple équation du second degré, dont nous annulons le premier coefficient :

$$(48m - 12)l^2 + (12m^2 + 504m - 63)l + (m^3 + 63m^2 + 1339m) = 0.$$

On en tire

$$m = \frac{1}{4}, \qquad l = -\frac{21677}{4080},$$

et la nouvelle solution

$$2040^4 + 29833^4 + 42326^4 = 13513^4 + 44366^4.$$

Nous pouvions aussi égaler dans (6) les derniers termes de chaque membre, ce qui montre que

$$f = 5419u, \qquad l = 1339u.$$

On en tire

$$u = \frac{1020 \times 1339^2 - 63 \times 5419^2}{5419^3 - 5356^3} = -\frac{544959941}{1828605681},$$

mais la solution fournit des nombres de 10 et 11 chiffres, absolument
impropres à la vérification.

Troisième méthode. — Partant toujours de la solution initiale (1),
j'écris

$$h^4 + (25\,h + x)^4 + (42\,h + y)^4 = (17\,h + x)^4 + (43\,h + y)^4,$$

d'où je tire

$$2\,h^2(10712\,x - 5419\,y) + 3(336\,x^2 - 85\,y^2)\,h + (16\,x^3 - 2\,y^3) = 0.$$

Si l'on veut annuler le dernier terme, en posant $y = 2x$, on arrive à
une tautologie; il ne reste donc qu'à rendre nul le coefficient de h^2, en
posant

$$x = 5419, \qquad y = 10712,$$

d'où l'on tire

$$h = -\frac{2}{3}\,\frac{8\,x^3 - y^3}{336\,x^2 - 85\,y^2} = -\frac{1\,828\,605\,681}{7\,083\,641}.$$

Le nombre $7\,083\,641$ est premier, d'après les *Tables de* LEHMER; la
valeur de h est donc irréductible, et l'on obtient encore des solutions
inutilisables, ici.

Quatrième méthode. — Cette dernière méthode est véritablement
simple; elle conduit à des résultats généraux qui paraissent, à première
vue, impossibles à trouver; c'est bien la véritable manière d'opérer. Les
solutions obtenues sont toujours divisibles par 3; voici le système trouvé :

$$(7) \quad (3\,pq^8) + (128\,p^9 - 2\,pq^8)^4 + (64\,p^8q + 12\,p^4q^5 - q^9)^4$$
$$= (128\,p^9 + pq^8)^4 + (64\,p^8q - 12\,p^4q^5 - q^9)^4,$$

Et voici la méthode employée :
Je pars de

$$(8) \qquad a^4 + b^4 + c^4 = (a + b)^4 + d^4,$$

et je pose simplement

$$a = p(c + d), \qquad c = d + m;$$

j'obtiens ainsi une équation en d^2, dont j'annule le premier coefficient :

$$2\,d^2(m - 8\,p^3b) + 2\,d(m^2 - 8\,p^3m\,b - 6\,b^2p^2)$$
$$+ (m^3 - 4\,p^3m^2b - 6\,b^2p^2m - 4\,b^3p) = 0.$$

J'en tire

$$m = 8\,p^3b,$$

d'où

$$d = \frac{b}{3p}(64\,p^8 - 12\,p^4 - 1).$$

Tous les nombres étant proportionnels à b, nous pouvons poser

$$b = 3p.$$

On trouvera

$$c = 64 p^8 + 12 p^4 - 1, \qquad d = 64 p^8 - 12 p^4 - 1,$$
$$a = p(128 p^8 + 2), \qquad b = 3p,$$

et en rendant homogène, on trouve bien la solution que j'indiquais en tête de cette dernière méthode.

Équations similaires. — Je résous de la même façon l'équation

$$x^4 + y^4 + h a^4 = z^4 + h b^4$$

avec

$$z = x + y.$$

Il suffit d'écrire

$$a = b + m, \qquad x = p(a + b) = p(2b + m).$$

On arrive ainsi à la simple équation suivante :

$$2(hm - 8 p^3 y) b^2 + 2(hm^2 - 8 p^3 y m - 6 p^2 y^2) b$$
$$+ (hm^3 - 4 p^3 y m^2 - 6 p^2 y^2 m - 4 p y^3) = 0.$$

La méthode la plus simple de résolution est évidemment d'annuler le coefficient de b^2; on aura

$$hm = 8 p^3 y,$$

d'où

$$h = \frac{8 p^3 y}{m}, \qquad b = \frac{2 p^2 m^2 - 3 p y m - 2 y^2}{6 p y},$$

$$a = \frac{2 p^2 m^2 + 3 m p y - 2 y^2}{6 p y}, \qquad x = \frac{4 p^3 m^2 - 4 p y^2}{6 p y},$$

et l'on en tire

$$(4 p^3 m^2 - 4 p y^2)^4 + (6 p y^2)^4 + \frac{8 p^3 y}{m}(2 p^2 m^2 + 3 m p y - 2 y^2)^4$$

$$= (4 p^3 m^2 + 2 p y^2)^4 + \frac{8 p^3 y}{m}(2 p^2 m^2 - 3 m p y - 2 y^2)^4.$$

Nous pouvons en déduire une foule de solutions générales, et tout dépend actuellement de

$$hm = 8 p^3 y.$$

Comme il est facile de s'en assurer, on peut simplement égaler y à l'unité, puisque les inconnues définitives sont prises proportionnelles aux premières; on peut donc avoir à étudier les cas suivants :

$$h = 1; \quad 2, \quad 4, \quad 8;$$
$$m = 8 p^3, \; 4 p^3, \; 2 p^3, \; p.$$

Nous obtiendrons, avec ce système, des identités du trente-sixième degré.

$$h = p, \quad 2p, \quad 4p, \quad 8p;$$
$$m = 8p^2, \quad 4p^2, \quad 2p^2, \quad p^2.$$

Ici, nous en aurons du vingt-huitième degré.

$$h = p^2, \quad 2p^2, \quad 4p^2, \quad 8p^2;$$
$$m = 8p, \quad 4p, \quad 2p, \quad p.$$

Ici, du vingtième degré. Enfin, avec

$$h = p^3, \quad 2p^3, \quad 4p^3, \quad 8p^3;$$
$$m = 8, \quad 4, \quad 2, \quad 1,$$

les identités finales seront du douzième degré. Je numérote, dans l'ordre, ces identités de 1 à 16.

Nous aurons ainsi, en rendant tout homogène :

1.
$$h = 1, \qquad m = 8p^3.$$

On obtient l'identité donnée sous le n° 7.

2.
$$h = 2, \qquad m = 4p^3;$$

$$[32p^9 - 2pq^8]^4 + [3pq^8]^4 + 2[16p^9 q + 6p^4 q^5 - q^9]^4$$
$$= [32p^9 + pq^8]^4 + 2[16p^8 q - 6p^4 q^5 - q^9]^4.$$

Cette identité donne la solution de la deuxième partie de la question de M. Grigorief. L'ensemble de cet article permet même de généraliser le problème, et l'on obtient le théorème suivant :

La puissance quatrième d'un nombre entier quelconque est égale à la différence de deux entiers, tous deux de la forme $x^4 + hy^4$, le nombre h étant quelconque.

3.
$$h = 4, \qquad m = 2p^3:$$

$$[8f^9 - 2fg^3]^4 + [3fg^8]^4 + 4[4f^8 g + 3f^4 g^5 - g^9]^4$$
$$= [8f^9 + fg^3]^4 + 4[4f^8 g - 3f^4 g^5 - g^9]^4.$$

4.
$$h = 8, \qquad m = p^3:$$

$$[4f^9 - 4fg^8]^4 + [6fg^8]^4 + 8[2f^8 g + 3f^4 g^5 - 2g^9]^4$$
$$= [4f^9 + 2fg^8]^4 + 8]2f^8 g - 3f^4 g^5 - 2g^9]^4.$$

5.
$$h = p, \qquad m = 8p^2,$$

$$[128f^7 - 2fg^6]^4 + [3fg^6]^4 + fg^3[64f^6 + 12f^3 g^3 - g^6]^4$$
$$= [128f^7 + fg^6]^4 + fg^3[64f^6 - 12f^3 g^3 - g^6]^4.$$

Applications.
$$f = 1, \qquad g = 3;$$
$$1330^4 + 2187^4 + 27 \times 341^4 = 857^4 + 27 \times 989^4.$$
$$f = 1, \qquad g = 4;$$
$$N = 21^4 + 32^4 + 4 \times 17^4 = 11^4 + 4 \times 25^4,$$
$$N = 1577141 = 17 \times 113 \times 821.$$

6.
$$h = 2p, \qquad m = 4p^2;$$
$$[32 f^7 - 2 f g^6]^4 + [3 f g^6]^4 + 2 f g^3 [16 f^6 + 6 f^3 g^3 - g^6]^4$$
$$= [32 f^7 + f g^6]^4 + 2 f g^3 [16 f^6 - 6 f^3 g^3 - g^6]^4.$$

7.
$$h = 4p, \qquad m = 2p^2;$$
$$[8 f^7 - 2 f g^6]^4 + [3 f g^6]^4 + 4 f g^3 [4 f^6 + 3 f^3 g^3 - g^6]^4$$
$$= [8 f^7 + f g^6]^4 + 4 f g^3 [4 f^6 - 3 f^3 g^3 - g^6]^4.$$

8.
$$h = 8p, \qquad m = p^2;$$
$$[4 f^7 - 4 f g^6]^4 + [6 f g^6]^4 + 8 f g^3 [2 f^6 + 3 f^3 g^3 - 2 g^6]^4$$
$$= [4 f^7 + 2 f g^6]^4 + 8 f g^3 [2 f^6 - 3 f^3 g^3 - 2 g^6]^4.$$

9.
$$h = p^2, \qquad m = 8p;$$
$$[128 f^5 - 2 f g^4]^4 + [3 f g^4]^4 + f^2 g^2 [64 f^4 + 12 f^2 g^2 - g^4]^4$$
$$= [128 f^5 + f g^4]^4 + f^2 g^2 [64 f^4 - 12 f^2 g^2 - g^4]^4.$$

Exemple.
$$f = 1, \qquad g = 5;$$
$$N = 173585430026,$$
$$N = 374^4 + 625^4 + 25 \times 87^4 = 251^4 + 25 \times 287^4.$$

10.
$$h = 2p^2, \qquad m = 4p;$$
$$[32 f^5 - 2 f g^4]^4 + [3 f g^4]^4 + 2 f^2 g^2 [16 f^4 + 6 f^2 g^2 - g^4]^4$$
$$= [32 f^5 + f g^4]^4 + 2 f^2 g^2 [16 f^4 - 6 f^2 g^2 - g^4]^4.$$

Exemples.
$$f = 1, \qquad g = 3;$$
$$N = 3772657939,$$
$$N = 130^4 + 243^4 + 18 \times 11^4 = 113^4 + 18 \times 119^4.$$
$$f = 3, \qquad g = 4;$$
$$N = 81318160944,$$
$$N = 144^4 + 390^4 + 288 \times 119^4 = 534^4 + 288 \times 11^4.$$

Je remarque ici qu'on peut diviser tous les termes de cette identité
par 2^4; nous obtenons alors

$$N = 5082385059,$$
$$N = 72^4 + 195^4 + 18 \times 119^4 = 267^4 + 18 \times 11^4.$$

Je vois enfin que si l'on ajoute ces résultats à l'identité précédente

$$N = 3\,772\,657\,939,$$

on obtient, après réductions :

$$N = 5\,245\,168\,882 = 72^4 + 243^4 + 97 \times 65^4,$$
$$N = 72^4 + 130^4 + 195^4 + 243^4 = 113^4 + 267^4.$$

11.
$$h = 4p^2, \qquad m = 2p;$$

$$[8f^5 - 2fg^4]^4 + [3fg^4]^4 + 4f^2g^2[4f^4 + 3f^2g^2 - g^4]^4$$
$$= [8f^5 + fg^4]^4 + 4f^2g^2[4f^4 - 3f^2g^2 - g^4]^4,$$

12.
$$h = 8p^2, \qquad m = p;$$

$$[4f^5 - 4fg^4]^4 + [6fg^4]^4 + 8f^2g^2[2f^4 + 3f^2g^2 - 2g^4]^4$$
$$= [4f^5 + 2fg^4]^4 + 8f^2g^2[2f^4 - 3f^2g^2 - 2g^4]^4.$$

Exemple.
$$f = 1, \qquad g = 2;$$
$$N = 10^4 + 16^4 + 32 \times 3^4 = 6^4 + 32 \times 7^4,$$
$$N = 78\,128 = 19 \times 257 \times 2^4,$$

ou, en divisant tout par 2^4,

$$N = 3^4 + 5^4 + 8^4 = 2 \times 7^4.$$

13.
$$h = p^3, \qquad m = 8;$$

$$[128f^3 - 2fg^2]^4 + [3fg^2]^4 + f^3g[64f^2 + 12fg - g^2]^4$$
$$= [128f^3 + fg^2]^4 + f^3g[64f^2 - 12fg - g^2]^4.$$

Exemples.
$$f = 1, \qquad g = 2;$$
$$N = 14\,803 = 113 \times 131,$$
$$N = 1^4 + 10^4 + 2 \times 7^4 = 11^4 + 2 \times 3^4.$$

$$f = 1, \qquad g = 3;$$
$$N = 352\,666\,324,$$
$$N = 27^4 + 110^4 + 3 \times 91^4 = 137^4 + 3 \times 19^4.$$

$$f = 1, \qquad g = 4;$$
$$N = 1^4 + 5 \times 2^4 = 3^4.$$

$$f = 1, \qquad g = 5;$$
$$N = 6\,777\,206 = 2 \times 449 \times 7547,$$
$$N = 25^4 + 26^4 + 5 \times 33^4 = 51^4 + 5 \times 7^4.$$

$$f = 1, \qquad g = 6;$$
$$N = 2\,913\,607 \quad \textit{premier},$$
$$N = 14^4 + 27^4 + 6 \times 25^4 = 41^4 + 6 \times 11^4.$$

$$f = 1, \qquad g = 7;$$
$$N = 14\,076\,248 = 2^3 \times 487 \times 3613,$$
$$N = 10^4 + 49^4 + 7 \times 33^4 = 59^4 + 7 \times 23^4.$$

$$f = 3, \qquad g = 20;$$
$$N = 7\,892\,493\,201,$$
$$N = 66^4 + 225^4 + 540 \times 56^4 = 291^4 + 540 \times 34^4.$$

$$f = 3, \qquad g = 16;$$
$$N = 1\,192\,833 = 3^3 \times 44\,179,$$
$$N = 15^4 + 18^4 + 27 \times 14^4 = 33^4 + 27 \times 4^4.$$

14.
$$h = 2\,p^3, \qquad m = 4;$$
$$[32 f^3 - 2 f g^2]^4 + [3 f g^2]^4 + 2 f^3 g [16 f^2 + 6 f g - g^2]^4$$
$$= [32 f^3 + f g^2]^4 + 2 f^3 g [16 f^2 - 6 f g - g^2]^4.$$

15.
$$h = 4\,p^3, \qquad m = 2;$$
$$[8 f^3 - 2 f g^2]^4 + [3 f g^2]^4 + 4 f^3 g [4 f^2 + 3 f g - g^2]^4$$
$$= [8 f^3 + f g^2]^4 + 4 f^3 g [4 f^2 - 3 f g - g^2]^4.$$

16.
$$h = 8\,p^3, \qquad m = 1;$$
$$[4 f^3 - 4 f g^2]^4 + [6 f g^2]^4 + 8 f^3 g [2 f^2 + 3 f g - 2 g^2]^4$$
$$= [4 f^3 + 2 f g^2]^4 + 8 f^3 g [2 f^2 - 3 f g - 2 g^2]^4.$$

Exemples.
$$f = 1, \qquad g = 3;$$
$$N = 9\,609\,256 = 2^3 \times 31 \times 38\,747,$$
$$N = 32^4 + 54^4 + 24 \times 7^4 = 22^4 + 24 \times 25^4.$$

$$f = 2, \qquad g = 3;$$
$$N = 544\,513 \quad premier,$$
$$N = 10^4 + 27^4 + 12 \times 4^4 = 17^4 + 12 \times 14^4.$$

$$f = 3, \qquad g = 1;$$
$$N = 169\,414\,632 = 6^3 \times 784\,327 \quad (premier),$$
$$N = 18^4 + 96^4 + 216 \times 25^4 = 114^4 + 216 \times 7^4.$$

$$f = 1, \qquad g = 5;$$
$$N = 7\,884\,216 = 2^3 \times 1217 \times 3^4,$$
$$N = 32^4 + 50^4 + 40 \times 11^4 = 18^4 + 40 \times 21^4.$$

$$f = 5, \qquad g = 1;$$
$$N = 849\,851\,000 = 10^3 \times 19 \times 44\,729,$$
$$N = 10^4 + 160^4 + 1000 \times 21^4 = 170^4 + 1000 \times 11^4.$$

En retranchant de cette identité la précédente, je trouve :

$$5^4 + 16^4 + 25^4 + 80^4 + 60 \times 21^4 = 9^4 + 85^4 + 60 \times 11^4.$$
$$f = 1, \qquad g = 6;$$
$$N = 11\,374\,609,$$
$$N = 35^4 + 54^4 + 3 \times 26^4 = 19^4 + 3 \times 44^4.$$

J'ai déjà donné (2e exemple de 13) un autre exemple avec le coefficient 3 ; en multipliant par 2 cette première application, et la présente par 7, on trouve :

$$54^4 + 133^4 + 220^4 + 3 \times 308^4 = 245^4 + 274^4 + 378^4 + 3 \times 38^4.$$
$$f = 6, \qquad g = 1;$$
$$N = 9^4 + 210^4 + 1728 \times 22^4 = 219^4 + 1728 \times 13^4,$$

ou encore

$$N = 9^4 + 210^4 + 108 \times 44^4 = 219^4 + 108 \times 26^4.$$

Un point très important à signaler : les 16 identités que je viens d'indiquer découlent toutes d'*une seule*, par un simple changement de variable. La solution générale du problème est donc, avec h entier quelconque

$$[p^9 - 4ph^2 l^8]^4 + [6ph^2 l^8]^4 + h[p^8 l + 3hp^4 l^5 - 4h^2 l^9]^4$$
$$= [p^9 + 2ph^2 l^8]^4 + h[p^8 l - 3hp^4 l^5 - 4h^2 l^9]^4.$$

On pourra trouver de nombreuses identités du même genre, entre p inconnues. Ainsi, en utilisant les formules 1 et 2, nous aurons une *identité vraie en même temps au premier degré et au quatrième degré* :

$$[32p^9 - 2pq^8]^4 + [128p^9 + pq^8]^4 + [64p^8 q - 12p^4 q^5 - q^9]^4$$
$$+ 2[16p^8 q + 6p^4 q^5 - q^9]^4$$
$$= 2[16p^8 q - 6p^4 q^5 - q^9]^4 + [32p^9 + pq^8]^4 + [128p^9 - 2pq^8]^4$$
$$+ [64p^8 q + 12p^4 q^5 - q^9]^4.$$

Exemple. $\qquad\qquad p = 1, \qquad q = 1;$

$$N = 10^4 + 17^4 + 43^4 + 2 \times 7^4 = 11^4 + 25^4 + 42^4 + 2 \times 3^4.$$

Je n'insisterai pas davantage sur ce sujet, et n'étudierai que superficiellement les équations

$$x^2 + y^2 + ha^2 = (x + y)^2 + hb^2,$$
$$x^3 + y^3 + ha^3 = (x + y)^3 + hb^3.$$

J'indique seulement une solution simple de chaque système :

$$[2pd + p]^2 + 1^2 + 2p[d + 1]^2 = [2pd + p + 1]^2 + 2pd^2$$
$$[3d^6 - 3d^3 f^3]^3 + [f^6]^3 + [3d^4 f^2 - 2df^5]^3,$$
$$= [3d^6 - 3d^3 f^3 + f^6]^3 + [df^5]^3.$$

Exemple. $\qquad\qquad d = 2, \qquad f = 1;$

$$N = 4826817 = 3^3 \times 19 \times 97^2;$$
$$N = 1^3 + 44^3 + 168^3 = 2^3 + 169^3.$$

Voici, pour finir, quelques notes sur une équation intéressante du quatrième degré :

$$x^4 + y^4 + (x + y)^4 = 2\,z^4.$$

En développant le premier membre, on est ramené à résoudre

$$z^4 = x^4 + 2x^3 y + 3x^2 y^2 + 2xy^3 + y^4,$$

ou encore

$$z^2 = x^2 + xy + y^2.$$

Nous posons

$$z = x - py,$$

et l'on en tire définitivement

$$(p^2 - u^2)^4 + (2pu + u^2)^4 + (2pu + p^2)^4 = 2(p^2 + pu + u^2)^4.$$

M. André GÉRARDIN.

ÉTAT ACTUEL DE LA DÉMONSTRATION DU GRAND THÉORÈME DE FERMAT
$$x^n + y^n \neq z^n.$$

512.81

6 *Août.*

J'ai mis la section au courant de la situation actuelle, et j'ai établi un historique de la question, paru en octobre 1910 à Toulouse, auquel je renvoie le lecteur et où je cite plus de *cinquante* auteurs et *cent* articles.

PRINCIPALES SOURCES UTILISÉES.

Intermédiaire des Mathématiciens, quest. 314 (1894, 179; 1895, 117, 359; 1905, 11; 1906, 99); quest. 477 (1895, 13; 1901, 315); quest. 3001 (1906, 7, 131, 223); quest. 612 (1895, 281; 1904, 185; 1908, 79, 174); quest. 3442 (1908, 217).

Enseignement mathématique (1908, 313; 1909, 41, 126, 455).

Fiches du *Répertoire bibliographique des Sciences mathématiques* (I 19 b).

Propositions élémentaires de la Théorie des nombres, par MM. BACHMANN et MAILLET, de l'édition française par M. J. MOLK de l'*Encyclopédie des Sciences mathématiques* (t. I, vol. III, fasc. 1, § 21, p. 36).

Un article de notre collègue M. Maillet paru dans les *Comptes rendus du Congrès des Mathématiciens de Paris* (1900), p. 425.

Histoire des Mathématiques, par Rouse-Ball, trad. Freund (t. I, 1906, p. 302).

Récréations mathématiques et Problèmes des temps anciens et modernes, par Rouse-Ball, trad. Fitz-Patrick (1re Partie, 1907, p. 298).

Mathematische Annalen (t. LXVI, 1908, p. 143).

Sphinx Œdipe (oct. 1908, 112; fév. 1909, 27, 30; mars 1909, 43; avril et mai 1909, 49 à 70; travaux de Legendre et Sophie-Germain, juill. et août 1909, 97 à 128; déc. 1909, 187; fév. 1910, 29; juill. 1910, 97).

Je tiens aussi à remercier spécialement M. H. Brocard, dont l'érudition m'a permis de combler quelques lacunes.

Notes personnelles sur le dernier théorème de Fermat. — Je crois que le théorème pourrait se démontrer de la manière suivante :

La différence de deux puissances $n^{ième}$ ($n > 2$) est toujours comprise entre deux puissances $n^{ième}$ consécutives.

Enfin

La somme de deux puissances $n^{ième}$ est toujours égale à une puissance $n^{ième}$ augmentée ou diminuée de l'unité.

Exemples :

$$9^3 + 10^3 = 12^3 + 1, \qquad 6^3 + 8^3 = 9^3 - 1.$$

M. LE COMMANDANT E.-N. BARISIEN

(Paris).

RÉSOLUTION DE L'ÉQUATION DU TROISIÈME DEGRÉ.

512.21

2 *Août.*

Les considérations que nous allons exposer nous ont été suggérées par les trois problèmes suivants qui ont une parfaite ressemblance.

I. Salmon (*Algèbre supérieure*, 1868, traduction Bazin, p. 151, 152) a traité la question de réduire le polynôme

$$4x^3 + 9x^3 + 18x + 17,$$

à la forme

$$AX^3 + BY^3,$$

X et Y étant des fonctions linéaires de x

$$X = x + \alpha, \qquad Y = x + \beta.$$

II. Le *Journal de Mathématiques élémentaires* de M. Vuibert a, sous le n° 5888 (15 janvier 1905, p. 72) et sous le n° 6588 (15 décembre 1907, p. 51) publié les deux questions suivantes :

1° *Déterminer les constantes* A, B, α, β *de telle façon que le polynôme*

$$x^3 + 6x^2 + 15x + 14$$

soit, quel que soit x, *identiquement égal à l'expression*

$$A(x + \alpha)^3 + B(x + \beta)^3.$$

Déduire du résultat la résolution de l'équation

$$x^3 + 6x^2 + 15x + 14 = 0.$$

(Concours de l'Agrégation de l'Enseignement secondaire des jeunes filles, 1904.)

2° *On demande de mettre le polynôme du troisième degré*

$$(1) \qquad 9x^3 + 51x^2 + 99x + 65$$

sous la forme

$$A(x + \alpha)^3 + B(x + \beta)^3,$$

A, B, α, β *étant des constantes qu'on devra déterminer. En déduire la résolution de l'équation obtenue en égalant à zéro le polynôme* (1).

Nota. — *Après avoir formé les deux équations donnant* α *et* β, *on aura soin d'y mettre en évidence le facteur* $(\alpha - \beta)$.

(École normale de Sèvres, 1907.)

Cette seconde question a été insérée aussi dans le *Bulletin de Mathématiques élémentaires* de M. L. Gérard (1er décembre 1907, question 2256, p. 79).

La concordance de ces problèmes nous a suggéré la pensée de généraliser ces questions en examinant si le polynôme général du troisième degré en x,

$$ax^3 + bx^2 + cx + d,$$

pouvait se mettre sous la forme d'une somme de deux cubes et amener ainsi la résolution de l'équation

$$ax^3 + bx^2 + cx + d = 0.$$

Ce procédé est d'ailleurs analogue à la résolution de l'équation

$$a x^2 + b x + c = 0,$$

qu'on obtient en ramenant le premier membre à une somme algébrique de deux carrés.

Le procédé de résolution de l'équation du troisième degré que nous allons ainsi exposer a l'avantage de la résoudre *directement* sans la ramener, comme dans la méthode de Cardan et Tartaglia à ne plus avoir de terme en x^2.

Proposons-nous donc d'identifier l'équation

$$(2) \qquad a x^3 + b x^2 + c x + d = 0,$$

avec la suivante

$$(3) \qquad A(x + \alpha)^3 + B(x + \beta)^3 = 0.$$

On aura

$$a x^3 + b x^2 + c x + d$$
$$= (A + B)x^3 + 3(A\alpha + B\beta)x^2 + 3(A\alpha^2 + B\beta^2)x + A\alpha^3 + B\beta^3.$$

Les équations d'identification sont donc

$$A + B = a,$$
$$A\alpha + B\beta = \frac{b}{3},$$
$$A\alpha^2 + B\beta^2 = \frac{c}{3},$$
$$A\alpha^3 + B\beta^3 = d.$$

Si, pour abréger l'écriture, nous posons

$$\frac{b}{3} = b', \qquad \frac{c}{3} = c',$$

on a entre A, B, α, β, les quatre équations

$$(4) \qquad A + B = a,$$
$$(5) \qquad A\alpha + B\beta = b',$$
$$(6) \qquad A\alpha^2 + B\beta^2 = c',$$
$$(7) \qquad A\alpha^3 + B\beta^3 = d.$$

On tire de (4) et (5)

$$A = \frac{b' - a\beta}{\alpha - \beta}, \qquad B = \frac{a\alpha - b'}{\alpha - \beta}.$$

Ces valeurs, portées dans (6) et (7), donnent

$$\alpha^2(b'-a\beta)+\beta^2(a\alpha-b')=c'(\alpha-\beta),$$
$$\alpha^3(b'-a\beta)+\beta^3(a\alpha-b')=d(\alpha-\beta),$$

ou

$$(8)\qquad b'(\alpha^2-\beta^2)-a\alpha\beta\,(\alpha-\beta)=c'(\alpha-\beta),$$
$$(9)\qquad b'(\alpha^3-\beta^3)-a\alpha\beta(\alpha^2-\beta^2)=d'(\alpha-\beta).$$

Ces deux équations ont pour facteur $(\alpha-\beta)$.

On voit d'abord que $\alpha=\beta$ ne convient pas, car alors le système d'équations (4), (5), (6), (7) devient

$$A+B=a,$$
$$\alpha\,(A+B)=\frac{b}{3},$$
$$\alpha^2(A+B)=\frac{c}{3},$$
$$\alpha^3(A+B)=d.$$

Ces dernières équations sont généralement *incompatibles*, sauf si l'on a entre a, b, c, d les relations

$$c=\frac{b^2}{3\,a},\qquad d=\frac{b^3}{27\,a^2}.$$

L'équation (2) devient, dans ce cas,

$$(3ax+b)^3=0,$$

et l'équation a alors une racine triple.

Revenons au cas général des équations (8) et (9). Ces équations, débarrassées du facteur $(\alpha-\beta)$, deviennent

$$(10)\qquad b'(\alpha+\beta)-a\alpha\beta=c',$$
$$(11)\qquad b'(\alpha^2+\beta^2+\alpha\beta)-a\alpha\beta(\alpha+\beta)=d'.$$

Posons

$$(12)\qquad \alpha+\beta=X,\qquad \alpha\beta=Y.$$

(10) et (11) s'écrivent alors

$$(13)\qquad b'X-aY=c',$$
$$(14)\qquad b'(X^2-Y)-aXY=d'.$$

De (13) on tire

$$Y=\frac{b'X-c'}{a}.$$

Cette valeur, substituée dans (14), donne

$$(15) \qquad X = \frac{ad - b'c'}{ac' - b'^2}.$$

Donc

$$(16) \qquad Y = \frac{b'd - c'^2}{ac' - b'^2}.$$

L'équation en Z, donnant les valeurs de α et β est donc

$$(ac' - b'^2)Z^2 - (ad - b'c')Z + b'd - c'^2 = 0.$$

D'où

$$Z = \left.\begin{matrix}\alpha \\ \beta\end{matrix}\right\} = \frac{ad - b'c' \pm \sqrt{(ad - b'c')^2 - 4(ac' - b'^2)(b'd - c'^2)}}{2(ac' - b'^2)}.$$

Si l'on remplace c' par $\dfrac{c}{3}$, b' par $\dfrac{b}{3}$, et si l'on pose

$$(17) \qquad R = \frac{1}{9}\sqrt{(9ad - bc)^2 - 4(3ac - b^2)(3bd - c^2)},$$

on trouve

$$(18) \qquad \alpha = \frac{9ad - bc + 9R}{2(3ac - b^2)}, \qquad \beta = \frac{9ad - bc - 9R}{2(3ac - b^2)}.$$

Il en résulte pour les valeurs de A et B

$$(19) \quad A = \frac{a}{2} - \frac{(2b^3 - 9abc + 27a^2d)}{54R}, \qquad B = \frac{a}{2} + \frac{2b^3 - 9abc + 27a^2d}{54R},$$

Nous avons donc ainsi obtenu α, β, A et B en fonction des coefficients a, b, c, d de l'équation (2), qui est ainsi ramenée à

$$A(x + \alpha)^3 + B(x + \beta)^3 = 0,$$

ou

$$\left[\sqrt[3]{A}(x + \alpha)\right]^3 + \left[\sqrt[3]{B}(x + \beta)\right]^3 = 0,$$

Par conséquent,

$$\left[\frac{\sqrt[3]{A}(x + \alpha)}{\sqrt[3]{B}(x + \beta)}\right]^3 + 1 = 0.$$

Si donc on pose

$$(20) \qquad \frac{\sqrt[3]{A}(x + \alpha)}{\sqrt[3]{B}(x + \beta)} = y,$$

on est ramené à résoudre l'équation

$$y^3 + 1 = 0$$

ou

$$(y + 1)(y^2 - y + 1) = 0,$$

dont les trois racines sont

$$-1, \quad -j, \quad -j^2,$$

j et j^2 étant les racines cubiques imaginaires de l'unité

$$j = \frac{-1 + \sqrt{-3}}{2}, \qquad j^2 = \frac{-1 - \sqrt{-3}}{2}.$$

Par conséquent, les trois racines de l'équation en x sont données par

$$\frac{\sqrt[3]{A}(x_1 + \alpha)}{\sqrt[3]{B}(x_1 + \beta)} = -1,$$

$$\frac{\sqrt[3]{A}(x_2 + \alpha)}{\sqrt[3]{B}(x_2 + \beta)} = -j,$$

$$\frac{\sqrt[3]{A}(x_3 + \alpha)}{\sqrt[3]{B}(x_3 + \beta)} = -j^2.$$

D'où

$$(21) \qquad x_1 = -\frac{\left(\alpha\sqrt[3]{A} + \beta\sqrt[3]{B}\right)}{\sqrt[3]{A} + \sqrt[3]{B}},$$

$$(22) \qquad x_2 = -\frac{\left(\alpha\sqrt[3]{A} + \beta j\sqrt[3]{B}\right)}{\sqrt[3]{A} + j\sqrt[3]{B}};$$

$$(23) \qquad x_3 = -\frac{\left(\alpha\sqrt[3]{A} + \beta j^2\sqrt[3]{B}\right)}{\sqrt[3]{A} + j^2\sqrt[3]{B}}.$$

Application. — 1° Le polynôme de l'Algèbre supérieure de Salmon cité au commencement de cet article, est

$$4x^3 + 9x^2 + 8x + 17.$$

On a

$$(24) \qquad 4x^3 + 9x^2 + 8x + 17 = \frac{5}{8}(x+3)^3 + \frac{27}{8}\left(x + \frac{1}{3}\right)^3.$$

Et l'on trouve pour racines de l'équation

$$4x^3 + 9x^2 + 8x + 17 = 0,$$

$$x_1 = -\frac{\left(1 + 3\sqrt[3]{5}\right)}{3 + \sqrt[3]{5}}, \quad x_2 = -\frac{\left(6\sqrt[3]{5} - 1 + \sqrt{-3}\right)}{2\sqrt[3]{5} - 3 + 3\sqrt{-3}}, \quad x_3 = -\frac{\left(6\sqrt[3]{5} - 1 - \sqrt{-3}\right)}{2\sqrt[3]{5} - 3 - 3\sqrt{-3}}.$$

2° Le polynôme proposé à l'Agrégation de l'Enseignement secondaire des jeunes filles en 1904 était

$$x^3 + 6x^2 + 15x + 14.$$

Ce polynôme devient

$$(25) \qquad x^3 + 6x^2 + 15x + 14 = \frac{1}{2}(x+3)^3 + \frac{1}{2}(x+1)^3.$$

Les racines de

$$x^3 + 6x^2 + 15x + 14 = 0$$

sont

$$x_1 = -2, \qquad x_2 = -2 + \sqrt{-3}, \qquad x_3 = -2 - \sqrt{-3}.$$

3° Le polynôme proposé au Concours de l'École normale de Sèvres en 1907 était

$$9x^3 + 51x^2 + 99x + 65.$$

On trouve

$$(26) \qquad 9x^3 + 51x^2 + 99x + 65 = 8(x+2)^3 + (x+1)^3.$$

Les racines de l'équation

$$9x^3 + 51x^2 + 99x + 65 = 0$$

sont

$$x_1 = -\frac{5}{3}, \qquad x_2 = \frac{-6 + \sqrt{-3}}{3}, \qquad x_3 = \frac{-6 - \sqrt{-3}}{3}.$$

Cas particuliers. — 1° Si l'on a

$$9ad - bc = 0,$$

alors

$$R = \frac{2}{9}\sqrt{(3ac - b^2)(c^2 - 3bd)},$$

$$\alpha = -\beta = \frac{9R}{2(3ac - b^2)} = \sqrt{\frac{c^2 - 3bd}{3ac - b^2}};$$

$$A = \frac{a}{2} + \frac{b}{6\alpha} = \frac{a}{2} + \frac{b}{6}\sqrt{\frac{3ac - b^2}{c^2 - 3bd}}, \qquad B = \frac{a}{2} - \frac{b}{6\alpha} = \frac{a}{2} - \frac{b}{6}\sqrt{\frac{3ac - b^2}{c^2 - 3bd}}.$$

2° *Cas où* $3bd - c^2 = 0$. — On a alors

$$R = \frac{9ad - bc}{9},$$

$$\alpha = \frac{9ad - bc}{3ac - b^2}, \qquad \beta = 0, \qquad A = \frac{b(ac - b^2)}{3(9ad - bc)}, \qquad B = a - \frac{b(3ac - b^2)}{3(9ad - bc)}.$$

Ces valeurs se simplifient encore, en remarquant que

$$\frac{3d}{b} = \frac{(9ad - bc)^2}{(3ac - b^2)^2}.$$

en raison de $d = \dfrac{c^2}{3b}$.

Alors

$$\alpha = \sqrt{\frac{3d}{b}}, \qquad \beta = 0, \qquad A = \frac{b}{3\alpha}, \qquad B = a - \frac{b}{3\alpha}.$$

$3°$ *Cas de* $3\,ac - b^2 = 0$. — On a alors

$$R = \frac{9\,ad - bc}{9}, \qquad \alpha = \infty, \qquad \beta = \frac{0}{0} = \frac{3\,bd - c^2}{9\,ad - bc},$$

$$A = \frac{a}{3} - \frac{(2\,b^3 - 9\,abc + 27\,a^2 d)}{6(9\,ad - bc)} = \frac{b(3\,ac - b^2)}{3(9\,ad - bc)} = 0, \qquad B = a.$$

Dans ce cas, il n'est pas possible de mettre le polynome (2) sous la forme (3).

Cependant, dans certains cas, tels que

$$a = 1, \qquad b = 3, \qquad c = 3, \qquad d = -7,$$

l'équation (2) s'écrit directement

$$x^3 + 3\,x^2 + 3\,x - 7 = (x+1)^3 - 8 = (x+1)^3 - 2^3,$$

et les trois racines de

$$x^3 + 3\,x^2 + 3\,x - 7 = 0$$

sont

$$\frac{x_1 + 1}{2} = 1, \qquad \frac{x_2 + 1}{2} = j = \frac{-1 + \sqrt{-3}}{2}, \qquad \frac{x_3 + 1}{2} = j^2 = \frac{-1 - \sqrt{-3}}{2},$$

ou

$$x_1 = 1, \qquad x_2 = -2 + \sqrt{-3}, \qquad x_3 = -2 - \sqrt{-3}.$$

Si

$$a = \lambda, \qquad b = 3\lambda, \qquad c = 3\lambda,$$

on a

$$a x^3 + b x^2 + c x + d = \lambda(x^3 + 3\,x^2 + 3\,x) + d = \lambda(x+1)^3 + d - \lambda.$$

L'équation

$$a x^3 + b x^2 + c x + d = 0$$

a alors pour racines

$$x_1 = \sqrt[3]{\frac{\lambda - d}{d}} - 1, \qquad x_2 = \left(\frac{-1 + \sqrt{-3}}{2}\right)\sqrt[3]{\frac{\lambda - d}{d}} - 1,$$

$$x_3 = \frac{-(1 + \sqrt{-3})}{2}\sqrt[3]{\frac{\lambda - d}{d}} - 1.$$

$4°$ Si

$$(9\,ad - bc)^2 - 4(3\,ac - b^2)(3\,bd - c^2) = 0,$$

il en résulte

$$R = 0, \qquad \alpha = \beta = \frac{9\,ad - bc}{2(3\,ac - b^2)}, \qquad A = \infty, \qquad B = \infty.$$

Dans ce cas, la décomposition (3) n'est pas possible.

$5°$ Si

$$(27) \qquad\qquad 2\,b^3 - 9\,abc + 27\,a^2 d = 0,$$

on a toujours les valeurs (17) et (18), et pour (19)

$$A = B = \frac{a}{2}.$$

La relation (27) est la condition pour que l'équation (2) ait ses racines en progression arithmétique. C'est ce qui arrive dans l'exemple 2°, pour l'équation (25).

6° Si $b = 0$, $a = 1$, $c = p$, $d = q$, l'équation (2) devient

$$x^3 + px + q = 0.$$

Alors

$$R = \frac{1}{3\sqrt{3}}\sqrt{4p^3 + 27q^2},$$

$$\alpha = \frac{3q}{2p} + \frac{\sqrt{4p^3 + 27q^2}}{2p\sqrt{3}}, \qquad \beta = \frac{3q}{2p} - \frac{\sqrt{4p^3 + 27q^2}}{2p\sqrt{3}};$$

$$A = \frac{1}{2} - \frac{3q\sqrt{3}}{2\sqrt{4p^3 + 27q^2}}, \qquad B = \frac{1}{2} + \frac{3q\sqrt{3}}{2\sqrt{4p^3 + 27q^2}}.$$

Posons

$$\sqrt{3(4p^3 + 27q^2)} = S, \qquad R = \frac{S}{9},$$

$$\alpha = \frac{9q + S}{6p}, \qquad \beta = \frac{9q - S}{6p}, \qquad A = \frac{S - 9q}{2S}, \qquad B = \frac{S + 9q}{2S}.$$

La racine (21) est donc

$$x_1 = \frac{(S - 9q)\sqrt[3]{S + 9q} - (S + 9q)\sqrt[3]{S - 9q}}{6p(\sqrt[3]{S - 9q} + \sqrt[3]{S + 9q})}.$$

Posons encore

$$\sqrt[3]{S + 9q} = C, \qquad \sqrt[3]{S - 9q} = D;$$

alors

$$x_1 = \frac{D^3 C - C^3 D}{6p(C + D)} = \frac{CD(D^2 - C^2)}{6p(C + D)} = \frac{CD(D - C)}{6p}.$$

Or

$$CD = \sqrt[3]{S^2 - 81q^2} = \sqrt[3]{12p^3} = p\sqrt[3]{12}.$$

Donc

$$x_1 = \frac{\sqrt[3]{S - 9q} - \sqrt[3]{S + 9q}}{\sqrt[3]{18}}$$

$$= \sqrt[3]{-\frac{q}{2} + \frac{\sqrt{3(4p^3 + 27q^2)}}{18}} - \sqrt[3]{\frac{q}{2} + \frac{\sqrt{3(4p^3 + 27q^2)}}{18}}.$$

On retrouve la formule de Cardan

$$x = \sqrt[3]{-\frac{q}{2} + \sqrt{\frac{q^2}{4} + \frac{p^3}{27}}} + \sqrt[3]{-\frac{q}{2} - \sqrt{\frac{q^2}{4} + \frac{p^3}{27}}}.$$

Rappel des formules de Cardan, pour l'équation $ax^3 + bx^2 + cx + d = 0$.
— Les trois racines sont :

$$(28) \quad x_1 = -\frac{b}{3a} + \sqrt[3]{-\frac{Q}{2} + \sqrt{\frac{Q^2}{4} + \frac{P^3}{27}}} + \sqrt[3]{-\frac{Q}{2} - \sqrt{\frac{Q^2}{4} + \frac{P^3}{27}}},$$

$$(29) \quad x_2 = -\frac{b}{3a} + j\sqrt[3]{-\frac{Q}{2} + \sqrt{\frac{Q^2}{4} + \frac{P^3}{27}}} + j^2\sqrt[3]{-\frac{Q}{2} - \sqrt{\frac{Q^2}{4} + \frac{P^3}{27}}},$$

$$(30) \quad x_3 = -\frac{b}{3a} + j^2\sqrt[3]{-\frac{Q}{2} + \sqrt{\frac{Q^2}{4} + \frac{P^3}{27}}} + j\sqrt[3]{-\frac{Q}{2} - \sqrt{\frac{Q^2}{4} + \frac{P^3}{27}}},$$

dans lesquelles

$$(31) \qquad P = \frac{3ac - b^2}{3a^2}, \qquad Q = \frac{2b^3 - 9abc + 27a^2d}{27a^3}.$$

On a

$$\frac{Q^2}{4} + \frac{P^3}{27} = \frac{1}{54^2 a^6}\left[4(3ac - b^2)^3 + (2b^3 - 9abc + 27a^2d)^2\right],$$

ou

$$\frac{Q^2}{4} + \frac{P^3}{27} = -\frac{4}{108\,a^5}\begin{vmatrix} 0 & a & b & c & d \\ a & b & c & d & 0 \\ 0 & 0 & 3a & 2b & c \\ 0 & 3a & 2b & c & 0 \\ 3a & 2b & c & 0 & 0 \end{vmatrix} = -\frac{1}{108\,a^3}\Delta,$$

$$4P^3 + 27Q^2 = -\frac{\Delta}{a^3}.$$

Cas particulier. — 1° Si $P = 0$,

$$3ac - b^2 = 0, \qquad Q = \frac{27a^2d - b^3}{27a^3}.$$

Les racines (28), (29), (30) sont alors

$$x_1 = -\frac{b}{3a} - \frac{1}{3a}\sqrt[3]{b^3 - 27a^2d},$$

$$x_2 = -\frac{b}{3a} - \frac{1}{6a}\left(1 + \sqrt{-3}\right)\sqrt[3]{b^3 - 27a^2d},$$

$$x_3 = -\frac{b}{3a} - \frac{1}{6a}\left(1 - \sqrt{-3}\right)\sqrt[3]{b^3 - 27a^2d}.$$

2° Si $Q = 0$, on a

$$2b^3 - 9abc + 27a^2d = 0.$$

Les trois racines sont alors

$$x_1 = -\frac{b}{3a},$$

$$x_2 = -\frac{b}{3a} - \frac{1}{a}\sqrt{\frac{b^2 - 3ac}{3}},$$

$$x_3 = -\frac{b}{3a} + \frac{1}{a}\sqrt{\frac{b^2 - 3ac}{3}}.$$

Les racines sont en progression arithmétique, ce qui nous avons déjà vu par la relation (27).

3° Si l'on a à la fois $P = o$, $Q = o$, c'est-à-dire

$$c = \frac{b^2}{3a}, \qquad d = \frac{b^3}{27 a^2},$$

l'équation devient

$$ax^3 + bx^2 + \frac{b^2}{3a}x + \frac{b^3}{27a^2} = o,$$

ou

$$\left(x + \frac{b}{3a}\right)^3 = o.$$

Dans ce cas, l'équation admet la racine triple $x = -\dfrac{b}{3a}$.

Les racines (21), (22), (23) *sont identiques aux racines* (28), (29), (30). — Il suffit de montrer l'identité des racines (21) et (28).

On peut écrire x_1 de (21)

$$x_1 = -\frac{\left(\alpha\sqrt[3]{A} + \beta\sqrt[3]{B}\right)}{\sqrt[3]{A} + \sqrt[3]{B}} = \frac{-\left(\alpha\sqrt[3]{A} + \beta\sqrt[3]{B}\right)\left(\sqrt[3]{A^2} - \sqrt[3]{AB} + \sqrt[3]{B^2}\right)}{\left(\sqrt[3]{A} + \sqrt[3]{B}\right)\left(\sqrt[3]{A^2} - \sqrt[3]{AB} + \sqrt[3]{B^2}\right)},$$

$$x_1 = \frac{-(A\alpha + B\beta) + (\alpha - \beta)\sqrt[3]{A^2 B} - (\alpha - \beta)\sqrt[3]{AB^2}}{A + B}.$$

Or, d'après les équations d'identification,

$$A\alpha + B\beta = \frac{b}{3}, \qquad A + B = a.$$

Donc

$$(32) \qquad x_1 = -\frac{b}{3a} + \frac{(\alpha - \beta)}{a}\sqrt[3]{AB}\left(\sqrt[3]{A} - \sqrt[3]{B}\right).$$

Or, d'après (18) et (19), on a, en tenant compte de (31),

$$(33) \qquad \alpha - \beta = \frac{9R}{3ac - b^2}; \qquad \alpha - \beta = \frac{3R}{Pa^2};$$

$$(34) \qquad A = \frac{a}{2} - \frac{a^3 Q}{2R}; \qquad B = \frac{a}{2} + \frac{a^3 Q}{2R}.$$

Donc

$$(35) \qquad AB = \frac{a^2}{4} - \frac{a^6 Q^2}{4 R^2} = \frac{a^2}{4 R^2}(R^2 - a^4 Q^2).$$

Or, on trouve que

$$R^2 - a^4 Q^2 = \frac{1}{81}[(9ad - bc)^2 - 4(3ac - b^2)(3bd - c^2)]$$

$$- \frac{1}{81 . 9 a^2}(2b^3 - 9abc + 27 a^2 d)^2 ;$$

$$R^2 - a^4 Q^2 = \frac{1}{81 . 9 a^2}(-4b^6 + 36 ab^4 c - 108 a^2 b^2 c^2 + 108 a^3 c^3);$$

$$R^2 - a^4 Q^2 = \frac{4}{81 . 9 a^2}(3 ac - b^2)^3 = \frac{4}{81 . 9 a^2} 27 a^6 P^3 ;$$

$$(36) \qquad R^2 - a^4 Q^2 = \frac{4 a^4 P^3}{27}, \qquad AB = \frac{a^6 P^3}{27 R^2}, \qquad \sqrt[3]{AB} = \frac{a^2 P}{3 \sqrt[3]{R^2}}.$$

Donc

$$(37) \qquad R^2 = 4 a^4 \left(\frac{Q^2}{4} + \frac{P^3}{27}\right).$$

La valeur (32) devient, en tenant compte de (33), (34), (35) et (36),

$$x_1 = -\frac{b}{3a} + \frac{3R}{P a^3} \frac{a^2 P}{3 \sqrt[3]{R^2}}\left[\sqrt[3]{\frac{a}{2}\left(1 - \frac{a^2 Q}{R}\right)} - \sqrt[3]{\frac{a}{2}\left(1 + \frac{a^2 Q}{R}\right)}\right],$$

$$x_1 = -\frac{b}{3a} + \sqrt[3]{\frac{R - a^2 Q}{2 a^2}} - \sqrt[3]{\frac{R + a^2 Q}{2 a^2}}.$$

Or, d'après (37),

$$\frac{R}{2 a^2} = \sqrt{\frac{Q^2}{4} + \frac{P^3}{27}}.$$

Donc

$$x_1 = -\frac{b}{3a} + \sqrt[3]{-\frac{Q}{2} + \sqrt{\frac{Q^2}{4} + \frac{P^3}{27}}} - \sqrt[3]{\frac{Q}{2} + \sqrt{\frac{Q^2}{4} + \frac{P^3}{27}}}.$$

On retrouve bien la formule (28) de Cardan.

Conclusion. — De ce qu'on parvient par la méthode que nous avons indiquée aux mêmes formules que par la méthode classique de Cardan, il semblerait que ce que nous venons d'exposer est peu utile. Cependant, il est certain que cette méthode sert surtout à *décomposer un polynôme du troisième degré en x en une somme de deux cubes*, et ce n'est qu'accessoirement, en égalant à zéro ce polynôme, qu'on résout l'équation du troisième degré ainsi obtenue.

Remarques. — I. Au moment où nous terminions la rédaction précédente, nous apprenions le décès du regretté Hermann Laurent (*),

---

(*) M. Hermann Laurent est décédé en février 1908.

et cette nouvelle nous remettait en mémoire un procédé de résolution de l'équation du troisième degré indiqué par lui dans son *Traité d'Algèbre* (3e Partie, 1894, p. 109), comme exercice.

En voici l'énoncé :

Pour résoudre l'équation

$$x^3 + p x^2 + q x + r = 0,$$

on peut poser

$$y = a + b x + c x^2,$$

et disposer de a, b, c de manière à la ramener à la forme $Y^3 = A$, *en faisant évanouir les termes du second et du premier degré dans l'équation transformée, qui est du troisième degré.*

Il serait intéressant d'avoir cette solution, et ne l'ayant pas trouvée pour notre part, nous la signalons dans ce but.

II. Il serait intéressant de rechercher si l'équation du quatrième degré pourrait se résoudre en décomposant le polynôme

$$a x^4 + b x^3 + c x^2 + dx + c$$

en la somme

$$A(x + \alpha)^4 + B(x + \beta)^4.$$

NAVIGATION. — GÉNIE CIVIL ET MILITAIRE.

M. EYDOUX,

Ingénieur des Ponts et Chaussées,
Ingénieur de la Voie aux Chemins de fer du Midi (Tarbes).

NOTE SUR L'ÉLECTRIFICATION DU RÉSEAU PYRÉNÉEN DES CHEMINS DE FER DU MIDI.

621.33 (234.1)

1ᵉʳ Août.

La grande ligne de *Toulouse* à *Bayonne*, exploitée par la Compagnie des chemins de fer du Midi, présente dans son tracé une partie extrêmement difficile et connue depuis longtemps par les ingénieurs de chemins de fer sous le nom de *Rampe de Capvern*.

La ligne qui a remonté en pente douce jusqu'à Montréjeau, la vallée de la Garonne est obligée de franchir les lignes de crête du plateau de Lannemezan pour rejoindre à Tarbes, après avoir traversé une série de val-

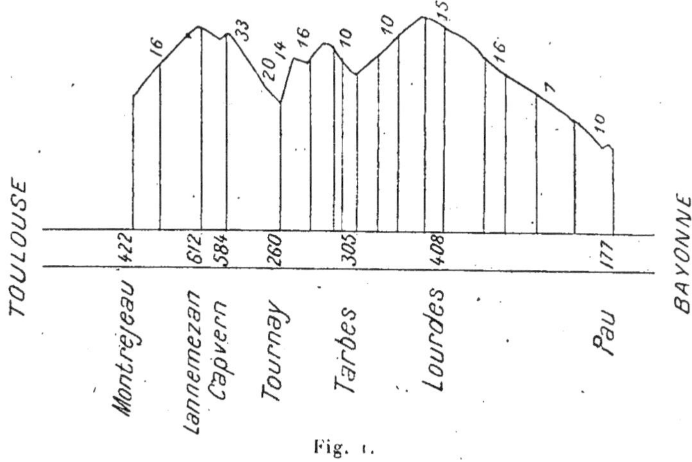

Fig. 1.

lées secondaires, la vallée de l'Adour. Ce passage à travers des coteaux argileux, se fait par une succession de pentes et de rampes de 15 à 18 mm par mètre, dans la plus grande partie du trajet, mais atteignant

33 mm, c'est-à-dire plus que les rampes d'accès du Mont-Cenis, entre Tournay et Capvern. Le profil en long schématique joint à la présente Note en donne une idée nette.

La gêne causée par cet obstacle n'a fait que croître avec le développement du trafic. Les trains ralentis par ce passage difficile doivent être de composition réduite; encore faut-il, pour assurer leur remorque sur la partie la plus dure de la rampe, des locomotives de type spécial dont le dernier est constitué par des locomotives à 5 essieux couplés, avec emploi de la vapeur surchauffée et pesant en charge 35 tonnes.

La Compagnie du Midi, soucieuse de la gêne qu'imposaient ces conditions défavorables à une exploitation normale, cherche, dès 1907, à substituer à la traction à vapeur la traction électrique, plus souple et permettant mieux les coups de collier. Les circonstances ne permirent pas de donner suite à cette idée, mais elle fut reprise en 1905 et 1906, lors des négociations auxquelles donna lieu la concession des chemins de fer transpyrénéens, ainsi que la ligne d'Auch à Lannemezan et autres artères qui ne pouvaient être établies dans des conditions vraiment pratiques qu'en adoptant des rampes de 25 à 45 mm.

Il faut remarquer, en effet, que si les chemins de fer transpyrénéens sont importants au point de vue des relations internationales entre la France et l'Espagne, ils ne présentent pas un caractère d'intérêt universel, comparables aux grandes artères intraeuropéennes que sont le Mont-Cenis, le Saint-Gothard ou le Simplon. On ne peut donc se permettre pour leur établissement, des dépenses aussi fortes, et les fortes rampes, prévues jusqu'à 42 mm permettent de réaliser de grandes économies de premier établissement.

Je ne m'étendrai pas davantage sur ces considérations et je dirai tout de suite quels sont les projets en cours d'exécution pour l'électrification du réseau pyrénéen des chemins de fer du Midi.

Étendue du réseau à électrifier. — La Carte jointe (*fig.* 2) indique ce réseau en distinguant les lignes déjà exploitées et celles concédées ou en construction.

Une ligne à traction électrique est déjà ouverte en partie à l'exploitation; c'est la ligne à voie de 1 m de Villefranche-de-Conflent à Bourg-Madame, analogue à la ligne célèbre de Chamonix, et où l'on emploie du courant continu.

Les autres lignes où, d'ores et déjà, l'emploi de l'énergie électrique est prévu, quitte à être étendu encore plus loin, soit en utilisant les disponibilités que pourront laisser les usines, soit en développant les installations de celles-ci, sont :

1° Les sections *Foix-Ax-les-Thermes* (longueur 41 km) et *Ax-les-Thermes*-Frontière espagnole (longueur 40,5 km) qui seront alimentées par l'usine de *Porté*, utilisant un grand réservoir qui sera constitué par le lac *Lanoux* dans les Pyrénées-Orientales.

2⁰ La section *Montrejeau-Pau* (longueur 112 km) de la ligne de *Tou-*

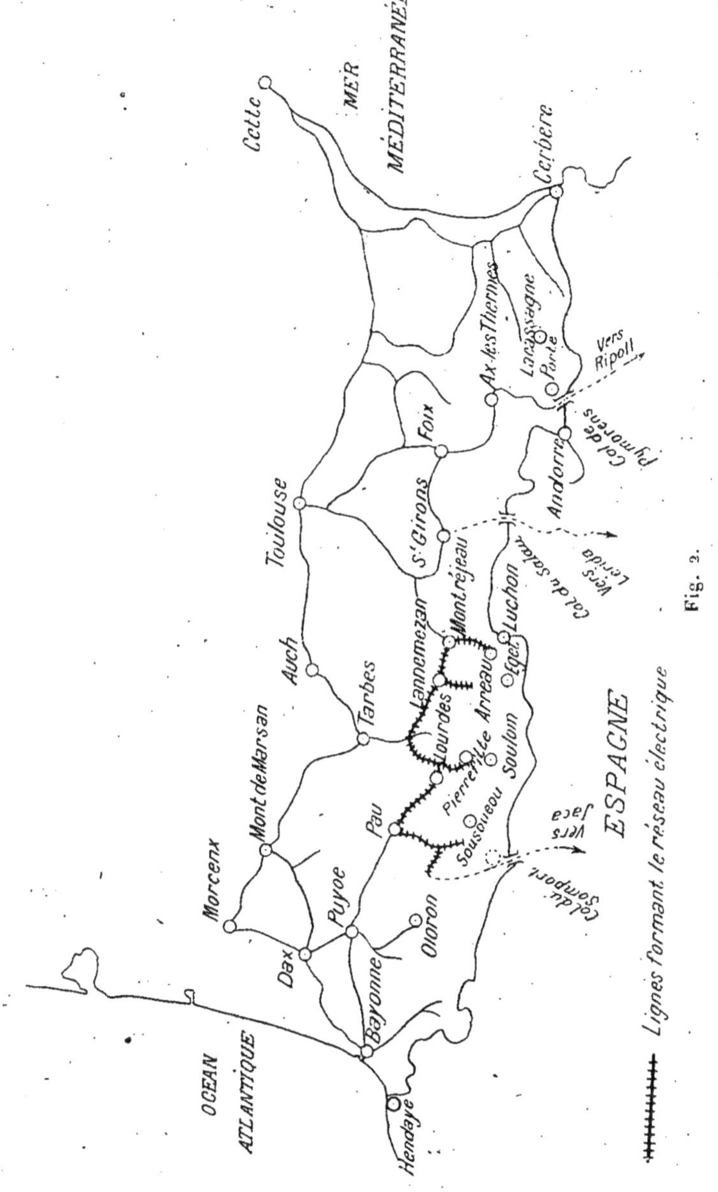

lousé à Bayonne*, ainsi que les embranchements actuellement en exploitation de :

Montrejeau-Luchon (longueur 35,5 km).

Lannemezan-Arreau (longueur 25 km).

Tarbes-Bagnères-de-Bigorre (longueur 22 km).

Lourdes-Pierrefitte-Nestalas (longueur 20,5 km),

Pau à Oloron et *Laruns-Eaux-Bonnes* (longueur 54 km) et les lignes concédées.

Auch-Lannemezan (longueur 60,5 km).

Arreau-Saint-Lary-Vieille-Aure (longueur 11 km).

Pau-Hagetmau (longueur 52,5 km).

Oloron-Frontière (longueur 52 km) et la ligne à voie de 1 m de *Castelnau-Magnoac* à *Tarbes* (longueur 52 km).

Cette partie sera alimentée par trois usines, celle d'*Eget* dans la vallée d'*Aure*, dont la construction va commencer cet été; celle de *Soulom*, près de Pierrefitte-Nestalas, qui est actuellement en pleine exécution, et une usine à établir près des *Eaux-Chaudes* sur le Gave de *Sousoueou*.

Il est évident d'ailleurs que, pour arriver à une exploitation complète et rationnelle par l'énergie électrique, il faudra, en outre, équiper plus tard toutes les lignes suivantes :

Toulouse-Montrejeau,

Toulouse-Foix,

Foix-Boussens;

mais tout ne peut être entrepris à la fois et ce point est encore réservé.

Mode d'électrification. — Le système prévu sur toutes ces lignes pour l'électrification est l'emploi du courant monophasé à 15 périodes qui sera envoyé par les usines génératrices à la tension de 55000 volts; ce courant, ramené à la tension de 12000 volts dans des sous-stations de transformation, sera distribué sur la ligne de travail par trolleys aériens à suspension caténaire et transformé ensuite, sur la machine même, à la tension voulue pour les moteurs.

C'est d'ailleurs ce type d'utilisation du courant qui a été préconisé encore récemment. Son véritable domaine, a dit M. *Revezzi*, dans des articles qui ont paru récemment dans la *Lumière électrique*, serait en résumé le service des lignes à profil accidenté, à trafic moyen et à trains semi-fréquents avec des vitesses relativement élevées.

C'est précisément le cas qui nous occupe.

Type des tracteurs employés. — Les tracteurs employés seront de deux sortes :

1° Des automotrices à quatre moteurs monophasés de 125 HP chacun 285 volts, 15 périodes avec système de contrôle multiple. Leur poids sera d'environ 56 tonnes. Elles pourront transporter 50 voyageurs ainsi que des bagages, tout en remorquant d'autres voitures à voyageurs en nombre suffisant pour constituer un train. Elles seront employées sur les lignes d'embranchement ainsi que pour les trains à parcours limité sur la ligne *Toulouse-Bayonne*.

30 de ces automotrices ont été commandées à la Société *Westinghouse* du Havre.

2° Des locomotives équipées avec deux moteurs de 600 chevaux chacun et pesant 80 tonnes dont 54 tonnes de poids adhérent réparties sur trois essieux moteurs.

Leur type n'est pas encore définitivement arrêté en ce qui concerne les moteurs.

Un type de châssis ayant été adopté, un concours a été ouvert entre plusieurs maisons de constructions électriques qui réaliseront chacune leur type d'équipement.

Des essais seront exécutés à très bref délai sur une partie de la ligne de *Perpignan* à *Villefranche-de-Conflent*, à l'aide des excédents de courant fournis par l'usine qui alimente le chemin de fer à voie de 1 m de *Villefranche-de-Conflent* à *Bourg-Madame*. Le type définitif sera arrêté après ces essais.

Une série de ces locomotives sera destinée au service des express à grand parcours et une autre au service des marchandises.

Usines centrales. — Il reste à parler des usines centrales destinées à fournir l'énergie à cet ensemble.

Usine de la Cassagne. — La ligne de *Villefranche-de-Conflent* à *Bourg-Madame* est alimenté par une usine, dite de la *Cassagne*, établie sur la rivière de la *Tyèt*.

Un étang naturel, dit les *Bouillouses*, a été transformé en un réservoir par un grand barrage de 300 m. environ de longueur sur 15 m. de hauteur. Ses eaux servent à régulariser le débit de la Têt. Une prise d'eau pratiquée plus loin amène les eaux dans une chambre de mise en charge, d'où des conduites forcées les amènent à l'usine. La différence de niveau utilisée est de 430 m. environ.

L'usine est équipée pour 5000 chevaux. Les génératrices fournissent du courant continu à 800 volts pour alimenter la portion de ligne voisine et du courant triphasé qui, élevé à la tension convenable, est ensuite envoyé dans les sous-stations éloignées pour y être ensuite tranformé en courant continu.

Usine de Porte. — Cette usine utilisera les eaux qui sortent de l'étang de *Lanoux*, le plus grand lac des Pyrénées. Un canal d'amenée conduira les eaux au-dessus du village de *Porte*, dans la vallée du Carol, près duquel sera située l'usine.

Les études sont encore en cours et les caractéristiques du projet ne sont pas encore définitivement fixées.

Usine d'Eget. — Cette usine est une installation de très haute chute, en pleine montagne. Elle utilisera les eaux d'un bassin versant d'environ 28 km de superficie situé entre les cotes 2720 et 1800, dans une vallée secondaire, affluent de la vallée de la Neste de Couplan, dans les Hautes-Pyrénées (*fig*. 3).

Un lac artificiel de 6 000 000 m³ de capacité sera créé sur l'emplacement d'un marais appelé l'Oule par la construction d'un barrage de 30 m environ de haut sur 120 m de longueur.

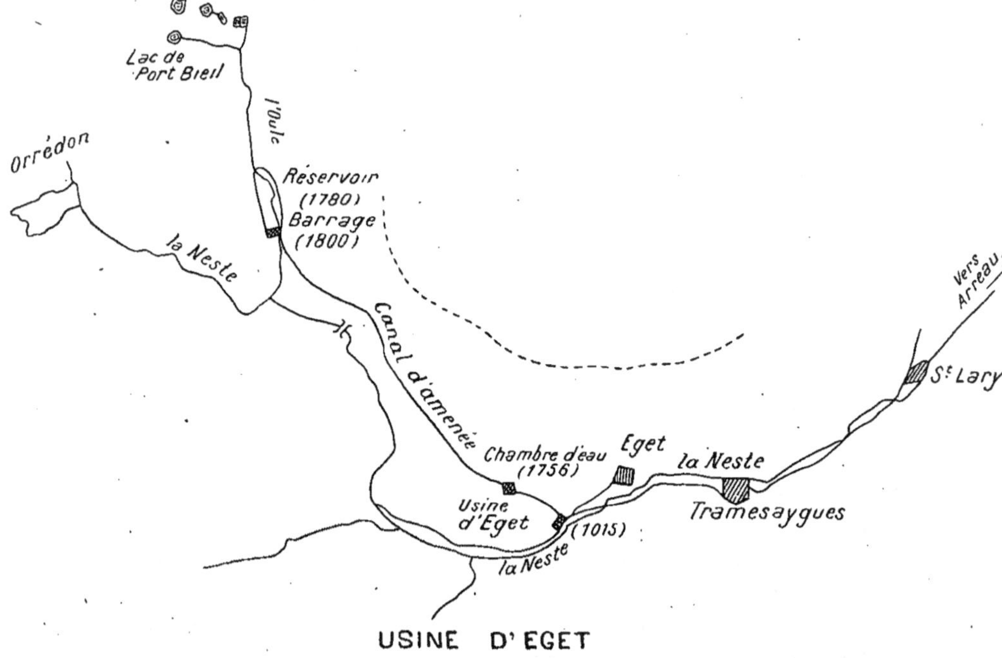

USINE D' EGET

Fig. 3.

Un canal de 5 km de longueur, tracé à flanc de montagne à une altitude d'environ 1770 m., amènera les eaux de l'émissaire du lac dans une chambre de mise en charge de 3000 m³ de capacité. De là partiront les conduites forcées qui, sous une chute de 750 m., distribueront les eaux aux turbines.

L'usine elle-même, établie au bord de la Neste de Couplan sera construite au-dessous du hameau d'Egot. Les travaux vont commencer incessamment; ils seraient même déjà entrepris si les neiges abondantes du printemps dernier n'étaient une cause très sérieuse de retard.

La consistance des ouvrages et de la machinerie est calculée de telle façon que l'usine puisse donner une puissance moyenne de 10 000 chevaux pouvant donner 18 000 chevaux au moment des pointes.

Usine de Soulom. — Cette usine est établie sur le territoire de *Soulom*, près de *Pierrefitte-Nestalas*. Elle présente cette particularité d'utiliser dans le même bâtiment deux chutes différentes.

La consistance est définie comme suit :

La vallée du Gave de *Pau*, remontée par la ligne de *Lourdes* à *Pierre-*

fitte-Nestalas, se bifurque près de cette dernière localité en deux autres vallées, la vallée de *Luz* ou du Gave de *Pau* proprement dit à l'Est et la vallée de *Cauterets* à l'Ouest (*voir* croquis annexé). Ces deux vallées sont desservies par les lignes d'intérêt local à voie de 1 m et à traction électrique de *Pierrefitte* à *Cauterets*. Elles sont séparées par un massif montagneux dont le dernier sommet caractéristique vers le Nord, où disparaît cette arête, s'appelle le pic de *Viscos*.

Dans chacune de ces vallées est installée une usine hydroélectrique destinée à fournir l'énergie du réseau *Pierreffitte-Cauterets-Luz* dont nous venons de parler; celle dite de *Calypso* dans la vallée de *Cauterets*.

Les grandes lignes de l'usine en construction sont les suivantes :

1º Une première prise d'eau, située immédiatement en aval du canal de fuite de l'usine du Pont de la Reine, prendre les eaux du Gave de *Pau* à la cote 592,50; de là, un canal d'amenée à flanc de coteau, de 9,400 km environ de longueur, établi sur les flancs de *Viscos*, sur la rive gauche du Gave, les amènera à une chambre d'eau (cote 586) située

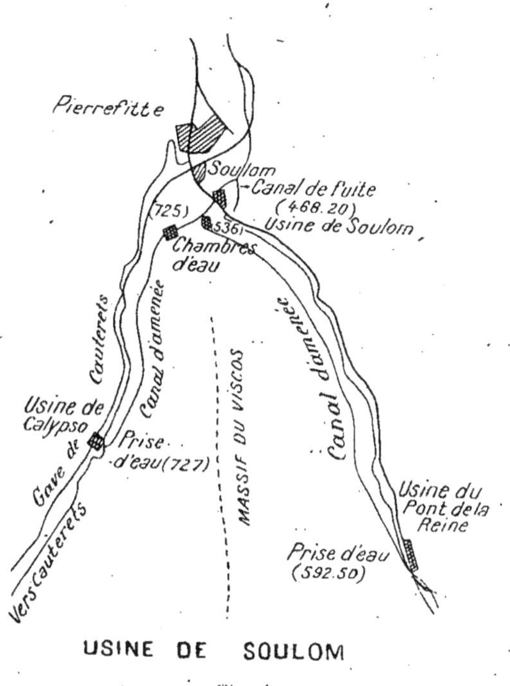

Fig. 4.

au-dessus de *Soulom*, village voisin de *Pierrefitte*. De cette chambre partiront les conduites forcées amenant les eaux sur les moteurs hydrauliques, dans l'usine située près de la Route nationale 21 de *Paris* à *Barèges*, à la sortie de *Soulom*, dans la direction de *Luz*. Le canal de fuite étant à la cote 468,20, on réalise ainsi une chute brute totale de 125 m. Les eaux à la sortie du canal de fuite seront rendues au Gave de *Pau* à la cote 463,15 (eau); cette dérivation du Gave de *Pau* constitue comme une première usine. Le barrage du pont de la Reine est un barrage-déversoir de 30 m de longueur, encré dans le lit du Gave par des rails battus comme pieux; il s'appuie sur la rive droite au rocher qui supporte la route de *Paris* à *Barèges* et sur la rive gauche sur une pile qui la sépare des ouvrages de prise d'eau, taillés dans le rocher. Le canal d'amenée entre immédiatement en souterrain et ne cesse d'y rester jusqu'à la chambre d'eau qui sera à la surface du sol. D'une section intérieure de 2 m × 2 m, il est partout revêtu intérieurement, tout au moins en ce qui concerne la section mouillée. Il existe 4 types différents de profil de ce canal suivant les terrains rencontrés en cours de perforation; 6 déversoirs sont échelonnés sur le parcours du canal d'amenée dont 3 de sectionnement.

Les études faites ont montré que le débit du Gave de *Pau* au pont de la Reine ne doit jamais descendre au-dessous de 4400 litres environ. L'étiage normal doit atteindre 6 à 7000 litres, les fortes crues annuelles 120 m² et les crues exceptionnelles 200. Les ouvrages sont calculés pour l'évaluation de ces eaux.

Le débit maximum qui sera pris dans le Gave de *Pau* sera de 6000 litres.

2º Une deuxième prise, située en aval du canal de fuite de l'usine Calypso, au lieudit du *Limaçon*, prendra les eaux du Gave de *Cauterets* à la cote 732,00; de là, un canal d'amenée de 3,980 km de longueur, établi sur la rive droite du Gave, sur les flancs du *Viscos*, les conduira à la chambre d'eau cote 725, d'où les conduites forcées, au nombre de 3, les amèneront aux mêmes bâtiments d'usine que ci-dessus. La chute brute totale réalisée sera de 264,50 m. environ.

Le barrage prévu est du même type que celui de la prise d'eau du Gave de *Pau*. Les ouvrages de prise présentent une particularité intéressante, c'est que le barrage étant en amont du canal de fuite de l'usine de Calypso, il faut traverser ce canal de fuite et prendre ses eaux déjà épurées, après avoir fait passer les eaux de la prise dans les chambres de décantation. Le problème est compliqué par des difficultés de tracé et par les variations des niveaux de l'eau dans notre canal d'amenée et dans le canal de fuite de l'usine de Calypso. Après avoir reçu les eaux de l'usine de Calypso, le canal d'amenée, profitant d'un redan du canal de fuite à l'amont de la jonction, passe en souterrain sous le canal de fuite.

Le souterrain se continue jusqu'à la chambre d'eau, sa section est 1,50 m × 1,75 m (c'est le minimum de section imposé pour la facilité de la communication) il est revêtu sur toute sa longueur; tout au moins en ce qui concerne la surface mouillée, et présente différents types suivant la nature des terrains rencontrés. Deux déversoires rejettent dans des ravins le surplus de l'eau.

Le Gave de *Cauterets* au *Limaçon* doit avoir un débit minimum de 1,600 litres, un étiage de 3000 et des crues exceptionnelles de 125 m.

Les ouvrages sont calculés pour évacuer normalement ces grandes crues.

3º Pour obtenir à l'usine une puissance suffisante, il était nécessaire de créer des réserves emmagasinant les eaux non utilisées pendant les périodes de faible charge, et particulièrement la nuit, soit, sur le tracé du canal d'amenée, soit en tête des chambres d'eau, solutions qui ont d'ailleurs été appliquées la première à l'usine de la Roysonne dans l'Isère, la deuxième à l'usine de la Siagne dans les Alpes-Martimes. Pour diminuer le plus possible ces réserves coûteuses à établir, il était logique de les constituer sur la chute la plus haute, soit celle de *Cauterets*. Il a été prévu sur le canal d'amenée les eaux de ce cours d'eau environ 22000 m³ de réserve, moitié par un élargissement aval du tunnel, moitié par un bassin de réserves établi dans le voisinage de la chambre d'eau. C'est l'ensemble des deux chutes qui constitue l'usine de *Soulom*.

L'énergie ainsi annexé à l'état potentiel dans les chambres d'eau est transmise à l'usine proprement dite par 6 conduites forcées en tôle d'acier doux soudée de la qualité dite *chaudière*, 3 pour la chute de *Cauterets* de 0,800 m de diamètre et 3 pour la chute d'eau de *Pau* de 1,150 m de diamètre. De plus, le trop-plein de la chambre d'eau de *Cauterets* peut se déverser par une rigole taillée dans le rocher, ou maçonnée suivant les cas, dans la chambre d'eau de *Pau*.

Cette batterie de conduites passe sous la route nationale de *Paris* à *Barèges* et, à cet endroit, les tuyaux sont noyés dans un massif d'encrage qui supporte directement la route.

Chaque conduite aboutit au bâtiment à une unité hydro-électrique de 3500 chevaux, ce qui donne à l'usine une puissance de 21500 chevaux environ dont 18000 chevaux d'utilisation normale et 3500 chevaux de réserve. Deux groupes d'excitatrices, au nombre de deux par groupe, celle de la chute de *Pau* et celle de la chute de *Cauterets*, de 360 chevaux chacune, sont branchées respectivement sur les conduites de chacune des deux chutes. Le niveau du sol du bâtiment d'usine est à la cote 473,50 et le niveau de l'eau dans le canal de fuite, pour lequel on a utilisé un ancien bras du Gave de *Pau* est de 468,20 au droit des turbines.

L'emplacement du bâtiment d'usine et de ses annexes, maison du chef d'usine et quatre maisons de mécaniciens, étant situé légèrement en contre-bas du niveau des crues du Gave, est défendu contre celui-ci par un mur de défense de 170 m. de longueur.

Le bâtiment d'usine, dont le grand hall a 64 m de longueur sur 15,50 m. de largeur, est flanqué d'un bâtiment haute tension de 29 m × 0,75 m et de deux tours de 5,50 m. de côté et de 20 m de haut. C'est du sommet de ces tours que partira la ligne haute tension. Ce bâtiment, de dimensions importantes, constituera un des beaux exemples de l'architecture industrielle moderne.

La dépense totale pour réaliser les travaux de captation de la force hydraulique, non compris la machinerie, n'est pas moindre de 5 millions de francs.

Usine de Sousoueou. — Cette usine est encore en cours d'études. Elle utilisera les eux du Gave du *Sousoueou* dans une installation située en amont de la station thermale des Eaux-Chaudes.

Le lac d'Arbouste, situé dans le haut de la vallée, sera probablement aménagé pour servir de régulateur.

Tel est l'ensemble des travaux entrepris de concert par la Compagnie du *Midi* et l'*Etat* pour l'électrification du réseau pyrénéen.

Ils sont assez nouveaux, par l'ampleur même de cette application de la traction électrique à un ensemble de lignes, pour nous avoir paru mériter d'être exposés avec quelques détails.

———

M. EYDOUX.

———

NOTE SUR L'ÉTAT D'AVANCEMENT DES TRAVAUX DES CHEMINS DE FER TRANSPYRÉNÉENS (*).

625.1 (234.1)

———

La partie française des transpyrénéens d'*Ax-les-Thermes* à *Ripoll* par *Bourg-Madame* et de *Bedous* à *Jaca* par le col du *Somport* a étéconcédé à la Compagnie des chemins de fer du *Midi* par une loi en date du 2 août 1907. D'après les traités passés avec l'*Espagne*, ces lignes devaient être en exploitation 10 ans après leur concession; aussi les travaux en ont-ils commencés aussi rapidement que possible. Dans ce qui suit nous indiquerons à la fois les caractéristiques de chaque ligne et l'état actuel d'avancement des travaux.

1° *Ligne d'Ax-les-Thermes à Bourg-Madame.* — Cette ligne part d'*Ax-les-Thermes* dans la vallée de l'*Ariège* pour arriver à *Puygcerda* dans la vallée du Carol. Elle remonte d'abord la vallée de l'Ariège sur une longueur de 21 km avec des rampes de 40 mm par mètre.

A un certain endroit, la pente du cours d'eau étant trop forte, on a dû racheter les différences de niveau par un souterrain hélicoïdal, dit souterrain de *Saillens*, d'une longueur de 1270 m dont la tête coté *Ax* est à la cote 1276,50 m et la tête coté frontière à la cote 1338,99 m. Après la station de l'Hospitalet, la ligne passe sous le col de *Puymorens* par un tunnel de 5330 m de longueur dont la tête *Ax* est à la cote 1445,20 m et la tête frontière à la cote 1562,20 m. Ce souterrain est en rampe $\dfrac{34\ mm}{3586\ m}$ à partir de la tête nord. Au milieu se trouve un palier de 100 m de longueur à la cote 1567,13 m (point culminant) qui est suivi d'une pente de 0,003 sur une longueur de 1344 m. La ligne descend ensuite par la vallée du Carol pour arriver à la frontière après un parcours total de 40,500 km.

L'exploitation de la ligne se fera par l'électricité à l'aide d'une mine utilisant les eaux du lac Lanoux.

Les travaux sont commencés sur deux points :

1° Le grand souterrain du col de Puymorens;

———

(*) Annexe à la Communication précédente.

2º Le lot de Saillens comprend le souterrain helicoïdal. L'entreprise du grand souterrain du Puymorens a été adjugé le 3 juillet 1908. A la date du 30 juin 1910 l'avancement atteignait 635 m sur la tête nord et 514 m. sur la tête sud; les maçonneries étaient entreprises sur 347 m à la tête nord. A la tête sud 110 m sont complètement achevés dont 36 maçonnés; sur le reste de la longueur, le rocher reste apparent.

Les travaux du souterrain de Saillens ont été adjugés le 11 avril 1910; on procède actuellement à l'établissement des installations et à l'ouverture des tranchées d'approche.

Tout le reste de la ligne est encore à l'étude.

2º *Ligne de Bedous à la frontière.* — Cette ligne fait suite à une autre ligne en construction d'*Oloron* à *Bedous* sur une longueur de 25 km environ. Cette partie sera achevée à bref délai.

La ligne transpyrénéenne elle-même part de Bedous remonte la vallée d'Aspe jusqu'à un point dit « des forges d'Abel » où elle entre dans le souterrain de faîte percé sous le col du Somport. La longueur de ce souterrain est de 7800 m. environ. La France doit en assurer le percement jusqu'au point culminant de son profil en long, quoique ce point se trouve au delà de la frontière.

La longueur totale de la ligne de *Bedous* à la tête France du souterrain est de 24,8 km. Sur un point du tracé pour racheter la pente trop forte de la rivière, on a dû tracer un souterrain helicoïdal d'une longueur de 1590 m environ.

A la date du 19 septembre 1908 on a adjugé les travaux de souterrain de faîte et le 14 juin 1909 ceux du souterrain hélicoïdal. A la date du 30 juin 1910, la galerie d'avancement du souterrain de faîte a atteint 1487 m. de longueur, les abatages en grand sont terminées sur 187 m. et les maçonneries vont être commencées.

Il est à remarquer, en ce qui concerne ce souterrain, que l'avancement en est assez rapide depuis l'installation de la perforation mécanique. La station hydro-électrique destinée à fournir l'énergie nécessaire pour la perforation a une puissance de 800 chevaux; l'avancement au 31 décembre 1909 était de 845, et au 30 juin 1910 de 1487 m.; c'est donc une longueur totale de 642 m qui a été percée en 6 mois représentant pour 180 jours un avancement moyen de 3,60 m. par jour. Au souterrain hélicoïdal on installe l'usine électrique de 200 à 280 chevaux qui doit servir à la perforation. La galerie d'attaque côté *Bedous* est rivée à 351 m. du côté frontière; la galerie n'a pu être attaquée, en raison des arrivées d'eau et de la contre-pente du souterrain, que sur une longueur totale de 130 m et le travail est actuellement arrêté.

Le reste de la ligne, y compris l'usine de *Soussoueou* qui doit fournir l'énergie nécessaire à la traction des trains, est à l'étude.

M. VERSEPUY,

Directeur de l'Usine à Gaz (Toulouse).

LA MANUTENTION MÉCANIQUE DU CHARBON ET DU COKE (*).

621.86 : 662.65

3ᵉ *Août.*

On peut dire que les manutentions industrielles embrassent tous les déplacements des matières premières et fabriquées, à l'exception des transports à grande distance sur les voies de communication et de la mise en œuvre des matières dans les machines-outils ou appareils qui les transforment profondément.

C'est ainsi que les manutentions, dans l'industrie du gaz, comprennent le transport de charbon depuis les barques ou wagons jusqu'aux fours où il est transformé en gaz, coke, goudron et eau ammoniacale; le transport du gros coke sortant des cornues jusqu'à l'atelier où il est concassé et criblé et, enfin, le transport du coke cassé depuis les silos de l'usine jusque chez le consommateur, ou jusqu'au bateau et au wagon pour les réexpéditions lointaines.

Ces manutentions s'effectuent presque entièrement mécaniquement à l'usine à gaz de Toulouse et l'ouvrier n'a plus à fournir un effort musculaire moteur et prolongé. C'est le courant électrique qui apporte l'énergie nécessaire à l'organe mécanique opérateur et l'ouvrier dirige seulement l'application de cette énergie extérieure.

La Notice remise aux membres du Congrès donne la description sommaire des engins employés à Toulouse. On y retrouve électrifiées des machines aussi anciennes que la noria, le treuil, ou la table à secousses. La vis d'Archimède a été également employée dans l'industrie du gaz pour le transport horizontal des matières; elle est actuellement à peu près abandonnée.

Les autres organes sont le wagonnet roulant sur le sol ou suspendu à un câble ou à un monorail. Le tapis roulant à écailles d'acier qui n'est autre qu'un train continu de wagonnets. La toile transporteuse qui se déplace sur des rouleaux montés sur des axes fixes. Les chaînes Hunt ou similaires dans lesquelles les caisses de wagonnets peuvent osciller

---

(*) Toutes les opérations décrites ont été effectuées sous les yeux des Congressistes au cours de cette visite. Pour ajouter à l'attrait de celle-ci, M. Versepuy a fait gonfler et partir en présence des Congressistes un ballon monté, au cours de la visite.

autour d'un axe horizontal et basculer en un point quelconque du trajet.

Dans tous ces engins, le frottement de roulement est substitué au frottement de glissement. Le glissement direct sur surfaces polies est utilisé au contraire dans les convoyeurs à palettes ou à raclettes et dans les entraîneurs-extincteurs. La matière se déplace par sautillement sur les convoyeurs à secousses ou tables vibrantes. Le jet à distance est utilisé dans les chargeurs de Brouwer ou autres chargeurs à projection qui remplacent, en l'amplifiant, l'ancien jet de pelle à la main. Enfin la matière peut être déplacée par courant d'air (ventilateur) ou courant d'eau (pompe centrifuge).

Comment choisir entre les organes différents qui permettent d'exécuter la même opération de manutention? Les quelques considérations expérimentales ci-après pourront peut-être aider, le cas échéant, ceux des Membres de la Section qui pourraient avoir à résoudre des problèmes de ce genre.

Élévation des matières. La noria et le treuil. — On voit immédiatement que, dans la noria le poids de la chaine et des godets montants est équilibré par le poids des éléments descendants; avec le treuil simple, il faut au contraire soulever, en même temps que la charge utile, le poids mort de la benne et du câble; il semblerait donc que la noria doit être *a priori* un engin d'un rendement plus économique que le treuil, au moins quand l'importance des opérations ne permet pas d'envisager l'installation d'un treuil équilibré par la montée et la descente simultanées des bennes pleines et vides, comme dans les puits de mine.

Mais l'enregistrement prolongé de l'énergie électrique dépensée par tonne de matière manutentionnée, montre que le travail résistant dû au frottement est bien supérieur dans la noria au travail utilisé pour l'élévation de la matière. De même, dans l'énergie totale dépensée par le service d'un treuil électrique, de sa benne dragueuse et du chariot qui les porte, la dépense de courant pour les opérations accessoires dépasse la valeur de la consommation pour l'élévation de la benne.

Il n'est donc pas possible de se guider uniquement par des considérations de rendement mécanique élémentaire.

Le grand avantage pratique de la noria est de pouvoir être actionnée par un moteur d'une puissance bien inférieure à celle nécessitée par les démarrages d'un treuil ou d'un monte-charge. La dépense de premier établissement est également moindre pour la noria, et cela se comprend : les masses à manutentionner étant beaucoup plus divisées par leur répartition continue dans les godets de la noria que par leur enlèvement périodique par la benne d'un treuil.

Mais la noria ne se prête pas, comme les appareils à treuil, à la mobilité suivant les trois dimensions de l'espace. Quelques applications de la chaîne à godets au déchargement des barques (usine à gaz de Nancy) n'ont pas été imitées. La noria présentait encore, dans ce cas particulier, l'inconvénient de ne pouvoir extraire automatiquement dans les barques le charbon en gros morceaux. Enfin les appareils de mise en stock utilisant la noria comme élévateur ne permettent pas la reprise du stock par le même organe.

L'emploi de la noria restera donc ordinairement limité à la manutention de la matière déjà divisée ou concassée et à son élévation, d'un point fixe de l'usine, à un autre point fixe.

Déplacement horizontal et incliné. — Le déplacement discontinu sur une surface de niveau s'effectue par les wagonnets.

On emploie de préférence les wagonnets suspendus roulant sur monorails qui permettent d'aborder des courbes de beaucoup plus faible rayon que les wagonnets roulant sur le sol, et demandent un effort de traction très inférieur. Si les caisses sont suspendues au chariot par l'intermédiaire d'un treuil, on peut réaliser en même temps le mouvement de montée et de descente; enfin le chariot peut être actionné électriquement et même automatiquement s'il reçoit le courant d'une ligne de trolley. C'est la solution appliquée pour le déchargement des charbons, la mise en stock et l'alimentation des trémies des grilles automatiques des chaudières de l'usine électrique des Sept-Deniers.

Le monorail peut être remplacé par le câble-way qui est en même temps moteur et tracteur (ici, c'est le chemin qui marche), ou mieux par un système composé d'un câble porteur et d'un câble tracteur. Des rampes importantes et des portées considérables (*) peuvent être abordées avec ce système qui est appliqué à l'usine de Toulouse pour la manutention du coke. Le câble porteur se prête moins bien que le monorail au passage dans les courbes; il nécessite alors des aiguillages et des stations intermédiaires d'une certaine importance, avec relais et contre-poids de tension pour les câbles porteurs.

Le déplacement continu en surface s'effectue par les tapis roulants transporteurs à courroie ou convoyeurs à raclettes qui permettent en même temps de gravir des rampes pouvant atteindre une rampe de 1/1. Les tables à secousses ou les entraîneurs par courant d'eau ne permettent qu'un déplacement horizontal ou suivant une faible pente descendante.

Les convoyeurs à raclettes se prêtent particulièrement bien à la répartition uniforme et automatique de la matière sur toute la longueur de leur parcours; il suffit en effet de disposer dans le fond du convoyeur un certain nombre d'ouvertures que la matière manutentionnée bouche au fur et à mesure du remplissage des réservoirs ou de la formation des tas. Par contre, le frottement de la matière en marche sur le tas déjà formé crée des résistances bien plus considérables, pour un convoyeur à raclettes ou entraîneur à chaîne de fond, que pour un tapis roulant.

(*) Qui peuvent atteindre 1000 m avec des câbles en acier à 200 kg de résistance par millimètre carré.

Les convoyeurs Hunt présentent les avantages réunis du tapis roulant, du convoyeur à palettes et même de la noria. Ils substituent le frottement de roulement au frottement de glissement; ils permettent d'élever la matière, de la répartir sur toute la longueur des magasins si ces magasins ont une largeur supérieure à la base du talus d'éboulement correspondant à la hauteur de mise en stock. La dépense de premier établissement d'un seul convoyeur est déjà assez élevée.

On a imaginé récemment une variété de convoyeur qui permet à la chaîne de se retourner à 90° dans le plan horizontal. L'expérience n'a pas encore consacré la valeur pratique de cette nouvelle disposition.

Les stockers ou chargeurs mécaniques de grilles des chaudières à vapeur ont pour objet de faire avancer automatiquement les combustibles sur la grille. Les dispositions les plus adoptées actuellement sont le tapis roulant formé d'une large chaîne galle dont les maillons servent de barreaux mobiles. On emploie aussi beaucoup le système à escamotage d'un barreau sur deux. Les barreaux mobiles, en se dérobant sous les barreaux fixes et en revenant en arrière, viennent soulever la lame de charbon et la portent en avant dans le mouvement suivant (c'est la disposition des grilles de l'usine des Sept-Deniers).

Enfin on a pensé à manutentionner le charbon en poudre fine en l'insufflant dans l'ouïe d'un ventilateur.

Les convoyeurs à entraînement d'eau sont constitués par un chenal dans lequel on fait circuler un courant rapide. La matière flotte ou est entraînée par glissement. A notre connaissance, cette méthode a été appliquée, il y a 20 ans, au transport des betteraves jusqu'à la distillerie. Il est inutile d'insister sur les inconvénients du système si on voulait l'appliquer à des matières que l'eau pourrait détériorer. Par contre, il présente des avantages spéciaux s'il s'agit de refroidir tout en manutentionnant. Il a été appliqué dans ces conditions, à l'usine à gaz de Marseille, pour l'entraînement et l'extinction du coke incandescent.

L'entraîneur hydraulique présente encore des avantages tout particuliers s'il s'agit de classer par ordre de densité. On l'emploie depuis longtemps dans l'industrie minière pour le triage des minerais, et il vient d'être appliqué à l'usine de Toulouse pour l'extraction du coke contenu dans les mâchefers.

Les transporteurs par courant d'eau peuvent conduire à des dépenses de premier établissement considérables. Mais si le canal ou caniveau existe déjà, des solutions de flottage à courte distance peuvent devenir intéressantes, et c'est le cas à Toulouse où le camionnage par eau est appliqué, depuis la gare jusqu'à l'usine à gaz.

Le transport des matières par jet (chargeur à courroie ou chargeur à palettes) permet de lancer la matière sans aucun point d'appui intermédiaire à des distances assez grandes. Il permettrait de franchir, si nécessaire, un obstacle tel que le Canal du Midi.

M. MALTERRE,

Ingénieur en chef des Ponts et Chaussées.

ORGANISATION D'UN SERVICE D'ÉTUDES
DES GRANDES FORCES HYDRAULIQUES DANS LA RÉGION DU SUD-OUEST.

621.2 (44.7)

3 *Août.*

Objet du service. — Avant que l'utilisation des grandes chutes en montagne et des chutes moyennes dans les parties moins accidentées des vallées n'ait pris le développement que l'on constate actuellement, on peut dire que le régime de la majeure partie des cours d'eau était généralement très mal connu en France. Le besoin ne se faisait pas sentir aussi impérieusement qu'aujourd'hui de faire des études précises à ce sujet.

Notamment dans la région du Sud-Ouest il n'existait guère que quelques séries de jaugeages effectués, sans grande continuité, surtout dans l'intérêt de la navigation, dans le bassin de la Garonne et les bassins voisins. En outre, divers services avaient eu l'occasion de réunir quelques renseignements, au fur et à mesure que des données leur étaient nécessaires pour des entreprises particulières (dérivations de canaux d'irrigations, création d'usines hydro-électriques pour la traction des chemins de fer, etc.).

Mais toutes ces études, limitées à quelques rivières et souvent à des sections spéciales de rivières, manquaient en général de continuité et leurs résultats dispersés dans les archives des Ponts et Chaussées ne pouvaient donner aucune idée d'ensemble et restaient presque toujours inconnues des industriels qui auraient eu le plus grand intérêt à les utiliser.

En 1903, le Ministère de l'Agriculture a organisé dans les Alpes, sous la direction de MM. les ingénieurs en chef *Tavernier* et *de La Brosse*, un service spécial, ayant pour objet d'étudier les questions qui se rapportent à l'évaluation des grandes forces hydrauliques en pays de montagne et à l'utilisation de l'énergie produite par l'aménagement des cours d'eau.

Les comptes rendus des travaux de ce service ont fait l'objet d'importantes publications qui ont paru dans le *Bulletin de l'hydraulique agricole* (Ministère de l'Agriculture) et que les industriels peuvent d'ailleurs se procurer dans le commerce (Dunod et Pinat).

En 1903 également, des études ont été commencées dans les Pyrénées et d'assez nombreux postes de jaugeages ont été établis. Mais un service spécial n'a été constitué qu'en 1909, sous les ordres de M. l'ingénieur en chef *Tavernier*, puis sous les nôtres depuis le 15 avril 1910.

Ce service spécial, qui relève des deux Ministères des Travaux publics et de l'Agriculture, comporte :

Un bureau central à Toulouse, chargé de centraliser, de coordonner et d'interpréter les renseignements recueillis;

Des services locaux constitués par tous les ingénieurs et tout le personnel des services ordinaire et hydraulique des départements.

En outre nous demandons, toutes les fois qu'il en est besoin, le concours des services de chemins de fer, des services forestiers et du service spécial du Nivellement général de la France. Quelques industriels font également des observations qui les intéressent personnellement, mais dont la communication à notre service contribue à l'étude du régime des cours d'eau et torrents.

Renseignements recueillis par le service. — Le programme des études poursuivies comporte :

1° L'étude du régime des cours d'eau;

2° L'étude économique des questions que soulève l'utilisation de l'énergie produite par les cours d'eau.

Mais on comprend qu'il importe, avant tout, de donner aux recherches un caractère pratique et de réunir tout d'abord les renseignements de fait, de nature à permettre le développement industriel des grandes chutes.

A ce point de vue, les industriels ont surtout besoin de disposer de données sur le régime des cours d'eau, c'est-à-dire sur le débit et la pente.

Aussi tous les efforts du service ont-ils porté jusqu'ici sur l'organisation des postes de jaugeages aussi nombreux que possible.

Les renseignements statistiques que le service cherchera à produire aussi rapidement qu'il pourra le faire, sont les suivants :

Superficie et altitude moyenne du bassin versant de chaque rivière au droit de chaque poste;

Courbe des débits annuels à chacun de ces postes;

Profil en long des vallées.

Il n'est évidemment pas possible de faire des jaugeages en tous les points d'une rivière; il serait même très difficile et très onéreux d'établir des postes de jaugeage sur toutes les rivières et sur les innombrables petits torrents qui descendent des Pyrénées.

Mais si l'on connaît le débit et le bassin versant d'une rivière en un ou plusieurs points, ainsi que le débit et le bassin des principaux affluents, il est généralement possible de déterminer le débit du même cours d'eau en d'autres points, avec une approximation pratiquement suffisante pour les utilisations agricoles ou industrielles.

De même, étant donnés le débit et le bassin versant d'un torrent, on peut, bien souvent, appliquer les caractéristiques de ce cours d'eau à des cours d'eau voisins et analogues comme altitude de bassin versant, constitution géologique, revêtement forestier, orientation, etc.

Le débit d'étiage et le débit moyen étant d'ailleurs des facteurs qui varient dans une large mesure d'une année à l'autre, il suffit, dans la plupart des cas, de rechercher seulement un degré d'exactitude mettant à l'abri des erreurs grossières, qui ont été trop souvent commises au début de l'aménagement des forces hydrauliques.

Pour certains cours d'eau, comme la Neste, par exemple, particulièrement bien placée à ce point de vue, nous pensons qu'on pourra échelonner des postes à diverses altitudes, de façon à déterminer approximativement les coefficients de correction correspondant à l'altitude moyenne des bassins.

Enfin, en ce qui concerne la pente qui constitue, avec le débit, le second élément de calcul des forces aménageables, le service se préoccupe de recueillir les divers profils en long, qui peuvent être extraits des études déjà faites (chemins de fer, etc.).

De plus, notre service a demandé au Service du Nivellement général de la France, de placer des repères dans les principales vallées, et ce travail est déjà très avancé dans les Pyrénées.

Pour donner une idée des recherches poursuivies, nous nous bornerons à dire que le nombre des stations déjà organisées ou en voie d'organisation dans les Pyrénées s'élève à 145, savoir :

<pre>
Bassin de la Nive   5
Bassin de l'Adour   43
Bassin de la Garonne   68
Bassin de l'Aude   12
Bassin de l'Agly   3
Bassin de la Tét   5
Bassin du Tech   6
Bassin du Sègre   3
                                                ____
                                                 145
</pre>

Dès que l'organisation de ces stations sera achevée et que cette partie du service fonctionnera régulièrement, l'étude sera étendue aux affluents de rive droite de la Garonne (Tarn, Lot, Dordogne).

Il nous a paru utile de porter les détails de l'organisation du Service d'études des Grandes Forces Hydrauliques à la connaissance du Congrès pour l'avancement des sciences. Les recherches poursuivies, ayant principalement pour objet le développement de l'utilisation des cours d'eau, ne peuvent laisser indifférent un groupement qui s'occupe en même temps de questions purement scientifiques et de questions industrielles.

M. LANNUSSE,

Ingénieur des Ponts et Chaussées (Toulouse).

PONT DES AMIDONNIERS SUR LA GARONNE.

624.012-3 (44-86 Toulouse)

3 *Août.*

Historique. — Le pont des Amidonniers, sur la Garonne, est situé à l'extrémité de la ville de Toulouse. Il boucle la ceinture des boulevards et relie le quartier des Amidonniers avec le faubourg Saint-Cyprien.

Depuis fort longtemps ce pont était réclamé de la population toulousaine. En 1896, la Municipalité soumit à l'appréciation du Service de la Navigation de la Garonne un projet de pont métallique présenté par la Société de Fives-Lille. Et, dans son rapport, M. l'ingénieur en chef *Barre*, tout en reconnaissant le mérite de l'ouvrage au point de vue pratique et utilitaire, le critiquait fort au point de vue esthétique.

On abandonna donc le projet Fives-Lille, et l'on ouvrit un concours public pour l'élaboration d'un nouveau projet. Le jury chargé de statuer sur les résultats de ce concours se réunit à Paris le 1er octobre 1901. Il conclut que :

« Aucun projet ne peut être recommandé pour l'exécution. »

Mais il déclarait en outre que :

« Moyennant une dépense n'atteignant pas 1 200 000 fr, il est possible d'établir sur la Garonne, aux Amidonniers, un pont qui, satisfaisant à toutes les règles de l'art du constructeur et à toutes les sujétions spéciales d'ordre technique, répondra, par son rapport architectural et ses dispositions décoratives, aux exigences de sa situation dans une ville importante par le chiffre de sa population, par ses monuments et par son double rôle de centre territorial et de métropole artistique. »

C'est en s'inspirant des conclusions ci-dessus que M. *Séjourné*, ingénieur en chef et professeur à l'École des Ponts et Chaussées, dressa un projet de pont qu'il offrit gracieusement à la ville de Toulouse.

Ce projet, adopté par le Conseil municipal le 3 mars 1902, fut soumis pour avis au Conseil général des Ponts et Chaussées ; et une décision de M. le Ministre des Travaux publics, en date du 14 mai 1903, l'approuvait en ces termes :

« J'estime, avec le Conseil, que ce projet constitue une œuvre des plus remarquables à tous égards, et ne soulève en lui-même aucune critique ni au point de vue technique, ni sous le rapport architectural. »

Un décret rendu au Conseil d'État, le 3 septembre 1903, autorisa la construction, et les travaux purent être commencés dès 1904.

Système de l'ouvrage. — Le projet de M. *Séjourné* est basé sur le même principe qui avait guidé cet ingénieur dans la conception du grand pont construit sur la Pétrusse, à Luxembourg, c'est-à-dire, établissement de deux ponts parallèles servant de supports à un plancher en béton armé.

Mais, tandis qu'à Luxembourg on n'a guère que $\frac{1}{3}$ de vide pour $\frac{2}{3}$ de plein, ici, pour des ponts jumeaux de 3,25 m de largeur, à la clef, on a un espace libre de 10 m entre les deux ponts. De plus, les poutres maîtresses du plancher débordent de 3 m sur les tympans et forment consoles pour supporter une partie des trottoirs en encorbellement. De cette manière, avec 6,50 m de largeur de ponts, on a une largeur utile de 22 m entre garde-corps.

On voit donc qu'à Toulouse, aux Amidonniers, M. *Séjourné* a tiré tout le parti possible du système imaginé par lui et appliqué pour la première fois, un peu timidement peut-être, à Luxembourg.

Comme il le dit lui-même dans son rapport, M. *Séjourné* traite un pont comme une maison :

« Pour une maison, on construit d'abord les gros murs; on les fonde avec soin, on y met les matériaux chers; on y ménage les fenêtres, les portes. »

Ce sont les ponts jumeaux.

« Puis on les couvre d'un plancher léger, calculé pour les surcharges qu'il peut avoir à supporter, et qu'on peut remplacer. »

C'est la dalle en béton armé.

Ponts en maçonnerie. — Le pont est en dos d'âne, à deux déclivités de 20 mm, raccordées entre les axes des deux piles centrales par un arc de parabole. Sur les remblais des abords, ces déclivités atteignent 33 mm, pour se raccorder avec les voies existantes.

La chaussée étant en pente et les naissances des voûtes sur une horizontale, les montées varient d'une arche à l'autre; d'où, pour avoir des courbes de même forme, la nécessité de faire varier les ouvertures des arches.

C'est ainsi que chaque pont, formé de cinq arches elliptiques surbaissées au quart environ, comprend :

Deux arches de rive de 38,50 m d'ouverture et 9,427 m de montée;

Deux arches intermédiaires de 42 m d'ouverture et 10,307 m de montée;

Une arche centrale de 46 m d'ouverture et 10,993 m de montée.

L'épaisseur des piles 1 et 4 est de 5,25 m, celle des piles 2 et 3 de 5,75 m.

Les piles et les culées ont été fondées sur le tuf, dans lequel elles sont encastrées de 3 m à 4 m de profondeur. Les fondations ont été exécutées à l'air libre, au moyen de batardeaux.

La longueur totale de l'ouvrage est de :

Entre les retombées des voûtes extrêmes........ 229,00 m
Entre les abouts des parapets des culées........ 257,21 —

La hauteur maxima est de 22 m, à partir du fond des fondations, et de 17 m au-dessus de l'étiage.

Tant pour l'aspect que pour le débouché, on a évidé les tympans au-dessus des piles par des voûtes en ellipse de 10,10 m et 11,60 m d'ouverture, surbaissées au quart environ.

Les plans des têtes ont un fruit transversal de $\frac{1}{10}$.

La face amont du pont qui regarde la ville a été particulièrement bien traitée au point de vue architectural.

Les avant-becs ont été effilés en forme de parabole dont le sommet vient couper le courant du fleuve et faciliter l'accès des eaux sous le pont. Les bandeaux sont chanfreinés par une voussure et relevés par une archivolte imitée de celle du vieux pont de Lavaur.

A la face aval, qui donne sur la campagne, l'archivolte se réduit à un simple cavet parabolique et la voussure est supprimée. Les arrière-becs sont triangulaires avec angle obtus saillant.

Pour donner à ce pont le caractère toulousain, on a fait : des tympans en briques; des culées à murs courbes avec de grandes chaînes d'angles comme aux vieux ponts de l'Embouchure, des Minimes et Montaudran, sur le Canal du Midi; et de grosses plinthes dont la courbure du profil rappelle les couronnements des murs de quai de la Garonne.

Dalle en béton armé. — La dalle en béton armé qui repose sur les deux ponts jumeaux forme l'assiette de la chaussée et des trottoirs; elle a une largeur totale de 22,59 m. La distance entre les garde-corps est de 22 m, comprenant 13,20 m de chaussée et deux trottoirs de 4,40 m.

L'ossature de la dalle est constituée par 84 grandes poutres transversales, espacées de 2,54 m à 2,99 m, s'appuyant sur les ponts jumeaux et reliées entre elles par les pièces longitudinales ci-après :

Deux poutres de rive;

Deux longerons évidés à l'aplomb des tympans extérieurs des ponts jumeaux;

Deux poutres derrière les bordures de trottoir;

Deux longerons à treillis, à 1,545 m de chaque côté de l'axe;

Sept nervures sous chaussée pour raidir le hourdis et supporter deux voies de chemins de fer départementaux et deux voies de tramways urbains.

Il y a, en outre, des nervures transversales sous chaussée, entre les poutres des bordures de trottoirs, divisant en deux parties égales les intervalles entre les maîtresses poutres. Le hourdis de chaussée est disposé suivant le bombement de cette dernière et recouvert d'une couche de béton d'asphalte de 0,06 m d'épaisseur pour recevoir le pavage en bois. Le hourdis des trottoirs est établi suivant une pente de 0,03 m par mètre et recevra un dallage en carborundum de 0,02 m d'épaisseur. La dalle sera fixée en son milieu et libre sur les culées. Les poutres reposent sur des sommiers fixés aux ponts jumeaux par l'intermédiaire de rouleaux en béton armé qui permettront la libre dilatation de l'ensemble du tablier. Un robuste garde-corps en fonte sera fixé à l'extrémité de l'encorbellement des poutres.

Dépenses. — Les travaux sont aujourd'hui très avancés et le montant total de la dépense peut être évaluée d'une manière très approximative à 1 120 000 fr.

Ce chiffre comprend tous les travaux en régie, les épuisements et même les indemnités payées aux entrepreneurs pour réparation des dégâts occasionnés par les crues de la Garonne.

Conclusions. — On voit donc que, quoique la largeur du pont ait été portée de 16 m à 22 m, on n'est pas arrivé au chiffre de 1 200 000 fr indiqué par le Jury de concours.

Ce résultat n'a pu être atteint que grâce au système imaginé par M. *Séjourné*, dont la caractéristique est d'être très économique pour les ponts larges.

Le pont des Amidonniers, en effet, tout en ne laissant rien à désirer tant au point de vue de la solidité que sous le rapport architectural, coûtera 193 fr le mètre carré de surface utile (chaussée et trottoirs).

Les ponts pleins en maçonnerie, pour si peu qu'on sacrifie à l'esthétique, atteignent couramment 400 fr le mètre carré (*).

On peut donc conclure sans hésitation que le pont des Amidonniers, avec son prix de revient de 193 fr, tiendra, et *de beaucoup*, le record du bon marché pour les ponts voûtés en maçonnerie.

(*) Prix de revient de quelques ponts de Paris, par mètre carré de surface utile (chaussée et trottoir) :

		fr
Ponts métalliques	Mirabeau	604
	au Double	650
	Alexandre	1048
Ponts voûtés en maçonnerie	de Tolbiac	416
	de l'Alma	588
	d'Arcole	700

(*Béton armé*, février 1910, n° 141, p. 30.)

M. A. NIVET,

Ingénieur des Arts et Manufactures [Échoisy par Luxé (Charente)].

AUTOPSIE D'UNE POUTRE EN BÉTON ARMÉ.

620.11 : 624.222

3 Août.

Je rappellerai brièvement deux Communications que j'ai faites à l'Association française pour l'avancement des Sciences, l'une au Congrès de Bordeaux (1895) sur un *Appareil d'essai des matériaux de construction*, l'autre à Cherbourg (1905) sur une *Méthode de calcul du béton armé*.

En 1895, je présentai à la Section du Génie civil un appareil qui permet de faire tous les essais, flexion, traction, cisaillement et compression sur un même prisme, 0,02 × 0,02 × 0,1, et avec le même instrument de mesure.

Prenons la formule de Navier :

$$R = \frac{\nu \mu}{I},$$

dans laquelle R est la résistance unitaire, ν la demi-hauteur du prisme, μ le moment fléchissant, I le moment d'inertie.

Appelons P le poids appliqué au milieu de la longueur l du prisme qui a déterminé la rupture, a et H la largeur et la hauteur de ce prisme, C coefficient de compression et T coefficient de traction donnés par l'appareil dont il est question ci-dessus, la formule de Navier donnera, dans ce cas,

$$(1) \qquad R = \frac{2\,P\,l}{2\,a\,H^2} \qquad \text{ou} \qquad H = \sqrt{\frac{3\,P\,l}{2\,a\,R}}.$$

Si l'on cherche à appliquer la formule (1) au prisme d'agglomérant ci-dessus défini, on se heurte à une impossibilité, car il faudrait remplacer R par C ou T qui sont des valeurs différentes.

En mettant C dans cette formule, à la place de R, on obtiendra une valeur de H, que j'appellerai H_c :

$$(2) \qquad H_c = \sqrt{\frac{3\,P\,l}{2\,a\,C}}.$$

On a ainsi calculé la hauteur H_c d'un prisme hypothétique dans lequel les résistances à la compression et à la traction seraient égales, et égales à C, le plan des fibres neutres se trouvant au milieu, à la distance $\dfrac{H_c}{2}$ des deux bases.

Faisant le même calcul en remplaçant R par T dans la formule (1) nous aurons

$$(3) \qquad H_t = \sqrt{\frac{3\,P\,l}{2\,a\,T}}.$$

Suivant ces hypothèses, nous aurons calculé les hauteurs H_c et H_t de deux prismes dont chacun devra se rompre à la flexion sous le même poids P qui a déterminé la rupture du prisme expérimenté de hauteur H.

On remarque qu'on a

$$H_c < H < H_t$$

et que la somme de H_c et H_t et égale à 2 H ou

$$\frac{H_t}{2} + \frac{H_c}{2} = H.$$

Il résulte de cette observation qu'en prenant la moitié comprimée $\frac{H_c}{2}$ du prisme H_c, et, la soudant à la moitié tendue $\frac{H_t}{2}$ du prisme H_t, on reconstitue le prisme de hauteur H, qui a servi à l'expérience.

On peut toujours, en mécanique, supprimer les forces élastiques de la partie tendue du prisme H_c, à la condition de les remplacer par d'autres forces égales, en l'espèce : la partie tendue du prisme H_t.

Si nous divisons l'un par l'autre les deux membres des équations (2) et (3) nous avons

$$\frac{H_t}{H_c} = \sqrt{\frac{C}{T}},$$

d'où cette loi :

« Dans les prismes d'agglomérants rompus par flexion centrale, le plan des fibres neutres partage, au moment de la rupture, la hauteur du prisme suivant le rapport inverse des racines carrées des coefficients de traction et de compression ».

A l'instant qui précède la rupture, la fibre la plus tendue atteint le coefficient de traction, tandis que la fibre la plus comprimée tend vers le coefficient de compression.

Je citais, en 1895, l'exemple numérique que je reproduis ci-dessous :

Un grand nombre d'essais de prismes chaux et ciment m'avait donné les moyennes :

$$P = 19,50 \text{ kg}$$
$$T = 16,79 \text{ —}$$
$$C = 169,25 \text{ —}$$

Mettant ces chiffres et la valeur $a = 0,02$ dans les équations (1) et (2), on obtient

$$H_c = 0,0092158$$
$$H_t = 0,030764$$
$$\overline{H_c + H_t = 0,0399798} = 0,04 = 2\,H.$$

Dans les agglomérants, le coefficient de compression est très approximativement égal à dix fois celui de traction, résultat d'ailleurs connu : $C = 10\,T$; il en résulte, d'après l'équation (4),

$$\frac{H_t}{H_c} = \sqrt{10} = 3,162,$$

ce qui détermine la position du plan des fibres neutres dans les bétons non armés.

Les relations

$$\frac{H_t}{H_c} = 3,162 \qquad \text{et} \qquad H_t + H_c = 2\,H$$

permettent de calculer H_t et H_c, de sorte que, lorsqu'on a déterminé P, on peut, par les formules (2) et (3), obtenir C et T sans faire l'expérience.

C'est ce que je fais, au moyen de calculs simples, et rarement l'expérience, faite après, me donne un démenti.

Ce rapport $\dfrac{H_t}{H_c}$ est donc constant pour les agglomérants et paraît être une caractéristique de chaque matière dans certaines limites : il change avec les différents corps, et j'ai pu le déterminer pour divers, par exemple pour la glace à — 7°, pour l'acier, etc.

Mais ces observations n'ont été faites que pour l'instant où le poids placé au milieu du prisme provoque la rupture ou pour le moment qui précède cette rupture.

A-t-on le droit d'appliquer les règles qui en ont été déduites à tous les instants et pour toutes les valeurs de l'effort imposé au prisme depuis zéro jusqu'à cette rupture?

Peut-on aussi les appliquer aux prismes uniformément chargés?

On ne peut actuellement faire cette déduction que par analogie, en attendant qu'on ait les résultats de mesures d'allongement et de raccourcissement faites à tous les instants de la flexion.

Ces expériences n'ont pas été faites sur des agglomérants purs.

L'hypothèse ci-dessus développée qui consiste à souder à la moitié comprimée du prisme H_c la moitié tendue du prisme H_t, pour reproduire le prisme réel, a donc été confirmée par de nombreuses expériences.

Je puis, par un artifice semblable, à la place de la moitié du prisme tendu, substituer une certaine section d'acier, maintenue à distance convenable du plan des fibres neutres par une gaine de béton qui reliera, par une soudure parfaitement autogène, cette section métallique à la moitié comprimée de H_c : je composerai ainsi une poutre en béton armé.

C'est sur cette hypothèse que j'ai créé les formules que j'ai développées au Congrès de Cherbourg devant les sections réunies du Génie civil et des Mathématiques, toujours en employant la formule de Navier.

La partie comprimée de béton, quand elle n'est pas elle-même armée, se calculera de la même façon en employant la formule qui correspond à un prisme uniformément chargé d'un poids P :

$$(4) \qquad H = \sqrt{\frac{3\,P\,l^2}{4\,a\,R_b}},$$

R_b étant le coefficient de compression admis pour le béton. On prendra la moitié de cette hauteur $\frac{H}{2}$.

Quant à la partie métallique, la formule de Navier donne, pour une poutre métallique symétrique de la forme ci-dessous (*fig.* 1), dans laquelle les parties métalliques sont représentées par les surfaces

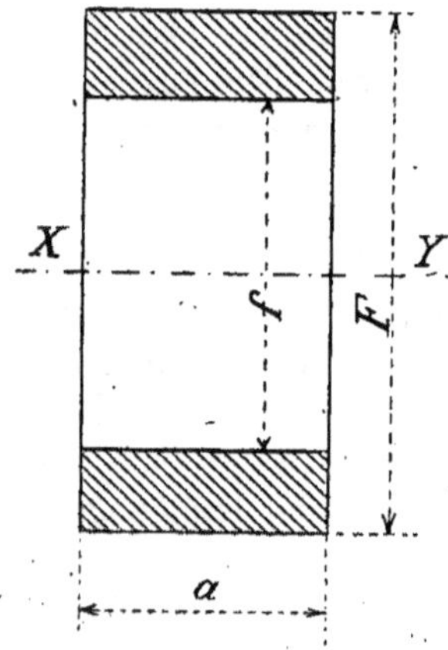

Fig. 1.

$$a\,\frac{F - f}{2} = \omega',$$

la formule suivante :

$$R'_a = \frac{3\,FPl^2}{4\,a\,(F^3 - f^3)},$$

dans laquelle R'_a coefficient de résistance de l'acier, P, a, l sont des quantités connues.

Si l'on se donne F, on aura

$$(5) \qquad f = \sqrt[3]{\frac{4\,a\,R'_a\,F^3 - 3\,FPl^2}{4\,a\,R'_a}}.$$

On soudera la partie tendue de cette poutre à la partie comprimée $\frac{H_c}{2}$.

Il restera à remplacer la surface métallique ω' par une ou plusieurs barres de même section totale, placées à égale distance de XY, et à enrober ces barres dans le béton, pour obtenir une poutre en béton armé capable de supporter le poids P par mètre courant.

Telles sont les formules qui m'ont servi pour établir des barèmes permettant d'obtenir, par simple lecture, les dimensions rationnelles d'ouvrages en béton armé entre les charges de o à 9000 kg par mètre carré, et les portées de o à 15 m en prenant, pour R_b, 250000 kg, et pour R'_a 10000000 kg, barèmes qui ont été publiés par la maison Dunod et Pinat.

Si nous remplaçons μ par M, et $\frac{H_c}{2}$ par y, nous aurons encore, d'après la formule de Navier, les relations suivantes entre les différents éléments des problèmes à résoudre :

$$(6) \qquad M = \frac{2\,a\,y^2\,R_b}{3},$$

$$(7) \qquad M = \frac{a\,(F^3 - f^3)\,R'_a}{6\,F}.$$

En égalant ces deux valeurs de M, on a

$$(8) \qquad y = \sqrt{\frac{(F^3 - f^3) R'_a}{4 F R_b}}.$$

Comme on le voit, y est proportionnel à $\sqrt{R'_a}$ et inversement proportionnel à $\sqrt{R_b}$.

On a aussi

$$(9) \qquad R_b = \frac{3 M}{2 a y^2}$$

et

$$(10) \qquad R'_a = \frac{6 M F}{a (F^3 - f^3)}.$$

Toutes ces déductions étaient basées sur une série d'expériences à la rupture d'un prisme de béton non armé, et c'est par analogie que j'en ai tiré les conséquences et les formules précédentes, qui pouvaient paraître discutables.

Mais les essais faits par la Commission du béton armé sont venus confirmer l'exactitude de ces formules.

Nous trouvons là des expériences faites, avec une précision aussi grande que possible, sur des poutres armées, indiquant, pour des efforts sous moment constant, les allongements de la partie tendue, les allongements ou raccourcissements de la partie médiane, et les raccourcissements de la partie comprimée, ainsi que les moments fléchissants correspondants (Tableau I).

J'ai pris pour terme de comparaison une poutre au pourcentage 0,5.

Cette poutre avait la section et l'armature (¹) ci-dessous (*fig.* 2).

Le béton était composé de 300 kg de ciment, 0,400 m³ de sable et 0,800 m³ de gravier.

La section des armatures était de 0,00040212 m² (deux barres 16 mm).

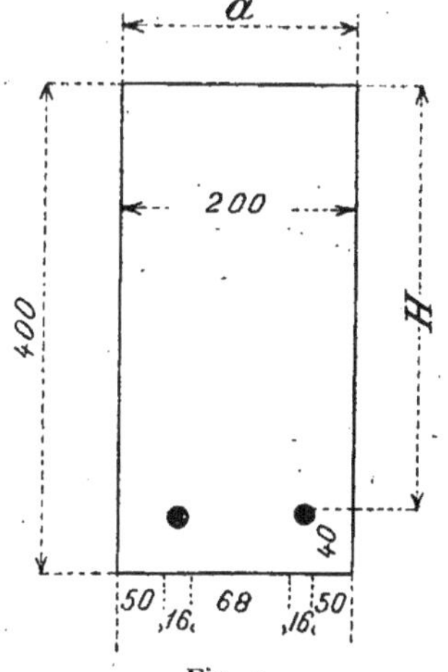

Fig. 2.

L'essai a été fait 7 mois après la confection.

Le béton s'écrasait à 160 kg par centimètre carré au bout de 90 jours.

L'acier avait pour limite d'élasticité 27,7 kg il avait supporté, à la rupture, une charge maximum de 40,4 kg.

(¹) L'armature de cette poutre, prise au hasard, se rapproche de la solution qui serait obtenue par l'emploi de mes formules, en admettant 448 000 kg et 12 000 000 kg comme taux de travail du béton et de l'acier.

Les déformations de cette poutre, sous des charges croissantes, ont été mesurées au milieu et à 0,04 de chacun des deux plans supérieur et inférieur.

Représentons l'axe par MM', la face comprimée par HH', et la face tendue par BB' (*fig.* 3 et 4), la ligne *hb* représente une coupe transversale : à droite de cette ligne, on a porté les allongements et, à gauche, les raccourcissements observés.

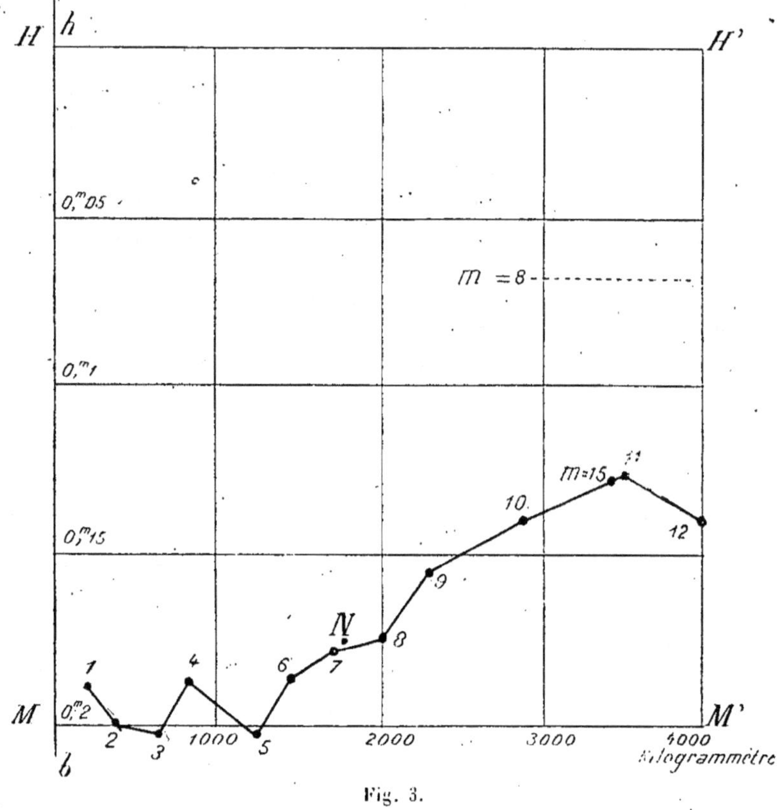

Fig. 3.

Si nous joignons par des lignes droites les allongements et raccourcissements correspondants, l'intersection de ces droites, pour deux observations successives, sera un point du plan des fibres neutres correspondant au moment fléchissant le plus élevé.

Il est facile, au lieu de faire l'épure, de calculer, par triangles semblables, chaque valeur de y, distance de cette intersection au plan HH'.

Ces valeurs de y sont indiquées, pour chaque observation, dans la deuxième colonne du Tableau II.

La troisième colonne comprend les valeurs correspondantes des moments fléchissants M.

Pour chaque valeur de y, indiquée en ordonnées dans la figure 3, le moment correspondant a été porté en abscisse, ce qui a donné lieu à la ligne 1, 2, 3, ..., 12, qui représente la courbe des moments fléchissants.

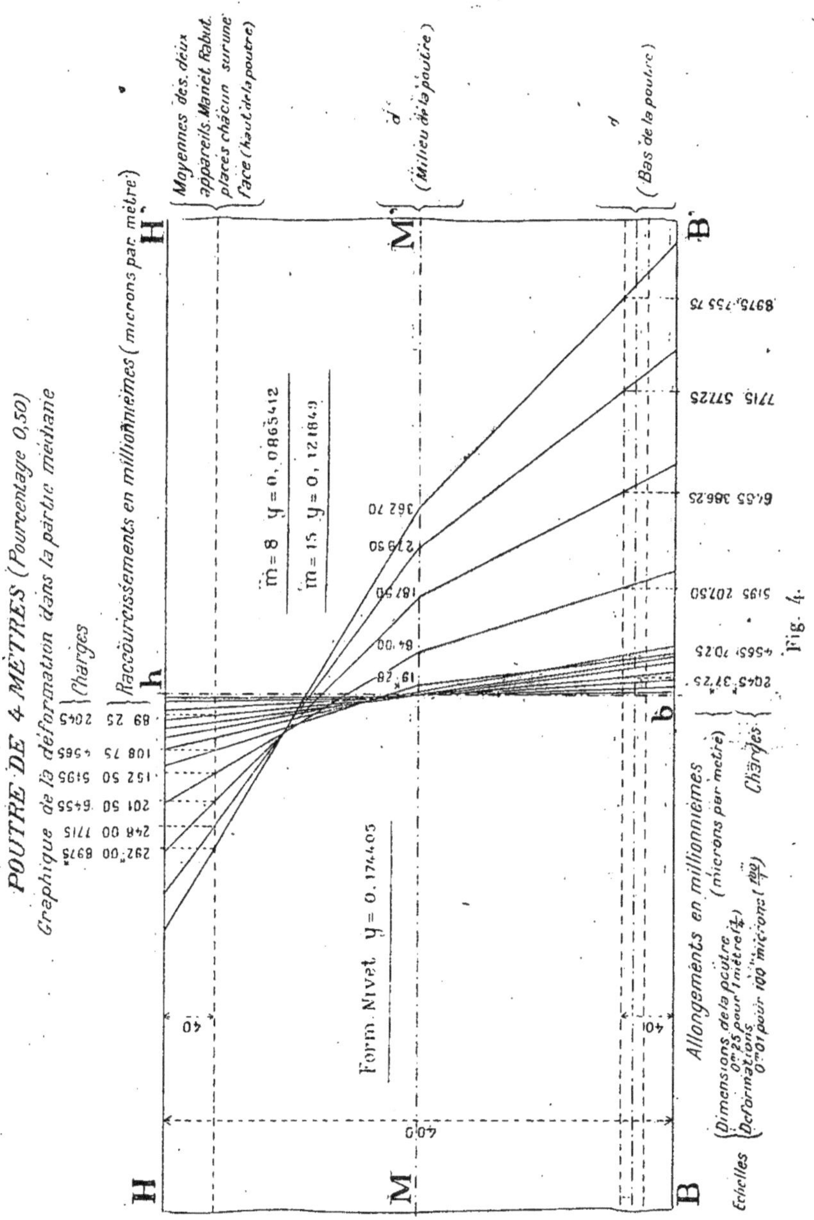

Cette courbe n'a une allure à peu près régulière qu'entre les points 5 et 11.

Pour les points 1 à 5, malgré la perfection des instruments de mesure, les très petites quantités observées qui n'atteignent pas 0,04 mm ont introduit des irrégularités qui ne permettent pas de tirer de ces mesures des déductions sérieuses.

De plus, dans ces régions, d'autres éléments entrent en jeu. Le retrait dû à la prise du béton, combattu par la résistance des armatures, a déterminé une compression du métal compensée par un effort de traction du béton lui-même. Ces différentes forces ne pourraient être calculées que si l'on connaissait exactement le coefficient d'élasticité du béton à la traction.

Les réactions qui agissent sur la partie tendue sont complexes; elles sont la somme de R'_b, coefficient du béton à la traction et de R'_a. L'influence de R'_b se conserve jusqu'à ce que la limite d'élasticité du béton à la traction soit dépassée, puis cette influence disparaissant, on n'a plus à considérer que R'_a.

Au delà du point 11, la courbe n'est plus continue : depuis le point 9, des fissures ont apparu, correspondant aux allongements des armatures, allongements élastiques d'abord, jusqu'à 11 probablement, puis permanents de 11 à 12, bientôt suivis de la dislocation.

Il est regrettable que les expérimentateurs n'aient pas cru devoir faire deux vérifications importantes.

Ils auraient pu, en diminuant la flexion dès l'apparition des premières fissures, vérifier à chaque point si la poutre revenait à sa longueur primitive, afin de déterminer la limite entre les allongements élastiques, et les allongements permanents.

Ils auraient également dû indiquer les flèches correspondantes qui, à ces points de la flexion, devaient prendre une certaine valeur relativement aux allongements et raccourcissements constatés qui n'atteignent pas 1 mm et qui ne représentent que les cordes des dimensions réelles des arcs.

On eût pu, connaissant ces flèches, faire des corrections qui, dans ce cas, auraient eu pour résultat d'augmenter un peu les diverses valeurs de y, et les calculs auraient accusé une légère diminution de R_1 et R'_a.

Si nous calculons y par la formule (8), en attribuant à R_b et R'_a les valeurs

$$R_b = 448000, \qquad R'_a = 12000000,$$

nous aurons

$$y = 0,174405 \qquad \text{et} \qquad F = 0,193595.$$

Reportant les valeurs y et F ainsi trouvées dans les équations (6) et (7), nous obtiendrons la même valeur de M, soit

$$M = 1816,93.$$

Au moyen des formules (9) et (10) j'ai calculé les valeurs de R_b et R'_a correspondant à chacune des valeurs observées de y et de M et porté ces résultats dans les 3e et 4e colonnes du Tableau II.

Pour les raisons indiquées plus haut j'ai fait partir ces résultats du point 5.

J'ajoute dans cette série une ligne intitulée N, dans laquelle je porte les valeurs y et M trouvées par mes formules, ainsi que les valeurs R_b et R'_a que j'ai admises.

Les valeurs M, R_b et R'_a de la ligne N s'intercalent assez exactement dans la série continue des valeurs observées et calculées auprès de celles de la ligne 8 très voisine.

La valeur de R_b part de 21,8 kg par centimètre carré au point 5, pour s'élever progressivement; au point 8, elle est de 50,45 kg. Le point 8 se confond presque avec le point N, pour lequel la valeur de R_b a été admise à 44,8 kg, chiffre peu différent de 50,45 kg. Ensuite la compression augmente jusqu'au point 11, pour lequel elle monte à 178 kg, chiffre supérieur à 160 kg, mais il faut remarquer que l'âge du béton est 7 mois au lieu de trois, et que le taux de rupture dépasse alors 160 kg.

La valeur R'_a est 10,48 kg par millimètre carré au point 5; elle monte au point 8, voisin de N à 13,36 kg, valeur un peu plus élevée que 12 kg admis au point N.

Au point 9, où les fissures commencent, R'_a atteint 13,54 kg, puis 17,6 kg au point 11, et les allongements élastiques vont probablement cesser pour devenir permanents vers le point 12 où R'_a atteint 22,89 kg, et bientôt se produit la dislocation.

Comme on le voit dans le Tableau, les valeurs R_b et R'_a et M, au point N se rapprochent des valeurs observées et calculées pour le point 8 voisin; elles sont un peu faibles; mais si nous considérons qu'il doit y avoir déjà, au point 8, une courbure qui donnerait lieu à des corrections des cordes observées, la valeur de y, au point 8, devra être augmentée, et les résultats de 8 et de N se rapprocheraient encore.

On voit aussi que, dans l'instant qui précède la rupture R_b et R'_a tendent vers la limite d'élasticité du béton et du métal.

Cette concordance des points 8 et N relie, aux résultats des calculs obtenus par mes formules, les observations faites au cours de l'expérience, et prouve que ces formules rendent compte très approximativement de ce qui se passe en réalité dans la flexion des poutres armées.

Les formules de la Circulaire ministérielle du 20 octobre 1906 donnent, dans le cas de l'exemple précédent,

$$(11) \qquad y = \frac{-m\omega' \pm \sqrt{m\omega'^2 + 2am\omega' H}}{a}.$$

Dans cette formule n'entrent ni R_b ni R'_a et cependant les expériences indiquent ce qu'on pouvait d'ailleurs prévoir, que les diverses positions des fibres neutres varient avec les moments fléchissants, et, par conséquent, avec les divers taux de travail demandés à la compression et à l'extension.

Il est vrai que la formule de la circulaire contient une variable m, mais elle est assez mal définie et plutôt arbitraire : la circulaire indique que m peut varier de 8 à 15 suivant que le diamètre des armatures longitudinales varie de $\frac{1}{10}$ à $\frac{1}{20}$ de la plus petite dimension de la pièce.

La formule (11) de la circulaire donne :

$$\text{pour } m = 8, \qquad y = 0,0865612 ;$$
$$\text{pour } m = 15, \qquad y = 0,121849.$$

Cette formule place y près du point 11 pour $m = 15$ et au delà du point 12 pour $m = 8$, c'est-à-dire dans un espace très restreint de l'échelle des positions du plan des fibres neutres indiquée par l'expérience, et dans des régions qui correspondent à des moments fléchissants qui ont amené le fissurage et la dislocation de la poutre.

Pour $m = 15$ la position de y correspond à un moment fléchissant qu'on peut évaluer, par interpolation, à 3440, et les formules de la Commission (12), (13), (14) donnent dans ce cas $R_b = 8424000$ et $R'_a = 26130300$.

La première de ces valeurs ne se classe pas dans la série des valeurs de R_b du Tableau II; quant à la valeur de R'_a, elle se rapproche de la limite d'élasticité du métal, qui ne paraît devoir être atteinte qu'auprès du point 12 au moment de la dislocation.

Quant à la valeur de y, pour $m = 8$, indiquée par les formules administratives, elle se trouve dans une région pour laquelle la poutre n'existe plus.

Les formules de la circulaire qui déterminent les valeurs de (R_b) et (R'_a) sont les suivantes, dans le cas qui nous occupe :

$$(12) \qquad K = \frac{M}{\dfrac{a y^2}{6} - m'\omega'(H - \eta)H},$$

$$(13) \qquad R_b = Ky,$$

$$(14) \qquad R'_a = m K(H - \eta).$$

Ces formules (11), (12), (13), (14) ne sont pas des formules de recherche, il faut se donner ω' et H pour déterminer y, R_b et R'_a.

Elles ne peuvent servir qu'à vérifier des dimensions qu'il faut trouver et modifier par tâtonnements successifs.

Lorsqu'on vérifie par ces formules les dimensions d'une poutre en béton armé, après avoir déterminé y, on fait les calculs suivants, en donnant à M les diverses valeurs du moment fléchissant indiquées par les résistances, même variables, qu'on doit atteindre, mais ces valeurs de M ne peuvent correspondre à celle unique qui résulte de la position de y donnée par la formule (11).

Il n'y a aucune corrélation entre la valeur de y, qui est fixe et correspond à un moment fléchissant déterminé, et les différentes valeurs que l'on peut être appelé à donner à M, suivant les charges.

La vérification par les formules de la Commission est donc inapplicable dans la plupart des cas.

Tableau I. — *Poutre de 4 m (Pourcentage : 0,50).*

2° *Poutre (Armature de 16 mm de diamètre; Pourcentage : 0,50 pour 100).*

	CHARGES totales appliquées, indiquées par le manomètre de la presse hydraulique en kilogrammes.	MOMENTS de flexion correspondants en kilogrammètres.	DÉFORMATIONS CORRESPONDANTES observées dans la partie médiane de la poutre, en millimètres par mètre.						DÉFORMATIONS dans le sens de la hauteur de la poutre, totales en millim.			
			Bas de la poutre (côté de l'armature).		Au milieu de la hauteur de la poutre.		Haut de la poutre.		1re extrémité.		2e extrémité.	
			1re face verticale.	2e face verticale.	1re face verticale.	2e face verticale.	1re face verticale.	2e face verticale.	1re face verticale.	2e face verticale.	1re face verticale.	2e face verticale.
1	470	211,50	+0,0065	+0,0060	+0,0005	—0,0000	—0,0050	—0,0060	—0,0000	—0,0005	—0,0090	+0,0002
2	785	353,25	+0,0125	+0,0125	+0,0010	—0,0005	—0,0105	—0,0125	+0,0005	—0,0005	+0,0005	+0,0005
3	1415	636,75	+0,0245	+0,0245	+0,0005	—0,0005	—0,0235	—0,0260	+0,0010	—0,0010	+0,0010	+0,0015
4	2045	920,25	+0,0385	+0,0370	+0,0035	—0,0010	—0,0375	—0,0410	+0,0025	—0,0012	+0,0010	+0,0025
5	2675	1203,75	+0,0510	+0,0485	+0,0035	—0,0015	—0,0515	—0,0540	+0,0035	—0,0015	+0,0035	+0,0030
6	3305	1487,25	+0,0640	+0,0625	+0,0060	—0,0010	—0,0660	—0,0680	+0,0050	—0,0015	+0,0060	+0,0045
7	3935	1770,75	+0,0770	+0,0770	+0,0065	+0,0040	—0,0855	—0,0825	+0,0065	—0,0015	+0,0020	+0,0050
8	4565	2054,25	+0,0800	+0,0605	+0,0245	+0,0140	—0,1120	—0,1015	+0,0070	—0,0015	+0,0020	+0,0050
9	5195 (1)	2337,75	+0,2500	+0,1650	+0,0965	+0,0715	—0,1620	—0,1430	+0,0085	—0,0015	+0,0030	+0,0065
10	6455 (2)	2904,75	+0,4550	+0,3175	+0,2245	+0,1505	—0,2155	—0,1875	+0,0615	+0,0005	+0,0050	+0,0095
11	7715 (3)	3471,75	+0,6295	+0,5250	+0,3410	+0,2180	—0,2680	—0,2280	+0,0160	+0,0020	+0,0060	+0,0055
12	8975 (4)	4038,75	+0,7935	+0,7180	+0,4510	+0,2745	—0,3180	—0,2660	+0,0195	+0,0055	+0,0075	+0,0050
13	10235 (5)	4605,75	Charge maximum atteinte.									

Nota. — On a compté positives les déformations par allongement et négatives les déformations par raccourcissement.

(1) Apparition de deux petites fissures verticales du côté de la partie tendue de la poutre, à gauche du milieu.

(2) Apparition de cinq nouvelles petites fissures verticales du côté tendu de la poutre, de part et d'autre du milieu. Les premières fissures observées ont progressé.

(3) Apparition de quatre nouvelles fissures verticales. Les fissures précédemment observées augmentent d'importance.

(4) Pas de nouvelles fissures. Celles déjà observées augmentent d'importance.

(5) La poutre cède par suite de la propagation rapide de l'une des fissures verticales observées. Pas de nouvelles fissures.

TABLEAU II.

	y.	M.	$R_b = \dfrac{3\,M}{2\,a\,y^2}$.	$R'_a = \dfrac{6\,MF}{a\,(F^3 - f^3)}$.	OBSERVATIONS.
1	0,18667	211,50	»	»	
2	0,199	313,25	»	»	
3	0,2031	636,75	»	»	
4	0,1873	920,25	»	»	
5	0,20325	1203,75	218 040	10 486 500	
6	0,1848	1487,25	326 618	10 205 900	
7	0,17714	1770,75	423 239	11 658 700	
8	0,17477	2054,25	504 529	13 363 000	
N	**0,1744**	**1816,93**	**448 000**	**12 000 000**	y et M calculés par la formule Nivet.
9	0,1508	2337,75	778 666	13 548 300	2 petites fissures côté tendu.
10	0,13285	2904,75	1 234 380	15 494 300	5 nouvelles fissures côté tendu.
$m = 15$	**0,13185**	**3440**	**862 400**	**26 130 300**	y, R_b et R'_a balculés par formule administrative.
11	0,12087	3471,75	1 782 270	17 611 500	4 nouvelles fissures.
12	0,14665	4038,75	1 408 460	22 894 200	Les fissures augmentent.
13	»	»	»	»	Dislocation.
$m = 8$	**0,08656**	»	»	»	

M. VILLARET,

Directeur du Génie maritime au cadre de réserve (Paris).

AMORTISSEMENT DE LA VALEUR DES OUTILLAGES.

621 : 657.421

3 Août.

Le procédé le plus en usage pour apprécier, à un moment quelconque de sa durée, la valeur d'une machine en service, consiste à déduire chaque année du prix d'achat une partie aliquote ayant pour dénominateur le nombre d'années au bout duquel on suppose que la machine sera usée, et que l'amortissement devra être, alors, complet.

Le bien fondé de cette pratique a été contesté par M. Otto Marr, ingénieur civil à Leipzig (*Revue technique allemande*, du 17 août 1904). M. Marr établit, avec raison, que par le fait seul de sa mise en service, la machine considérée tombe tout de suite à une valeur vénale notablement inférieure au prix d'achat, et que la marche de la dépréciation ainsi commencée, marche très accentuée durant les premiers mois et même les premières années, se ralentit de plus en plus à mesure qu'on se rapproche du moment où la machine devra être condamnée. Il propose, pour représenter la dépréciation progressive d'une machine achetée à un certain prix, de prendre les ordonnées d'un quart d'ellipse ayant pour demi-grand axe le nombre présumé A des mois de durée de la machine, portés en abscisses à partir du sommet du grand axe, et pour demi-petit axe une longueur B proportionnelle au prix d'achat diminué de la valeur présumée des vieilles matières, valeur à laquelle se réduira celle de la machine au bout du nombre d'années qu'on lui donne à vivre.

L'équation de l'ellipse rapportée au sommet de son grand axe donne ainsi, pour la dépréciation à un moment quelconque de la durée totale considérée A,

$$Y = \frac{B}{A} \sqrt{2\,A\,X - X^2},$$

X étant, à ce même moment, le nombre de mois depuis lequel la machine fonctionne, B et Y étant comptés en centièmes du prix d'achat.

Une méthode moins sévère, et peut-être encore suffisamment prudente, d'évaluer la dépréciation, consisterait à substituer à l'ellipse une parabole rapportée à son sommet, et dans l'équation de laquelle, $Y = \sqrt{p\,X}$, on déterminerait le paramètre p par la relation $B = \sqrt{p\,A}$, d'où $p = \dfrac{B^2}{A}$.

Le calcul de la dépréciation en centièmes du prix d'achat donne, à un centième près, les résultats suivants, selon que la durée présumée est de 20, 25 ou 30 ans.

La valeur des vieilles matières à réaliser après la condamnation de la machine est uniformément supposée de 4 pour 100 du prix d'achat, ce qui revient à faire partout B = 96.

Durée supposée de la machine.

	20 ans, d'où A = 240.	25 ans, d'où A = 300.	30 ans, d'où A = 360.
Ellipse...	$Y = \dfrac{96}{240} \sqrt{480\,X - X^2},$	$Y = \dfrac{96}{300} \sqrt{600\,X - X^2},$	$Y = \dfrac{96}{360} \sqrt{720\,X - X^2}.$
Parabole.	$p = \dfrac{96^2}{240} = \dfrac{9216}{240} = 38{,}4,$	$p = \dfrac{96^2}{300} = \dfrac{9216}{300} = 30{,}72,$	$p = \dfrac{96^2}{360} = \dfrac{9216}{360} = 25{,}6;$
	$Y = \sqrt{38{,}4\,X},$	$Y = \sqrt{30{,}72\,X},$	$Y = \sqrt{25{,}6\,X}.$

Dépréciation en centièmes du prix d'achat
(calculée à $\frac{1}{100}$ près).

Au bout de

1 an (Ellipse)............	30	27	25
1 an (Parabole)..........	21	19	18
2 ans (E)...............	42	38	34
2 ans (P)...............	30	27	25
3 ans (E)...............	50	46	42
3 ans (P)...............	37	34	30
4 ans (E)...............	57	52	48
4 ans (P)...............	43	38	35
5 ans (E)...............	63	58	53
5 ans (P)...............	48	43	39
6 ans (E)...............	68	62	58
6 ans (P)...............	52	47	43
7 ans (E)...............	73	66	62
7 ans (P)...............	57	51	46
8 ans (E)...............	77	70	65
8 ans (P)...............	61	54	49
9 ans (E)...............	80	74	68
9 ans (P)...............	64	58	52
10 ans (E)...............	83	77	71
10 ans (P)...............	68	61	55
11 ans (E)...............	86	80	74
11 ans (P)...............	71	64	58
12 ans (E)...............	88	82	77
12 ans (P)...............	75	66	61
13 ans (E)...............	90	84	79
13 ans (P)...............	77	69	63
14 ans (E)...............	91	86	81
14 ans (P)...............	80	71	65
15 ans (E)...............	92	88	83
15 ans (P)...............	83	74	67
16 ans (E)...............	93	90	85
16 ans (P)...............	86	76	70
17 ans (E)...............	94	91	86
17 ans (P)...............	89	79	72
18 ans (E)...............	95	92	88
18 ans (P)...............	91	81	74
19 ans (E)...............	96	93	89
19 ans (P)...............	94	83	76
20 ans (E)...............	96	94	90
20 ans (P)...............	96	85	78
21 ans (E)...............	»	94	91
21 ans (P)...............	»	88	80
22 ans (E)...............	»	95	92
22 ans (P)...............	»	90	82
23 ans (E)...............	»	95	93

Dépréciation en centièmes du prix d'achat
(calculée à $\frac{1}{100}$ près):

Au bout de

23 ans (P)	»	92	84
24 ans (E)	»	96	94
24 ans (P)	»	94	86
25 ans (E)	»	96	95
25 ans (P)	»	96	88
26 ans (E)	»	»	95
26 ans (P)	»	»	90
27 ans (E)	»	»	96
27 ans (P)	»	»	92
28 ans (E)	»	»	96
28 ans (P)	»	»	94
29 ans (E)	»	»	96
29 ans (P)	»	»	95
30 ans (E)	»	»	96
30 ans (P)	»	»	96

Il serait facile de développer ce Tableau en appliquant les formules à des intervalles plus rapprochés que ceux de chaque fin d'année, ou en poussant plus loin le calcul des décimales, ce qui nous a paru oiseux, la précision ne pouvant guère être atteinte dans les évaluations de cette nature. Signalons toutefois un correctif dont il est essentiel de tenir compte en faisant usage du Tableau ci-dessus.

Supposons, en effet, que nous ayons acheté une machine-outil (une pompe, un tour, etc.) à l'époque où elle constituait un appareil breveté, ou peu répandu encore; mais qu'au bout d'un certain nombre d'années, soit par suite de l'expiration du brevet, soit par le fait même des avantages qu'on lui a reconnus, et qui ont augmenté la concurrence entre les producteurs, soit encore parce que le système de notre machine étant devenu démodé par rapport à d'autres systèmes imaginés depuis, elle se vende moins cher qu'à l'époque de l'achat que nous avons fait; supposons, en un mot, que pour un motif quelconque, une machine *neuve*, identique à celle que nous possédons, ait, au moment de l'évaluation, un prix courant inférieur au prix d'achat que nous avons payé, c'est le prix courant actuel, et non notre prix d'achat, qu'il faudra multiplier par le coefficient de dépréciation afférent à la durée de fonctionnement déjà écoulée : mais à la diminution de valeur ainsi obtenue devra s'ajouter celle qui résulte de la différence entre les deux prix d'achat à l'état neuf.

Remarquons aussi qu'il faudra tenir compte des dépenses faites pour réparer la machine et la remettre en état, en augmentant la valeur de A jusqu'à comprendre le nombre d'années de survie que nous pensons avoir assuré à la machine par la réparation; et en majorant, du coût de la réparation, le prix d'achat primitif de la machine.

Le degré d'habileté, de zèle, d'intelligence, du personnel appelé à conduire l'appareil, et par suite son aptitude et son attention à le ménager plus ou moins, pourront nous conduire à évaluer la dépréciation d'après la parabole plutôt que d'après l'ellipse, ou à choisir une nouvelle valeur pour A.

Du reste, il n'y a pas de raison *a priori* pour que la courbe de dépréciation soit une courbe de second degré. C'est uniquement la facilité du calcul des ordonnées qui recommande, soit l'ellipse, soit la parabole. M. Marr lui-même, dans le travail cité plus haut, indique une autre méthode, qu'il estime être plus commode lorsqu'il s'agit d'évaluer, non plus la dépréciation graduelle d'une machine déterminée, mais l'amortissement du fonds engagé dans l'ensemble d'une installation industrielle, dont les divers engins peuvent avoir été acquis à des époques différentes, et exigeraient chacun une supputation individuelle, dont le groupement serait assez compliqué.

Cette complication, selon nous, n'aurait pourtant rien d'excessif. Voici comment, à notre avis, ce groupement pourrait s'opérer.

La valeur de l'outillage, à une année quelconque, s'obtiendrait en totalisant la 10e et dernière colonne d'un tableau dont les colonnes précédentes auraient pour entête (sauf abréviations) :

1 Nomenclature et désignation et chaque machine;

2 Prix d'achat ou de confection, y compris la mise en place et le montage;

3 Valeur présumée des vieilles matières;

4 Différence (2) — (3);

5 Date d'entrée en service;

6 Nombre d'années écoulées depuis la date d'entrée en service;

7 Pourcentage de la dépréciation au bout de ce nombre d'années (inscrit dans 6) d'après la formule de l'ellipse;

8 Pourcentage de la dépréciation d'après la formule de la parabole (une seule des colonnes 7 et 8 sera remplie, suivant la formule que l'on choisira *pour chaque machine*). L'autre restera en guillemets;

9 Produit de la colonne 4 par la colonne 7 ou 8 suivant le cas;

10 Différence (4) — (9) pour chacune des machines de l'outillage.

Voici maintenant ce que propose M. Marr :

On peut admettre que, d'une année à l'autre, la dépréciation de l'outillage est de $\frac{1}{a}$ de ce que valait ledit outillage au début de l'année considérée.

M. Marr donne une formule générale pour la valeur de la portion amortie au taux a d'amortissement; elle sera, au bout de n années,

$$s = \frac{te - a}{e - 1}, \text{ en posant } e = 1 - \frac{a}{100} \text{ et } t = ae^{n-1}.$$

Mais il nous paraît plus simple et plus sûr de calculer de proche en proche, comme suit :

Prenant $a = 10$, la valeur de l'outillage sera :

Au début de la		Dépréciation ou amortissement pour	
1re année.....	100		
2e »	$100 - \frac{100}{10} = 90$	1 an de durée...	$100 - 90 = 10$
3e »	$90 - \frac{90}{10} = 81$	2 ans de durée..	$100 - 81 = 19,00$
4e »	$81 - 8,1 = 72,9$	3 » ..	$100 - 72,9 = 27,1$
5e »	$72,9 - 7,29 = 65,61$	4 » ..	$100 - 65,61 = 34,39$
6e »	$65,61 - 6,56 = 59,05$	5 » ..	$100 - 59,05 = 40,95$
7e »	$59,05 - 5,90 = 53,15$	6 » ..	$100 - 53,15 = 46,85$
8e »	$53,15 - 5,31 = 47,84$	7 » ..	$100 - 47,84 = 52,16$
9e »	$47,84 - 4,78 = 43,06$	8 » ..	$100 - 43,06 = 56,94$
10e »	$43,06 - 4,31 = 38,75$	9 » ..	$100 - 38,75 = 61,25$
11e »	$38,75 - 3,88 = 34,87$	10 » ..	$100 - 34,87 = 65,13$
12e »	$34,87 - 3,49 = 31,38$	11 » ..	$100 - 31,38 = 68,62$
13e »	$31,38 - 3,14 = 28,24$	12 » ..	$100 - 28,24 = 71,76$
14e »	$28,24 - 2,82 = 25,42$	13 » ..	$100 - 25,42 = 74,58$
15e »	$25,42 - 2,54 = 22,88$	14 » ..	$100 - 22,88 = 77,12$
16e »	$22,88 - 2,29 = 20,59$	15 » ..	$100 - 20,59 = 79,41$
17e »	$20,59 - 2,06 = 18,53$	16 » ..	$100 - 18,53 = 81,47$
18e »	$18,53 - 1,85 = 16,68$	17 » ..	$100 - 16,68 = 83,32$
19e »	$16,68 - 1,67 = 15,01$	18 » ..	$100 - 15,01 = 84,99$
20e »	$15,01 - 1,50 = 13,51$	19 » ..	$100 - 13,51 = 86,49$
21e »	$13,51 - 1,35 = 12,26$	20 » ..	$100 - 12,26 = 87,74$
22e »	$12,26 - 1,23 = 11,03$	21 » ..	$100 - 11,03 = 88,97$
23e »	$11,03 - 1,10 = 9,93$	22 » ..	$100 - 9,93 = 90,07$
24e »	$9,93 - 0,99 = 8,94$	23 » ..	$100 - 8,94 = 91,06$
25e »	$8,94 - 0,89 = 8,05$	24 » ..	$100 - 8,05 = 91,95$
26e »	$8,05 - 0,81 = 7,24$	25 » ..	$100 - 7,24 = 92,76$
27e »	$7,24 - 0,72 = 6,52$	26 » ..	$100 - 6,52 = 93,48$
28e »	$6,52 - 0,65 = 5,87$	27 » ..	$100 - 5,87 = 94,13$
29e »	$5,87 - 0,59 = 5,28$	28 » ..	$100 - 5,28 = 94,72$
30e »	$5,28 - 0,53 = 4,75$	29 » ..	$100 - 4,75 = 95,25$
31e »	$4,75 - 0,48 = 4,27$	30 ans de durée..	$100 - 4,27 = 95,73$
32e année.......	$4,27 - 0,43 = 3,84$		

Les nombres de la première colonne sont les produits par 100 des puissances successives de $1 - \frac{1}{a}$; et ceux de la seconde colonne sont les compléments à 100 de ceux de la première. Le calcul s'arrête quand le chiffre de la première colonne tombe au-dessous du chiffre de 4 °/o présumé représenter la valeur des vieilles matières.

L'amortissement peut donc, avec $a = 10$ °/o, être regardé comme complet en 30 ans.

La fraction du capital ainsi portée au compte de l'amortissement est néanmoins engagée dans les affaires; elle n'est pas sortie de la caisse; par suite, elle s'ajoute chaque année au capital de roulement, lequel, lorsque les machines ont achevé de perdre leur valeur, est arrivé à comprendre la totalité des apports versés : apports dont, à l'origine, la moitié (par exemple) a été consacrée à l'achat de l'outillage.

Appliquons ceci à un capital de 100000 fr, ainsi employé : au début,

5o ooo fr pour l'outillage, 5o.ooo au fonds de roulement; et, en supposant $a = 10$ dans les formules précédentes :

	Pour l'outillage.	Pour le fonds de roulement.
Après 1 an................	45 000	55 000
» 2 ans...............	40 5oo	59 5oo
» 3 ans...............	36 45o	63 55o
» 4 ans...............	32 8o5	67 195
» 5 ans...............	29 524,5o	70 475,5o
....	....	....
A la fin ....,...	0	100 000 (*)

Et il est évident que le nombre d'années n, au bout duquel l'amortissement de l'outillage sera parachevé, sera d'autant plus faible que nous aurons pris pour a un chiffre plus fort. Dans l'exemple que nous avons suivi jusqu'au bout ($a = 10$), il serait d'environ 31 ans.

Il y a intérêt, lors des prévisions initiales, à prendre une valeur assez forte pour a. Car si de forts amortissements réduisent, d'un côté, le bénéfice net sur lequel on croit pouvoir légitimement compter, ils facilitent d'autre part la répartition de dividendes, parce que le calcul, dans les mauvaises années, comprend alors de lui-même cet élément du passif. Il y aura moins d'à-coups, par conséquent, dans les produits annuels et distribuables des capitaux engagés.

M. Paul RAZOUS,

Lauréat de l'Institut,
Commissaire contrôleur au Ministère du Travail et de la Prévoyance sociale
(Paris).

UTILISATION DES MARÉES POUR LA PRODUCTION DE LA FORCE MOTRICE.

52.56 : 621.2

3 *Août*.

I. — NOTIONS SUR LES MARÉES.

On sait que dans les grands océans le niveau de la mer ne reste pas constant. Pendant 6 heures la mer monte, puis elle redescend pendant 6 heures encore pour recommencer son mouvement ascensionnel. C'est

---

(*) Y compris la valeur des vieilles matières réalisables.

le phénomène connu sous le nom de *marée*. Le niveau maximum s'appelle la *pleine mer* ou le *plein;* le minimum, la *basse mer*.

La marée montante se désigne aussi sous les noms de *montant, flux* ou *flot;* la marée descendante *perdant, reflux, ebbe* ou *jusant*.

Aux niveaux maximum et minimum, la mer reste un moment stationnaire; c'est l'*étale* de haute ou basse mer. Les courbes que dessine la mer à ces deux instants sur le rivage sont les *laisses* de haute et basse mer.

L'espace compris entre ces laisses est l'*estran*; c'est la partie de la plage que la mer couvre et découvre durant les marées.

La différence de hauteur verticale entre la pleine mer et la basse mer suivante constitue l'*amplitude* de la marée. La *mer moyenne* est la surface d'équilibre qui serait celle de la mer, si elle n'avait pas de marée.

L'heure de la pleine mer à un point considéré se calcule pour chaque jour de l'année au moyen de formules spéciales qui contiennent les divers éléments en action dans la formation des marées. On trouve l'indication de ces heures soit dans l'*Annuaire du Bureau des Longitudes*, soit dans l'*Annuaire des Marées*, qui se publie dans tous les pays maritimes civilisés.

Établissement du port. — A l'époque des équinoxes, le jour de la nouvelle Lune, les deux astres étant sous l'équateur à leurs moyennes distances et passant ensemble à midi vrai, l'heure à laquelle a lieu ensuite la pleine mer suivante en un point donné s'appelle l'*établissement du port* en ce point. Cette valeur est des plus importantes, car elle permet de déterminer en un jour quelconque l'heure de la pleine mer au point considéré.

Unité de hauteur. — En déterminant par l'observation la moyenne des marées équinoxiales, on a la différence moyenne entre les hautes et basses mers. La moitié de cette différence est ce qu'on appelle l'*unité de hauteur* de la {marée au point considéré. Elle est égale à la moitié de l'amplitude moyenne.

En France, l'unité de hauteur varie beaucoup; elle est de 1 m, 40 à l'Adour, de 6 m, 15 à Granville. Sur cette côte de l'Atlantique elle augmente à peu près régulièrement du Sud au Nord. Elle présente une série de maxima (Granville, Cayeux) et de minima (Barfleur et Dunkerque).

La hauteur des marées dépend de nombreuses circonstances. Les marées sont plus fortes aux syzygies (marées de vive eau) et plus faibles aux quadratures (marées de morte eau).

En représentant par le coefficient 100 l'*unité de hauteur* de la marée, c'est-à-dire la moitié de la différence entre les hautes et les basses mers équinoxiales, les autres marées, suivant leur amplitude, sont affectées de coefficients différents.

Leurs limites extrêmes, pour les marées de syzygies, sont 117 et 68, c'est-à-dire que les plus hautes marées de vive eau ont le coefficient 117 et les plus faibles 68.

Tableau des établissements des ports des unités de hauteur de divers points de France.

LOCALITÉS.	ÉTABLISSEMENTS.	UNITÉS DE HAUTEUR.
	h m	m
Biarritz...............................	3.52	1,40
Cordouan	3.53	2,35
Lorient...............................	3.22	2,35
Brest.................................	3.46	3,20
Saint-Malo	6.10	5,68
Granville.............................	6.20	6,15
Cherbourg	7.58	2,82
Barfleur..............................	8.51	3,00
Le Havre.............................	9.53	3,57
Fécamp...............................	10.44	3,60
Dieppe...............................	11.08	4,40
Cayeux...............................	11.30	4,58
Boulogne.............................	11.25	3,96
Calais................................	11.49	3,12
Dunkerque............................	12.13	2,68

Pour les marées de morte eau, le coefficient descend à 23.

Ainsi, à Granville, la hauteur des pleines mers pourrait varier de $2 \times 6,15 \times \dfrac{117}{100}$ à $2 \times 6,15 \times \dfrac{23}{100}$, c'est-à-dire de 14 m, 40 à 2 m, 83.

Laplace est parvenu à représenter par une formule empirique les résultats de nombreuses observations faites à Brest. Cette formule simplifiée, en négligeant les termes qui ont peu d'influence, permet de calculer les hauteurs des marées de chaque jour.

Soient au jour donné :

v la déclination du Soleil;
v' celle de la Lune;
i le rapport de la moyenne distance du Soleil à celle de ce jour ;
i' la parallaxe actuelle de la Lune divisée par la moyenne de cette parallaxe;
y l'unité de hauteur;
y_0 la demi-hauteur de la marée est, en comptant les déclinations boréales comme positives, les autres comme négatives, on aura :

$$y = 0,245\, y'_0 \left(i^3 \cos^2 v + 3\, i^3 \cos^2 v' \right).$$

Mesure des marées. — Les hauteurs des marées peuvent s'observer au moyen d'une règle graduée, placée verticalement dans un endroit où la mer est tranquille. Cette méthode exige la présence constante de l'observateur.

On peut savoir exactement les niveaux de la haute et basse mer de chaque jour avec un appareil enregistreur rudimentaire.

Sur une règle en bois graduée, R inclinée à 45°, roule un petit chariot M pesant, guidé par des rebords latéraux.

Ce chariot est relié en c par une chaîne F, passant sur une poulie de renvoi P, à un flotteur f placé dans la mer, à un endroit tranquille N.

Le chariot monte ou descend en sens inverse du flotteur. Son déplacement est marqué sur une feuille de papier tendue sur la règle, par un crayon chargé, qui passe à frottement doux dans la plaque du chariot M.

On doit changer le papier à chaque marée. Avec un peu d'habitude ce changement peut n'avoir lieu que toutes les deux marées.

Il existe divers appareils perfectionnés permettant de faire connaître les phases de la marée. Tels sont les marégraphes ordinaires, le marégraphe de lord Kelvin, le marégraphe

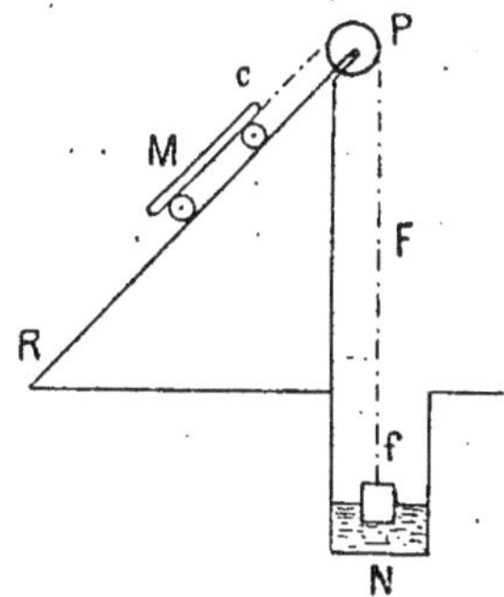

Fig. 1. — Appareil enregistreur des marées.

totaliseur et médimarémètre. Ces appareils sont décrits dans l'intéressant ouvrage de M. l'ingénieur de Cordemoy, intitulé *Ports maritimes*.

M. de Cordemoy rappelle aussi que, lorsqu'on ne connaît au moyen d'un marégraphe rudimentaire, ou par les Tables de l'*Annuaire des marées*, que les heures de pleine et basse mer et l'amplitude de l'onde en un jour donné, on peut avoir approximativement la hauteur de la montée ou de la baisse de l'eau à chaque heure, en multipliant l'amplitude par les coefficients suivants en centièmes :

	Flux.	Reflux.
Première heure	7	8
De 1 à 2 heures	17	18
De 2 à 3 heures	26	26
De 3 à 4 heures	26	26
De 4 à 5 heures	17	15
De 5 à 6 heures	7	7 } après la 6ᵉ heure
	100	100

Ces quelques notions sur les marées étant exposées, je vais examiner les modes possibles d'utilisation de la différence de niveau entre les hautes et basses mers pour la production de la force motrice. Je signalerai d'abord les différents projets qui avaient en vue l'utilisation des marées. J'indiquerai ensuite les dispositions qui me paraissent être à même de fournir une solution pratique du problème et qui résultent tant des observations que j'ai faites sur les côtes françaises et étrangères que des quelques essais effectués au cours de ces dernières années.

II. — Principaux dispositifs proposés
pour l'utilisation des marées comme force motrice.

Flux-moteur de M. Tommasi. — M. Ferdinand Tommasi a publié
en 1869 une brochure intitulée : *Le flux-moteur ou la marée employée
comme force motrice à n'importe quelle distance de la mer*, dans laquelle
il décrit un dispositif breveté d'utilisation du flux et reflux de la mer.
Le système de M. Tommasi est basé sur la compression et la décompres-
sion d'un volume d'eau déterminé contenu dans un récipient. Voici,
d'après l'auteur, la description générale du procédé :

Si, moyennant un tuyau DF (*fig.* 2) placé horizontalement et au-dessus
du niveau moyen des basses mers, aux syzygies, on met en communication les eaux de la mer avec un récipient F.G, dont la base infé-

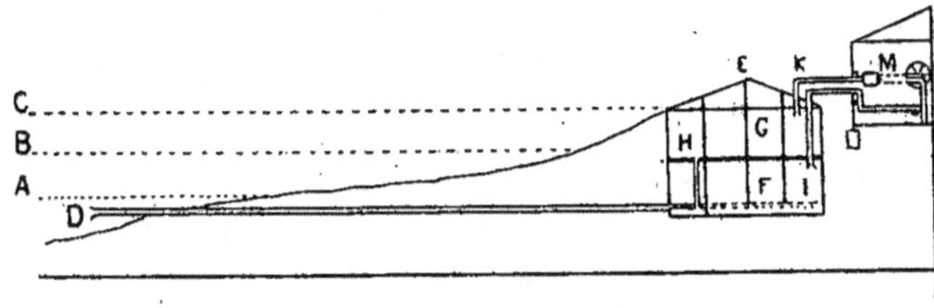

Fig. 2. — Flux-moteur de M. Tommassi.

A, niveau moyen des basses mers aux syzygies. B, point qui sert de base à
l'unité de hauteur. C, niveau moyen des pleines mers aux syzygies. D, tuyau
entre la mer et le récipient. E, plage. F, récipient inférieur. G, récipient
supérieur. H, tuyau conduisant l'eau dans le récipient supérieur. I, tuyau
conduisant au tuyau d'admission de l'appareil moteur. K, tuyau conduisant
au tuyau de décharge de l'appareil moteur. M, appareil moteur.

rieure se trouve au même niveau que ledit tuyau, et à la partie supérieure à une hauteur correspondant au point qui sert de base à l'unité de
hauteur de la marée, il est évident que dans le récipient il y aura toujours
de l'eau, dont le niveau, s'élevant avec celui de la mer, se trouverait
à la hauteur de sa partie supérieure, en même temps que la mer à la
moitié de son mouvement ascensionnel, si l'on donnait à l'air qui
remplit ledit récipient F, une issue convenable pour qu'il pût en
sortir au fur et à mesure que l'eau y pénètre. Mais si au contraire on
ferme hermétiquement le récipient, il est hors de doute que l'air qu'il
contient, empêchant l'eau qui couvre son fond d'élever librement son
niveau, subira une pression d'autant plus forte que le niveau de la
mer sera relativement plus élevé. Il en résulte que, si l'on met alors
en communication, moyennant un tuyau I, la partie supérieure dudit
récipient avec le tuyau d'admission d'un appareil moteur exactement
semblable à une machine à vapeur, le piston de cet appareil sera poussé
avec une force proportionnelle à sa base et à la tension de l'air renfermé dans le récipient : tension qui est elle-même proportionnelle au

poids représenté par l'élévation de l'eau de la mer. Or, en déterminant les dimensions de la base de ce piston de manière qu'elles soient en proportion avec la quantité de travail qu'on désire en tirer, et avec la tension que l'air du récipient aura acquise par la pression de l'eau, alors que la mer aura atteint un point donné de son mouvement ascensionnel, il arrivera nécessairement qu'à partir de ce point donné et jusqu'à la fin du flux C, le piston susdit marchera toujours avec la même puissance, puisque au fur et à mesure que l'eau qui pénètre dans le récipient élève son niveau, le niveau de la mer s'élève aussi, et dès lors la différence entre les deux niveaux restant toujours la même, la pression et par conséquent la puissance qui en résulte, doit être toujours égale et constante.

Ensuite si, pendant que ce travail s'effectue, on laisse librement entrer l'eau de la mer dans un autre récipient G superposé au premier, et dont le fond est le même que le couvercle de l'autre, et qui a sa partie supérieure à la hauteur que la mer atteint à la moyenne des marées aux syzygies G, H, et que, ce récipient étant rempli, on ferme le robinet qui, donnant libre issue à l'air, permettait à l'eau de la mer d'y pénétrer, il doit en résulter que la mer en descendant laissera ce récipient plein d'eau, et que, lorsque le niveau de la mer sera assez descendu pour qu'elle ait, relativement à son niveau maximum, le même écart qu'elle avait auparavant, au point donné relativement à son minimum, le poids représenté par l'eau suspendue, pour ainsi dire, dans ce récipient doit être nécessairement égal au poids qui était tantôt représenté par l'eau de la mer, lorsque en montant elle était arrivée au point donné. Mettant alors en communication, moyennant un tuyau K, la partie supérieure de ce récipient avec le tuyau de décharge du même appareil moteur, il doit arriver que l'air extérieur, pénétrant par le tuyau d'admission, avec lequel on le fait alors exclusivement communiquer, poussera le piston avec une force proportionnelle aux dimensions de sa base et à la raréfaction de l'air produite et de l'autre côté du piston par le poids de l'eau contenue dans ledit récipient et qui cherche naturellement à descendre. Or, ce poids étant égal à celui qui a servi à comprimer l'air dans l'autre récipient, la pression de l'air extérieur doit aussi lui être égale. Il doit en résulter, par conséquent, qu'à partir de ce moment et jusqu'à la fin du reflux A, le piston susdit marchera toujours avec la même puissance, puisque au fur et à mesure que le niveau de l'eau contenue dans le récipient descend, le niveau de la mer descend aussi, et dès lors la différence entre les deux niveaux restant toujours la même, la pression de l'air extérieur qui en est le résultat, et par conséquent la puissance développée par elle, doit être toujours égale et constante.

Ensuite si, avant que le travail cesse, ce qui arrive lorsque le récipient supérieur est vide d'eau, on ouvre le robinet qui met en communication la partie supérieure du récipient inférieur avec l'air extérieur, il est évident que cet air pénétrant librement dans ce récipient permettra à l'eau qu'il contient de céder à l'action de son propre poids, et d'en sortir au fur et à mesure que le niveau de la mer s'abaisse, jusqu'au point où ledit récipient ne contiendra plus que l'eau qui s'y trouvait avant le commencement du flux. Si l'on ferme alors le susdit robinet, le récipient inférieur se trouvera tout prêt à recommencer son travail avec la nouvelle marée montante et ainsi de suite.

M. Tommasi examine ensuite dans sa brochure le mode de construction des réservoirs, la pose du réservoir, les applications industrielles de son système.

Réservoirs de M. Diamant. — En 1890, M. J. Diamant a exposé dans une publication (*Utilisation de la force motrice des marées*) le système ci-après.

Supposons une baie fermée par une digue extérieure longitudinale A et partagée en deux bassins C et D par une digue transversale K (*fig.* 3). Le bassin C est dit *réservoir de vidange*, et le bassin D, *réservoir d'alimentation*. Voici quel est le fonctionnement.

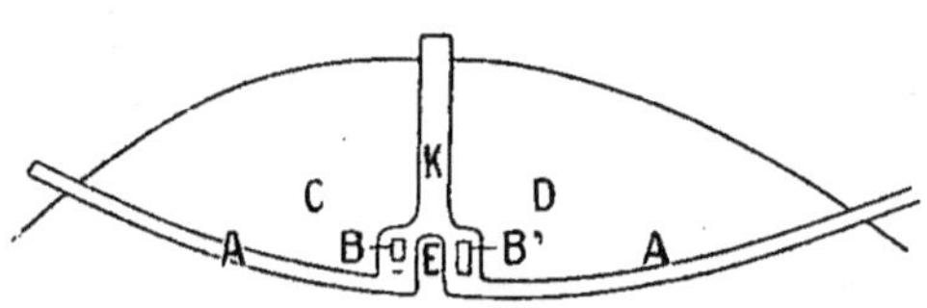

Fig. 3. — Réservoirs pour l'utilisation des marées.

Dans la figure 4, les murs AA représentent la digue au large; les murs BB, B'B' contiennent les deux séries de turbines qui doivent donner passage à l'eau; le bassin E, circonscrit par ces murs, est en communication constante avec la mer, et c'est par lui que se fait soit le remplissage du réservoir D, soit la vidange du réservoir C, avec l'eau qui traverse les turbines.

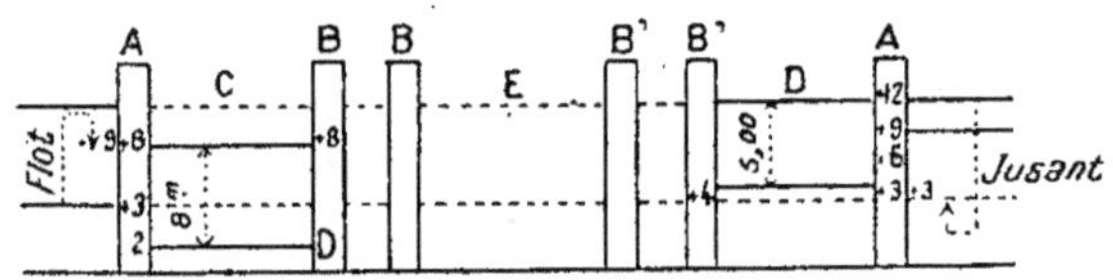

Fig. 4. — Coupe des bassins de retenue suivant un plan normal.

Pour la mise en train, on vide complètement le réservoir C à l'aide d'une série de vannes placées au pied de la digue A. A la haute mer suivante, le réservoir D a été rempli jusqu'à la cote supérieure à laquelle atteint la marée, soit 12 m par exemple, si nous admettons une amplitude de marée de 12 m.

La mer commence à descendre. Quand elle atteint la cote (+ 9), la différence de niveau est de 3 m entre le réservoir D agissant comme bief d'amont et la mer agissant comme bief d'aval. Pendant les six heures suivantes, que met la marée pour tomber à la cote (0,00) et remonter à la cote (+3 m), le débit du réservoir D est réglé de manière à en faire descendre le niveau de 8 m, soit de la cote (+ 12 m) à la cote (+ 4 m), tout en maintenant constant, par un procédé qui sera indiqué ci-après, le débit des turbines logées dans le mur B'.

Lorsque le niveau s'est abaissé à (+ 4 m) dans le réservoir D, le travail de ce réservoir cesse, et celui du réservoir C commence. Ce dernier a été préalablement vidé, comme il a été dit ; mais la marée extérieure est à la cote (+ 3 m) au moment où le réservoir D cesse de fonctionner. La mer peut donc agir comme bief d'amont, et le réservoir C comme bief d'aval. Pendant les six heures que la mer emploie pour monter de la cote

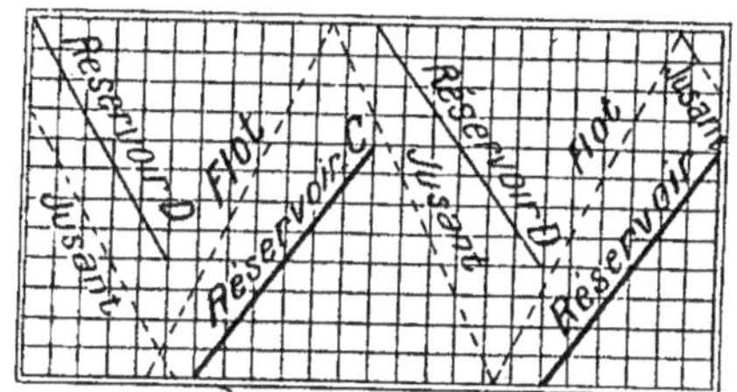

Fig. 5. — Diagramme montrant les niveaux successifs de l'eau dans les bassins et de la mer.

(+ 3 m) à la cote (+ 12 m) et pour redescendre à la cote (+ 9 m), le remplissage du réservoir D est réglé de manière à en faire monter le niveau de la cote (o,oo) à la cote (+ 8 m), en maintenant toujours constant le débit des turbines logées dans le mur B.

On voit ainsi qu'on obtient un travail continu et constant sur un arbre de couche commun aux deux séries de turbines, en utilisant alternativement deux séries d'appareils récepteurs identiques sous une chute constante : les uns, ceux qui correspondent au réservoir C, travaillent pendant le remplissage de ce réservoir ; les autres, qui correspondent au réservoir D, fonctionnent pendant qu'il se vide.

Comme il a été indiqué, le remplissage du réservoir D s'effectue pendant le travail du réservoir C et la vidange de celui-ci pendant le fonctionnement de l'autre. Il en résulte que l'on peut obtenir, en dehors du travail que nous avons mentionné, un travail supplémentaire, non continu, il est vrai, mais considérable. Il suffit en effet d'actionner les turbines du réservoir D pendant qu'il se remplit, et celles du réservoir C pendant qu'il se vide, ce qui s'obtient sans inconvénient en installant une buse d'alimentation à double orifice pour chaque turbine, de manière que les rotations imprimées aux arbres des deux groupes respectifs concordent entre elles. On utilise donc la plus grande partie de la force motrice produite par la marée et toute la chute de l'eau emmagasinée dans les réservoirs.

Les turbines sur lesquelles nous donnerons plus loin des détails fonctionnent sous une charge constante et, par suite avec un débit constant, ce qui assure en même temps la régularité des opérations de vidange et de remplissage, et la constance de la puissance motrice produite.

M. Diamant examine ensuite les machines à employer et les moyens tout à fait spéciaux de les établir et d'en régler la marche.

Système proposé par M. Pillet. — M. Jules Pillet, ingénieur des Arts et Manufactures, a donné dans le *Journal technique et industriel* du 16 mai 1908, le principe d'établissement de la digue dans laquelle seront logées les turbines utilisant les chutes provenant du flux et du reflux de la mer.

La coupe de la digue (*fig.* 6) se rapporte à des variations de niveau des eaux correspondant à peu près à ce qui existe pour le port du Havre.

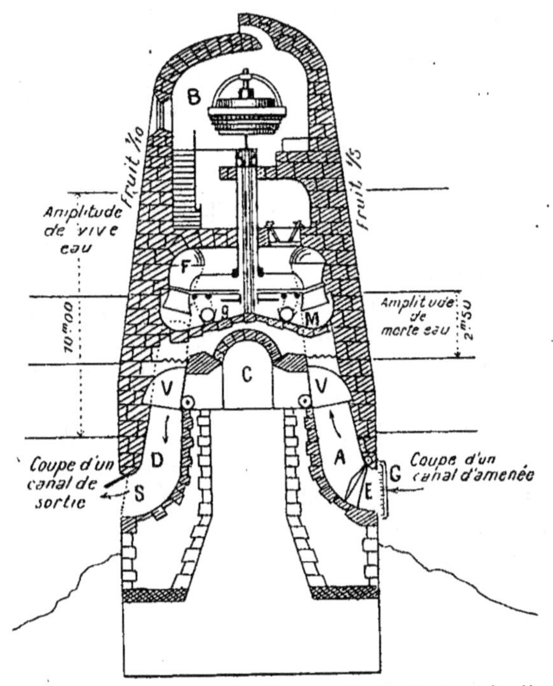

Fig. 6. — Turbine d'utilisation des marées logée dans la digue.

La masse des maçonneries a été établie par les moyens habituels, à l'air comprimé : elle est dissymétrique et renforcée du côté du large.

Pour ne pas tenir compte de l'action des vagues, c'est-à-dire des mouvements de houle, les eaux seront recueillies et rejetées à une assez grande profondeur, et les turbines seront entièrement noyées, même aux eaux basses. Mais si l'on plaçait les turbines au-dessous de ce dernier niveau, on serait conduit à de grosses difficultés dans l'exécution, l'arbre tubulaire de commande pourrait atteindre une trop grande longueur. Aussi paraît-il très pratique de placer la turbine noyée à la partie haute d'un siphon.

Le point culminant ne sera jamais à plus de 8 m à 8 m,50 au-dessus des plus basses mers ; l'amorçage peut se faire par le secours d'une pompe spéciale.

Deux conduites d'amenée A, A′ (la conduite en A est seule visible) venant l'une du large, l'autre de la rade, aboutissent à la chambre étanche surmontant la couronne fixe F. Les clapets d'entrée E, protégés par les grillages G, fonctionnent de façon automatique; ils s'effacent au courant ascendant pour obturer au mouvement inverse.

La couronne mobile de la turbine M est supportée par un pivot accessible; le réglage se fait donc à l'intérieur; toutefois, pour soulager ce pivot, cette couronne mobile repose sur un chemin de roulement, par l'intermédiaire de sphères de bois dur G, ces billes étant baignées dans l'eau offrent un mouvement doux. Des ressorts très élastiques assurent l'adhérence de ces billes. Les départs d'eau se font par les conduites d'évacuation D, obstruées au mouvement ascendant par les clapets S. C'est le sens de la montée des eaux qui, automatiquement, assure l'ouverture et la fermeture des clapets, les turbines tournant toujours dans le même sens. Une galerie C, à laquelle on aura accès par un point avec échelles de fer, permet la visite et la réparation de quelques-uns des éléments; en agissant sur les vannes VV, on peut, en effet, obturer les conduites d'arrivée et de départ de la turbine à visiter. La turbine peut commander directement le générateur électrique B, monté en couronne horizontale, solution supprimant la commande par engrenage d'angle.

Travaux de M. Paul Decœur. — L'ingénieur français des Ponts et Chaussées, M. Paul Decœur, présenta, en 1890, à l'Académie des Sciences, des Études relatives à l'utilisation des marées. C'est sur l'emploi des barrages-réservoirs que repose son système. On avait bien songé, avant M. Decœur, à retenir l'eau dans des réservoirs lorsque monte la marée et à la laisser s'écouler à marée basse dans des turbines hydrauliques. Mais alors, la variation des marées créant des chutes hydrauliques essentiellement variables, le rendement était inconstant. Pour obtenir une puissance sensiblement constante, M. Decœur emmagasine l'eau de la mer à marée haute dans un réservoir supérieur, puis il l'envoie en la faisant passer par des turbines dans un réservoir inférieur communiquant avec la mer à marée basse. On dispose avec des réservoirs suffisants d'un volume d'eau emmagasiné très considérable. Au moyen de vannes de grandes dimensions maniées méthodiquement, la puissance mécanique, la force motrice obtenue pourra être maintenue sensiblement constante en faisant simplement varier dans de faibles limites le débit absorbé par les moteurs hydrauliques.

Le projet de M. Decœur consistait à construire une digue de 25 km entre Tancarville et Le Havre, ce qui aurait donné une superficie de 7000 hectares de bassin à marée haute et aurait pu produire une puissance moyenne de 4200 chevaux-vapeur.

M. Max de Nansouty nous apprend, dans son intéressant livre : *Actualités scientifiques*, de 1907, qu'un ingénieur anglais, M. Saunders, a repris la question de l'utilisation de la puissance mécanique des marées et vient de dresser trois projets réalisables : l'un, à Chichester, fournirait entre 6000 et 7000 chevaux; l'autre, dans le détroit de Mona, au pays de Galles, donnerait 15000 chevaux; enfin un troisième, dans le canal de Bristol, particulièrement bien disposé à l'embouchure de la Saverne, fournirait 240000 chevaux.

L'installation faite, ce serait la force motrice à très bon marché et inépuisable dont on disposerait sur ces points. M. Saunders, qui reconnaît que ses projets reposent sur les études faites par M. Paul Decœur, profite des perfectionnements de l'outillage mécanique et électrique et aussi de ce que les barrages nécessaires aux installations de ce genre peuvent être construits d'une façon bien autrement économique, en ciment armé et en béton armé, que l'on ne pouvait le faire précédemment avec la maçonnerie.

Les manœuvres de vannes, si pénibles auparavant, lorsqu'on les faisait à bras, deviennent tout à fait faciles avec les petits moteurs électriques actuels auxquels l'installation électrique fournira elle-même la force motrice nécessaire. Des soupapes spéciales, applicables aux grands réservoirs, remplacent avantageusement les vannes cylindriques généralement usitées dans ce but.

Les expériences faites sur la puissance des marées, ont montré que les premiers réservoirs où l'on emmagasine l'eau de la mer doivent être fréquemment vidés à fond. Cette eau produit en effet d'importants dépôts de sable fin et de vase dès qu'elle n'est plus soumise à l'action des courants marins qui retiennent ces matières en état de suspension mécanique. Le système de réservoirs superposés permettra de conserver presque intégralement les dépôts dans le réservoir inférieur. Là il sera relativement facile de s'en débarrasser d'une façon périodique et régulière, soit au moyen d'éjecteurs actionnés par l'air comprimé, soit au moyen de dragues suçeuses.

Système utilisant un jet d'eau horizontal. — Dans le *Journal des Débats*, du 27 octobre 1910, M. Henri de Varigny a consacré une intéressante étude à l'utilisation de l'énergie de la mer. Il a signalé un moyen de réaliser un jet d'eau horizontal se faisant de la mer dans les réservoirs à marée montante, et d'un réservoir à la mer à marée descendante.

A cet effet, considérons un réservoir, naturel ou artificiel, considérable, une baie, par exemple, comme celle de la Somme, avec un étroit chenal de communication. A mer montante, il y a un violent courant du large dans la baie; à mer descendante, un courant inverse non moins violent. Si l'on imagine, sur un ponton occupant la largeur du chenal et pouvant monter et descendre avec la mer, une roue hydraulique, on a là un moulin ordinaire, comme il y en a tant sur des petits cours d'eau, fonctionnant tantôt dans un sens, tantôt dans l'autre, et ne restant immobile que pendant 2 heures environ par jour, durant les étales de haute et de basse mer, on peut avoir un grand nombre de roues alignées en file, à condition de donner au chenal quelque longueur, et il convient qu'un brise-lames protège l'entrée du chenal contre les vagues.

Ces moulins travaillent la plus grande partie du temps. Mais combien pourrait-on en placer et quel serait le rendement; dans quelle mesure justifierait-il les dépenses nécessaires pour aménager le chenal ? C'est ce qu'il faut voir sur place, selon les conditions présentées : et c'est toute la question.

Des moulins analogues existent et fonctionnent sur le Danube. Non sur la mer, en rivière. Mais, comme il vient d'être expliqué, un chenal étroit, entre la mer et une baie ou un réservoir forme rivière aussi, seulement la rivière est à renversement de courant.

Un projet dont on parla beaucoup en 1894 se rattache en partie à la méthode dont il vient d'être dit un mot: L'idée était de créer un isthme incomplet dans le Mull of Cantire entre la côte occidentale de l'Écosse et la côté orientale de l'Irlande. Le chenal irlandais n'a là qu'une vingtaine de kilomètres, et on voulait jeter à travers une digue solide qui ne présenterait qu'un étroit passage. Cet isthme devait en quelque sorte endiguer le courant qui se produit du Nord au Sud et en rétrécir l'embouchure de façon à provoquer une surélévation de la nappe, et, à l'embouchure, une chute, ou peu s'en faut ; en tout cas, un courant puissant. Les ingénieurs ont estimé que le volume d'eau serait tel que malgré la faiblesse de la chute, on obtiendrait 5o fois ce que pourraient donner les chutes du Niagara utilisées en totalité. Mais l'entreprise était grosse de difficultés. Une digue de 20 km, sur 10 m de hauteur en mer, est de construction difficile. On aurait eu besoin de quelque 5oo millions de mètres cubes de matériaux bien agglomérée entre eux; on pensait les demander à des montagnes voisines de la côte irlandaise.

Système Royer. — M. Alexandre Royer a pris récemment un brevet d'invention pour utiliser la puissance des marées. Le système de M. Royer comporte un flotteur disposé dans un bassin communiquant avec la mer au moyen d'un conduit ou d'un canal souterrain placé au-dessous des plus basses marées, et muni d'une vanne permettant d'en régler le débit à volonté. Cette disposition permet de soustraire le flotteur à l'influence et à l'action perturbatrice des vagues et en même temps d'arrêter à volonté le mouvement ascendant et descendant du flotteur si, pour une cause ou pour une autre, cela devenait nécessaire.

Le flotteur peut être construit en matériaux quelconques : en ciment armé, par exemple; il est maintenu à flot par une couche d'air à sa partie inférieure et muni à sa partie supérieure d'un rebord d'une hauteur suffisante pour empêcher l'eau de venir le recouvrir, et en assurer ainsi la flottabilité.

Dans un certificat d'addition, annexé au brevet principal, en date du 21 juillet 1910, M. Royer décrit un exemple d'utilisation de son système dans une baie divisée au moyen de digues formant bassins. Les mouvements verticaux de montée et de descente des flotteurs permettraient de transformer ou actionner, d'après M. Royer, un dispositif quelconque, électrique ou non.

Projet de M. Prugnaud. — M. Prugnaud a fait récemment un projet sur l'utilisation des marées de la Rance. Signalons d'ailleurs qu'à l'étranger, on étudie trois projets intéressants : Un officier du Génie italien, M. Pirandello, fait des essais à Rumini; un autre officier italien, le lieutenant-colonel Radelli, étudie la question sur les bords de l'Adriatique, et enfin, un ingénieur prussien, M. Hauss, veut installer une usine génératrice d'électricité dans la baie de Jadhe, dans la mer du Nord.

Dans le dispositif de M. Prugnaud (*fig.* 7) la mer arrive de Saint-Malo.

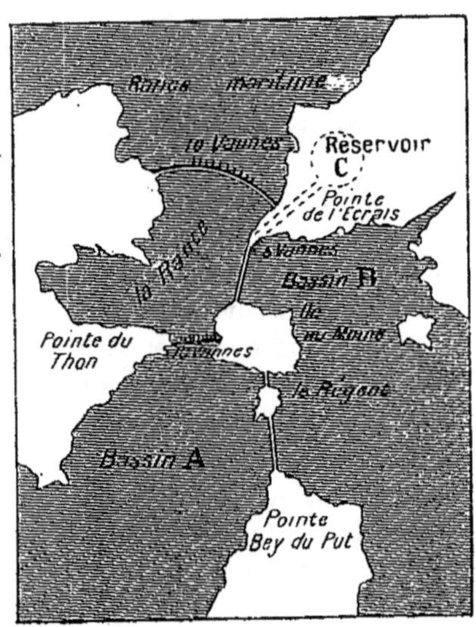

Fig. 7. — Utilisation dans la Rance de la force motrice des marées.

Elle atteint le barrage principal qui est ouvert. Les bassins A et B et le réservoir C se remplissent à ce moment. Quand les bassins sont pleins, on ferme les vannes. On attend que la mer baisse : il y a alors une différence de niveau de 12 m (la différence varie suivant la puissance de la marée). On ouvre les vannes pour combler la différence et l'eau actionne les turbines. Les turbines à leur tour actionnent les alternateurs. L'électricité est produite et immédiatement distribuée.

L'usine projetée serait à proximité de villes importantes dans une région jusqu'ici mal desservie sous le rapport de l'électricité et des voies de communication, mais où, celles-ci se multipliant, il est plus que certain que l'énergie électrique trouverait des débouchés faciles, en ne comptant même que sur les industries existantes.

D'après les calculs de M. Prugnaud, le prix de l'énergie électrique serait de 0,03 fr le kilowatt par heure, soit 0,02 fr le cheval-heure.

Voici le détail approximatif des dépenses d'installation :

	fr
Travaux hydrauliques, maçonneries, vannes, dragages.	4 989 999
Installation des turbines à haute chute, réservoirs, etc..	1 650 500
Matériel mécanique et électrique (turbines, alternateurs, etc.).	3 462 000
Réseaux de distribution et sous-stations	2 847 180
Frais d'études, sondages, travaux préparatoires	80 000
Indemnités et expropriations	120 000
Frais divers, surveillance, installation	150 000
Frais de constitution, intérêts du capital pendant la construction, émissions et imprévus	1 300 000
Total général	14 599 579

Les dépenses annuelles sont évaluées à 1 075 650 fr et les recettes à 2 210 000 fr, soit un bénéfice annuel de 1 124 350 fr.

III. — Utilisation des bassins de chasse pour la production de la force motrice.

En premier lieu, il semble possible d'utiliser pour la production de la force motrice les installations faites pour éviter l'ensablage des ports et maintenir la profondeur du chenal. On sait en effet que dans certains ports l'eau du flot est reçue dans un bassin spécial qu'on peut fermer au plein dès que la mer se retire et ne vider que lorsque le chenal est à peu près sec. Au remplissage, durant le flot, l'eau de la marée envahit peu à peu le chenal et n'a guère d'action sur le fond; le courant violent déterminé par l'ouverture des portes à la fin du jusant a, au contraire, le pouvoir de fouiller vigoureusement le plafond du chenal, de mettre le sable ou la vase en suspension dans l'eau et de la sortir du port avec le reflux. Le bassin dans lequel on reçoit l'eau s'appelle le *bassin de chasse*, la porte par où s'échappe le courant est l'*écluse de chasse*. Dans les ports où s'opèrent des chasses, les jetées basses sont pleines et guident le torrent d'eau lancé à la mer basse.

Voici la description de quelques installations de bassins de chasse signalées par M. de Cordemoy dans son ouvrage déjà cité sur les *Ports maritimes.*

Installation de Boulogne. — Le système des chasses en usage à Boulogne comprend un bassin de chasse formé du lit de la Liane; on prend également-ment de l'eau dans l'arrière-port. De l'ensemble de ces deux parties peuvent s'écouler 1 600 000 m³ sous une hauteur de 6 m,25.

L'eau s'échappe par deux pertuis de 6 m de largeur chacun. Le fond du barrage qui les constitue est protégé contre les affouillements du terrain par deux radiers.

L'un, l'arrière-radier, en aval, forme un carré de 70 m de côté; il est fondé sur douze lignes de pieux parallèles, longs de 5 m et distants de 2 m. Ce pilotis est réuni par des chapeaux recouverts d'une couche de béton.

L'avant-radier d'amont a 16 m de largeur sur 70 m de longueur.

Les pertuis de chasse sont fermés par un seul vantail tournant autour d'un axe

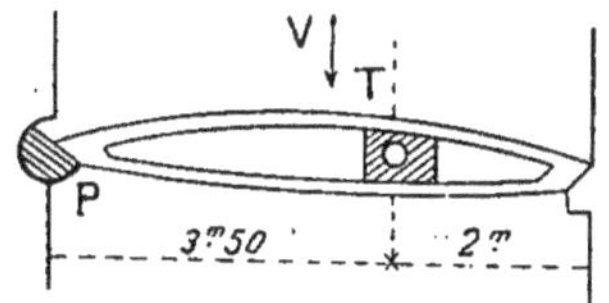

Fig. 8. — Vantail de fermeture.

vertical, en général excentré, à la façon d'un tourniquet. Ce système permet l'ouverture rapide et par conséquent la projection en masse du volume d'eau.

Le vantail ne doit guère dépasser 6 m de largeur, car autrement l'ouverture brusque occasionnerait des chocs violents; il vaut mieux en disposer plusieurs.

L'axe vertical de rotation n'est pas au milieu, mais en A (*fig.* 8). Le vantail étant fermé, la portion PT, la plus longue, bute contre le montant cylindrique P qui peut tourner sur lui-même dans l'encoche pratiquée dans le bajoyer du pertuis. Si l'on fait rentrer le montant, la pression sur la portion la pusl longue PT l'emporte et le vantail se place dans la direction V du courant.

La fermeture est assurée par un levier coudé facile à déclancher.

Il faut quelquefois, quand on juge suffisante la tranche d'eau écoulée, fermer le vantail malgré le courant. Pour y arriver facilement, on ouvre les vannes qui sont disposées dans la portion PT; alors c'est l'autre surface qui devient la plus grande et la pression sur cette partie ramène le vantail à sa place.

A Boulogne, le vantail n'est pas excentré; la manœuvre est un peu plus pénible, mais beaucoup moins compliquée.

Installation de Calais. — Le système de chasse du port de Calais comprend un bassin de 90 hectares, qui fournit un volume d'eau de 1 600 000 m³ qu'on fait écouler en trois quarts d'heure sous une pression de 4 m à 6 m.

Les pertuis sont situés à 250 m de l'extrémité des jetées. Ils sont au nombre de 6 et chacun a 6 m de largeur; leur radier en maçonnerie est recouvert d'un dallage en pierres de taille et moellons smillés; il est protégé par un avant-radier.

Installation d'Ostende. — Dans l'installation récente d'Ostende le nouvel avant-port recevra l'eau d'un bassin de chasse de 80 hectares, dont l'écluse comprendra six portions de 5 m de largeur chacune.

Le volume débité en 40 minutes sera de 1 million et demi de mètres cubes. On compte obtenir ainsi une vitesse de 2 m à la seconde.

Une intéressante expérience a lieu dans cette installation. Le fond du radier, qui est d'ordinaire placé au-dessus du zéro, est à la cote —4 m, profondeur qu'on veut obtenir dans le chenal, parce que le calcul a indiqué à l'ingénieur qu'il obtiendrait ainsi un effet beaucoup plus efficace. De Mey a trouvé en effet :

	Affouillement proportionnel du fond.	Vitesse moyenne.
Avec le seuil à la cote 00.....	1	0,41
» » 2ᵐ.....	3,21	0,80
» » 4ᵐ.....	6,51	1,17

La chasse d'Ostende a aussi pour but de ne pas encombrer le port par des dragues, qui sont une gêne pour les navires.

Installation de Honfleur. — A Honfleur le système des chasses, établi en 1881, semble avoir été porté à l'apogée de son développement.

Le bassin de retenue contient dans les plus fortes marées un volume pe 700 000 m³, qui s'écoulent par quatre pertuis de 5 m de largeur fermés par des portes très légèrement excentrées.

Les bassins doivent être creusés au-dessous du niveau moyen, de façon qu'ils restent toujours pleins et que par suite ils n'émettent pas d'émanations.

Ces bassins seraient vite comblés, car l'eau est souvent chargée de boue, si l'on n'avait adopté un mode spécial d'alimentation.

On ne laisse entrer dans le bassin que l'eau de la surface moins chargée de vase que le reste. Dans le mur d'enceinte, qui dépasse de 2 m la hauteur

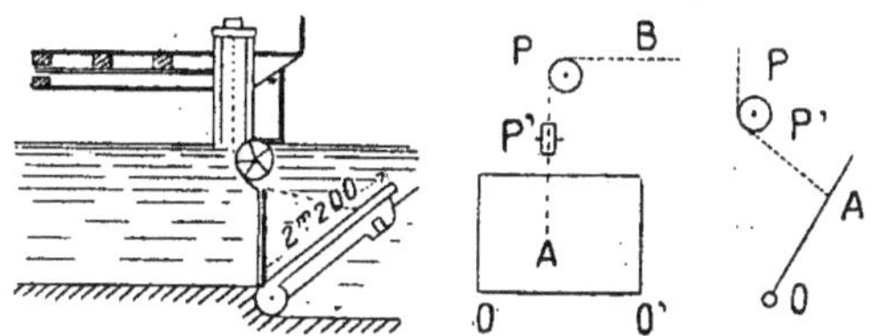

Fig 9. — Bassin de chasse de Honfleur.

des vives eaux, on a ménagé un créneau par-dessus lequel l'eau peut passer.

Sa longueur utile de 100 m est partagée par des piles en dix parties égales.

Chacun de ces puits est fermé par trois hausses mobiles qui peuvent s'incliner autour d'un axe-charnière horizontal fixé dans le radier et qui sont maintenus par une chaîne à leur partie supérieure. Ces chaînes passent sur des poulies de renvoi et s'attachent à un châssis qui roule sur des galets. Le châssis, mû par deux presses hydrauliques, détermine l'abaissement ou le relèvement des hausses selon l'état de la marée.

On règle l'inclinaison de façon qu'il ne passe qu'une tranche de 60 cm de hauteur d'eau par-dessus le créneau.

Dans le schéma représenté par la figure 9, A est la hausse mobile, P et P′ sont les poulies de renvoi, et le câble B va au châssis roulant.

IV. — Choix des turbines appropriées a l'utilisation du flux et du reflux de la mer comme force motrice.

On sait que les turbines hydrauliques sont des appareils dans lesquels l'eau est amenée par des aubages fixes dans une direction définie à des aubages mobiles. L'eau agit de diverses façons dans les turbines, suivant le mode du mouvement de l'eau dans le récepteur et suivant le mode de construction des aubes.

Au point de vue du mouvement de l'eau dans le récepteur, les turbines se divisent en turbines axiales ou parallèles, turbines radiales et turbines mixtes.

Dans les turbines axiales, l'eau reste sensiblement à la même distance de l'axe de rotation; elle pénètre (*fig.* 10) dans la couronne fixe suivant les aubes directrices A qui la conduisent à la partie supérieure des aubes de la couronne mobile B. L'eau agit par son poids sur les aubes inclinées de cette couronne et lui imprime un mouvement de rotation qu'elle communique à l'arbre auquel elle est fixée.

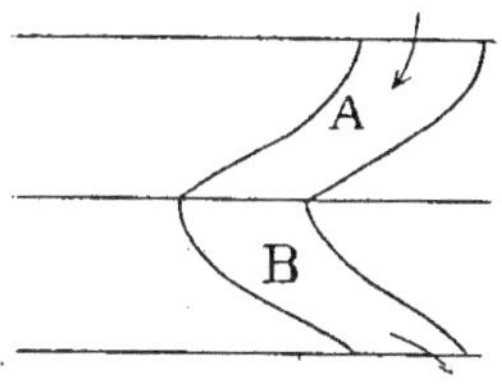

Fig. 10. — Trajectoire de l'eau dans les turbines axiales.

Dans les turbines radiales, les filets liquides se déplacent perpendiculairement à l'axe. On dit que la turbine est centrifuge lorsque le filet liquide se déplace (*fig.* 11) de l'axe A vers la périphérie B, et centripète lorsque le filet liquide se déplace (*fig.* 12) de la périphérie C vers l'axe D.

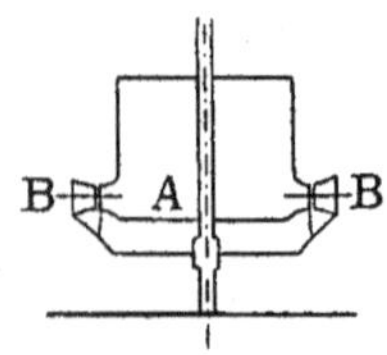

Fig. 11. — Turbine radiale centrifuge.

Les turbines mixtes correspondent au schéma de la figure 13. L'eau suit la direction *mn*. Dans les turbines radiales l'eau quitte, quand l'axe de rotation est vertical, la turbine dans une direction horizontale, ce qui occasionne des remous. On a donc eu l'idée de guider l'eau à sa sortie des aubes afin d'éviter cet inconvénient.

Je rappellerai que lorsque l'eau peut remplir complètement les compartiments de la roue mobile et exercer une certaine pression hydrostatique à l'intérieur des canaux compris entre les aubes, la turbine est dite *à réaction*. Si les aubes de la couronne mobile ont une section supérieure à celle qui correspond strictement aux conditions normales de l'écoulement, les lames d'eau ne remplissent plus complètement les canaux mobiles, elles se dévient librement sur les faces des aubes en leur transmettant la plus grande partie de leur force vive, et l'on dit que la turbine est à libre déviation, ou a impulsion ou à action. Enfin, lorsque les intervalles entre les aubes mobiles peuvent être entièrement remplis d'eau, sans que la lame liquide exerce aucune pression, on dit que la turbine est *limite* ou *à veine moulée*.

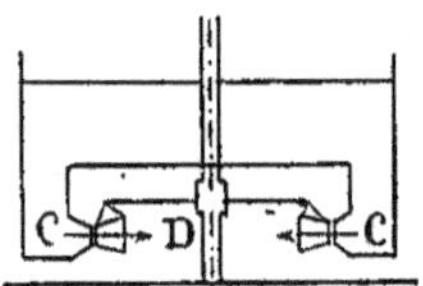

Fig. 12. — Turbine radiale centripète.

Les turbines à réaction et les turbines limites peuvent fonctionner indifféremment soit dans l'air, soit immergées dans l'eau d'aval, c'est-à-dire noyées. Cependant elles seraient dans ces conditions de fonctionnement, d'un entretien et d'une surveillance difficiles. C'est pourquoi on leur applique ce qu'on appelle la *jonvalisation*. Cette disposition, appliquée pour la première fois (1849) par Jonval à une turbine Fourneyron, est réalisée en munissant la turbine d'un tube étanche qui plonge dans l'eau au bief d'aval et assure la continuité de la veine liquide. Ce tube fonctionne par aspiration. En effet la pression, à la sortie de la turbine, est inférieure à la pression atmosphérique et l'eau remonte dans le tube jusqu'à ce que l'équilibre l'établisse. Sa hauteur ne doit jamais dépasser 4 à 5 m, sans cela la dépression est trop forte, et l'air, qui peut s'accumuler au-dessus de la nappe liquide, diminue le rendement.

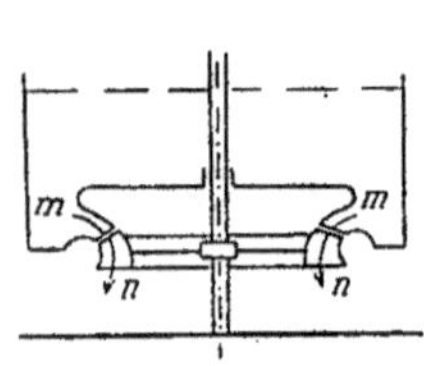

Fig. 13. — Turbine mixte.

Quels types de turbines conviendront le mieux pour l'utilisation comme force motrice du flux et du reflux de la mer?

Ces turbines doivent s'accommoder de conditions très différentes, puisque les variations de niveau pourront être très grandes par rapport à la chute totale; comme le niveau d'aval ne reste pas constant, il faut employer des turbines pouvant marcher noyées, même en vannage réduit, avec un rendement satisfaisant. Les turbines limites et surtout les turbines à réaction sont particulièrement avantageuses quand le niveau d'aval varie beaucoup.

L'adjonction d'un tube de succion permet à leur rendement de rester absolument indépendant des variations de celui-ci. Par contre, il diminue lorsque le débit de la chute baisse. On atténue cet inconvénient en constituant la turbine de plusieurs couronnes concentriques représentant chacune une turbine complète. La couronne extérieure sert en travail maximum, la couronne intérieure en travail minimum, et l'on peut prendre l'action des deux pour obtenir la puissance maxima en basses eaux et ce, en conservant sensiblement une vitesse uniforme. Chaque couronne se règle par un vannage indépendant.

C'est ainsi qu'à Zurich on a pu, avec une turbine composée de trois couronnes, obtenir les résultats suivants :

Couronnes en fonctionnement	Débit par minute.	Hauteur de chute.	Puissance.	Rendement pour 100.
	m³	m	chx	
La couronne extérieure seule...	6300	3,20	90	74
La couronne intérieure et la couronne moyenne..............	8400	2,35	90	75,4
Les trois couronnes ensemble...	»	1,45	90	80,7

Avec une turbine installée aux moulins de Strensham Worcester, on obtient la puissance de 40 chevaux pour laquelle elle a été calculée;

Avec la couronne extérieure seule : sous une chute de o m,90;

Avec deux couronnes : sous une chute de o m,60.

En temps de crue la turbine est souvent noyée de 2 m,75 sous le bief d'aval sans inconvénient et elle arrivera à produire une force de 40 chevaux même avec une chute de o,51.

Les turbines centripètes et les turbines mixtes sont ensuite les plus avantageuses à employer; elles sont d'un haut rendement et leur construction évite les pressions élevées sur le pivot qui se produisent avec les turbines axiales.

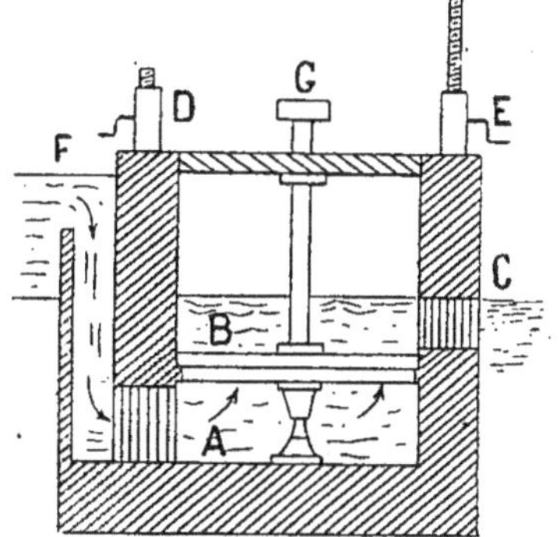

Fig. 14. — Turbine actionnée de bas en haut.

Dans un mémoire publié en 1909, M. Séverin préconise pour l'utilisation de la force motrice des marées les turbines employées dans

Genève à la boulonnerie et construites par la maison Escher Wiss et C^le de Zurich. Seulement une modification assez importante serait nécessaire. Cette modification consisterait à faire fonctionner les turbines par pression de l'eau de bas en haut, au lieu de la pression de haut en bas; il faudrait placer la turbine au point le plus bas et l'actionner par différence de pression, comme dans un siphon renversé.

Par ce dispositif (*fig.* 14), la pression qui s'exerce de F en C, que F soit le bassin ou la mer, vient agir en A, remonte par les aubes en B, et l'eau s'écoule ensuite en C. Deux vannes D et E commandent l'appareil.

Quand l'eau reviendra de C en F, la vanne C sera fermée au-dessus de la turbine et ouverte à son tour en dessous.

La vanne D sera fermée en dessous et ouverte à son tour en dessus. La différence de pression fera toujours mouvoir la turbine de la même façon.

Mais pour la régularité du fonctionnement, chaque turbine doit être dans une chambre en maçonnerie, où l'eau se met à égalité de pression, en perdant sa grande agitation, et, pour entraîner le moins de sable possible, est seulement écumée par le haut au lieu d'envahir la chambre par le bas, avec un débit légèrement supérieur à celui des turbines, pour lui conserver sa

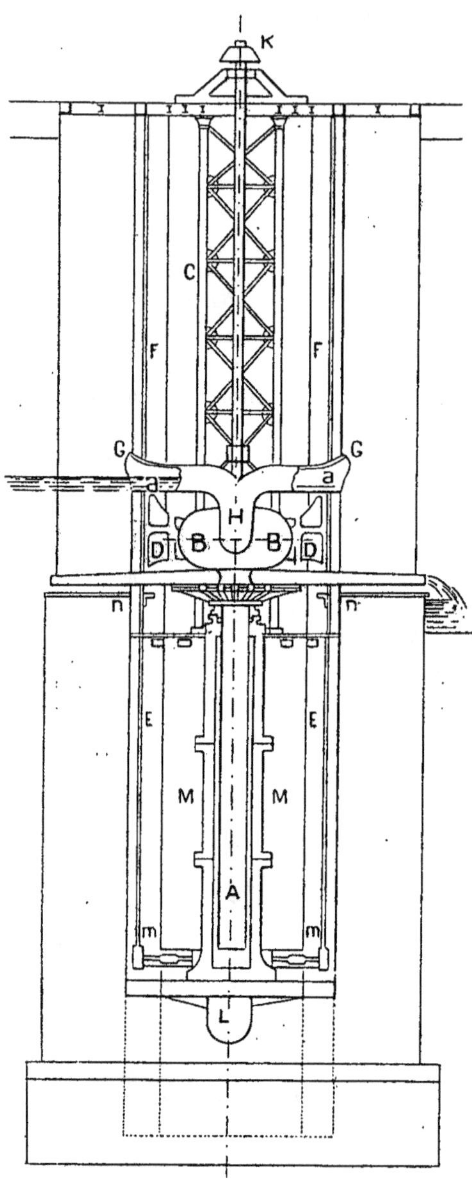

Fig. 15. — Turbine Herschell-Jonval modifiée par M. Diamant.

pression. De cette façon l'emploi de cette turbine devient parfaitement pratique.

Enfin je signalerai, bien que son adoption paraisse extrêmement difficile, la turbine décrite par M. J. Diamant dans sa brochure *Utilisation de la force motrice des marées*, parue en 1890.

Cette turbine, type Herschell-Jonval, modifiée, suit les mouvements de la marée à l'aide d'un piston A (*fig.* 15) qui est mû par un accumulateur, et de quatre glissières G, G. Le corps de la turbine porte deux oreilles D, D auxquelles sont fixées deux portes E, E, glissant dans les rainures F, F et dont les joints sont rendus étanches à l'aide de garnitures en cuir embouti. Le haut de ces portes est fixé en *a* aux gueules G, G du double tuyau d'alimentation H. Le double tuyau de décharge I passe au travers des portes. Une double valve permet d'alimenter la turbine soit de droite, soit de gauche. L'arbre glisse dans le pignon K fixe et communique le mouvement. La rigole L conduit au puisard.

M. Diamant estime alors que le déplacement des turbines correspondra à celui du niveau dans les turbines et qu'elles débiteront un volume constant.

L'ensemble des points M, M, des turbines serait établi en tête de la digue transversale sur chaque face du bassin intermédiaire qui sert successivement au remplissage et à la vidange des réservoirs. L'arbre de couche commun aux deux séries de récepteurs porterait un tambour à gorge, sur lequel s'enrouleraient des câbles métalliques passant sous un tunnel réservé dans l'intérieur de la digue transversale et allant commander un tambour semblable fixé sur le rivage où seraient installées les usines d'utilisation de la force motrice recueillie.

Le mouvement ascensionnel et descendant des appareils, ainsi que la manœuvre des vannes, etc., seraient réglés par le mécanicien de garde, à l'aide d'appareils réunis dans la même chambre et de tableaux préparés d'avance. Pour stopper une turbine, il suffirait de la monter à son maximum de course.

V. Solution proposée en vue de réaliser une hauteur de chute et un débit approximativement constants, en même temps qu'un travail continu.

Considérons d'abord un bassin M de 40 m × 25 m × 1000 m² de base. Supposons que la mer atteigne à marée haute la cote de 10 m au-dessus de la basse mer. A partir de ce moment, la mer baisse. Ses cotes sont les suivantes :

			m
1 heure après la haute mer		....	9,20
2 heures	»	....	7,40
3 »	»	....	4,80
4 ».	»	....	2,20
5 »	»	....	0,70
6 »	»	....	0,00

Je suppose que la basse mer arrive six heures après la haute mer [en réalité, c'est après 6 heures et quelques minutes (10 à 14), mais ceci n'a pas d'importance dans les explications qui vont suivre].

Pour la haute mer suivante, nous aurons les cotes :

			m
1 heure après la basse mer	....		0,70
2 heures	»	....	2,40
3 »	»	....	5,00
4 »	»	....	7,60
5 »	»	....	9,30
6 »	»	....	10,00

En supposant que l'amplitude varie peu d'une haute mer à la haute mer consécutive. On peut construire (*fig.* 16) la courbe représentative à chaque instant du niveau de la mer en prenant pour abscisses les temps, pour ordonnées les cotes ci-dessus et en réunissant les points ainsi obtenus.

Le bassin M, mis en communication avec la mer, se remplira d'eau à marée haute jusqu'à une hauteur de 10 m. A partir de ce moment, fermons les vannes. Deux heures après la haute mer, le niveau du bassin

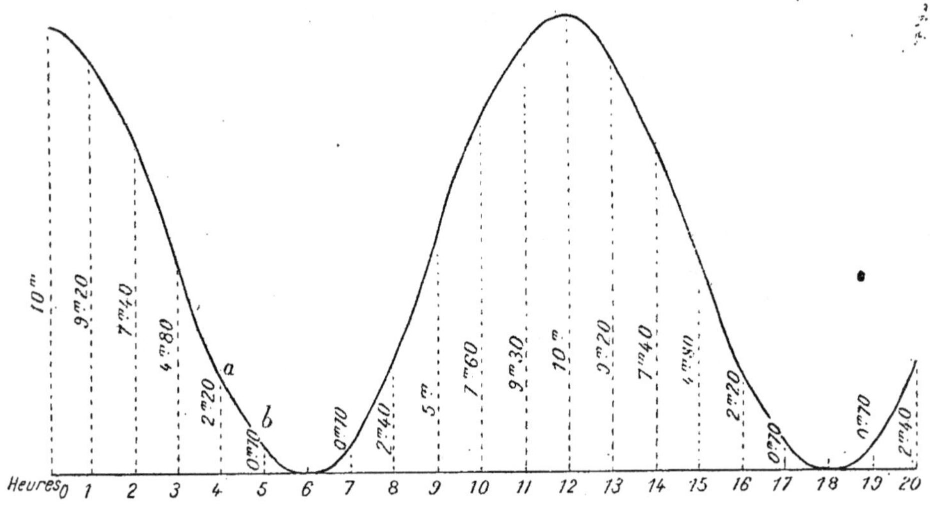

Fig. 16. — Courbe représentative du niveau de la mer aux diverses heures.

sera à la cote de 10 m, et celui de la mer à la cote de 7 m,40. Nous aurons donc une chute de 2 m,60 susceptible d'être utilisée au moyen d'une des turbines indiquées ci-dessus comme donnant de bons résultats. Le problème à résoudre est le suivant : réaliser pendant 6 heures une chute de hauteur et de débit très approximativement constants. Or, pendant la première heure (troisième heure de marée descendante), en maintenant la hauteur de chute constante, nous aurons un débit de

$$2\,\text{m},60 \times 1000\,\text{m} = 2600\,\text{m}^3.$$

Dans la deuxième heure le même débit de 2600 m³ nous fournira à la fin de la quatrième heure de marée une cote d'eau de 4,80 m. Comme la cote de la mer est alors de 2,20 m, nous aurons encore une hauteur de chute de 4,80 m — 2,20 m = 2,60 m.

Si pendant la troisième heure (cinquième heure de marée descendante), nous maintenons constant le débit de 2600 m³, nous arriverions à la fin de cette heure-là à une hauteur d'eau dans le bassin de 2,20 m, alors que la hauteur de la mer est de 0,70 m. La hauteur de chute ne serait plus que de

$$2,20 \text{ m} — 0,70 \text{ m} = 1,50 \text{ m}.$$

Pour que la hauteur de chute reste constante, il faudrait faire arriver dans le bassin M de l'eau venant d'un bassin P contigu à M et rempli comme celui-ci au moment de la haute mer. La quantité d'eau à introduire serait, en assimilant la portion de courbe ab à une droite de

$$1000 \text{ m}^2 \times (2,60 \text{ m} — 1,50 \text{ m}) = 1100 \text{ m}^3.$$

De même pour avoir une hauteur de chute constante et un débit constant pendant la quatrième heure de fonctionnement de la chute (troisième heure de marée descendante), il faudrait déverser dans le bassin M une quantité d'eau venant du bassin P égale à

$$1000 \text{ m}^2 \times (2,60 \text{ m} — 0,70 \text{ m}) = 1900 \text{ m}^3.$$

Pendant la cinquième heure de fonctionnement de la chute (première heure de marée montante), il faudrait, pour avoir une chute de débit constant (2600 m³ à l'heure) et de hauteur constante 2,60 m, déverser dans le bassin M une quantité d'eau venant du bassin P égale à

$$1000 \text{ m}^2 \times (2,60 \text{ m} + 0,70 \text{ m}) = 3300 \text{ m}^3.$$

Pendant la sixième heure (deuxième heure de marée montante) le bassin P devra déverser dans le bassin M afin d'avoir une chute de débit et de hauteur constante une quantité d'eau égale à

$$1000 \text{ m}^2 (2 \text{ m},60 — 0 \text{ m},70 + 2 \text{ m},40) = 4300 \text{ litres}.$$

En ajoutant ces diverses quantités d'eau, nous arriverons au total de 10600 litres et en chiffres ronds 10000, nombre suffisant en raison de la forme curviligne des courbes de dépression et d'ascension des marées.

Or ces 10000 litres, s'ils sont renfermés dans un bassin P, doivent pour pouvoir arriver dans le bassin M où le niveau final est de 2 m,40 + 2 m,60 égal 5 m, être à un niveau inférieur à 5 m. La surface de base du second bassin P doit donc être le double de celle du bassin M.

A partir de la deuxième heure de marée montante, on utilisera comme bief d'amont de la chute la marée et comme bief d'aval un bassin N vidé complètement à marée basse. En faisant un raisonnement analogue au précédent, on se rendra facilement compte que, par l'adjonction

TEMPS.	COTE		EAU	
	de la marée.	du bassin pour avoir à partir dé la 3ᵉ heure une hauteur de chute constante de $\frac{26h}{100}$.	qui s'écoulerait avec une pareille hauteur de chute, s étant la surface du bassin et la quantité d'eau étant affectée du signe moins (—) quand la cote du bassin est plus grande que celle de la marée.	à faire arriver dans le bassin pour avoir un débit constant et une hauteur de chute constante.
o				
1 heure après la haute mer..	h $\frac{92h}{100}$			
2 heures..................	$\frac{74h}{100}$	h		
3 heures..................	$\frac{48h}{100}$	$\frac{74h}{100}$	$s\left(h - \frac{74h}{100}\right) = s \times \frac{26h}{100}$	$s \times \frac{26h}{100} - s \times \frac{26h}{100} = 0$
4 heures..................	$\frac{22h}{100}$	$\frac{48h}{100}$	$s\left(\frac{74h}{100} - \frac{48h}{100}\right) = s \times \frac{26h}{100}$	$s = \frac{26h}{100} - s \times \frac{26h}{100} = 0$
5 heures..................	$\frac{2h}{100}$	$\frac{33h}{100}$	$s\left(\frac{48h}{100} - \frac{33h}{100}\right) = s \times \frac{15h}{100}$	$s \times \frac{16h}{100} - s \times \frac{15h}{100} = s \times \frac{11h}{100}$
6 heures	o	$\frac{26h}{100}$	$s\left(\frac{33h}{100} - \frac{26h}{100}\right) = s \times \frac{7h}{100}$	$s \times \frac{26h}{100} - s \times \frac{7h}{100} = s \times \frac{19h}{100}$
7 heures.................	$\frac{7h}{100}$	$\frac{33h}{100}$	$s\left(\frac{26h}{100} - \frac{38h}{100}\right) = -s \times \frac{7h}{100}$	$s \times \frac{26h}{100} - s\left(-s \times \frac{17h}{100}\right) = s \times \frac{33h}{100}$
8 heures.................	$\frac{24h}{100}$	$\frac{50h}{100}$	$s\left(\frac{33h}{100} - \frac{50h}{100}\right) = -s \times \frac{17h}{100}$	$s \times \frac{26h}{100} - \left(-s \times \frac{17h}{100}\right) = s \times \frac{43h}{100}$

au bassin N d'un bassin Q d'une surface de base double de celle de N, on pourra faire fonctionner pendant 6 heures consécutives une ou plusieurs turbines sous une hauteur de chute et avec un débit presque constants.

On peut d'ailleurs traiter la question d'une façon générale en désignant par h la hauteur de la plus haute mer et l'on obtient les résultats consignés dans le tableau ci-après.

Désignons par x la surface de base du bassin P, la surface de base du bassin M étant de s mètres carrés.

En écrivant que l'eau écoulée pendant 6 heures, c'est-à-dire :

$$\frac{26\,hs}{100} \times 6 = \frac{156\,hs}{100},$$

est égale à l'eau qui remplissait les deux bassins au début $(x+s)h$ diminuée de l'eau qui reste à la fin dans le bassin $(x+s)\dfrac{h}{2}$, on a l'équation

$$(x+s)h - \frac{(x+s)h}{2} = \frac{156\,sh}{100}.$$

D'où $x = 2s,12$, c'est-à-dire que la base du bassin P doit être le double de celle du premier bassin. On arrive à ce même résultat en remarquant que le total de l'eau à introduire dans le bassin M venant du bassin contigu P est égale à $s \times \dfrac{106\,h}{100}$.

Comme cette eau doit atteindre, dans le bassin P, afin de pouvoir communiquer librement avec le bassin M dont la hauteur ne peut pas s'abaisser à la fin du cycle de 6 heures au-dessous de $\dfrac{h}{2}$, une hauteur qui ne soit pas inférieure à $\dfrac{h}{2}$, on a forcément l'équation

$$x \times \frac{h}{2} = s \times \frac{106\,h}{100}, \qquad \text{d'où} \qquad x = 2,12\,s,$$

même résultat que ci-dessus.

Par une combinaison de plusieurs réservoirs communiquants adjoints au bassin M, on pourrait arriver à diminuer la surface de base du réservoir P, mais les avantages résultant d'une moindre surface occupée seraient compensés par les inconvénients de la nécessité de nombreuses vannes à faire fonctionner d'une façon très régulière.

M. E. LEVESQUE,

Ingénieur en chef des Ponts et Chaussées (Toulouse).

LA QUESTION DES RACCORDEMENTS ENTRE LES VOIES NAVIGABLES ET LES CHEMINS DE FER SUR LES CANAUX DU MIDI.

625.1 + 626.16 (44.7)

6 Août.

Il n'existe pas de raccordement public entre les canaux du Midi et les chemins de fer. Les points de contact sont cependant très nombreux. La Compagnie des chemins de fer du Midi, qui s'appelait avant le rachat des canaux du Midi *Compagnie des chemins de fer du Midi et du canal latéral à la Garonne*, a construit la grande ligne de son réseau de Bordeaux à Cette, sur une grande partie du parcours entre Agen et Toulouse, côte à côte avec le canal latéral à la Garonne, un peu plus ancien. La même ligne s'éloigne peu du canal du Midi. Elle traverse les mêmes villes : Toulouse, Castelnaudary, Carcassonne, Béziers, Agde, Narbonne. Dans toutes ces villes le raccordement serait facile comme sur bien des points du canal latéral.

Il se fait cependant quelques échanges directs de marchandises entre le canal et le chemin de fer sur quelques points où la Compagnie du Midi a bien voulu consentir à ces échanges.

À Dieupentale, sur le canal latéral à la Garonne, un industriel met à profit le voisinage du canal et de la gare du chemin de fer. C'est la papeterie de Montech, établie au bord du canal, qui fait ainsi le camionnage par eau, sur environ 12 km, de marchandises destinées au chemin de fer. Le tonnage des marchandises transbordées s'est élevé à 3300 tonnes en 1909 (1300 tonnes de bateau à wagon et 2000 tonnes de wagon à bateau).

À Toulouse, la Société des Magasins Généraux, déjà raccordée par un embranchement particulier avec le chemin de fer du Midi, vient de prolonger cet embranchement jusqu'au canal et de le relier par une plaque tournante avec une voie longeant le canal. Une grue électrique, des cabestans électriques facilitent les opérations. Un mur de quai est projeté. On aura là un véritable raccordement public lorsque la Société des Magasins Généraux aura obtenu la concession qu'elle a demandée. Les installations faites tout récemment rendent déjà des services. Depuis le 15 avril 1910 jusqu'au 30 juin, le tonnage des marchandises transbordées s'est élevé à 4500 tonnes de wagon à bateau. En particulier, la Société des Magasins Généraux assure le transbordement de wagon à bateau du charbon français à destination de l'usine à gaz de Toulouse. Ce charbon parcourt sur le canal 1400 m seulement. C'est un exemple remarquable de l'intérêt que peut présenter un transport mixte, bien que le parcours à faire sur la voie d'eau soit très faible. C'est un véritable camionnage par eau, rendu avantageux grâce à la facilité du transbordement et au puissant engin de déchargement des bateaux installés l'année dernière à l'usine à gaz.

A Gruissan-Tournebelle, sur la ligne de Narbonne à Perpignan et à la frontière d'Espagne, quelques personnes jouissent de la même faveur que la papeterie de Montech à Dieupentale. Profitant du voisinage de la gare du chemin de fer et du canal du Midi (embranchement de la Nouvelle), elles transbordent leurs produits de wagon à bateau et leur font faire ensuite un long parcours par voie d'eau, ou inversement elles transbordent de bateau à wagon des vins récoltés dans la région qui ont fait un faible parcours sur le canal.

A Béziers, il y a quelques années, la Compagnie du Midi avait autorisé la Compagnie des Salins du Bagnas à transborder du sel de bateau à wagon par l'intermédiaire d'une voie ferrée existant le long du canal, au quai de Sauclières, reliée par une plaque tournante et une courte transversale aux voies de la gare de Béziers. Cette installation, très analogue à celle de Toulouse, capable, malgré sa simplicité, de rendre de notables services au commerce et à la batellerie, avait été créée et a été utilisée pour l'embarquement des charbons de Graissessac. Le Service des Canaux a demandé à la Compagnie des chemins de fer du du Midi de laisser faire à tout le commerce en général le transbordement autorisé pour la Compagnie des Salins du Bagnas. Le résultat de cette demande a été de faire supprimer cette autorisation et le raccordement existant n'est pas utilisé.

Plusieurs raccordements sont projetés, à Béziers, à Carcassonne, avec le chemin de fer du Midi. La Compagnie du Midi n'accepte pas de les exploiter. La loi du 3 décembre 1908 permet de passer outre. Elle exige cependant, pour aboutir, l'initiative des intéressés et la persévérance nécessaire pour vaincre l'opposition de la Compagnie du Midi.

Des échanges d'une certaine importance ont lieu entre le canal et le chemin de fer, par l'intermédiaire d'un camionnage onéreux, à La Redorte, sur la ligne de Moux à Caunes. Il semble qu'il y ait là des éléments de trafic pour un raccordement susceptible d'être accepté par la Compagnie du Midi. Sur un certain nombre de points où il ne se fait pas d'échange, faute de transbordement facile, le raccordement est à désirer parce que des transports mixtes semblent pouvoir s'établir entre le canal et les lignes de chemin de fer transversales qui aboutissent, en ces points, à la ligne de Bordeaux à Cette.

En dehors de Toulouse, Béziers, Carcassonne, dont il a été déjà question, il faut citer, notamment, Montauban, Castelnaudary, Narbonne.

Sur les chemins de fer d'intérêt local et les tramways, il n'a pas encore été établi, à proprement parler, de raccordement avec le canal.

Des échanges se sont pratiqués près de Carcassonne, de wagon à bateau, en un point où un tramway de l'Aude touche le canal. Un raccordement devait être établi à l'Estagnol, près de Carcassonne, entre les tramways de l'Aude et le canal. Le Conseil général de l'Aude n'en a pas encore reconnu l'intérêt. Un raccordement est projeté à Montech sur un tramway en cours d'exécution du département de Tarn-et-Garonne.

La situation se résume en ces mots : il n'y a pas de raccordements entre les chemins de fer et les canaux du Midi, si ce n'est à Toulouse où l'initiative de la Société des Magasins Généraux paraît avoir résolu la question. La Compagnie du Midi a manifesté une opposition absolue aux raccordements qui ont été étudiés. Les chemins de fer d'intérêt local n'ont pas cherché à se raccorder au canal. Les raccordements semblent justifiés sur de nombreux points. Ils peuvent se faire grâce à la loi du 3 décembre 1908 malgré l'opposition de la Compagnie du Midi. Mais cela exige de l'initiative et de persévérants efforts de la part des intéressés.

M. HINSTIN,

Ingénieur des Ponts et Chaussées (Nancy).

625.1 + 626.16 (44.3)

RACCORDEMENTS DES VOIES FERRÉES ET DES VOIES DE NAVIGATION INTÉRIEURE.

(Canal de la Marne au Rhin et voies annexes.)

6 *Août.*

Le canal de la Marne au Rhin et les voies annexes [canal de l'Est (branche sud), et Moselle canalisée en aval de Frouard] sont reliés aux voies ferrées voisines par 10 ports de raccordements, dont 6 se rattachent à la Compagnie de l'Est (réseau d'intérêt général) et 4 à diverses lignes de chemins de fer d'intérêt local.

I. Ports rattachés au réseau d'intérêt général. — Ce sont ceux de : Houdelaincourt, Frouard, Nancy-Bon-Secours et Varangéville sur le canal de la Marne au Rhin, de Neuves-Maisons sur le canal de l'Est (branche Sud) et de Custines sur la Moselle canalisée en aval de Frouard.

1º *Houdelaincourt.* — C'est un tout petit port sans outillage, très peu utilisé. Le tonnage transbordé n'a atteint que 1724 tonnes en 1909.

2º *Frouard.* — Port assez important et en progression considérable, surtout en ce qui concerne les transports de wagons sur bateaux. Les éléments du trafic pour 1902 et 1909 sont résumés dans le Tableau ci-après :

BATEAUX SUR WAGONS.		WAGONS SUR BATEAUX.		TOTAL.		PRINCIPALES MARCHANDISES.		
						Bateaux sur wagons.		Wagons sur bateaux. 1902 et 1909.
1902.	1909.	1902.	1909.	1902.	1909.	1902.	1909.	
4371	950	9458	24033	13829	24983	Scories à refondre.	Matériaux de construct.	Fers et aciers:

Le port se compose d'un terre-plein de 20 m de largeur, avec murs de quai permettant l'amarrage d'une file de bateaux en dehors des voies courantes et d'un contre-quai mettant le plancher des wagons au niveau du terre-plein.

Deux voies de quai parallèles de 225 m de développement (longueur utile du terre-plein) desservent le contre-quai. Elles sont reliées par une voie de raccordement de 104 m à la gare de Frouard où s'effectuent, sur les voies propres de ladite gare, les mouvements de wagons nécessaires.

Il n'y a aucun outillage et les transbordements sont effectués exclusivement à bras d'hommes par les expéditeurs ou les destinataires.

Le port a été établi en 1850, au moment de la construction simultanée du canal de la Marne au Rhin et du chemin de fer de Paris à Strasbourg. Lors de la concession de la voie ferrée à la Compagnie de l'Est, celle-ci a assumé toutes les charges de l'exploitation, y compris celle des voies de quai, sans qu'aucune décision spéciale soit intervenue à cet égard.

3º *Nancy-Bon-Secours.* — C'est un simple raccordement au chemin de fer, plutôt qu'un port de transbordement proprement dit. Il ne comporte ni quai, ni même de talus perreyé, et par conséquent aucun outillage.

Son tonnage, en 1909, a été de 2586 tonnes, composé exclusivement de matériaux de construction amenés par bateaux au chemin de fer.

4º *Varangéville.* — C'est un port important, mais dont les conditions d'établissement sont extrêmement restreintes et défectueuses, ce qui ne lui a pas permis, faute d'outillage notamment, de profiter de l'essor industriel considérable du groupe Varangéville - Saint - Nicolas - Dombasle.

Les tonnages, en 1902 et 1909, sont indiqués dans le Tableau ci-dessous :

BATEAUX SUR WAGONS.		WAGONS SUR BATEAUX.		TOTAL.		MARCHANDISES TRANSBORDÉES.	
1902.	1909.	1902.	1909.	1902.	1909.	Bateaux sur wagons.	Wagons sur bateaux.
43900 t	40691 t	3791 t	4041 t	47691 t	44732 t	Houille, kaolin, grès et sable de verrerie.	Trappe des Vosges.

La voie unique de transbordement se détache directement des voies de manœuvre de la gare de Varangéville et suit le terre-plein et mur de quai (de 460 m de longueur) permettant le stationnement d'une file de bateaux en dehors des voies courantes. Elle est au niveau même de la plate-forme du chemin de fer et ne laisse place pour aucun dépôt entre cette voie et l'arête du quai, ce qui ne permet que des transbordements directs et ne laisse pas la possibilité d'établir aucun outillage fixe. Deux grues particulières sur ponton sont amenées en cas de besoin sur le canal le long du mur de quai. Elles appartiennent l'une à la maison Georges de Varangéville, l'autre à M. Kronberg de Nancy, et ne servent guère qu'à l'usage de leurs propriétaires.

Le port est construit en même temps que la ligne Paris-Strasbourg et le canal. Il est exploité par la Compagnie de l'Est dans les mêmes conditions que celui de Frouard.

5° *Neuves-Maisons.* — Bien que ce port ne présente qu'une faible importance, eu égard au tonnage transbordé, nous croyons devoir le signaler spécialement, étant donné son outillage très complet et les conditions particulières de son exploitation.

Le port public de Neuves-Maisons est raccordé à la ligne de Nancy à Mirecourt par une voie normale, en vertu du décret déclarant d'utilité publique la construction du canal de l'Est (24 mars 1874).

Un décret du 5 mai 1876 en a concédé l'exploitation à la Société métallurgique de la Haute-Moselle (aujourd'hui Compagnie des Forges de Châtillon, Commentry et Neuves-Maisons) à titre de ligne d'intérêt général. Une convention passée entre cette société et la Compagnie des chemins de fer de l'Est a défini les droits et obligations des parties, et notamment l'échelle des taxes basée sur l'article 9 du T. S., n° 59 de la Compagnie de l'Est. L'exploitation n'a donné lieu à aucune difficulté et la Compagnie des chemins de fer de l'Est n'a jamais mis aucun retard dans l'accomplissement de ses obligations.

Le port sert ainsi, d'une part, aux expéditions et réceptions directes des produits à destination ou en provenance des usines ou hauts fourneaux, et, d'autre part, au transbordement public. Pour ce dernier, l'utilisation en est pratiquement limitée à l'usine à chaux de Xeuilley (embarquement de chaux et débarquement de houille) et au service local de la navigation qui y embarque du ciment, des bois, tuiles, etc. amenés par chemin de fer.

Voici le relevé du tonnage en 1909 :

BATEAUX SUR WAGONS.	WAGONS SUR BATEAUX.	TOTAL.	NATURE DES MARCHANDISES TRANSBORDÉES.	
			Bateaux sur wagons	Wagons sur bateaux.
3627 t	2790 t	6417 t	Houille.	Chaux, matériaux de construction.

L'outillage qui appartient à la Compagnie des Forges comprend :

8 grues hydrauliques fixes appariées par 2, chaque paire pouvant décharger en 20 heures un bateau de coke de 260 tonnes (usage exclusif des forges); 6 grues électriques fixes de la force de 2,5 tonnes chacune (à l'usage exclusif des forges); un pont roulant électrique de 60 m de longueur pouvant décharger, en 11 heures, un bateau de houille de 280 tonnes; un descenseur à minerai, scories et batitures, pouvant charger un bateau de 280 tonnes en 10 heures (usage exclusif des forges); un chemin de fer minier à voie de 1 m, aboutissant à des accumulateurs et à deux grues hydrauliques (usage exclusif des forges); plusieurs tronçons de voies d'écartements différents communiquant avec l'intérieur de l'usine et reliés indirectement au raccordement.

Quant aux taxes de transbordement, elles comportent :

1° Une taxe de transmission de 0,40 fr à partager entre la Compagnie des forges et la Compagnie de l'Est; 2° des taxes de 0,16 fr, 0,14 fr, 0,10 fr et 0,08 fr. par tonne kil., avec application forfaitaire à une distance de 4 km; 3° taxe de 0,20 fr pour frais de gare au port; 4° taxe de 0,60 fr. pour chargement et déchargement au port.

C'est l'élévation de ces taxes qui explique que ce port soit ainsi peu utilisé, bien que se trouvant dans une région industrielle de première importance, et très bien outillé.

6° *Custines.* — Port de moyenne importance dont l'utilisation, malgré la création d'un outillage de transbordement, va en décroissant, les éléments du trafic sont résumés ci-dessous :

BATEAUX SUR WAGONS.		WAGONS SUR BATEAUX.		TOTAL.		NATURE DES MATÉRIAUX.
1902.	1909.	1902.	1909.	1902.	1909.	
Néant.	Néant.	23418^t	10334^t	23418^t	10334^t	Fonte et acier.

Le trafic est d'ailleurs extrêmement variable d'une année à l'autre.

Le raccordement comprend : une voie de jonction avec la ligne de Pompey à Nomény, une voie principale de 622 m, une voie de service, une voie de rebroussement et deux voies de garage, formant ensemble une longueur de 1740 m. Il comporte en outre une bascule de 20 tonnes.

Il n'y a pas de mur de quai. Les talus de la déviation canalisée sont simplement perreyés le long de la voie principale de raccordement.

Par arrêté préfectoral du 5 septembre 1907, M. Papelier a été autorisé à installer deux grues fixes à vapeur d'une force de 2 tonnes (une seule est actuellement en service) pour son usage personnel, qui doivent être mises sur demande à la disposition du public, moyennant les taxes suivantes :

Par tonne, jusqu'à 20 tonnes inclusivement, 0,50 fr ;

Par tonne pour une opération de plus de 20 tonnes, sans qu'il puisse y avoir rétribution inférieure à 10 fr, 0,40 fr.

Le raccordement a été déclaré d'utilité publique et construit par l'État en même temps que la ligne de Pompey à Nomény, en vertu des lois des 26 mars et 2 juillet 1879. Il est passé dans le réseau de l'Est avec la ligne elle-même par l'article 2 de la convention du 11 juin 1883.

II. Ports rattachés a des lignes d'intérêt local. — Ce sont ceux de Longeaux-Menaucourt (chemin de fer de Guë à Menaucourt), Bar-le-Duc et Contrisson (Compagnie Meusienne de Chemins de fer), et Einville (tramway de Lunéville à Einville).

1° *Menaucourt.* — Le tonnage transbordé a été, en 1909, de 7600 tonnes consistant exclusivement en pierres de taille, de wagons sur bateaux.

L'outillage se compose d'un pont roulant d'une force de 10 tonnes.

La taxe de transbordement est de 0,35 fr par tonne pour les gros blocs et de 2,50 fr le mètre cube pour les matériaux de dimensions moindres.

2° *Bar-le-Duc.* — Port de minime importance au point de vue transbordement (moins d'un millier de tonnes par an). L'outillage comporte une grue à main de 2,5 tonnes appartenant à la Compagnie H. P. L. M. et utilisée surtout pour le transbordement des vins (environ 200 tonnes par an); le reste est transbordé à bras d'homme par les expéditeurs ou destinataires.

3° *Contrisson.* — Le mouvement du port en 1909 et les taxes de transbordement sont résumés dans le Tableau ci-dessous :

BATEAUX SUR WAGONS.			WAGONS SUR BATEAUX.		
Nature des marchandises.	Tonnage.	Taxe par tonne.	Nature des marchandises.	Tonnage.	Taxe par tonne.
Vin	927	0,75	Scorie................	1056	0,35
Fers.................	1084	0,60	Bois ⎰ de mine........		0,30
Matériaux de construct.	1837	0,50	⎱ de sciage.......	3580	0,40
Houille...............	13108	0,50	en grume.......		0,50
Bois.................	165	0,30 à 0,50			
Totaux	17116		Totaux........	4636	

L'outillage comprend une grue à vapeur de 2,5 tonnes; en outre les deux grues roulantes de 6 tonnes de la Compagnie Meusienne peuvent en cas de besoin être employées au port comme dans les gares.

4° *Einville.* — Port en augmentation et dont l'importance va être accrue par le raccordement au tramway de Lunéville à Einville de celui de Lunéville à Blamont. Le port de transbordement n'est pas encore outillé des engins de levage, prévus par le projet approuvé le 18 octobre 1902.

Les éléments de trafic sont résumés ci-dessous :

BATEAUX SUR WAGONS.		WAGONS SUR BATEAUX.		TOTAL.		MARCHANDISES transbordées.
1903.	1909.	1903.	1909.	1903.	1909.	
1265	6071	Néant.	Néant.	1265	6071	Blé, houille, bois.

M. BREUILLÉ,
Ingénieur en chef des Ponts et Chaussées (Auxerre).

RACCORDEMENT DES VOIES NAVIGABLES AVEC LES LIGNES DE CHEMINS DE FER.
(Rivière d'Yonne, Gare d'eau de Laroche.)

6 *Août.*

625.1 + 626.16 (44.41)

Consistance. — La gare d'eau de Laroche est réunie au réseau de la Compagnie C. F. D. de l'Yonne par un raccordement sur voie unique s'épanouissant en trois voies en cul-de-sac; les deux voies les plus éloignées de la rivière comportent chacune une plaque tournante en leur point terminus avec un tronçon de manœuvre rectangulaire.

La voie la plus rapprochée de la rivière est contiguë à celle qui sert à la circulation de la grue roulante.

Les bateaux peuvent accoster : 1° sur une ancienne estacade en bois de 85 m de longueur vers l'aval; 2° le long d'un mur de quai en maçonnerie de 96 m de longueur exécuté en 1908.

Les manutentions sont opérées à l'aide d'une grue fixe de 6 tonnes placée au milieu de l'estacade et d'une grue mobile de 10 tonnes qui peut se déplacer tout le long du mur de quai.

Coût d'établissement. — Le raccordement avait occasionné primitivement une dépense de 45 500 fr.

D'autre part, l'agrandissement de la gare d'eau par un dragage, la construction du mur de quai et l'installation des grues ont occasionné une dépense de 38 000 fr dont 29 000 fr ont été payés par le Département de l'Yonne et 9000 fr par l'État pour l'exécution des dragages.

Trafic. — Le trafic expéditions et arrivages de la gare d'eau est indiqué au Tableau ci-dessous.

ANNÉES.	EXPÉDITION.	ARRIVAGES.	OBSERVATIONS.
1903	3203	11463	
1904	3199	18471	
1905	3902	10969	
1906	"	"	Il n'a pas été fait de relevé pour 1906.
1907	3952	7426	
1908	4170	7573	
1909	2783	11078	

Taxes perçues. — Aucune taxe n'est perçue pour l'utilisation de la gare d'eau de Laroche et des grues servant au transbordement des marchandises.

M. BOURGUIN,

Ingénieur en chef des Ponts et Chaussées (Reims).

RACCORDEMENTS ENTRE LES CHEMINS DE FER ET LES VOIES DE NAVIGATION INTÉRIEURE.

(Rivière d'Aisne, Marne, canal des Ardennes.)

625.1 + 626.16 (44.3)

6 Août.

Dès le début de la construction des chemins de fer, on eut l'idée de les raccorder avec les voies navigables qu'ils rencontraient. On pensait que les chemins de fer distribueraient dans les contrées inaccessibles à la batellerie les marchandises que celle-ci amènerait aussi près que possible.

C'est ainsi qu'en 1856, lors *des enquêtes parcellaires* de la ligne de Reims à Charleville, on prescrivit la construction à Rethel d'un passage inférieur dont les conditions d'établissement ne devaient pas «contrarier le raccordement du chemin de fer avec le canal des Ardennes.» Effectivement ce raccordement fut établi et existe encore.

L'emplacement des raccordements des chemins de fer et des voies navigables doit faire l'objet d'une étude attentive; si, d'une façon générale, un raccordement semble tout indiqué à l'extrémité d'une voie navigable en impasse dans le prolongement de laquelle se déroule une ligne de chemin de fer, il y a souvent grand intérêt à établir une soudure entre une voie navigable et le chemin de fer qui la traverse ou qui la suit sur une certaine longueur.

En principe, un canal ou une rivière latérale à un chemin de fer desservant la même contrée ne doivent pas être réunis par un port de transbordement, quelles que soient les facilités de son établissement; mais si de ce chemin de fer partent au contraire des embranchements s'éloignant de la voie navigable, il n'est pas douteux qu'un tel port rendrait le plus souvent des services appréciables.

Quel doit être, en effet, le but des raccordements entre les chemins de fer et les voies navigables? Faciliter le transport économique des matières pondéreuses qui sont la base du trafic de la batellerie, dans les régions dépourvues de voies navigables. Profiter de l'économie de transport qui résultera de l'utilisation des voies navigables sur la plus grande longueur possible.

Pour cela, il faudrait arriver à ce que les voies navigables fussent dans toutes les régions qu'elles traversent les grandes artères du réseau de transport et que les chemins de fer répartissent dans les mailles souvent très étendues de ce réseau les marchandises amenées par les bateaux.

Jusqu'ici, les grandes compagnies sont opposées à ce système. Bien loin de favoriser les transbordements de bateau à wagon ou réciproquement, elles montrent peu d'empressement à faciliter les opérations sur les raccordements existants ou à en établir de nouveaux. Et cependant si l'on s'en rapporte à ce qui se passe lorsque les chemins de fer d'intérêt local sont, non pas même raccordés avec les voies navigables, mais les longent simplement, on est frappé de la tendance qu'ont les marchandises lourdes provenant ou destinées à des localités éloignées de la voie navigable à venir l'emprunter.

Il est vrai que, dans ce cas, le chemin de fer d'intérêt local a tout intérêt à favoriser ce trafic qui pourrait lui échapper, tandis que pour les expéditions à longue distance les chemins de fer d'intérêt général préfèrent effectuer le transport jusqu'à destination en consentant au besoin des tarifs spéciaux très réduits.

Une autre raison motive aussi, sans doute, les transbordements entre les chemins de fer à voie étroite et les voies navigables, c'est que dans tous les cas, pour passer du matériel à voie étroite soit sur les wagons de la voie normale, soit sur les bateaux, il faut toujours une manutention des marchandises. On comprend que dans ces conditions, malgré le peu de commodités que présentent les transbordements en dehors des ports spécialement disposés et aménagés, quelques commerçants ou industriels s'efforcent d'utiliser les voies navigables. Mais s'il est avéré que les grandes compagnies ne cherchent pas à développer les raccordements de leurs lignes avec les voies navigables, il faut reconnaître que la batellerie se prête mal à certains transports.

Mode de transport par excellence pour les matières pondéreuses faisant l'objet d'expéditions importantes (250000 à 280000 kg) le matériel de la batellerie est très mal utilisé pour les marchandises légères, encombrantes et ne pouvant être expédiées que par petites quantités.

Ces transports seront toujours l'apanage du chemin de fer, ainsi que ceux qui doivent être effectués dans des délais déterminés que la batellerie ne peut s'engager à respecter.

C'est pourquoi les craintes des grandes compagnies au sujet de la diminution du trafic sur l'ensemble de leur réseau, consécutive à l'aménagement de ports de transbordement plus nombreux, sont tout au moins exagérées.

Au chemin de fer iront toujours les marchandises légères et, dans un autre ordre d'idées, d'assez grande valeur; au bateau n'iront que les matières lourdes et de valeur moindre.

Dans le choix de l'emplacement des soudures entre les deux catégories de voies, il est donc indispensable de tenir compte de la nature du trafic qui peut être desservi et, bien souvent, on ne peut respecter les règles posées plus haut.

Telle région agricole, viticole ou forestière qui *a priori* ne semble apporter aucun trafic appréciable aux ports de transbordement peut, au contraire, recevoir par voie d'eau des matériaux d'empierrement et des engrais en assez grande quantité. Tandis que telle autre région industrielle n'utilisera les raccordements que pour la réception des houilles et expédiera par fer ses produits fabriqués. Il faut donc être très prudent et très circonspect dans l'établissement des ports de transbordement, si l'on veut que le trafic soit en rapport avec les dépenses engagées.

Dans notre service, il existe actuellement deux ports de transbordement : l'un à Rethel, entre le canal des Ardennes et la ligne de Reims à Charleville; l'autre à Asfeld, entre le même canal et le réseau d'intérêt local à voie étroite du département des Ardennes.

A l'origine, le port de raccordement de Rethel était exploité par la Compagnie de l'Est qui y avait installé une grue. Cette grue a disparu et, maintenant, la Compagnie se borne à amener sur les voies du port les wagons qui sont chargés et déchargés par les usagers. En fait, ce port n'est utilisé que par un seul industriel propriétaire d'une sucrerie installée à 6 km du canal. Il y effectue des transbordements de houille et de betteraves du bateau au wagon et, dans l'autre sens, des transbordements de pulpes, mélasses et sucres. Depuis quelques années, cet industriel a installé une grue et une descente de sacs pour la manutention de ses marchandises. Le trafic de ce port atteint annuellement 6000 tonnes.

Après la disparition de la grue de la Compagnie, on y effectuait encore au moyen d'un transport au tombereau ou à la brouette des transbordements de matériaux d'empierrement. En raison des tarifs spéciaux consentis par la Compagnie de l'Est, ce trafic a complètement disparu.

Établi par la Compagnie d'intérêt local et ouvert à l'exploitation depuis le commencement de l'année, le port de transbordement d'Asfeld paraît appelé à un certain développement. Il comporte un mur de quai de 80 m de longueur, une voie principale de 123 m de longueur et deux voies de garage de 37 m.

Jusqu'ici, on n'y a effectué que des transbordements de céréales du wagon au bateau (1200 tonnes) et de matériaux d'empierrement du bateau au wagon (1000 tonnes). Il est à peu près certain qu'on y effectuera aussi des transbordements de houille et de betteraves pour les sucreries desservies par le chemin de fer et d'engrais destinés aux exploitations agricoles de la région. Aucun outillage n'existe sur ce port; les transbordements y sont effectués à la brouette.

Des transbordements sont encore effectués à Vouziers et à Reims sans qu'il y ait de port aménagé dans ce but. A Vouziers, extrémité de l'impasse formée par l'embranchement du canal des Ardennes, on transporte au tombereau à une distance de plus de 300 m des matériaux d'empierrement amenés par bateau pour les charger sur wagon. Ce trafic est très faible, mais il suffit à démontrer que si des moyens faciles de transbordement étaient installés, il pourrait se développer.

On y a bien construit un mur de quai pour permettre l'établissement de voies de raccordement avec le réseau d'intérêt général et avec le réseau d'intérêt local. Ces voies ne sont pas encore posées et, comme les transbordements exigeront l'emploi d'une grue que ni l'une ni l'autre des compagnies ne paraît disposée à installer, il est à craindre que leur construction se fasse attendre longtemps. Dans la traversée de Reims, une ligne d'intérêt local est parallèle au canal de l'Aisne à la Marne dont elle est distante d'une vingtaine de mètres. Pour les besoins de son exploitation, la compagnie concessionnaire a construit deux évitements; elle en utilise un pour y effectuer le transbordement de ses charbons (3000 tonnes environ par an). L'autre sert, de temps en temps, à transborder du kaolin du wagon au bateau (de 500 à 1000 tonnes par an).

Ces transbordements sont effectués à la brouette.

Deux projets de raccordement de ports de la rivière d'Aisne (Soissons et Vic-sur-Aisne) sont actuellement à l'étude par le service du contrôle des chemins de fer d'intérêt local. Le premier servirait surtout pour les matériaux d'empierrement, les engrais, les céréales et les betteraves. Le trafic du second comprendrait en plus les pierres de taille destinées à l'approvisionnement de Paris.

Le conseil d'arrondissement de Reims a demandé, à différentes reprises, que le port de Reims fût raccordé avec le réseau de l'Est. Le port de cette ville étant déjà très encombré, il semblerait préférable d'établir le raccordement aux environs de Reims dans des endroits où les dépenses de premier établissement seraient moins élevées.

En résumé, en ce qui concerne notre service, deux ports de raccordement sont actuellement exploités dans le service, Rethel et Asfeld; des transbordements sont effectués sans installation spéciale à Reims et à Vouziers; deux ports seront très probablement aménagés dans un délai assez court à Soissons et à Vic-sur-Aisne; il serait désirable que les ports de Vouziers et de Reims fussent aménagés de façon à développer le trafic qui s'y fait dès maintenant.

M. CAILLEZ,

Ingénieur en chef des Ponts et Chaussées (Périgueux).

RACCORDEMENTS ENTRE LES CHEMINS DE FER ET LES VOIES DE NAVIGATION INTÉRIEURE.

(Rivière d'Isle.)

525.1 + 626.16 (44.7)

6 *Août.*

Dans le service de navigation du département de la Dordogne, le port du bassin de la Cité, à Périgueux, est le seul qui soit raccordé à une voie ferrée. Ce raccordement, qui n'est autre qu'un embranchement des tramways à vapeur de la Dordogne, a pour but de permettre le transport des marchandises de petite vitesse entre la gare de transbordement des tramways (située dans les dépendances de la gare des marchandises de l'Orléans, à Périgueux), et le port de la Cité. Il relie ainsi le réseau départemental avec la rivière d'Isle, en évitant tout transbordement onéreux par voiture entre la gare et le port.

La ligne à voie étroite de 1 m, qui se détache de la voie du tramway, près de la gare des marchandises, suit la route Nationale n° 89, puis un chemin rural de 8 m de largeur et la rue du Bassin. Sa longueur est de 434,38 m. Sur le terre-plein du bassin du port sont établies deux voies parallèles, à 9,75 m et 20,25 m du bord du quai, reliées par une transversale. La longueur de ces deux voies est respectivement de 245 m et de 218 m. Une troisième voie longeant le bord du quai, d'une longueur de 45 m, est reliée aux deux autres au moyen de plaques tournantes.

Les voies sont partout établies en rails noyés et par conséquent accessibles aux voitures ordinaires. Ces dispositions permettent, pour toutes les marchandises expédiées ou reçues, d'opérer un transbordement direct de bateau à wagon et *vice versa.*

L'embranchement du port de la Cité n'est affecté qu'au service des marchandises à petite vitesse. Vu sa faible longueur, il ne présente ni station, ni arrêt en pleine voie entre son point d'origine (gare de transbordement) et son point terminus.

Les marchandises les plus spécialement transbordées sont les carassonnes et feuillards, les charbons anglais, les bois du Nord, les pétroles, les céréales, etc.

Les dépenses d'établissement de ce raccordement, des voies de quai et de leurs accessoires, se sont élevées à 30 000 fr, en chiffre rond.

Les tarifs des lignes de tramways en exploitation dans le département de la Dordogne sont appliqués à l'embranchement du port de la Cité. Les prix, qui varient, suivant la nature des objets, entre 0,05 fr et 3,75 fr par tête ou par tonne, comprennent les droits de péage et de transport; ceux le plus généralement appliqués ne dépassent pas 0,16 fr par tonne. Il n'est perçu par la ville aucun droit de péage pour le séjour et la mise en dépôt des marchandises amenées par la batellerie ou le tramway.

Il n'existe au port de la Cité aucun outillage pour faciliter le transbordement, ni aucun engin de manutention. Il est fort rare, d'ailleurs, qu'il y ait transbordement direct de bateau à wagon ou de wagon à bateau. Presque toujours, les chargements et déchargements sont faits, pour chaque bateau, par les seuls moyens du bord, c'est-à-dire à bras ou au moyen d'une poulie fixée sur le mât principal et desservie par un treuil à bras placé sur le pont même du bateau.

M. JACQUINOT,

Ingénieur en chef des Ponts et Chaussées (Chaumont).

DÉVELOPPEMENT ET PERFECTIONNEMENT DE L'OUTILLAGE DES CHANTIERS DE TRAVAUX PUBLICS, OU PRIVÉS.

691.91

6 Août.

Le présent Mémoire n'est qu'une modeste contribution à l'étude d'une question qui préoccupe gravement les Pouvoirs publics, les économistes, les architectes et les ingénieurs.

Nous n'avons aucunement pour but d'exposer complètement les remèdes propres à conjurer une crise inquiétante, mais seulement d'indiquer les causes principales de cette crise, d'appeler l'attention des membres du Congrès sur des recherches à poursuivre. L'industrie dont il s'agit est une des plus anciennes qui existent, elle est née au moment où s'organisaient les premiers groupements humains. Elle durera probablement toujours. Elle a eu dans certaines sociétés antiques des périodes de splendeurs dont les plus connues sont liées à l'histoire de l'Égypte, de la Grèce, de Rome, de l'Inde.

A une époque plus rapprochée de nous, se sont élevées les splendeurs de l'art gothique, les grandes forteresses du moyen âge, les châteaux de la Renaissance en Touraine.

A l'époque moderne se sont poursuivies des œuvres d'un tout autre caractère, mais aussi grandioses : les chemins de fer, les canaux de grande navigation, véritables bras de mer (de Suez, de Corinthe, de Kiel, d'Amsterdam à Ymuiden, de Bruges à la mer, de Manchester à Liverpool, de Panama), les canaux de navigation intérieure, les ports de mer et ce réseau splendide de routes ou chemins qui sillonnent notre pays et font l'admiration de l'étranger.

Parmi les peuples actuels, les États-Unis se sont placés au premier rang par la hardiesse de leurs constructions, mais c'est encore en France qu'il faut chercher la perfection d'exécution et souvent les idées premières que d'autres ont développées. Combien d'œufs français nous envoyons couver au delà des frontières ! Le gouvernement vient de fonder aux États-Unis une École française des Travaux publics, image de celle de Rome pour nos artistes. C'est une très heureuse innovation, nous verrons pourquoi.

Les grandes constructions modernes vont-elles se ralentir et s'arrêter? On l'entend dire de différents côtés et pour différentes raisons. Nous avons vu souvent soutenir qu'en cette matière comme en beaucoup d'autres, un instant de repos était nécessaire dans la voie du progrès. Les chemins de fer étant terminés ou à peu près, le xxᵉ siècle n'aurait plus qu'à les améliorer, l'ère des grands travaux serait close pour le moment, nous n'en ferions plus que de petits.

Il est probable qu'on a dû soutenir de pareilles thèses à toutes les époques. Il est très humain de se dire : l'outillage du monde est enfin presque achevé et l'on n'ira pas beaucoup plus loin, du moins tout de suite. La génération suivante n'est presque jamais de cet avis. Des peuples vieillissent, mais d'autres les remplacent et, dans son ensemble, le mouvement continue.

Les constructeurs et les économistes qui ont la vue longue devinent l'œuvre de demain : la captation des grandes chutes hydrauliques ou l'établissement d'usines à vapeur pour produire en grand et distribuer partout l'électricité sans laquelle toutes les industries modernes risquent de languir, l'établissement de nombreux réseaux de petits chemins de fer desservant presque tous nos villages et y ramenant la vie, chemins de fer aussi nécessaires aujourd'hui que l'étaient, vers 1830, les petits chemins vicinaux; l'achèvement de nos voies navigables existantes qu'un regrettable malentendu nous a empêchés d'outiller, de moderniser, que nous laissons presque inutilisées après avoir engouffré des sommes énormes dans leur construction.

Les architectes et les hygiénistes voient bien aussi que beaucoup de nos villes et même de nos campagnes sont parfois malsaines, que la mortalité est bien plus grande chez nous que dans d'autres pays.

Il n'est pas digne de notre époque, ni surtout de notre France de laisser dans des taudis où il est dégradant de vivre, la plupart de nos ouvriers et des habitants pauvres de nos villes. L'œuvre des *habitations à bon marché* est à peine éclose, il lui reste à prendre des développements considérables dont le public et surtout le public aisé ne se rend pas suffisamment compte ou qu'il croit trop volontiers impossibles.

Dans cette œuvre de demain, il faut encore compter, on l'oublie trop souvent, l'entretien des ouvrages que nous ont légués les générations précédentes, tâche compliquée et importante, quoique obscure.

Enfin, une grande entreprise se poursuit aujourd'hui dans le monde, et la France y tient un rang vraiment digne d'elle : la conquête pour la civilisation des pays nouveaux, en Asie, en Afrique, en Amérique. C'est, à tous les points de vue, la vraie conquête moderne; la locomotive fixe la domination d'un peuple colonisateur plus solidement que les armes.

On peut penser après ce court exposé que les ingénieurs et les architectes ne manqueront de besogne avant longtemps. Mais beaucoup d'entre eux craignent que bientôt ils ne disposent plus des moyens suffisants pour exécuter leurs travaux. On entend dire partout qu'on manque d'ouvriers ou que les ouvriers ont de telles exigences qu'il devient ruineux de les employer, surtout en France. Une crise certaine existe. Des adjudications de grands travaux restent infructueuses, faute d'entrepreneurs disposés à concourir. Nos routes et nos chemins eux-mêmes deviennent difficiles à entretenir : on ne trouve plus personne pour casser les pierres ! Dans nos villages, les maisons commencent à tomber comme des châteaux de cartes; les ouvriers qui les entretenaient sont devenus introuvables ou ne travaillent plus qu'à des prix inabordables pour nos paysans, modestes propriétaires d'humbles logis.

Est-ce à dire que l'élan extraordinaire que nous avons vu au xixe siècle pour la transformation du monde va s'arrêter faute de bras ? On craint tout au moins un ralentissement pour notre pays. Recherchons ce qu'il y a de réel dans ce mal et efforçons-nous d'en deviner les causes. Sans remonter au déluge, certains esprits ont trop admiré les constructeurs de l'antiquité. En contemplant les pyramides cyclopéennes, les colosses de la Haute-Égypte, les grands aqueducs de la campagne romaine, on a dit que les ingénieurs anciens qui ne disposaient pas de toutes nos machines, devaient avoir un génie ou une science extraordinaires. En regardant les choses de plus près, on peut se convaincre que nos camarades antiques disposaient surtout de deux grandes forces qui nous manquent aujourd'hui et que nous ne devons pas trop regretter : esclavage et longueur de temps (*voir* les œuvres d'un ingénieur français aussi modeste qu'éminent, surtout connu à l'étranger, M. Choisy, et notamment son *Histoire de l'Architecture*). Les pyramides s'édifiaient surtout au moyen de plans inclinés qui seraient ruineux aujourd'hui et d'une lenteur désespérante. On a prétendu aussi que les Romains avaient inventé un ciment merveilleux. C'est une légende. Leur ciment de brique pilée est bien modeste à côté des nôtres. A l'époque gothique, l'esclave avait à peu près disparu, mais non pas la longueur de temps. Les édiles de nos petites villes modernes admettraient malaisément qu'un architecte ... ou ses successeurs demandent un délai de 100 ans pour édifier une maison d'école; il est vrai qu'ils sont un peu moins difficiles que leurs collègues du xve siècle pour le goût artistique. Il y avait pourtant, pendant cette belle époque gothique, une grande force qui semble disparaître. C'était chez l'ouvrier un amour extraordinaire de son art, un esprit toujours en éveil pour le perfectionner, pour apprendre, non pas dans des livres ou dans des écoles, mais par l'observation directe. L'art de bâtir se transmettait ainsi en grande partie verbalement, de génération en génération et de camarade à camarade. Nous en avons vu des exemples jusqu'à aujourd'hui. Il nous souvient d'un procédé nouveau de construction, ou plutôt un tour de main que nous étions tout heureux de découvrir dans une brochure récente; apportant cette découverte sur le chantier, un vieux maître maçon l'accueillit avec un sourire; il la connaissait depuis longtemps sans l'avoir jamais lue nulle part. Il existait donc réellement une science de tradition verbale dont les chercheurs trouvent maints exemples en regardant à la loupe nos vieux monuments.

L'amour-propre des anciens ouvriers était si grand autrefois qu'une équipe normale avait souvent une sorte de sceau spécial qu'elle refouillait dans la pierre pour marquer son œuvre. On retrouve dans nos vieilles cathédrales de tels blasons, témoignages respectables d'un sentiment populaire de l'honneur.

De nos jours, on pourrait faire renaître dans une certaine mesure un pareil sentiment. L'État devrait créer des médailles spéciales pour les maîtres ouvriers des chantiers. Les mobiles des actions humaines varient avec les époques. Celui-ci est efficace de notre temps, surtout dans notre pays; on peut s'en servir pour le bien général et se garder d'en détruire la valeur par des abus.

C'est ainsi que nous avons obtenu des médailles pour de vieux surveillants de nos chantiers. L'effet a été excellent. Mais ce n'est là qu'un petit côté de la question. Une des causes principales de la crise des travaux de construction aurait pu être pressentie depuis longtemps si l'on avait remarqué que la situation des ouvriers de cette industrie est une des plus misérables qui soient. Sans exagération, on peut dire que l'ouvrier, ou plus spécialement le manœuvre des travaux, est le véritable successeur de l'esclave antique. Plus que celui-ci même, il a le souci obsédant d'un avenir de misère.

Il faut avoir vécu sur de grands chantiers pour se convaincre de cette situation lamentable. Lorsque l'État ou les collectivités viennent d'adjuger un travail considérable, c'est une industrie qui s'improvise parfois dans un désert. L'entrepreneur achète du matériel de bric et de broc. Il amène des ouvriers qui se logent n'importe où, dans des granges, dans des misérables baraques en planches où ils vivent comme ils peuvent, souvent pressurés par des cantiniers sans scrupules. Par les beaux jours, cette existence est encore à demi supportable, mais quand viennent de longues périodes de pluie comme en 1909 et 1910 en plein été, l'ou-

vrier entre en chômage forcé et ne peut même plus gagner sa nour-
riture. Que peut-il faire dans ses taudis pendant la pluie? Aucune famille, aucun confortable; l'ivrognerie est presque inévitable, mieux
vaudrait dire souvent l'empoisonnement par d'exécrables alcools.
L'hiver c'est encore plus grave. Quelques ouvriers vont passer la mauvaise saison dans leur famille, en Auvergne (les maçons), en Italie, en
Espagne, etc. Mais combien de ces ouvriers, habitués peu à peu à la vie
nomade, n'ont plus de famille?

Quand l'ouvrage est terminé, au bout de deux ou trois ans, tout se
disperse. L'entrepreneur, s'il ne peut se procurer assez vite un nouveau
travail, vend son matériel; très souvent, il en abandonne une partie qui
pourrit lamentablement en place. Quant aux ouvriers, ils s'en vont sac
au dos, à l'aventure, chercher du travail ailleurs. Au bout de quelques
années de cette existence, ils échouent à l'hôpital. Aucune association
n'est possible entre eux. Ils ne s'attachent à rien et personne ne les suit
assez longtemps pour s'intéresser à eux. Ce sont de véritables parias.
Si encore un entrepreneur pouvait généralement trouver un nouveau
chantier quand le précédent est terminé, le mal serait limité. Mais nous
sommes ici en présence d'une industrie plus capricieuse que celle de la
mode, ce qui n'est pas peu dire. Cette instabilité s'aggrave même de
plus en plus dans notre vie moderne où les idées générales manquent
de continuité et de persévérance. Un ministre entreprenant arrive-t-il
au pouvoir, il rêve de grands travaux et veut les exécuter tout de suite,
car son successeur pourrait bien songer à autre chose. Une période de
fiévreuse activité commence, elle est souvent de courte durée; on n'achève
pas toujours ce qu'on a commencé et de longs chômages viennent
ensuite. Plusieurs fois, les ouvriers victimes d'une direction aussi chan-
geante se sont tournés devant des gouvernements imprévoyants, et ont
fait entendre des plaintes inquiétantes.

Bien des conclusions peuvent être tirées de ce tableau.

Tout d'abord les ouvriers des travaux étant misérables, incertains
du lendemain, presque nécessairement en dehors de toute vie de famille,
on ne saurait s'étonner qu'ils deviennent de moins en moins nombreux,
et qu'ils recherchent dans d'autres industries une existence plus stable
et plus heureuse. A mesure que le bien-être augmente dans un pays, cette
catégorie d'ouvriers devient de plus en plus rare. Un pays riche comme
la France importe temporairement des régions plus pauvres, d'Italie,
d'Espagne, la main-d'œuvre qui lui manque. Les travaux du programme
Freycinet n'auraient pu s'exécuter autrement. Il semble bien que nous
ne puissions nous en plaindre, c'est la rançon du progrès. On marcherait
à reculons si l'on voulait ramener une partie de la population française
vers l'existence du terrassier nomade. Sans doute, il est très louable
d'obliger les entrepreneurs à occuper d'abord les ouvriers nationaux
avant d'en aller chercher à l'étranger; mais tendre à augmenter le nombre
de ces ouvriers dans une période de grands travaux, c'est extrêmement

imprévoyant, car on ménage de terribles lendemains à des hommes qu'on aura enlevés au village ou à des industries stables.

L'expérience montre qu'avant tout il faut par tous les moyens réduire sur les chantiers la main-d'œuvre nomade qui travaille en plein air. Il faut la reporter dans des usines où se préparent les matériaux et augmenter de plus en plus l'emploi des machines sur les travaux. *C'est là notre conclusion capitale.* Il nous semble qu'elle aurait dû se présenter à l'esprit depuis longtemps. C'est pour l'avoir méconnue que nous subissons en ce moment une crise inquiétante.

En d'autres termes, l'industrie des travaux publics et particuliers est en retard sur presque toutes les autres dans sa transformation moderne. Ce retard d'évolution est dû aux conditions aléatoires dans lesquelles s'exerce l'industrie des travaux, mais il est temps que ceux qui la dirigent avisent au progrès nécessaire et montrent la voie à suivre. Ils le peuvent. Lorsqu'un grand ouvrage est à l'étude, on peut conduire le projet avec l'intention de faciliter l'emploi des machines. Le meilleur moyen consiste généralement à accumuler le travail en un petit nombre de points où une force mécanique sera créée pour l'exécuter dans des conditions pratiques. On peut aussi prévoir l'emploi de matériaux fabriqués dans les usines et exigeant une main-d'œuvre réduite pour être mis en place.

Nous verrons quelques progrès déjà réalisés dans ce sens et ceux qu'on doit encore poursuivre, mais il importe de faire pressentir l'intérêt considérable que l'État et les collectivités ont à aider par tous les moyens à cette transformation et combien ces encouragements sont ici nécessaires, beaucoup plus que dans toutes les autres industries.

L'État et les collectivités prélèvent sur les usines où sont préparés les matériaux ou les machines, des impôts considérables, également sur les transports par chemins de fer, sur les objets de consommation que les ouvriers stables se procurent au moyen de leurs salaires. Les impôts sont certainement beaucoup moins importants sur des chantiers où la main-d'œuvre est surabondante. En outre, les ouvriers étrangers étant généralement nombreux sur ces derniers chantiers, les crédits dépensés franchissent en partie la frontière. Enfin, on serait sans doute étonné, si l'on recherchait la part considérable des dépenses d'assistance publique consacrée aux anciens ouvriers des travaux publics devenus vieux ou infirmes. Si tout cela est vrai, l'emploi de plus en plus grand des machines et des matériaux préparés à l'usine pour les travaux publics et particuliers est donc grandement avantageux pour l'État et les collectivités, alors même que les dépenses apparentes seraient dans les débuts un peu plus grandes.

Les encouragements de l'État en vue d'une transformation sont donc justifiés. Ils sont encore indispensables, car comment peut-on espérer que des entrepreneurs qui n'utilisent pas constamment et régulièrement leur matériel, qui en perdent même une partie après l'achèvement d'un ouvrage, cherchent beaucoup à le perfectionner? Un des meilleurs moyens d'encourager les procédés modernes de construction consisterait à organiser des expositions spéciales. On devrait aussi accorder des primes dans les devis. Enfin, il ne faut pas oublier que les États-Unis ont subi bien avant nous la crise que nous traversons, en raison de l'élévation des salaires dans ce pays. Nous avons donc des leçons à prendre de l'autre côté de l'Atlantique, et c'est pourquoi l'École qui vient d'y être fondée par le gouvernement français est très justifiée.

Examinons sommairement les progrès déjà réalisés et ceux qu'on doit rechercher.

Terrassements. — C'est une branche importante de l'industrie des travaux publics. Elle comprend la fouille des terrains et le transport des déblais. La fouille mécanique des terrains a fait trop peu de progrès. C'est elle qui maintient sur nos chantiers la proportion de main-d'œuvre la plus abusive et les ouvriers les plus misérables.

Trop souvent les ingénieurs se préoccupent encore de la vieille question de l'équilibre des déblais et remblais; elle a perdu presque toute son importance. Il importe beaucoup plus de dresser un projet de façon que les tranchées soient faciles à exploiter, surtout à l'excavateur.

De bons excavateurs existent aujourd'hui, même pour le rocher. Ce n'est pas ici la place de les décrire. On doit signaler cependant une omission que nos constructeurs devraient réparer le plus tôt possible. Ils ne semblent avoir songé jusqu'à présent qu'à des machines puissantes, convenant seulement pour de très grands travaux. Il est temps de penser en outre à des outils plus modestes pouvant être utilisés même sur de petits terrassements. Nous avons entendu dire que dans certaines villes américaines on employait un excavateur même pour ouvrir une petite fouille d'égout. Dans beaucoup de grands chantiers, on perce encore au moyen de la barre à mine manœuvrée à la main les trous explosifs pour débiter le rocher. C'est là un anachronisme quand il existe des perforatrices si commodes. Nous avons été heureux de rencontrer sur un chantier des tramways de la Haute-Saône, des entrepreneurs avisés qui se servaient d'une perforatrice à air comprimé (1909, MM. Dussus et Dompmartin), même pour une tranchée relativement peu importante (17000 m²). Comme pour les excavateurs, nous signalerons ici aux constructeurs une adaptation nécessaire : créer des perforatrices pour des chantiers moyens ou petits. Elles doivent être facilement transportables avec leur moteur. Ces machines à air comprimé, produisant des chocs au moyen du mouvement alternatif d'un marteau, nous paraissent appelées à un grand avenir lorsque les constructeurs prendront la peine de les adapter aux conditions habituelles des chantiers. Nous en verrons d'autres exemples. Un bon moyen de développer la fouille mécanique des déblais et en général tout travail mécanique consiste à créer une usine centrale électrogène distribuant la force sur tous les chantiers. Une remarquable organisation de ce genre avait été établie au port de Bruges par des entrepreneurs français, dont M. Loiseau. Une autre installation fonctionne encore en ce moment au canal du Nord.

Malheureusement de telles organisations ne sont actuellement possibles que sur de très grands chantiers.

Il est regrettable que nos compagnies électriques ne louent pas aisément des stations électrogènes pour travaux. L'État devrait aussi faciliter les moyens de se procurer des canalisations électriques (fils et poteaux). Ces matériaux se détériorent peu, le maître de l'ouvrage ne s'exposerait guère en les louant à l'entrepreneur ou tout au moins en lui consentant des avances garanties.

Le transport des déblais est une des parties les plus modernisées de l'industrie des travaux. L'emploi des voies ferrées, portatives ou non, a constitué une véritable révolution. Pour le moindre chantier on se sert aujourd'hui des petites voies dont M. Decauville a été le créateur en France.

On peut regretter que les transports par câbles aériens (une installation remarquable de ce genre existe sur les chantiers des écluses de Panama pour le transport des matériaux) aient été jusqu'à présent trop peu utilisés. La dépense d'approvisionnement de ces câbles est sans doute une trop grande dépense. Elle pourrait encore faire l'objet d'avance aux entrepreneurs puisque ces voies se détériorent peu.

On a quelquefois à comprimer des terres, notamment dans les travaux hydrauliques. On employait autrefois des pilons. Le résultat était presque nul, sauf au point de vue de la dépense ! On a employé ensuite des rouleaux à chevaux. Les rouleaux automobiles à pétrole imaginés par M. Galliot, ingénieur en chef des Ponts et Chaussées, et employés pour la première fois au canal de la Marne à la Saône, constituent un très grand progrès au triple point de vue de l'économie, de la rapidité et de la perfection d'exécution.

Exécution des maçonneries. — Depuis quelques années, cette partie de l'industrie des travaux se transforme. Il était temps, car il n'est vraiment pas moderne d'empiler de petites pierres les unes sur les autres dès qu'il s'agit d'un ouvrage important.

La maçonnerie moderne, c'est le béton comprimé, armé ou non. Peut-être l'arme-t-on plus souvent qu'on aurait intérêt à le faire. Un des premiers chantiers où nous ayons vu substituer le béton comprimé à la maçonnerie de moellon est celui de la ligne de Toul à Pont-Saint-Vincent, sur l'initiative de M. l'ingénieur Descubes. De grands emplois de mortier comprimé ont aussi été faits dans la construction du canal de la Marne à la Saône, notamment aux digues des réservoirs.

L'emploi du béton le plus remarquable qui soit signalé aujourd'hui est dans la construction des écluses du canal de Panama. Jamais on ne serait parvenu dans un temps raisonnable à édifier ces ouvrages gigantesques en maçonnerie de moellons. Il n'est pas toujours commode de se procurer la pierre cassée pour le béton. Au canal de la Marne à la

Saône notamment, nous manquions complètement de gravier. Nous en avons fabriqué d'excellent au moyen de broyeurs à marteaux qui nous servaient aussi à fabriquer du sable pour toutes les maçonneries.

Avec de tels procédés, la main-d'œuvre est réduite au minimum sur le chantier; elle est reportée dans les usines où l'on fabrique le ciment, les broyeurs et toutes autres machines. On a substitué au malheureux cheminot isolé un ouvrier stable vivant en famille près de ces usines.

Pour comprimer le mortier on emploie le pilon (long et dispendieux) ou la savate, sorte d'assemblage de lames de cuir réunies ensemble et très épaisses, armées de gros clous avec lesquelles on frappe à la façon des laveuses (très forte compression). On aurait avantage à essayer aussi un pilon à air comprimé, comme le marteau des perforatrices; ce serait peut-être même le meilleur des appareils de compression. Tout le monde connaît les développements considérables qu'a pris le béton armé, invention d'une très haute portée due à un modeste ouvrier français : Monnier. Ce mode de construction rentre dans la voie de modernisation que nous signalions.

On reproche souvent aux constructions en béton d'être inesthétiques. Il y a là un art précieux à trouver, il commence à se développer. Lorsqu'il s'agit de constructions autres que les façades de maisons, on peut essayer de tailler les surfaces à la façon de la pierre. De cette manière, nous avons obtenu parfois des effets de monolithes naturels convenant à certaines grandes constructions.

D'autres matériaux nouveaux ont été essayés : la pierre artificielle évidée ou non. Elle ne semble pas appelée à un grand avenir en France. Cependant on fabrique dans l'Est des briques de laitier comprimées, qui constituent un remarquable matériau.

Il restera toujours des constructions où la pierre sera nécessaire. Mais encore on devra souvent la préparer mécaniquement. C'est ce qu'on fait de plus en plus. Certaines grandes carrières sont tellement bien outillées qu'il devient économique de développer l'emploi de la pierre de taille qui permet, avec l'emploi de bons appareils de manutention, d'édifier avec une très grande rapidité des maisons considérables. La taille de la pierre dure, même du granit, commence à se faire avec des marteaux mus à l'air comprimé (souvent nommés).

En Amérique les buildings s'exécutent avec une ossature métallique. On voit encore ici un exemple de manœuvres travaillant en plein air remplacés par des ouvriers d'usine métallurgique.

Entretien des routes. — Les congrès de la route discutent d'une façon si approfondie la modernisation des travaux d'entretien des routes qu'il serait téméraire de leur faire concurrence.

Signalons toutefois que la méthode des rechargements cylindrés tend de plus en plus à se substituer au procédé ancien des pièces qu'on mettait en hiver et que le public cylindrait malgré lui avec ses voitures, aussi mal que possible d'ailleurs, car ce n'est pas son métier !

De nouvelles machines créées à l'étranger commencent à se répandre chez nous et complètent la transformation : les piocheuses. Elles permettent, lorsqu'un rechargement est devenu raboteux par usure avancée, de le relever pour en faire un autre avant que la chaussée soit devenue trop mauvaise. Nous sommes en retard pour ce progrès, il faudra rattraper le temps perdu. On essaie aussi de petits rouleaux compresseurs à pétrole pour agglomérer les emplois partiels dans les parties où ils ne peuvent être remplacés par des rechargements généraux.

Mais il est une machine que beaucoup de constructeurs cherchent et que tous les voyers attendent avec impatience : un casseur mécanique de pierres. La machine humaine étant occupée ailleurs, se refuse maintenant à ce métier rustique. Quand on construit des chemins nouveaux, on ne parvient plus à trouver les ouvriers nécessaires.

Diverses machines ont encore été essayées pour curer les fossés, les rigoles d'assainissement; elles ont eu peu de succès jusqu'à présent. Il faut leur en souhaiter dans l'avenir, car les cantonniers deviennent introuvables dans certaines régions et il faut bien avouer qu'ils sont occupés à des travaux d'utilité très variable.

Les balayeuses et les éboueuses sont encore des outils de luxe qu'on ne voit guère en rase campagne. On les y verra sans doute un jour.

Entretien des ouvrages en général. — C'est surtout en matière de construction qu'il est sage d'entretenir les ouvrages après leur construction. Le soleil, les gelées, l'eau, l'usure et parfois la malveillance sont de grands destructeurs pour les œuvres du génie civil.

Cependant nous entretenons souvent trop. Nous devrions parfois reconstruire plutôt que de chercher à réparer dans nos ouvrages l'*irréparable outrage* du temps. Certains peuples peu avancés, comme les Turcs, n'entretiennent rien. Il en est de même, dans une certaine mesure, des Américains, pour des raisons toutes différentes qu'on devine. Sans aller aussi loin, la sagesse commande, quand on va restaurer un ouvrage, de se demander s'il n'est pas finalement moins coûteux de le conserver encore quelque temps tel qu'il est pour le reconstruire ensuite.

Pour les travaux d'entretien, des procédés modernes maintenant sont en usage. On injecte du ciment liquide sous pression, encore avec l'air comprimé ! Même ce précieux auxiliaire du constructeur permet de percer rapidement les trous d'injection.

Conclusion. — Puisse cette humble contribution à une question d'actualité suggérer les initiatives qu'attendent ingénieurs et architectes, embarrassés par un monde qui se transforme.

Souhaitons aussi qu'on ne rouvre plus chez nous d'ateliers nationaux. Si l'on veut procurer du travail aux ouvriers, il doit être stable et ne pas conduire à un retour vers la vie nomade, trop périlleuse aujourd'hui.

M. Julien De L'ESTOILE,

Lieutenant au 59ᵉ régiment d'Infanterie (Pamiers).

UTILISATION DES SOURCES NATURELLES D'ÉNERGIE DE LA RÉGION ET APPLICATION DE L'ÉLECTRICITÉ DANS LE DÉPARTEMENT DE L'ARIÈGE. — I. A L'EXPLOITATION DES CHEMINS DE FER. — II. A CELLE DES MINES ET A L'INDUSTRIE MÉTALLURGIQUE. — III. AUX INDUSTRIES DIVERSES.

621-2-31 (44.88)

3 *Août.*

I. APPLICATION A L'EXPLOITATION DES CHEMINS DE FER (¹). — 1º *Application de la force électrique pour lignes ferrées à voie normale.* — Sans doute, la traction électrique est plus coûteuse à établir que la traction à vapeur. Mais, par contre, que d'avantages elle offre : service le plus intensif, sans embarras pour les voyageurs; augmentation du nombre de trains; accroissement de rapidité; suppression de la fumée et des lourds transports de charbon.

..Le réseau du Midi est d'ailleurs fort bien placé pour remplacer la houille noire, si peu abondante, dans le Sud-Ouest, par la houille blanche. Cet exemple du progrès humain montrera aux habitants de la région pyrénéenne de quel essor économique est susceptible une région qui peut, grâce à l'électricité, fonder de nouvelles et importantes industries.

Sans doute, de tels travaux exigeront de réels sacrifices, mais une fois les Pyrénées accessibles, n'attireront-elles pas les voyageurs autant que la Suisse et la Côte d'Azur. D'ailleurs, la traction électrique française a fait ses preuves. Elle a déjà été expérimentée avec succès sur les lignes du métropolitain de Paris, de Fayet à Argentière, de Villefranche à Mont-Louis. Sur cette dernière les essais ont été, il est vrai, marqués par un deuil cruel (octobre 1909); mais ceux qui ont réchappé à la pénible catastrophe sont les premiers à proclamer la supériorité de la locomotion électrique. Après avoir rendu hommage aux courageuses victimes, au nombre desquelles se trouvait le commandant Gisclard (¹), envisageons l'avenir avec confiance.

Avec la vapeur, il fallait aborder la montagne à de faibles altitudes, on se heurtait alors à d'épaisses murailles, aussi bien les dépenses pour les travaux souterrains étaient-elles exagérées. Au contraire, plus on

---

(¹) Pour la Carte se reporter au travail du même auteur, même volume : *Les Grottes de l'Ariège.*

(¹) L'ingénieur du pont Gisclard.

s'élève, plus les deux parois se rapprochent, d'où économie considérable.

Lors des premières études des tracés électriques, nombreuses furent les objections; celle relative à l'obstruction des voies par la neige semblait la plus fondée. On répondit qu'un simple revêtement en ciment armé mettrait les points les plus menacés à l'abri des avalanches des neiges. D'ailleurs, preuve à l'appui, des voies ferrées suisses de très grande altitude n'avaient subi aucune interruption pendant les années les plus défavorables (¹).

Cette énergie électrique si précieuse, où se trouve-t-elle? Mais à chaque pas dans *Aquelos mountanhos que tan haoutos soun* (²), chantées jadis par Gaston Phœbus, le si populaire comte de Foix. Ce sont nos lacs, nos neiges quasi éternelles qui sont les réservoirs de nos énergies électriques. Non seulement la houille blanche de nos Pyrénées paraît inépuisable, mais encore nos forestiers travaillent à nous la conserver : par le reboisement de la Soulane (³), ils placent sur les flancs des vallées des arbres faisant fonction de réservoirs qui absorbant et retenant les eaux des pluies et de la fonte des neiges, les distillent ensuite goutte à goutte et les distribuent avec sagesse aux ruisseaux et aux lacs. C'est là que l'homme s'empare de cette eau pour la conduire dans les usines, où elle met en mouvement nos générateurs électriques. On a donné à cette force nouvelle le nom de *houille verte* (⁴). Nombreuses sont les usines hydro-électriques en projet ou même en voie d'exécution. Qu'on nous permette de citer les principales. En allant de l'Est à l'Ouest c'est :

1° *L'Usine de la Cassagne.* — Pour capter l'eau nécessaire à la production de l'énergie il a fallu, aux marais des Bouillouses (⁵), qui sont à une altitude de 2000 m, établir un barrage d'une longueur de 363 m et d'une largeur de 14 m à la base formant un bloc de 4500 m³ de maçonnerie.

Ce réservoir contient 14 millions de mètres cubes d'eau dirigés par un canal d'amenée à un bassin de mise en charge, d'où partent quatre con-

---

(¹) En Amérique, où les lignes d'altitude sont fréquentes, on a employé pendant longtemps des palissades en bois qui empêchent l'amoncellement des neiges sur la voie. Ce n'est pas la neige tombée qui est la plus dangereuse, mais les poches formées par le vent : sur la ligne de Toulouse à Cette, certaines tranchées sont parfois obstruées par les neiges.

Depuis une dizaine d'années on emploie avec succès les chasse-neige qui, poussés par des locomotives ordinaires, déblayent très rapidement les lignes obstruées. Les appareils les plus répandus sont ceux de « The Leslie Brothers Manufacturing C° »; on pouvait en admirer des modèles à l'exposition de 1900 et à celle de Nancy 1909.

(²) « Dans ces montagnes qui si hautes sont . ».

(³) C'est ainsi qu'Elisée Reclus appelle les parties de nos montagnes déboisées, dévastées par le Soleil du Midi.

(⁴) Les syndicats forestiers tendent à déboiser plus que ne leur permet le Code forestier; ils ont besoin d'être surveillés. *Voir* à ce sujet l'opinion de M. Belloc.

(⁵) Les Bouillouses se trouvent au sud-ouest de Mont-Louis, près de Saillagouse, aux sources de l'Aude

duites forcées d'une hauteur de chute de 410 m. Elles aboutissent, à l'usine centrale de la Cassagne, à un collecteur dont les dérivations alimentent quatre turbines qui, accouplées aux dynamos, peuvent fournir chacune une force de 1500 chevaux avec un débit de 400 litres par seconde. Enfin, de l'usine centrale et des sous-stations électriques, part le courant qui est transmis, par un rail de contact, aux automotrices, munies chacune de quatre moteurs de 50 à 75 chevaux. Ce centre électrique est destiné à transmettre la force à la ligne de Villefranche à Bourg-Madame.

2° *L'Usine de Lanoux.* — Cette usine, située près de Bourg-Madame, alimentera la ligne transpyréenne d'Ax-les-Thermes (partie comprise entre Ax et la gare frontière Bourg-Madame).

Elle reçoit les eaux du lac de Lanoux. Ce lac, au nord de Bourg-Madame, à la cote 2154 m, présente une surface en eau de plus de 100 ha, une capacité naturelle de 15 millions de mètres cubes, un bassin d'au moins 1400 ha et une chute disponible sur la Sègre de Carol de plus de 800 m.

3° *L'Usine d'Orlu.* — Créée par une société anonyme (¹) au capital de 20 millions de francs, cette usine doit concéder au Midi l'énergie électrique nécessaire aux automotrices remorquant les trains entre Toulouse et Ax-les-Thermes. En action elle produira une force évaluée à 2000 chevaux, dont une partie sera absorbée par le Midi, l'autre transportée à Toulouse, Carcassonne, Castres, Lavelanet, Mazamet et Albi, pour être distribuée aux industries et aux particuliers.

Le courant circule déjà entre Orlu et Toulouse (²). Orlu emprunte les eaux du lac de Naguilhes (1854 m d'altitude) d'une superficie de 46 ha. Les travaux d'aménagement et de construction faits par la société ont élevé le niveau au moyen d'un barrage solidement établi et porté sa superficie à 65 ha. Un tunnel de 710 m, en majeure partie dans le granit, amène les eaux du lac dans le vallon de Coumanicles. A partir de ce point commence la canalisation jusqu'à l'usine hydro-électrique située en aval de l'ancienne forge d'Orlu (³).

I. Application de la force électrique a l'exploitation . des lignes ferrées a voie étroite. — Trois tramways électriques à voie de 1 m sont en construction dans les vallées tributaires du Salat :

a. Le tramway d'Oust à Aulus (⁴);

(¹) Société pyrénéenne.

(²) 26 août 1910.

(³) L'exploitation du tronçon français d'Oloron à Aranones par Bédous, deuxième tracé transpyrénéen, se fera à l'électricité; l'énergie nécessaire à cet effet sera fournie par le Soussoueou, affluent de rive droite du gave d'Ossau. Les ingénieurs aménageront un réservoir à l'emplacement d'un ancien lac et établiront l'usine à Soulom, par confluent du Soussoueou et du gave, avec une chute de 500 m.

(⁴) Aulus, station thermale très fréquentée. Cette année, où l'on ne pouvait y aller qu'avec des voitures prises à Saint-Girons, 6000 baigneurs ont été recouvrer la santé dans ce site enchanteur.

b. Le tramway de Saint-Girons à Castillon, chef-lieu de canton très important, qui sera livré en juillet 1910;

c. Le tramway de Castillon à Saint-Lary, qui suit la vallée de la Bellongue, l'objet de l'admiration des alpinistes les plus convaincus et par laquelle on pourra bientôt entrer en communication avec la voie ferrée à vapeur Aspet-Saint-Gaudens par le col de Portet.

L'énergie électrique sera fournie à ces trois lignes par deux usines électriques en construction à Arrouts et Erée.

II. Application de l'électricité a l'exploitation des mines et a l'industrie métallurgique. — 1° *Exploitation des mines.* — Transport de force d'Urs à Luzenac pour l'exploitation de la mine de talc du Saint-Barthélémy, appartenant à la Société anonyme de talc de Luzenac.

2° *Application à l'industrie métallurgique.* — Le transport de force de 1200 chevaux établi par la Société métallurgique de Las Rives, sur l'Ariège, 7 km en aval de Foix, à Pamiers, pour la mise en marche des trains lamineurs. Ensuite les travaux de la Société Bergès et Cie, à Auzat, près Tarascon-Ariège, pour le traitement de la bauxite.

III. Application de l'électricité aux industries diverses. — Les entreprises de distribution de force et d'éclairage électrique ont pris depuis quelques années une très grande extension dans notre département.

De tous côtés dans notre Ariège, l'énergie de la houille blanche est utilisée, exploitée et une ère nouvelle de prospérité en découle naturellement.

Le contrôle des distributions [1] d'énergie électrique dans le département de l'Ariège comprend actuellement 41 entreprises de distribution, dont 31 concernant, les concessions d'éclairage électrique public et 10 autorisées par permission de voirie pour transport de force et éclairage électrique privé. En outre, 16 entreprises dont 12 par concession et 4 par permission de voirie sont en instance ou en cours d'instruction.

---

[1] Le crédit alloué par le Conseil général pour assurer la marche du service de contrôle des distributions d'énergie électrique dans le département pendant l'année 1909 s'élève à 200 fr.

Voilà une somme bien employée et un service pas cher, comparé à d'autres d'une moindre utilité.

M. ÉMILE BELLOC

(Paris).

SONDEURS (¹) PORTATIFS « É. BELLOC ».
(Appareils de sondage à fil d'acier.)

627.15

3 *Août.*

Introduction. — L'étude particulière et la coordination des divers organes d'une machine portative destinée à mesurer la profondeur des eaux, constituent un problème dont la solution n'est pas obtenue sans difficultés. Non seulement la fonction et la résistance utile de chaque organe, réduit au minimum de poids et de volume, doivent être séparément envisagés, mais encore il faut minutieusement calculer la résultante que leur assemblage peut donner à l'état de mouvement.

Cependant, il ne suffit pas d'assurer théoriquement le bon fonctionnement d'un mécanisme de ce genre, quand même celui-ci approcherait de la perfection, il faut avant tout qu il est une valeur pratique incontestable et que le principe dont il découle et les services qu'il peut rendre répondent aux exigences légitimes de l'opérateur. Sans prétendre apporter ici la solution définitive de ce difficile problème, je vais faire connaître, néammoins, les résultats obtenus par mes soins et les perfectionnements nouvellement introduits dans les appareils décrits ci-après.

La réalisation de mon premier sondeur, résultant d'études prolongées, remonte déjà à plus d'une vingtaine d'années. Après l'avoir mis en œuvre pour de nombreuses recherches scientifiques personnelles dans les eaux douces et salées, notamment dans celles de la région pyrénéenne franco-espagnole (*fig.* 1), des Landes de Gascogne (²), des Vosges, etc., et lui avoir

---

(¹) On confond généralement sous une même dénomination le *sondeur* proprement dit, qui constitue la machine entière et le *poids de sonde* ou *plomb de sonde* qui n'en est qu'une faible partie.

En réalité, il faut appliquer exclusivement le nôm de *sondeur* à l'ensemble de l'*appareil de sondage* et réserver celui de *sonde* ou *plomb de sonde* à l'objet lourd qu'on attache au bout du fil.

(²) Émile Belloc, *Le lac d'Oô, sondages et dragages*, Paris, 1890. — *Nouvelles études lacustres dans les Pyrénées franco-espagnoles*, Paris 1893.—*Les lacs de Caillaouas des Gourgs-Blancs et de Clarabide*, Paris, 1893. — *Nouvelles explorations lacustres*, Paris, 1894. — *Recherches orographiques et lacustres*, Paris, 1894. — *Les lacs du massif du Néouvieille*, Paris, 1895. — *Les lacs littoraux du golfe de Gascogne*, Paris, 1695, etc.

fait subir des modifications importantes, cette machine à sonder fut présentée à l'Académie des Sciences ([1]) par M. Janssen.

La même année 1891, sur le *Rapport fait par M. le colonel Pierre* ([2]) *au nom de la Commission des Arts mécaniques*, la *Société d'Encouragement* voulut bien m'honorer d'une haute récompense.

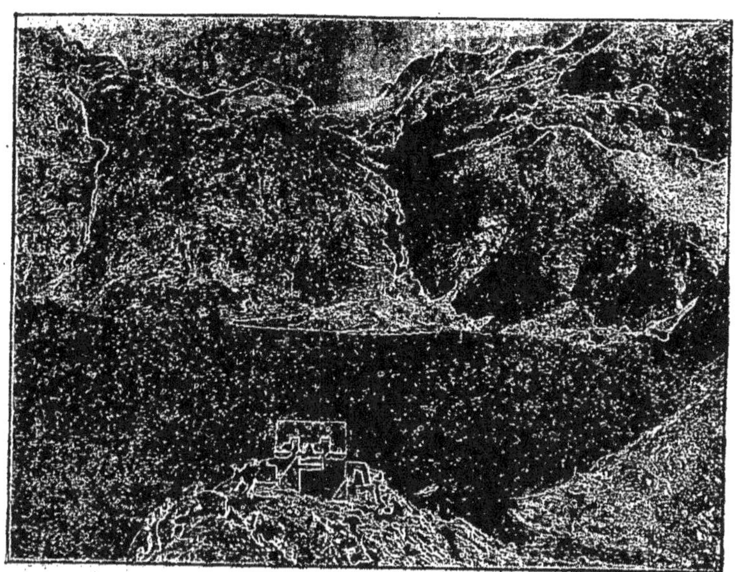

Fig. 1. — Vue photographique du lac de Caillaouas (Hautes-Pyrénées), par M. Émile Belloc, 26 août 1905.

Soumis à des épreuves nombreuses dans les eaux continentales et en pleine mer, par des personnalités scientifiques de grand renom, telles S. A. S. le prince Albert Ier de Monaco, qui fit construire un de ces instruments pour servir à bord de son yacht *La Princesse-Alice*; M. l'ingénieur en chef des Ponts et Chaussées A. Delebecque, qui l'employa exclusivement dans ses grandes opérations de sondages des *Lacs français* ([3]); M. le professeur J. Thoulet, l'initiateur de l'Océanographie en France; M. l'ingénieur suisse Hörlimann, chef du Service topographique fédéral, et moi-même, en mentionnant simplement pour mémoire mes explorations personnelles ([4]), j'ai pu me rendre compte des qualités et des défauts de cet appareil de début, et y apporter les améliorations nécessaires.

([1]) *Comptes rendus de l'Académie des Sciences* (séance du 25 mai 1891), Paris.

([2]) *Société d'Encouragement pour l'Industrie nationale* (séance du 26 juin 1891), Paris.

([3]) A. Delebecque, *Les lacs français*, Paris, 1898.

([4]) Émile Belloc, *Les sources de la Garonne*, Paris, 1896. — *Les lacs de Lourdes et de la région sous-pyrénéenne*, Paris, 1896. — *Glaciers et cours d'eau souterrains de la Maladeta*, Paris, 1898, etc.

C'est ainsi qu'il me fut possible, cinq ans plus tard, de soumettre à l'Académie des Sciences [1] un nouveau modèle de sondeur, muni, entre autres, d'un étrier automatique K (*fig.* 2) [2], (organe mécanique inédit très important) destiné à empêcher la ligne de sonde de sortir des gorges des poulies.

Sans parler de la bigue démontable N accolée au bâti de l'appareil, celui-ci a été pourvu d'une flèche indépendante, pouvant être fixée sur le plat-bord du bastingage, ce qui permet de manœuvrer la machine tout en la conservant à la partie centrale du bateau.

De plus, en prévision des sondages profonds, l'axe du cylindre principal B¹ a été disposé de telle façon que les manivelles placées à l'une et à l'autre de ses extrémités puissent être remplacées par un tambour relié à une machine motrice par une courroie de transmission. Ces diverses modifications apportées au type primitif seront décrites plus loin en énumérant sommairement les différents organes du nouveau sondeur.

Ainsi transformé, ce sondeur fut choisi par M. le commandant Guyou, membre de l'Académie des Sciences, en ce temps-là directeur du Service des instruments de la marine, pour être utilisé à bord du *Roland-Bonaparte*. Grâce à ce bateau, muni d'instruments d'études et de recherches les plus perfectionnés, dû à la munificence de S. A. le prince Roland Bonaparte, auquel la Science est redevable de si remarquables travaux, M. le professeur G. Pruvot, directeur actuel du laboratoire Arago, put réaliser, en partie, ses belles études sur la topographie et la constitution des fonds sous-marins du golfe du Lion [3].

Ce fut encore avec ce même modèle d'appareil que M. le comte de Dalmas effectua de nombreuses séries de sondages dans la mer des Antilles, à bord de son yacht *Chasalie*.

DESCRIPTION GÉNÉRALE [4]
DU « SONDEUR É. BELLOC » (Type n° 2).

La ligne de sonde. — Parmi les méthodes diverses employées jusqu'ici pour déterminer, avec exactitude, la profondeur des eaux, le mesurage linéaire est le plus pratique et probablement le meilleur. La ligne de sonde d'un appareil de ce genre est donc un organe capital, au choix de laquelle on ne saurait attacher trop d'importance.

---

[1] *Comptes rendus de l'Académie des Sciences* (séance du 6 juillet 1896), Paris

[2] Les figures ci-jointes, dessinées par M Ruzé d'après les plans originaux, font partie de la collection des éditeurs des *Éléments de Topographie*, par M. EDMOND GABRIEL (Alfred Mame, à Tours, et Vᵉ Ch. Poussielgue, à Paris, 1911). C'est à la très grande obligeance de M. Le F. Charles, que je dois l'autorisation de les reproduire ici.

[3] *Archives de Zoologie expérimentale et générale*, 3ᵉ série, t. II, p. 599 à 672, *Pl. XXIII*, Paris.

[4] La description qui va suivre s'applique au *grand sondeur* n° 2.

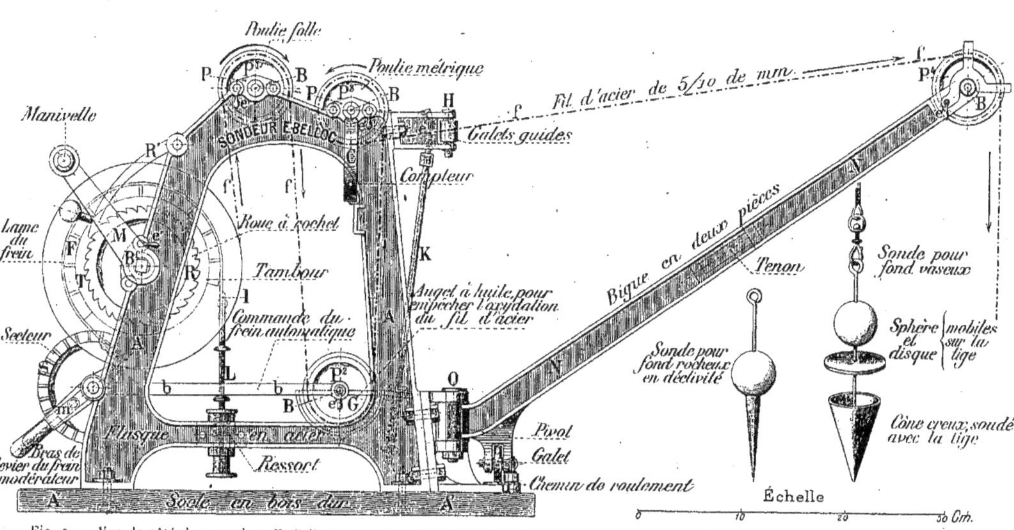

Fig. 2. — Vue de côté du « sondeur E. Belloc » (type n° 2) (poids 29ᵏᵍ). (Constructeur : M. Jules Le Blanc. 52, rue du Rendez-Vous, à Paris).

Les cordages fabriqués avec des matières textiles telles que la soie, le lin, le chanvre naturel, ciré ou goudronné, etc., s'allongeant ou se raccourcissant sous l'influence du milieu ambiant, ne peuvent donner que des résultats très approximatifs. A diamètre égal, les fils ou cordages en métal offrent, au contraire, des avantages incomparables pour ce genre de sondages. Ils ne sont pas parfaits, sans doute et ne présentent peut-être pas une structure absolument irréprochable, au point de vue rigoureusement scientifique, mais leurs très grandes qualités compensent largement les petits défauts qu'ils peuvent avoir.

En effet, un fil d'acier *f* (*fig.* 2) de qualité supérieure, homogène, bien tréfilé, est recommandable non seulement parce qu'il peut être considéré comme étant à peu près inextensible et d'un diamètre toujours égal, mais encore à cause de sa légèreté relative et de sa grande résistance qui atteint (pour celui que j'ai adopté) 180^{kg} par millimètre carré au sortir de l'usine. Les efforts que peut supporter ce fil en service, sont d'environ 40^{kg} par millimètre carré, soit pour un fil de 1^{mm} de diamètre, environ 30^{kg}. Son poids atteint à peine 6^g,162 par mètre. En outre, le diamètre extrêmement réduit et le poli des lignes de sonde en acier, utilisées pour les profondeurs moyennes, ne donnant presque pas de prise au courant, offrent le minimum de frottement dans l'eau. C'est pourquoi j'ai choisi, de préférence à tout autre, le fil d'acier dit *corde de piano* pour former la ligne de l'appareil décrit ci-après.

La charpente. — Afin de diminuer le poids de l'appareil, le bâti de ce nouveau sondeur est formé de deux flasques parallèles A (*fig.* 2 et 2 *bis*) en tôle d'acier, au lieu d'être en bronze comme dans les modèles précédents. Ces flasques, réunis par des entretoises métalliques (*fig.* 2 et 2 *bis*), sont fixées à demeure sur un plateau en bois de chêne A', par des cornières également en acier. Le socle, servant en même temps de support à la machine au cours des opérations de sondages, et de couvercle à la caisse destinée à la recevoir toute montée pour le transport, mesure 0^m,500 de longueur, sur 0^m,270 de largeur. La hauteur d'encombrement de l'appareil, démonté et enfermé dans son étui, est de 0^m,450. Son poids total ne dépasse guère 29^{kg}.

Le treuil et le frein automoteur. — Un cylindre métallique ou tambour T, pourvu à ses deux extrémités de joues circulaires très proéminentes (*fig.* 2 et 2 *bis*), est solidement calé sur l'arbre principal. Il est soutenu horizontalement par les flasques et porte une roue à rochet R dans laquelle s'engage le cliquet R' permettant au besoin l'arrêt instantané de l'appareil. Le pourtour cylindrique du tambour du treuil peut enrouler 1000^m à 1500^m et même 2000^m de ligne de sonde, selon les nécessités et le diamètre du fil employé. Cette longueur de fil est plus que suffisante, dans la plupart des cas, pour une machine portative mue à la main; les sondages dépassant ces limites exigent en général des treuils à engrenages actionnés par la vapeur, l'électricité, etc.

A gauche du tambour une gorge à fond plat a été ménagée pour recevoir une lame de frein très flexible en acier F destinée à immobiliser automatiquement l'appareil au moment où la sonde touche le fond. Ce frein commandant le mouvement rotatif du tambour est à double effet : il peut simplement modérer la vitesse ou arrêter complètement le sondeur. Dans le premier cas, un petit levier m relié à une des extrémités de la lame du frein, pouvant parourir les divers points d'un secteur S placé au bas et en arrière du treuil T, permet à l'opérateur de régler à volonté la vitesse de la machine; dans le second cas, au contraire, l'intervention de l'opérateur devant être nulle, le frein doit être rendu le plus sensible possible et agir seul, automatiquement, au moment précis où le poids de sonde touche le fond et par conséquent où tout mouvement doit cesser.

L'extrémité de la lame flexible opposée au secteur est soudée à une tige d'acier L entourée à sa partie inférieure de ressorts à boudin et d'écrous de réglage. Cette tige métallique descendant verticalement rencontre un arbre b placé horizontalement au bas des flasques. Sur cet arbre, formant le bras de levier principal du frein automoteur, est fixé un galet à gorge P^2, à moitié plongé dans un auget G rempli d'une matière lubrifiante qui sert à la fois à faciliter le glissement et à préserver le fil d'acier de l'oxydation. En avant de l'auget, une autre tige rigide K (solidaire du même arbre horizontal), également entourée à sa base d'un ressort en hélice à fil rond et munie d'écrous de réglage, monte jusqu'au sommet du bâti où elle entre en contact avec la ligne de sonde. Cette deuxième tige se termine par un étrier mobile, en cuivre rouge, e destiné à serrer énergiquement entre ses mâchoires le fil de sonde lorsque la machine est au repos. Ainsi maintenu, le fil, ne pouvant plus se dérouler par son propre poids, n'obéit plus au mouvement de torsion qui le fait sortir généralement hors des gorges des poulies et provoque la formation des coques déterminant parfois sa rupture.

Manivelles et tambour transmetteur. — L'arbre B^1 du cylindre autour duquel s'enroule la ligne de sonde est muni de deux manivelles M démontables, bien qu'une seule suffise, à la rigueur, pour manœuvrer le sondeur à la main. La longueur des bras de ces manivelles a été calculée de manière à fournir le maximum d'effet utile, sans cependant que cette longueur puisse dépasser des dimensions qui ne seraient pas en rapport avec celles de l'appareil.

Du reste, en prévision de sondages profonds (qui exigent des efforts musculaires longs et soutenus, pour vaincre la résistance du poids de sonde quand on le hale vers la surface de l'eau), l'axe du cylindre a été disposé de telle sorte qu'on puisse fixer à l'une ou à l'autre de ses extrémités un tambour de transmission destiné à remplacer les manivelles. Ce tambour peut être relié à une machine motrice quelconque à l'aide d'une courroie sans fin.

La flèche. — Afin d'éloigner suffisamment le poids de sonde du bord de l'embarcation, une flèche N a été placée à la base et en avant des flasques. Son extrémité inférieure est creusée de manière à pouvoir pivoter librement autour d'un axe vertical O. A l'aide d'un galet de roulement q reposant sur un plan horizontal u, elle peut effectuer un mouvement semi-rotatif de va-et-vient entre deux points déterminés, ce qui atténue considérablement les effets de tension de la ligne, occasionnés par le balancement du bateau. Des chevilles *ad hoc c*, disposées autour du plateau, servent à limiter l'amplitude du mouvement de la flèche et à l'immobiliser complètement au besoin. En outre, cette flèche porte à son extrémité supérieure une poulie à gorge P' pour recevoir le fil d'acier, qui, par ce moyen, peut surplomber l'endroit même où le poids de sonde doit être immergé.

Cette flèche ou bigue, démontable à son point d'attache et en son milieu, peut décrire un arc de cercle de 180°, sans mettre aucune entrave au mouvement de la machine. En dehors même de la souplesse qu'il donne à l'appareil, il résulte de ce dispositif que l'opérateur peut manœuvrer très facilement la flèche et les divers instruments d'expériences suspendus à la ligne de sonde sans se pencher hors du navire.

Flèche supplémentaire. — Indépendamment de la flèche ci-dessus, le nouveau sondeur est muni d'une deuxième bigue destinée à être fixée sur le plat-bord du bastingage. Celle-ci, complètement séparée du corps de l'appareil, est également placée sur un plateau horizontal formant chemin de roulement, et peut être animée d'un mouvement de rotation autour d'un pivot vertical, comme la précédente.

Elle est aussi pourvue d'une poulie conductrice, amarrée à sa partie haute, sur laquelle court la ligne de sonde. Au pied de la bigue, perpendiculairement à son bras, la ligne rencontre deux cylindres parallèles, à axes verticaux, mobiles dans des coussinets.

Il paraît inutile d'insister sur l'importance de cet organe indépendant. Disons simplement que, même avec un plat-bord placé très haut sur le pourtour d'un navire, il est toujours possible, à l'aide de ce nouveau dispositif, de conserver le sondeur à la partie centrale du bateau pendant les opérations de sondages.

Dispositif général et organes divers. — Il a été dit précédemment que le cylindre du treuil peut recevoir, par enroulement, de 1000 à 1500 et même 2000 m de fil d'acier de 0,0015 m de diamètre. Du tambour T autour duquel il est enroulé, le fil f passe sur une poulie folle P¹ montée sur la tête des flasques (*fig.* 2 et 2 *bis*), et de là redescend sur une deuxième poulie P² dont l'auget G, mentionné plus haut, forme la chape. S'élevant de nouveau jusqu'au sommet des flasques, il enveloppe presque entièrement une poulie métrique P' qui actionne, au moyen d'une vis sans fin (*fig.* 2 *bis*), un compteur de tours à cadran C ayant pour base deux subdivisions du mètre.

En quittant la poulie métrique, le fil s'engage dans les mâchoires de l'étrier e, d'où il passe entre deux cylindres à axes verticaux H (*fig.* 2 et 7), entourés d'un feutre épais qui sert à le sécher en le remontant vers son point d'attache.

Le rôle de ces cylindres est capital. Placés en encorbellement au sommet des flasques, entre la poulie du compteur et la bigue, dont ils surplombent verticalement l'axe de rotation O, leur fonction consiste principalement à servir de renvoi au fil de sonde et à atténuer l'effet des changements de direction occasionnés par les vagues ou l'inclinaison exagérée du navire.

Finalement le fil d'acier, dans sa position normale, vient se couder presque à angle droit sur le galet P' placé à l'extrémité de la flèche N. De là, entraîné par le poids de sonde, lorsque le frein n'est pas au repos, il continue à se dérouler et à glisser verticalement dans l'eau.

Afin d'adoucir encore les frottements, déjà presque annihilés par le diamètre extrêmement réduit du fil, les poulies de transmission P' sont en bronze. L'extrémité d'appui de leur axe en acier repose sur des coussinets également de bronze. La résistance de ces axes a été calculée pour ne jamais supporter un effort supérieur à 2^{kg} par millimètre carré.

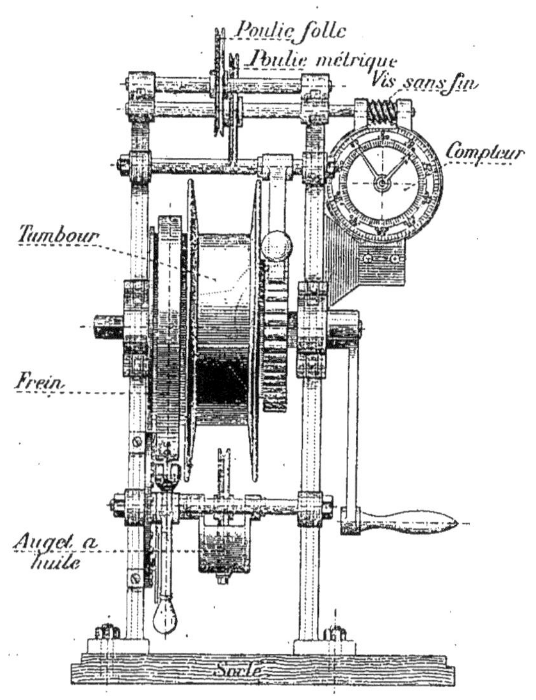

Fig. 2 *bis*. — Vue de face du même appareil (type n° 2.).

Coussinets et pièces changeables. — Réduit au minimum de poids et de volume, cet appareil se prête à la plupart des expériences d'océanographie auxquelles l'étude des phénomènes naturels peut. donner lieu, bien qu'il ait été plus spécialement construit pour mesurer la profondeur des eaux. On l'utilise encore pour dresser des cartes bathymétriques (*fig.* 3), tracer des profils sous-marins ou sous-lacustres (*fig.* 4 et 5), relever les sinuosités d'un chenal à l'embouchure des fleuves, reconnaître une passe ou un mouillage à fond changeant, etc.

Mais, lorsqu'à la place d'un poids de sonde, dont la valeur vénale est insignifiante, on veut attacher au bout de la ligne un thermomètre à renversement ou bien des instruments précieux, tels que ceux imaginés par l'éminent directeur du Musée océanographique de Monaco, M. le Dr Jules Richard, il pourrait être imprudent de les exposer aux hasards de rupture d'une ligne de sonde de trop faible diamètre.

Dans le but d'obvier à cet inconvénient, notamment s'il s'agit d'opérer à de grandes profondeurs, les chapeaux P et les paliers servant de support aux arbres des poulies, ont été disposés comme des susbandes

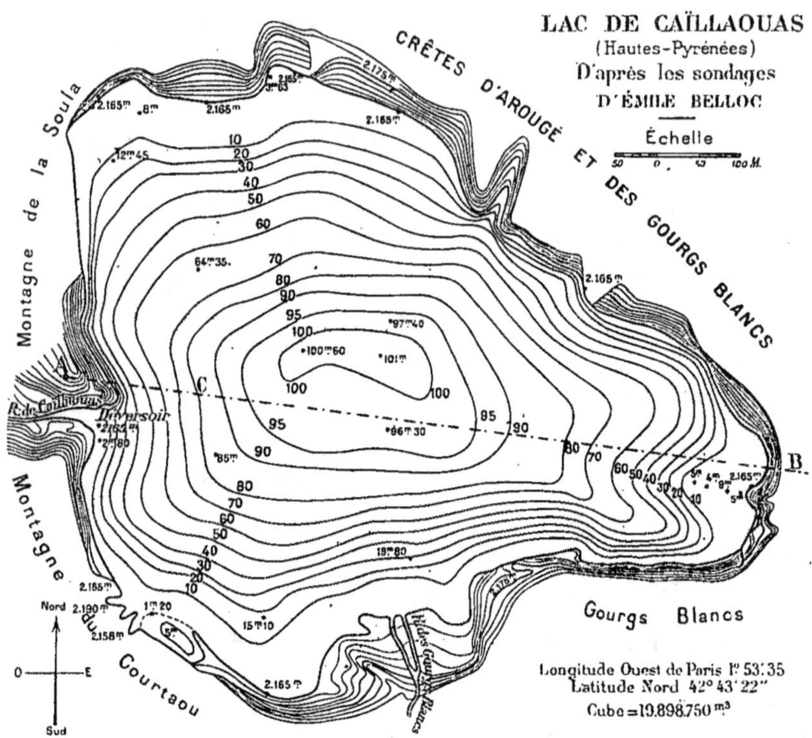

Fig. 3. — Plan et courbes bathymétriques du lac de Caillaouas (Hautes-Pyrénées), relevées en 1892 par M. Émile Belloc.

d'affûts. N'étant tenus que par des chevilles à ergot e', ils sont facilement démontables. Ceci permet de déplacer à volonté les poulies de transmission, même le tambour, et de mettre à la place des galets plus épais, creusés de gorges plus grandes, pouvant recevoir un petit câble métallique au lieu d'un fil d'acier; par ce moyen, une seule machine peut servir à deux fins.

En outre, cet appareil peut être utilisé pour mesurer toute hauteur verticale dont le sommet est accessible et la base difficilement praticable : escarpement, gouffre, puits de mine, pont, viaduc, monument d'architecture, etc.

Étrier de guidage. — Enfin, dernier perfectionnement apporté à l'appareil primitif, la chape de la poulie P', placée à l'extrémité de la flèche, a été pourvue de petits galets à joues empêchant la ligne de sortir de la gorge de cette poulie. Un étrier de guidage (voir *fig.* 6) attaché au bras de la flèche et muni d'un ressort compresseur assure l'arrêt du fil d'acier au moment où la sonde arrive à la fin de sa course.

La figure 7 ci-jointe est suffisamment claire pour éviter une description de ce nouvel organe, en général favorablement apprécié.

Poids de sonde. — En ce qui concerne les sondes proprement dites, leur forme, leur dimension et leur poids varient selon les circonstances.

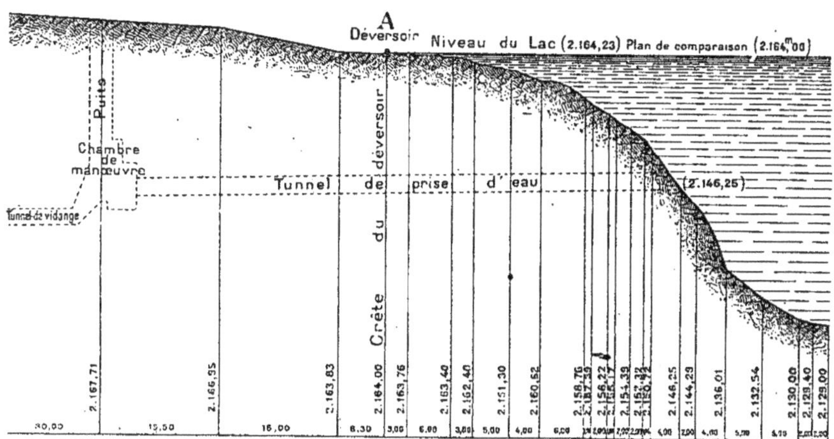

Fig. 4. — Profil du massif rocheux formant le seuil du déversoir du lac de Caillaouas, dressé par M. Émile Belloc, d'après ses sondages.

Celles que j'emploie le plus ordinairement se composent d'une tige en fer traversant une sphère métallique sans y adhérer. En haut, la tige est ter-

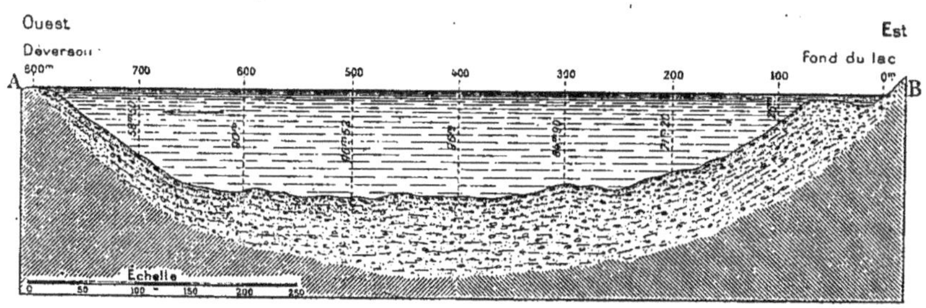

Fig. 5. — Profil du lac de Caillaouas suivant la direction AB.
(Voir *fig.* 3 ci-dessus).

minée par un anneau dans lequel entre un crochet fermé dit *porte-mous-queton*, amarré à la ligne à l'aide d'un émerillon (voir *fig.* 2, « sonde pour fonds vaseux »), permettant à la sonde de tourner librement sur elle-même.

Pour les fonds rocheux et en déclivité, j'ai adopté la disposition de la figure 2, « sonde pour fonds rocheux en déclivité », formée d'une tige en fer, traversant un boulet libre terminé par un cône plein en acier, de forme allongée, dont la pointe très aiguë regarde le fond. Pour les fonds vaseux j'utilise de préférence la première sonde décrite ci-dessus, composée d'une sphère et d'un disque mobiles le long d'une tige métallique et terminée à son extrémité inférieure par un cône droit à base circulaire tournée vers le haut. Ce cône, soudé à la tige, est creux de manière à pouvoir rapporter des spécimens du fond.

Telles sont les modifications successives que l'observation et la pratique m'ont amené à faire subir à cet appareil de sondage portatif à fil d'acier. J'ajouterai, pour conclure, qu'étant construit à Paris, dans les ateliers de M. l'ingénieur-constructeur Jules Le Blanc, la précision et la solidité de cette petite machine ne laisse rien à désirer.

<h3 style="text-align:center">PETIT « SONDEUR É. BELLOC » (Type n° 1).</h3>

M'inspirant de l'idée première qui m'avait poussé à créer un petit sondeur, facilement transportable jusque sur les bords des lacs de montagnes les moins accessibles et les plus élevés (*fig.* 1, 3, 4 et 5) pour servir aux études limnologiques que je poursuis dans les lacs français et espagnols, depuis un grand nombre d'années, je fis construire [1] un nouveau sondeur (*fig.* 6) de proportions extrêmement réduites [2].

Il y a peu de temps encore, M. le Dr L.-R. v. Sawicki, ayant organisé à Vienne (Autriche) une expédition scientifique sous l'égide de l'Académie des Sciences de Cracovie, pour explorer les monts de la Tatra (Karpates), se servit exclusivement de ce petit sondeur, tout spécialément modifié à cet effet par mes soins.

En conservant les dispositions générales et les organes principaux du grand sondeur n° 2, voici en quoi consistent les modifications opérées. Cet appareil étant plus particulièrement destiné à sonder les lacs de l'est de l'Europe, dont la profondeur ne dépasse pas 150^m, et n'ayant à supporter qu'un effort restreint, les dimensions et le poids du bâti et des différentes pièces métalliques ont été extraordinairement réduites. De plus les poulies de renvoi, dont une a été retranchée, ont été différemment distribuées. En second lieu, de manière à faciliter la manœuvre de la manivelle, ainsi que la lecture du compteur, celui-ci a été placé à gauche de l'appareil et incliné d'arrière en avant au lieu d'être placé verticalement. Étant donnée la minceur du fil de sonde employé ($\frac{1}{10}$ de millimètre), l'étrier mobile en cuivre rouge a été également supprimé et remplacé par un petit étrier de guidage du fil attaché à l'arbre de la bigue (*fig.* 6). Ce nouvel organe, comprenant des galets à joues, est pourvu d'un ressort de traction, suffisant pour maîtriser une machine ne devant

---

[1] *Comptes rendus de l'Académie des Sciences*, mai 1891 et juillet 1896.

[2] Ce type de *sondeur* fut utilisé par M. l'ingénieur A. Delebecque pour ses belles recherches dans les lacs du Jura, du Plateau central et de la région pyrénéenne.

opérer qu'à de très faibles profondeurs. La flèche démontable et son galet de roulement ont été conservées.

Ainsi réduit au strict nécessaire, ce petit appareil pèse à peine 4^{kg}.

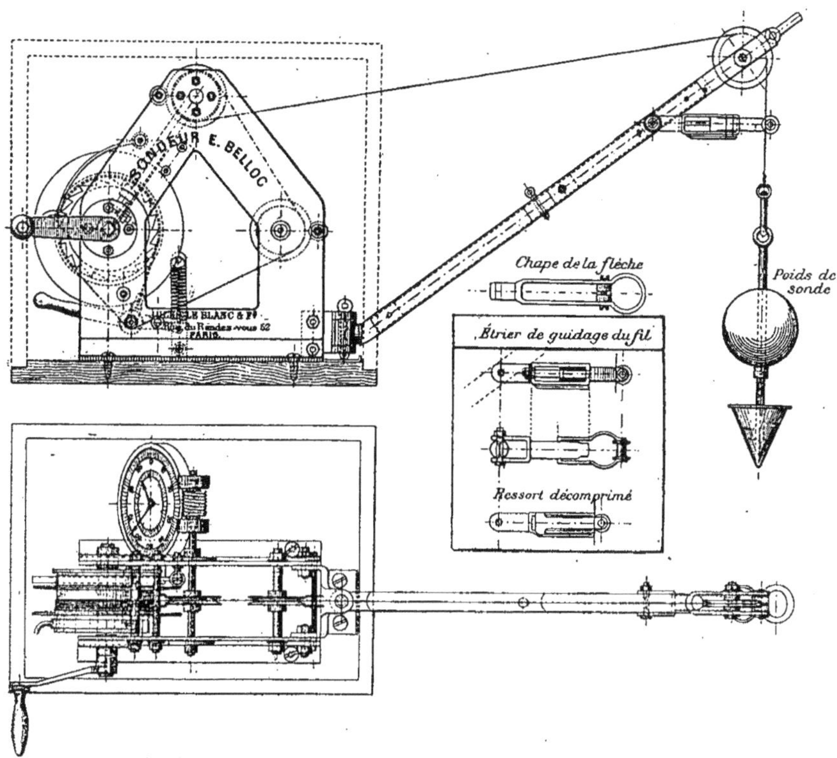

Fig. 6. — Petit « sondeur E. Belloc » (type n° 1) (poids 4^{kg}).

Avec les divers accessoires et la boîte lui servant de support pendant la manœuvre, et de caisse d'emballage durant le transport, son poids total ne dépasse pas 5^{kg},800, y compris la sonde qui entre dans ce poids pour 0^{g},550 et l'emballage pour 1^{kg},280.

Démonté et enfermé dans son étui, il mesure 0^{m},255 de longueur, 0^{m},185 de largeur et 0^{m},235 de hauteur. Le diamètre du fil d'acier est de $\frac{4}{10}$ de millimètre et sa résistance de 180^{kg} par millimètre carré. Le tambour peut enrouler 350^{m} de fil.

GROS « SONDEUR É. BELLOC » (TYPE N° 3).

Un autre appareil, beaucoup plus lourd et plus robuste (*fig.* 7 et 7 *bis*), mû également à la main ou pouvant être actionné par un moteur mécanique, vient d'être construit récemment à l'usine de M. Jules

Elévation

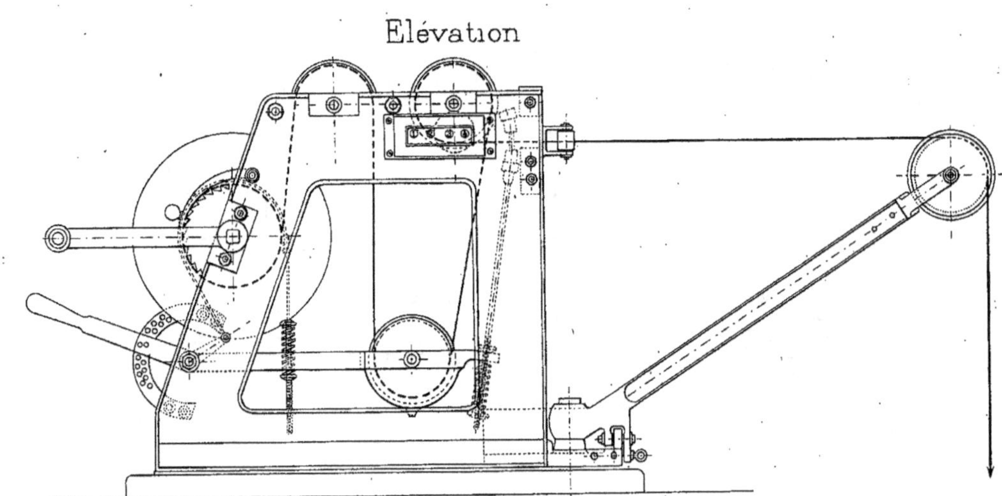

Fig. 7. — Gros « sondeur E. Belloc » (type n° 3), vue de côté.

Plan

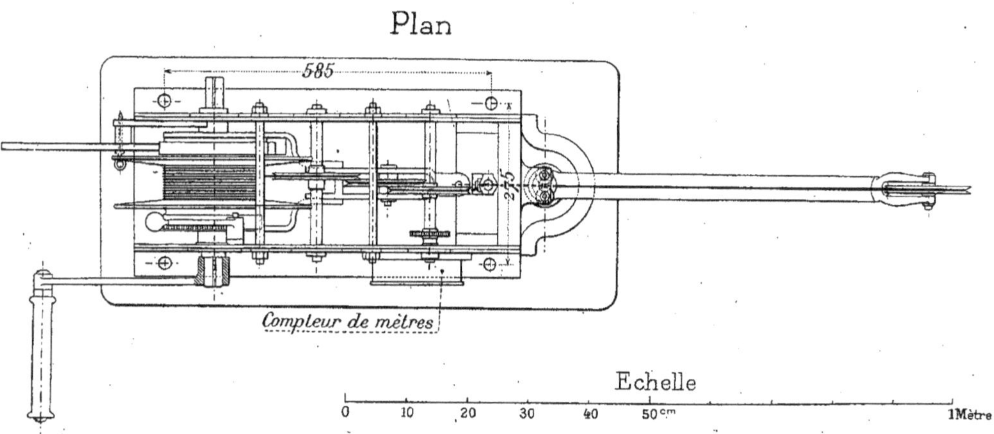

Fig. 7 *bis*. — Vue de face du même appareil (type nº 3).

Le Blanc. Cette nouvelle machine, du même système que le grand sondeur n° 2, dont la description a été détaillée ci-dessus, peut recevoir 3000^m de fil d'acier de o^m,oo15 de diamètre, dont la résistance égale 18o^{kg} par millimètre carré, à l'état de neuf; en service, après des immersions plus ou moins prolongées dans l'eau de mer, les efforts que peut supporter ce fil sont d'environ 4o^{kg} par millimètre carré. Ajoutons, pour mémoire, que le poids du fil de 1^{mm} est de 6^g,162 par mètre linéaire, comme il a été dit en décrivant le sondeur n° 2.

La rotation de la flèche peut parcourir un angle de 18o°. Comme dimensions, le socle mesure o^m,85o de longueur et o^m,43o de largeur. La hauteur d'encombrement de la machine est de o^m,74o.

L'appareil complet, renfermé dans sa caisse d'emballage, pèse 124^{kg}.

PHYSIQUE.

M. Albert TURPAIN,

Professeur de Physique à la Faculté des Sciences (Poitiers).

ÉTUDE ET OBSERVATION DES ORAGES PAR LES DISPOSITIFS RÉCEPTEURS D'ONDES ÉLECTRIQUES. ENREGISTREMENT PAR COHÉREUR ET MILLI-AMPÈREMÈTRE ENREGISTREUR.

537.42 : 551.514

6 Août.

L'observation des phénomènes orageux a été poursuivie cette année en utilisant les dispositifs que nous avons précédemment décrits (*voir* Congrès de Lille, 1909; d'Angers, 1903; de Montauban, 1902). En même temps que le cohéreur à aiguilles à coudre croisées dont nous avons donné la description l'an passé, nous avons utilisé également le bolomètre, ainsi que le détecteur électrolytique que nous avons employé à cet usage, cette année pour la première fois.

Nous rendrons compte rapidement des résultats obtenus et de quelques perfectionnements apportés au mode opératoire.

Observations avec le cohéreur à aiguilles. — Les observations ont été faites en utilisant l'appareil très commode et très pratique que, sur nos données, M. J. Richard a établi et qui consiste à disposer dans la cage même d'un baromètre enregistreur Richard, la planchette supportant sept aiguilles à coudre, disposées, quatre parallèlement et trois en croix avec les premières.

Cela réalise un cohéreur à six contacts simples élémentaires placés en série avec un petit électro-aimant dans le circuit d'un unique élément Leclanché. Le cohéreur se trouve intercalé de plus dans le circuit antenne-terre. La palette de l'électro est solidaire d'un levier dont une extrémité terminée par une plume inscrit les cohérations sur le cylindre enregistreur et dont l'autre extrémité choque la planchette support des aiguilles, ce qui détermine la décohération.

Les photographies communiquées au Congrès montrent l'appareil.

Il est essentiel pour le bon fonctionnement du dispositif que le cohéreur soit soustrait complètement aux vibrations extérieures. On y parvient aisément en suspendant tout l'appareil par un fort bracelet de caoutchouc que l'on aperçoit sur les photographies.

Les fils de connexions, antenne, terre, pôles de la pile, sont rendus suffisamment souples pour ne pas gêner cette suspension.

Dans ces conditions, toute décharge électrique atmosphérique cohère le dispositif et s'inscrit sur le tambour enregistreur qu'on peut, à volonté et suivant la fréquence des décharges, constituer par un cylindre faisant une révolution complète en 8 jours, en 24 heures ou en 1 heure.

Le type d'appareil que la maison Richard construit comprend des tambours inscripteurs interchangeables qui permettent de dissocier facilement les décharges d'une journée orageuse, ou encore de séparer les unes des autres les fréquentes décharges d'un orage passager (tambour de une heure) tout en ne nécessitant pas, en temps ordinaire, le remplacement de la feuille d'inscription toutes les heures ou tous les jours (tambour hebdomadaire).

Utilisation d'un milliampèremètre enregistreur. Annonce des décharges atmosphériques. — En intercalant dans le circuit du cohéreur un milliampèremètre enregistreur (le type 0-100 milliampères de 2,4 ohms de résistance construit par la maison Richard convient parfaitement), on peut suivre, par l'inscription du courant de cohération au milliampèremètre, la cohération de 6 contacts d'aiguille. On prévoit alors, rien qu'à l'allure de la courbe d'inscription du milliampèremètre, la cohération et l'on peut annoncer une décharge une heure ou plus à l'avance.

L'examen des courbes que nous joignons au Mémoire et où nous avons réuni les deux feuilles d'inscription du milliampèremètre et du baromètre à cohéreur montre très nettement ce phénomène.

Sur les feuilles d'inscription I (journée orageuse du 15 juillet 1910), on voit que la manifestation des deux décharges successives qui ont pro- duit par deux fois la cohération du cohéreur a commencé 15 minutes avant que la cohération ait eu lieu.

Les feuilles d'inscription II et III présentent également une prévision de 1 heure 40 minutes et de 24 minutes.

Par contre, les feuilles du milliampèremètre relatives à des journées non orageuses, montrent une inscription de l'aiguille de cet appareil constamment au zéro. A la seule vue de l'aiguille du milliampèremètre et au fait que cette aiguille ne demeure pas au zéro, on peut donc être averti qu'il y a des nuages orageux proches, qu'un orage est voisin ou imminent.

Une photographie communiquée à la Section représente le milliampèremètre (dont le couvercle est relevé pour montrer l'appareil) mis avec le cohéreur dans le circuit d'une pile Leclanché. Le cohéreur à aiguilles est, à l'intérieur du baromètre enregistreur, suspendu par le bracelet de caoutchouc. On voit dans la figure deux éléments Leclanché : il est parfois nécessaire d'accroître ainsi le nombre d'éléments de la pile, lorsque, par l'usage, l'élément a perdu de sa force électromotrice. Il faut en effet que le voltage aux bornes du cohéreur décohéré atteigne 1,5 à 1,6 volt.

Afin de réunir cohéreur à aiguilles et milliampèremètre et d'avoir sur la même feuille d'inscription le relevé du courant de cohération et les indications de la cohération, M. J. Richard a bien voulu, sur notre demande, associer le cohéreur à aiguilles à un milliampèremètre.

Ce dispositif nécessite alors la suspension par quatre forts bracelets de caoutchouc, du milliampèremètre enregistreur (appareil étant d'un poids élevé), mais cela réduit très notablement l'encombrement du dispositif. De plus, les aiguilles inscriptives du courant et de la cohération se trouvent côte à côte.

Ce sont deux appareils de ce type dont nous allons munir, dès cet été, notre poste d'observation de la Faculté des Sciences de Poitiers et un second poste d'observation qui va être établi à La Rochelle. Nous espérons obtenir, par les relevés simultanés, au moyen d'appareils inscripteurs identiques à ces deux stations, d'utiles et intéressantes comparaisons.

Une photographie communiquée au Congrès montre la disposition de l'antenne fixée au sommet du mât dominant les bâtiments de l'Université de Poitiers.

Observations avec le bolomètre: — Le dispositif bolométrique dont nous avons donné la description et indiqué l'économie dans notre communication au Congrès de Lille (1909) a été employé toujours avec succès cette année pour étudier l'énergie des décharges électriques d'origine atmosphérique.

Les photographies communiquées au Congrès montrent ce dispositif. L'une d'elles représente un bolomètre que nous avons construit nous-même, inséré dans un vase de Dewarr. L'inscription des déviations du spot lumineux du miroir du galvanomètre se fait à l'aide d'un tambour enregistreur muni d'une feuille de papier au bromure et se déroulant à l'intérieur d'un cylindre de cuivre dont une génératrice est fendue à la hauteur du spot lumineux (enregistreur photographique Richard). Sur la figure on voit la suspension d'antenne par deux tiges d'ébonite à l'entrée du poste d'observation. On a soin, quand on fait fonctionner le dispositif, de le placer tout entier dans l'obscurité.

Une photographie communiquée au Congrès montre un poste bolométrique tel que le construit M. Richard. Ce poste est destiné à la station d'observation de La Rochelle où nous espérons pouvoir faire des mesures d'énergie de décharges atmosphériques.

Le seul inconvénient que présente le dispositif bolométrique est d'être un peu délicat à régler et de nécessiter un opérateur au courant des expériences de laboratoire. Aussi convient-il plutôt aux observatoires qu'aux simples stations météorologiques.

Observations avec le détecteur électrolytique. — C'est justement dans le but de réaliser un dispositif qui, tout en conservant la sensibilité et la constance du bolomètre, puisse cependant être confié à des mains peu expérimentées que nous avons étudié l'inscription des décharges orageuses au moyen du détecteur électrolytique.

Nous avons été amené à nous servir de ce détecteur à la suite des réceptions des signaux de la Tour Eiffel que nous avons pu avec son aide enregistrer à Poitiers. Au moyen de ce détecteur, il nous a en effet été possible de recevoir ces signaux et de les faire entendre aux auditeurs du Cours d'Électricité industrielle que nous professons à l'Université. A l'époque où les signaux horaires de la Tour furent envoyés à 8 h du soir (période d'essai qui eut lieu du 9 mai au 22 mai), nous avons pu non seulement les faire entendre à nos auditeurs, mais encore agir avec leur aide sur l'équipage d'un très sensible galvanomètre Thomson.

Au cours d'un de ces essais, des décharges atmosphériques, dues à des nuages orageux, ayant troublé fortement la réception, nous avons eu l'idée de faire servir le détecteur électrolytique à l'inscription des phénomènes orageux.

A cet effet nous recevons le spot lumineux produit par le miroir du galvanomètre sur un enregistreur photographique.

Le dispositif à détecteur électrolytique pour enregistrement des décharges atmosphériques réalise le schéma de la figure 1.

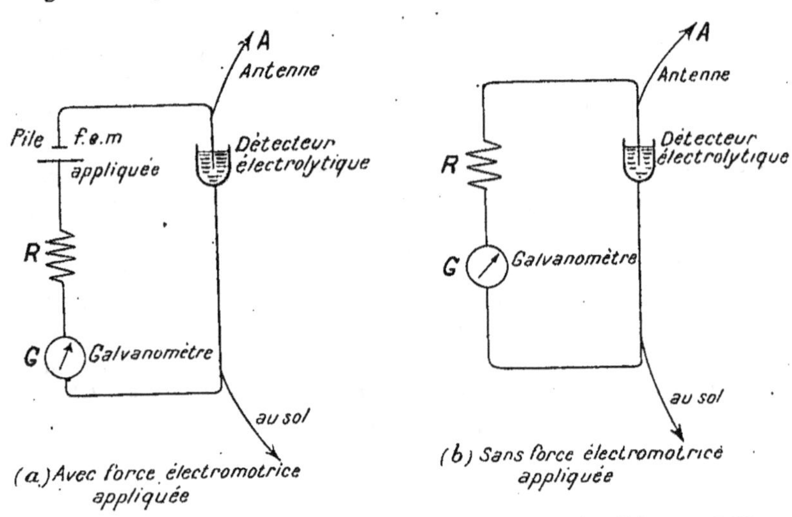

Schéma du dispositif à enregistrement de la puissance des décharges atmosphériques au moyen du détecteur électrolytique. a, dispositif avec force électromotrice appliquée; b, dispositif sans force électromotrice appliquée, le seul dont les élongations du galvanomètre renseigne sur la puissance reçue.

Nous joignons à ce Mémoire deux courbes d'inscription relevées au cours de journée orageuse avec le dispositif à détecteur électrolytique. L'une a trait à une inscription avec emploi d'une force électromotrice appliquée dans le circuit du détecteur; la seconde à une inscription sans l'emploi d'une force électromotrice appliquée.

Une étude comparative du détecteur électrolytique et du bolomètre montre que l'électrolytique ne donne des indications proportionnelles à celles données par le bolomètre que dans le cas où il ne comporte aucune force électromotrice dans son circuit.

Dans le cas où le circuit de l'électrolytique comprend une force électromotrice, ce qui est le cas général de la pratique, les déviations du galvanomètre tendent, pour des valeurs croissantes de l'énergie des décharges reçues, vers une certaine limite.

Il y aurait donc avantage, en ce qui concerne l'enregistrement de l'énergie des décharges atmosphériques, à utiliser un détecteur électrolytique sans force électromotrice appliquée. Dans ce cas, toutefois, la sensibilité est de beaucoup diminuée. Il nous a cependant été possible d'enregistrer dans ces conditions les diverses phases d'un orage.

M. DAUZÈRE,

Professeur au Lycée (Toulouse).

LA DIVISION CELLULAIRE DES BAINS DE DÉVELOPPEMENT.

2 Août.   77.023.2

Ces phénomènes se rattachent à une série de recherches que j'ai entreprises sur les tourbillons cellulaires, découverts par M. Bénard dans une nappe liquide de faible épaisseur et de grande surface, chauffée par la base. Ces recherches ont déjà été le sujet de plusieurs communications faites aux Congrès de Clermont-Ferrand et de Lille. J'ai montré que la division cellulaire créée dans le liquide par les courants de convection calorifique persistait après solidification dans certaines substances appropriées, et que les parois des cellules constituaient pour le solide des plans de facile rupture. Ces résultats peuvent jeter quelque lumière sur la formation des colonnes de basalte et aussi sur la constitution des corps solides amorphes et cristallisés. J'ai retrouvé les lois énoncées par M. Bénard relatives aux variations des dimensions des cellules et j'ai établi quelques résultats nouveaux. Pour l'intelligence de ce qui doit suivre, je dois énoncer ces lois approchées résultant des expériences déjà faites :

1° Les dimensions des cellules créées par les courants de convection calorifique paraissent indépendantes de la nature des substances employées;

2° A une température donnée les dimensions des cellules augmentent, d'abord proportionnellement à l'épaisseur de la couche, puis plus rapidement;

3° Sous une épaisseur donnée, les cellules paraissent devenir plus larges lorsque la différence de température entre les deux faces de la couche augmente.

Les recherches actuelles se rapportent à la division cellulaire provoquée dans les bains de développement photographique à l'acide pyrogallique par oxydation lente au contact de l'air. Ce phénomène est très fréquent et très facile à observer; il a déjà fait l'objet des travaux de M. Guébhard (*Bulletin de la Société française de Physique*, 1897, p. 107).

Il suffit d'abandonner au repos, à la température ordinaire, un bain de développement à l'acide pyrogallique en couche mince horizontale, pour apercevoir au bout de peu de temps à la surface du bain des traînées filamenteuses brunes (coupures de M. Bénard), qui se divisent bientôt en petites taches disposées en quinconces plus ou moins réguliers. Ces coupures et ces taches sont formées par l'assemblage des parcelles très fines auxquelles donne naissance l'oxydation du pyrogallol. Ces parcelles sont retenues à la surface libre par la tension superficielle dans les premiers instants de l'oxydation. L'oxydation progressant, la surface entière se recouvre d'une mince pellicule dans laquelle s'aperçoivent des petits tas et coupures qui grossissent peu à peu; il s'en détache des grains qui tombent lentement dans le liquide, suivant des filets verticaux formés au-dessous de chaque tas.

Arrivés au fond, ces filets s'étalent sur la surface plane de la cuvette en donnant une tache circulaire sombre de rayon croissant. Les taches provenant des divers filets finissent par se rencontrer et donnent ainsi sur le fond des polygones cellulaires sombres à contours clairs. A chaque tas primitif correspond une cellule, mais, en général, la régularité n'est pas très grande dans le réseau cellulaire ainsi obtenu. Il faudrait, pour que cette régularité existe, que les petits tas primitifs de la surface libre fussent tous disposés en quinconces réguliers; toutes les cellules seraient alors des prismes hexagonaux réguliers égaux. Il arrive souvent que les cellules relativement grosses ainsi formées au début se divisent ensuite en cellules beaucoup plus petites, assez irrégulières comme les premières. Au bout d'un temps généralement assez long (de 15 à 20 minutes), on voit les cellules se régulariser, mais, en même temps, l'opacité du liquide augmente, les contours s'effacent et l'observation devient très difficile.

La régularisation se produit d'une manière plus parfaite et plus rapide si l'on chauffe par-dessous la cuvette où l'on fait l'expérience, la division des grosses cellules en cellules plus petites ne se produit plus; les courants de convection calorifique interviennent et transportent dans le sens où ils circulent les parcelles solides provenant de l'oxydation, d'après un mécanisme décrit par M. Bénard. Les parcelles ainsi entraînées se rassemblent sur le contour des cellules au fond de la cuvette; à la surface libre, au contraire, elles forment un petit tas qui occupe le centre de la cellule. le centre et le contours ainsi noircis sont séparés par une zone relativement claire. Le sens de circulation indiqué ainsi est l'inverse de celui qui a été observé par M. Bénard dans ses cellules tourbillons : dans la cire, la paraffine ou le spermacéti fondus des poussières en suspension se rassemblent en petits tas disposés en quinconces sur le fond de la cuve et au contraire sont transportés sur les contours des cellules à la surface libre.

Il est intéressant de rapprocher ceci des recherches récentes de M. Deslandres sur les tourbillons celullaires qu'il a découverts dans le Soleil (voir *Comptes rendus de l'Académie des Sciences*, 2ᵉ semestre 1909, p. 179 et 493, et 1ᵉʳ semestre 1910, p. 65). Dans ces tourbillons solaires, le sens du mouvement est identique à celui de nos expériences actuelles et inverse de celui des cellules de M. Bénard.

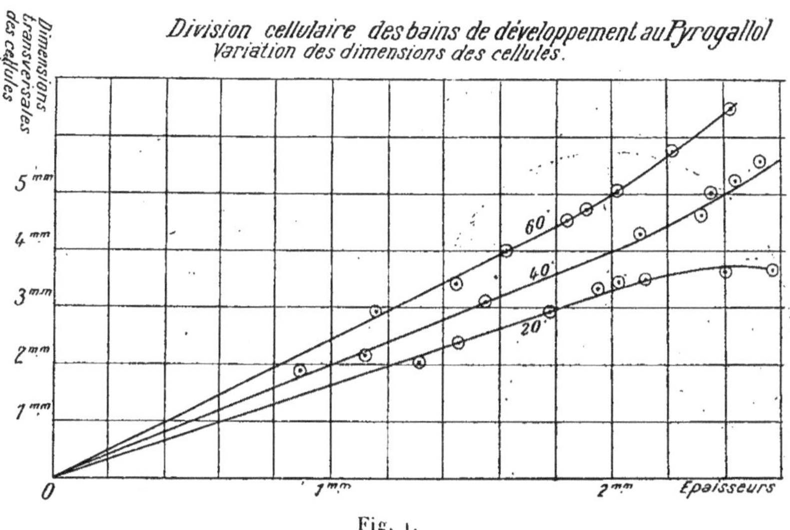

Fig. 1.

En opérant dans une cuvette cylindrique à fond plat, en cuivre argenté, chauffée par un bain-marie, dans laquelle l'épaisseur des bains était mesurée par un sphéromètre, j'ai pu obtenir une division cellulaire d'une régularité assez grande. J'ai pu arriver à photographier ces cellules, en même temps qu'un cercle de 2 cm de rayon tracé sur le fond de la cuve. Sur le cliché, on mesure facilement (*fig.* 1) la distance des centres de deux cellules contiguës; on fait cette opération pour un très grand nombre de cellules et l'on prend la moyenne. On mesure également le diamètre de l'image du cercle; on en déduit facilement les dimensions moyennes vraies des cellules. L'évaporation rapide, lorsque la température devient supérieure à 40°, ne permet pas une appréciation bien précise de l'épaisseur qui varie constamment pendant l'expérience. Mais cela importe peu. Il suffit de mesurer avec soin l'épaisseur initiale; car les cellules une fois formées et régularisées, ce qui se fait rapidement, gardent pendant toute l'expérience une grandeur constante, malgré

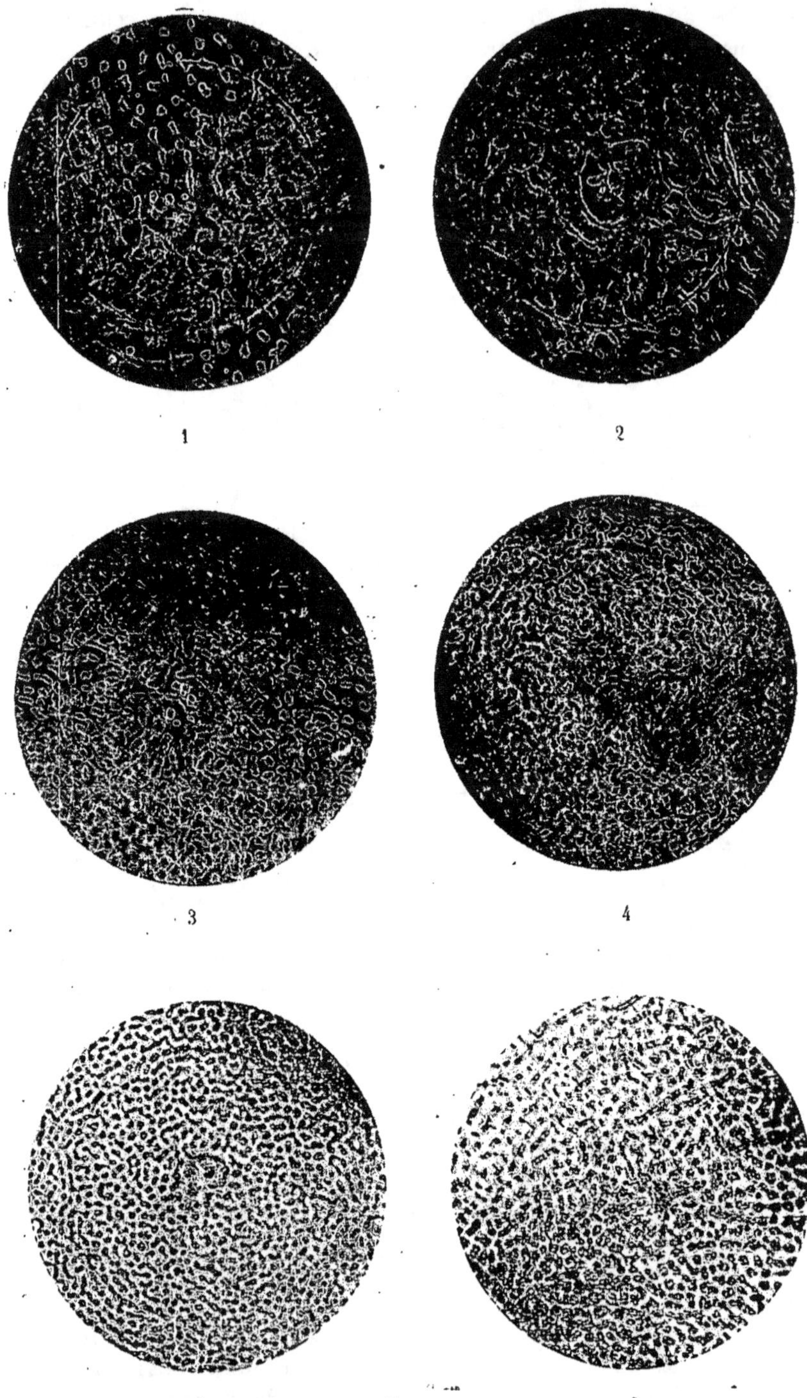

1   2

3   4

5   Fig. 2.   6

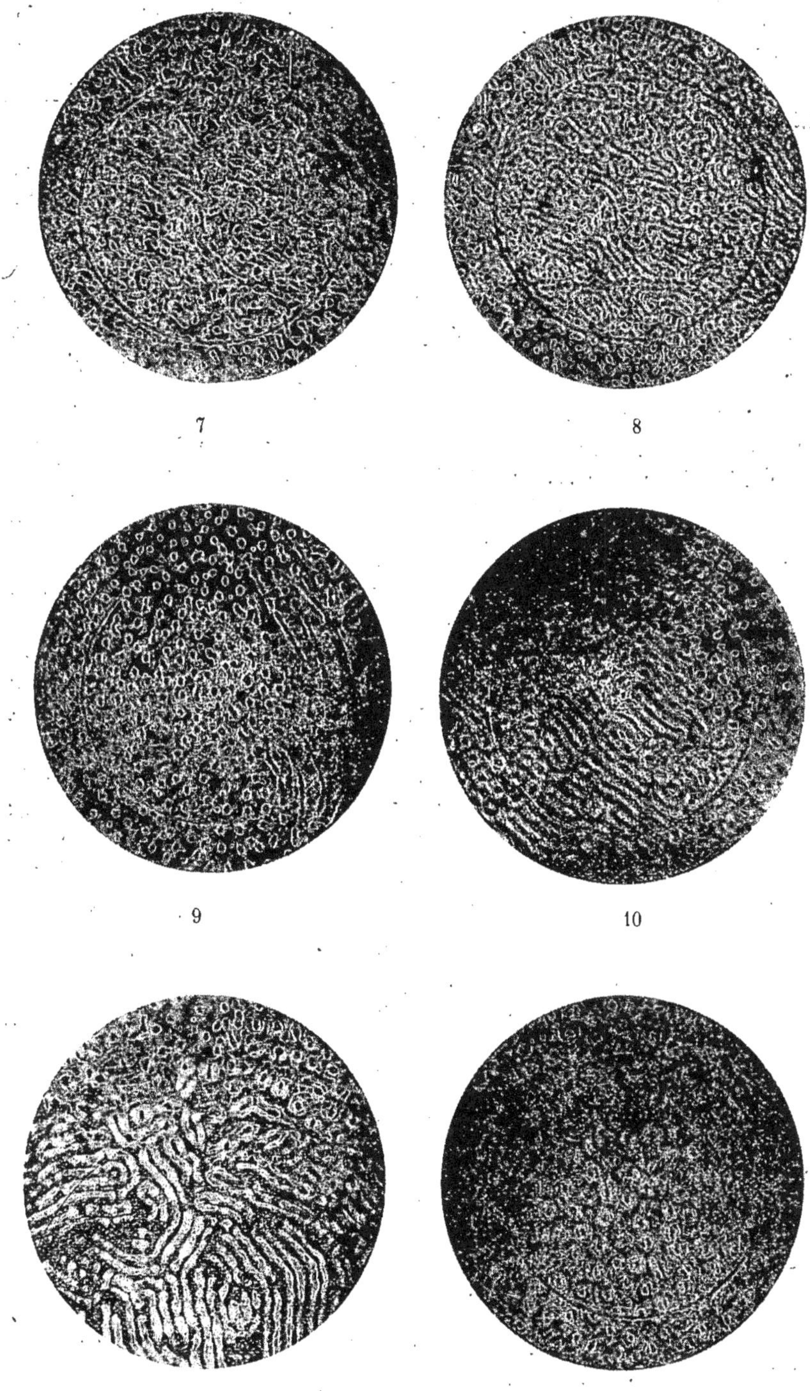

7   8

9   10

11   Fig. 3.   12

cette diminution continuelle de l'épaisseur, et ceci jusqu'à ce que le dissolvant soit complètement évaporé. On peut les observer alors dans la pellicule solide qui recouvre le fond de la cuvette et mesurer leurs dimensions; on voit qu'elles n'ont pas varié.

Voici les résultats fournis par ces mesures :

1° *Influence de la composition du bain.* — Dans une série d'expériences faites à la température de 40°, sous l'épaisseur de 2,56 mm, la concentration du bain a varié de 0,25 à 4, sans qu'il y ait de changement dans les dimensions des cellules. Les bains étaient formés en prenant 1 cm³ d'une solution d'acide pyrogallique additionnée de sulfite de soude et d'acide citrique et 0,2 cm³ d'une solution de carbonate de soude à 10 pour 100 auxquels on ajoutait des quantités variables d'eau.

Concentration	0,25	0,50	0,75	1	1,5	3,5	4
Dimension des cellules	$5^{mm},6$	$5^{mm},6$	$5^{mm},7$	$5^{mm},5$	$5^{mm},7$	$5^{mm},6$	$5^{mm},8$

J'ai alors fait varier les doses relatives des constituants du bain : pyrogallol, sulfite de soude, carbonate de soude. J'ai même remplacé le carbonate alcalin par d'autres agents : soude caustique, ammoniaque, acétone; les cellules ont toujours gardé les mêmes dimensions; le seul changement observé consiste dans la régularisation qui est plus ou moins rapide et plus ou moins parfaite suivant la composition. En somme, comme pour les cellules de Bénard, la *composition du bain ne paraît pas avoir d'influence sur les dimensions.*

2° *Influence de l'épaisseur.* — Elle est conforme à la loi suivante découverte par M. Guébhard, identique à celle des cellules de Bénard : *Lorsque l'épaisseur n'est pas trop grande et que la température reste constante, il y a proportionnalité entre les dimensions des cellules et l'épaisseur de la couche liquide.* C'est ce que montrent les Tableaux suivants :

Expériences faites à 20° (température du laboratoire)
avec une solution étendue.

Épaisseur e^{mm}	1,28	1,45	1,54	1,78	1,97	2,02	2,12	2,40	2,58
Dimension des cellules λ^{mm}	2,1	2,4	2,7	3	3,3	3,4	3,5	3,6	3,8
Rapport $\dfrac{e}{\lambda}$	0,61	0,60	0,57	0,59	0,59	0,59	0,61	0,67	0,68

Expériences faites à 40°.

Épaisseur e	1,12	1,51	1,54	2,11	2,32	2,43	2,53	2,87	2,99	2,38
Dimension des cellules λ	2,2	2,8	3,1	4,3	4,6	5,2	5,5	6,7	7,2	8,8
Rapport $\dfrac{e}{\lambda}$	0,51	0,54	0,50	0,49	0,50	0,47	0,46	0,43	0,41	0,38

Expériences faites à 60°.

Épaisseur e		1,45	1,61	1,79
Dimension des cellules λ		3,35	4,14	4,51
Rapport $\dfrac{e}{\lambda}$		0,43	0,39	0,39
Épaisseur	2,01	2,23	2,41	2,63
Dimension des cellules	5,1	5,9	6,5	7,3
Rapport $\dfrac{e}{\lambda}$	0,40	0,38	0,37	0,36

On peut représenter graphiquement cette variation en prenant pour abscisses les épaisseurs, pour ordonnées les dimensions transversales des cellules; on trouve ainsi des courbes qui ont les formes représentées ci-contre.

3° *Influence de la température.* — La seule inspection des courbes tracées montre que les *dimensions des cellules pour une épaisseur donnée croissent avec la température;* $\dfrac{e}{\lambda}$ *diminue;* mais les expériences faites ne sont ni assez nombreuses, ni assez précises pour dégager les lois de cet accroissement. Les expériences ont été poussées au-dessus de 60°; la mesure des épaisseurs devient alors difficile à cause de la rapidité de l'évaporation. Néanmoins il me paraît résulter des nombres trouvés que l'augmentation des dimensions ne se poursuit pas au-dessus de 60°. On trouve en effet pour des épaisseurs voisines de 1,5 mm les valeurs suivantes du rapport $\dfrac{e}{\lambda}$:

Température	20°	40°	50°	60°	63°	68°	72°	78°	83°
Rapport $\dfrac{e}{\lambda}$	0,60	0,50	0,45	0,40	0,38	0,38	0,44	0,44	0,44

Il y a lieu de remarquer que, dans les expériences de M. Bénard sur le spermacéti fondu, le rapport $\dfrac{e}{\lambda}$ n'éprouve que de faibles variations et s'éloigne peu de la valeur moyenne 0,3, nombre un peu différent de celui 0,4 qui résulte de nos expériences.

La division cellulaire observée dans ces phénomènes a pour cause l'oxydation superficielle du bain, qui crée à la surface supérieure des centres de dissymétrie dans une couche plus lourde que le liquide sous-jacent, comme le fait l'action calorifique à la face inférieure de la nappe liquide, dans les expériences de M. Bénard. Ces centres sont les points de départ des filets descendants suivant lesquels tombent les parcelles; ils sont destinés à devenir les centres des cellules. Le mouvement de descente ainsi obtenu conduit à la division cellulaire hexagonale, parce que celle-ci est une forme d'équilibre stable compatible avec la symétrie du système. L'action de la chaleur, en augmentant les vitesses, produit une régularisation plus rapide.

M. L'Abbé Z. CARRIÈRE,

Docteur ès Sciences, Professeur à l'Institut catholique (Toulouse).

PRINCIPE NOUVEAU D'UN SISMOGRAPHE VERTICAL.

551.22 : 534.81

2 *Août.*

Une perturbation sismique, en un lieu, est connue, quand on peut déterminer, en ce lieu, ses deux composantes horizontale et verticale Les sismographes horizontaux sont, à ce jour, nombreux et très perfectionnés. Les sismographes verticaux sont de types moins variés et, en général, laissent davantage à désirer.

On sait que la partie oscillante d'un sismographe doit avoir une durée d'oscillation propre aussi grande que possible, une dizaine de secondes au moins. Pour les sismographes à déplacement horizontal qui sont de véritables pendules, il est relativement facile de remplir cette condition. Les masses provoquent dans les tiges de suspension des tensions qui n'interviennent dans le couple de rappel que par une fraction minime.

S'il s'agit de la composante verticale d'une perturbation sismique, la masse du sismographe enregistreur doit avoir un déplacement possible suivant la verticale, de part et d'autre d'une position d'équilibre déterminée. Cette position d'équilibre stable en un point de la verticale impose la nécessité d'une force directement opposée à la pesanteur et, en moyenne égale au poids de l'oscillateur. Cette force, si elle varie proportionnellement à l'écart à partir de la position d'équilibre, constituera, à proprement parler, la force de rappel cause du mouvement oscillatoire. Pour augmenter la période de ce mouvement, il faut, d'une part, augmenter la masse autant que possible, d'autre part, diminuer le plus possible le taux de variation de la force de rappel par unité de déplacement vertical.

Jusqu'à ce jour, pour remplir ces conditions, on s'est adressé à des ressorts métalliques portant des poids plus ou moins considérables. Les ressorts métalliques quelle que soit leur forme, ressorts de voiture, ressorts à boudin, etc., sont, en général, ce qu'on appelle des ressorts puissants. Ils doivent l'être d'autant plus que les masses à supporter sont elles-mêmes plus grandes. L'allongement ou, en général, la déformation d'un ressort doit rester au-dessous d'une limite relativement peu élevée. Pour ces raisons, il est assez difficile d'augmenter, comme il serait désirable, la durée d'oscillation d'un sismographe vertical, à ressorts métalliques.

Lo Surdo (*Atti della reale Academia dei Lincei*, 2e sem. vol. XVIII, fascicule 10) donne la théorie et un modèle d'*accéléromètre* à liquide vertical. Son appareil ne manque pas d'analogie avec celui dont il va être question, bien que ce dernier ait été conçu et, au moins provisoirement réalisé, plusieurs mois avant que j'eus connaissance des travaux de Lo Surdo. Ce dernier mesure d'ailleurs, non pas le *déplacement vertical*, mais l'*accélération de ce déplacement*.

La partie oscillante de mon sismographe vertical est simplement la cloche d'un gazomètre particulier. Dans une usine à gaz d'éclairage, la cloche du gazomètre, supposé isolé de la canalisation urbaine, est supportée par le gaz qu'elle renferme comme par un ressort. Comme un ressort, la masse du gaz comprimée résiste à la compression, dilatée résiste à la dilatation, cette résistance est proportionnelle à la compression ou à la dilatation supposées petites, et la compression ou la dilatation sont proportionnelles au déplacement vertical, supposé petit, de la cloche, à partir de sa position d'équilibre. D'où un mouvement oscillatoire vertical de la cloche.

Pour en augmenter la durée d'oscillation, il faut rendre le ressort aussi doux, aussi faible que possible. Il faut donc, pour un enfoncement donné de la cloche, diminuer le plus possible la compression du gaz qui en résulte. Le seul moyen véritablement efficace et pratique consiste à modifier le gazomètre de l'usine.

La partie principale de l'appareil consistera en un réservoir (U) que nous supposerons dorénavant rempli d'air. Ce réservoir, de forme d'ailleurs quelconque, est parfaitement étanche, et communique avec l'atmosphère par un tube vertical T. Autour de ce tube on dispose un second tube T' concentrique, de plus grand diamètre, et soudé sur le réservoir U de façon que l'espace annulaire compris entre les deux tubes T et T' puisse être rempli de liquide, d'eau par exemple. La cloche C, que j'appellerai aussi flotteur, formée d'un tube de diamètre convenable est renversée sur le tube T, ses parois baignant dans l'eau de l'espace annulaire. Elle est maintenue coaxiale avec les tubes T et T' par 3 fils légers F, F', F" faiblement tendus horizontalement.

On souffle, au moyen d'une pipette recourbée, dans le réservoir, une quantité d'air suffisante pour que soit équilibré le poids de la cloche qui, alors, flotte librement.

Un style léger peut tourner autour d'une charnière O' solidaire du tube T', il est appuyé par un deuxième point O sur le flotteur C. Son extrémité effilée S presse légèrement contre le papier enfumé d'un tambour enregistreur P. Ce tambour est mobile autour et le long d'un axe vertical *rigidement* lié aux parois du réservoir U. Indépendamment du mouvement hélicoïdal autour de son axe, il a donc, comme le point O', le même mouvement que le réservoir et l'ensemble de l'appareil. Le point O, qui *n'est pas rigidement* lié à l'ensemble, a un mouvement absolu propre. D'où un déplacement relatif des deux points O et O', déplacement que l'extrémité S du style subit aussi et inscrit, en l'amplifiant, le long d'une génératrice du cylindre enfumé. Au lieu d'un arc d'hélice, cette extrémité décrit une courbe plus ou moins ondulée.

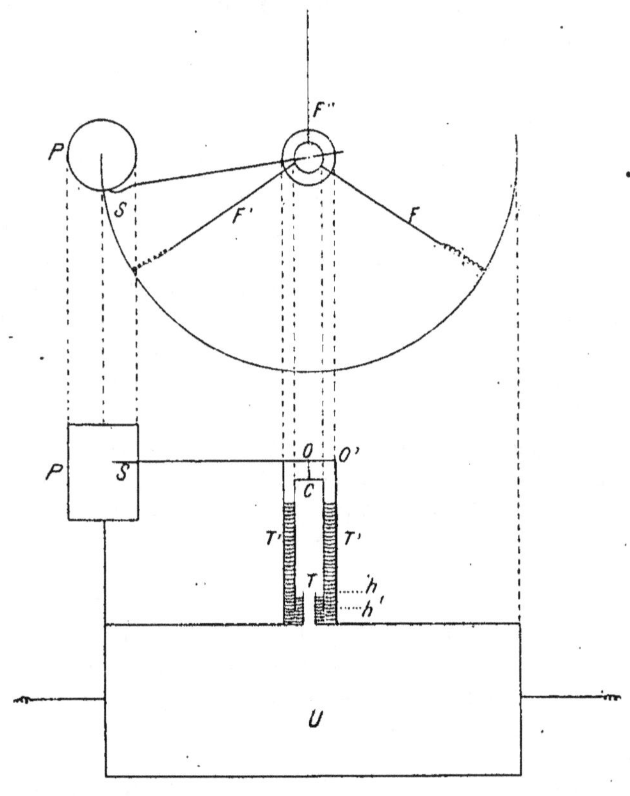

Fig. 1.

Les facteurs qui interviennent dans le calcul de la période d'oscillation du flotteur sont, en négligeant d'abord les frottements, la masse M de la cloche, sa section s et le volume total occupé par l'air, volume qu'on peut d'ailleurs très sensiblement égaler au volume U du réservoir, puisque la section de la cloche doit être aussi petite que possible, sa hauteur étant forcément limitée par les nécessités de la construction à quelques décimètres. En appelant p la pression de l'air à l'intérieur du réservoir et $\dfrac{C}{c}$ le rapport connu des chaleurs spécifiques des gaz à pression et à volume constants, on a pour durée d'oscillation du flotteur

$$T = 2\pi\sqrt{\dfrac{MUc}{gps^2C}} = \dfrac{2\pi}{s}\sqrt{\dfrac{MUc}{gpC}}.$$

Avec M = 1 kg, U = 300 l, s = 22 cm², la pression surpassant la pression atmosphérique de 45 cm d'eau, on trouve $T = 3^s,8$. C'est à peu près ce que donne l'expérience. Je dis à peu près, car, une grande précision dans cette mesure n'est ni nécessaire, ni possible.

En effet, l'amortissement (que j'ai négligé dans cette étude préalable) est, en réalité, très grand, même avec l'eau comme liquide. Il est difficile de compter plus de quatre oscillations. Avec un décrément aussi grand, la période doit être sensiblement plus grande que celle que donne le calcul dans le cas où on néglige les frottements. Il y a plus : la compression est supposée adiabatique, ce qui est loin d'être réalisé. Quoi qu'il en soit, l'expérience donne une période voisine de 4 secondes.

J'ai utilisé deux autres flotteurs ayant respectivement comme durée 2 et 2,5 secondes.

On peut mettre en évidence dans la formule, au lieu de la masse M, l'excès π de la pression intérieure p sur la pression extérieure $p - \pi$.

On a alors

$$M = \pi s$$

et

$$T = 2\pi \sqrt{\frac{\pi U c}{g\, p s\, C}}.$$

Sous cette forme, on voit que, pour des dimensions U et s données, il y a avantage à augmenter l'excès de pression π. Également, il y a avantage à diminuer s et augmenter U.

On dispose donc d'un grand nombre de facteurs propres à modifier la période. Mais la pression π ne peut guère augmenter sans compromettre la résistance des réservoirs. Nous verrons plus loin que, à ce qu'il semble, s ne peut guère diminuer au-dessous d'une certaine limite. C'est surtout par augmentation du volume U que l'appareil pourra, je l'espère, être amélioré. Je me propose d'étudier prochainement ces modifications.

Si l'on voulait transformer le sismographe en *accéléromètre* du type Lo Surdo, il faudrait rendre la période *aussi petite que possible*. La formule montre à quelles conditions c'est possible. La transformation serait très aisée et l'appareil peu encombrant.

Il faut avoir soin, de prendre un flotteur à parois aussi minces que possible, au moins dans la partie *hh'* qui est baignée par le liquide sur ses deux faces. Sans cette précaution, on augmente la force de rappel de la variation de la poussée hydrostatique sur cette portion de paroi. On en est quitte pour alourdir le flotteur par des lames de plomb placées *à l'intérieur* de la cloche et *au-dessus* du niveau h du liquide.

Je n'ai pas étudié le frottement. Il est loin d'être négligeable. Il faut d'ailleurs, dans un sismographe s'arranger pour qu'il atteigne une valeur voisine du frottement critique. En variant les liquides, au besoin, en superposant une couche d'huile d'épaisseur convenable à une couche d'eau, j'espère réaliser assez facilement cette condition. D'autre part, l'appareil pourra ainsi me servir à étudier les liquides eux-mêmes au point de vue de leur frottement intérieur. Je me propose d'en faire l'objet d'une étude spéciale.

Voici maintenant les résultats expérimentaux justifiant la dénomination de l'appareil, et indiquant jusqu'à quel point il peut réellement servir de sismographe.

L'ensemble de l'appareil est suspendu à une planche formant ressort, à laquelle on peut imprimer un mouvement sinusoïdal de période et d'amplitude connues, simulant une perturbation sismique. Un style témoin S' (non représenté dans la figure) porté par un support quelconque *isolé de l'appareil*, inscrit sur le tambour P, à côté du style S, les oscillations *imposées* à l'appareil. Ces oscillations sont inscrites sans amplification. Les deux styles ont d'ailleurs un certain décalage, l'un par rapport à l'autre; leur mouvement ne pourrait se faire suivant une même génératrice sans se gêner l'un l'autre.

La figure 2 est la reproduction de l'une des inscriptions obtenues. Les courbes S et S' y sont facilement reconnaissables, ces dernières ayant des sinuosités de plus faible amplitude. La lettre P, sur la figure 2 indique des oscillations imposées à l'appareil par l'élasticité du support, provoquées par un simple choc de la main. T_1, T_2, T_3, T_4, se rapportant à des oscillations imposées de 1, 2, 3, 4 secondes. Il n'y a pas lieu de tenir compte, je crois, des petites boucles très régulièrement réparties le long des ondulations de la courbe S. On les trouve, en effet, même quand le style décrit l'hélice. Je crois pouvoir les attribuer à la résonance produite par l'échappement du réveil-matin qui me servait pour régler l'entraînement de mon tambour. Le même phénomène de résonance explique aussi, peut-être, l'enregistrement assez défectueux des oscillations imposées T_1 où on distingue comme des battements. Comme on peut le vérifier sur la courbe témoin S', toutes les oscillations T_1, T_2, T_3, T_4, sont imposées de même amplitude. Les oscillations P sont à amplitudes décroissantes : car, elles sont provoquées et non entretenues.

La figure montre que, au moins jusqu'à des durées de 3 secondes le style S reproduit et amplifie les oscillations imposées à l'ensemble de l'appareil. Les ondulations des courbes S et S' ont même période. Au-dessus de 3 secondes l'inscription est plus défectueuse. En particulier, si elle peut encore déceler la période pour T_4, elle donnerait des indications erronées sur l'amplitude imposée.

Il faut ajouter ceci : Le flotteur qui a donné les courbes de la figure 2 avait pour période propre 2 secondes seulement ($M = 3600$ g). Les flotteurs à périodes 2,5 et même 4 secondes ne donnent pas de meilleurs résultats pour T_3 et T_4. On doit, je crois, l'attribuer à ce fait qu'il existe un frottement *solide du style* S sur le tambour. Quelque faible qu'il puisse être, il doit introduire une perturbation si la masse du flotteur est elle-même trop faible. C'est pour ce motif qu'il ne semble pas possible de diminuer indéfiniment la section de la cloche.

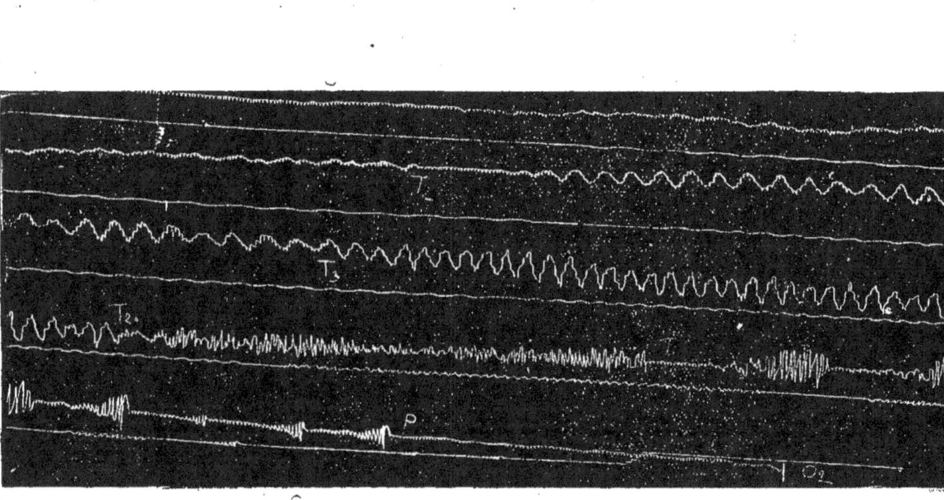

Fig. 2.

Quoiqu'il en soit, le principe du nouvel appareil fonctionnant comme sismographe vertical est, au moins dans certaines limites, suffisamment établi. Je m'efforcerai d'étendre le plus possible ces limites.

M. CARRIÈRE.

TRANSFORMATION ALLOTROPIQUE DE L'ÉTAIN FLUÉ.

54-17-681

2 Août.

C'est un fait bien connu que, au voisinage de 200°, l'étain devient cassant et peut se briser en menus fragments. Les plus récents travaux sur ce sujet, à ma connaissance, sont ceux de M. Cohen publiés dans le *Zeitschrift für physikalische Chemie* en 1909 et condensés dans un récent article du même auteur dans la *Revue générale des Sciences*, mai 1910.

Si le fait de la transformation est universellement admis, la température à laquelle elle s'effectue ou commence à s'effectuer varie, suivant les auteurs, de 161° à 200°. La première de ces deux températures est celle qu'a obtenue Degens (cité par M. Cohen) et à laquelle M. Cohen se rallie après avoir lui-même admis 170°. La température la plus élevée est celle qu'admet Tammann (*Drud. Annalen*, 1903). Les expériences de Tammann sont très analogues à celles que j'ai à rapporter. J'ai cru néanmoins devoir communiquer celles-ci, non pas précisément pour donner un argument définitif en faveur d'une température déterminée (mes expériences sont trop peu nombreuses), mais pour apporter dans des détails que je crois nouveaux, ma modeste contribution à l'étude d'un phénomène qui ne paraît pas être simple.

Préparant, en 1904, ma Thèse sur les *Déformations d'alliages de plomb et d'étain*, je fis, comme étude préalable, des expériences sur l'étain pur. J'utilisais de l'étain chimiquement pur fourni comme tel par la maison Billaut. Je transformais moi-même les lingots en fil de 1 mm environ de diamètre, au moyen d'un appareil que j'ai décrit dans ma Thèse et qui, d'ailleurs, rappelle les machines industrielles à fabriquer les tuyaux de plomb. Au moyen d'une presse hydraulique, le métal est comprimé dans un cylindre d'acier, d'où il sort à travers une ouverture de diamètre et de profil convenables, sous forme d'un fil indéfini qu'on enroule sur un tambour. C'est proprement un fil d'étain *flué*. Le cylindre d'acier est chauffé. La température peut être connue à chaque instant, même lorsque le métal est sous pression, au moyen d'un thermomètre qu'on loge dans une cavité verticale, creusée parallèlement à l'axe, dans l'épaisseur de la paroi du cylindre.

L'expérience consiste à obtenir des fils à des températures différentes. Je n'ai pas opéré à froid. Mes expériences ont été faites à des températures variant de 153° à 227°. La pression du métal dans le cylindre d'acier était de 2850 kg : cm², pression maintenue constante à une centaine de kilos près.

Les fils obtenus étaient ensuite soumis à l'essai de traction, sous l'action de charges croissant proportionnellement au temps. C'est, d'une part, le résultat des observations de l'expérience de fabrication des fils; d'autre part, le résultat de la comparaison des essais de traction qui motive la présente communication.

Et d'abord, l'appareil étant en marche et le fil s'enroulant normalement sur le tambour, le chauffage étant réglé de façon à obtenir une température lentement croissante, quand on arrive au voisinage de 195°, le fil ne tarde pas à casser. Aussitôt après, si l'on continue à manœuvrer la pompe, le bout qui sort du cylindre se recroqueville, se sectionne transversalement en prismes circulaires de quelques milimètres de longueur; puis un prisme se détache complètement du voisin, de façon que, au lieu d'un fil continu et lisse, on obtient des bâtonnets de 1 cm de longueur environ, courbés en arcs de cercle de 1 à 2 cm environ de rayon. Ces bâtonnets eux-mêmes sont très fragiles, *à chaud*, et l'on peut les casser comme du verre, avec un effort minime, tant que la température reste élevée.

A ces traits, on reconnaît l'étain dit *fragile* et je dois de cette observation rapprocher celle des fils du même étain obtenus à 175° que j'avais placés dans une étuve verticale pour y être portés à haute température et, à cette température, être soumis à l'essai de traction sous charge croissant proportionnellement au temps. Dès 145°, le fil rompu par la charge était devenu très rugueux. A 174°, il portait très net le sectionnement en prismes courts, le sectionnement paraissant n'atteindre que la couche périphérique. A 180°, il cassait sous son propre poids (fil de 80 cm de long) et, en tombant sur le sol, se brisait comme du verre.

Ce qui paraît plus intéressant, c'est l'instabilité remarquable de cet état fragile. J'ai dit que, à 195°, au lieu de fil d'étain, j'obtenais seulement des bâtonnets fragiles. Et cependant, si on laisse refroidir un de ces bâtonnets, il perd bientôt sa fragilité. Revenu à la température ordinaire, « il plie et ne rompt pas ». On pourrait s'attendre à ce qu'un refroidissement brusque maintienne, au moins pour un temps, le métal dans son état anormal. On sait que la trempe (refroidissement brusque) donne à l'acier de la fragilité. Pour l'étain, c'est l'inverse qui a lieu.

Manœuvrant continuellement la pompe, pour obtenir l'écoulement du métal, la température restant toujours 195°, je dépose autour de l'orifice de sortie du fil une petite couche d'eau que je renouvelle à mesure qu'elle s'évapore. Au lieu de bâtonnets, j'obtiens un fil parfaitement lisse, parfaitement souple. Et même, il paraît plus souple que le fil obtenu à 153°. Je n'ai pas fait d'expérience proprement dite sur le fil d'étain ainsi trempé. J'avais, en effet, comme préoccupation prédominante de mon travail, celle d'obtenir des fils dont toutes les circonstances de fabrication et de conservation fussent parfaitement déterminées. Je ne pouvais m'arrêter, sur le phénomène présent, à autre chose qu'à une observation superficielle, sous peine d'avoir à entreprendre une étude approfondie de la trempe. Même sous cette forme peu précise, le phénomène me paraît mériter d'être signalé.

Continuons à manœuvrer la pompe de compression sans refroidir le fil et laissons la température s'élever progressivement. Vers 200°, le fil commence à retrouver son poli, sa flexibilité, sa ténacité. Il les conservera jusqu'au voisinage du point de fusion. De sorte qu'il est possible d'obtenir des fils d'étain à toutes les températures, sauf un intervalle de 4° ou 5° pendant lequel se manifeste une extraordinaire instabilité.

Tammann signale la brusque diminution de la vitesse d'écoulement de l'étain flué vers 200°. Mes observations concordent avec celles de Tammann, pour la température 200°. En réalité, il semble qu'il y ait une première diminution de vitesse vers 180°. Voici d'ailleurs le Tableau des vitesses moyennes d'écoulement correspondant à diverses températures. Je donne, en regard de chaque température, les allongements des fils correspondants sous les deux charges P_1 et P_2. P_2 est une charge voisine de la charge de rupture, $P_1 = \frac{3}{4} P_2$.

| | Vitesses moyennes en centimètres | Allongements | |
Températures.	par minute.	sous P_1.	sous P_2.
154°	3,4	211	887
166	18	240	937
171	74	257	939
177	150	210	cassé $>$ 1027
181	85	113	444
184	75	81	285
188	67	93	339
191	70	81	253
199	36	47	158
204	36	52	170
217	82	59	238

La courbe qui donne les allongements A sous P_2 en fonction de la température T a, pour $T < 180°$, une allure rectiligne légèrement montante. A partir de 180°, on trouve une branche descendante qui rappelle, quant à son allure générale, une branche hyperbolique, avec asymptotes parallèles aux axes. Si l'on admet cette conception, le point d'intersection des branches rectiligne et hyperbolique est à $T = 180°$ environ.

A des résultats peu concordants j'ajoute des résultats qui ne semblent pas devoir produire l'accord. Je dois cependant faire remarquer ceci : Mes nombres se rapportent à de l'étain flué sous 2850 atmosphères, ceux de Tammann à de l'étain flué sous 500 atmosphères seulement. De plus, l'étain rhombique au-dessus de 161° a comme densité 6,55.

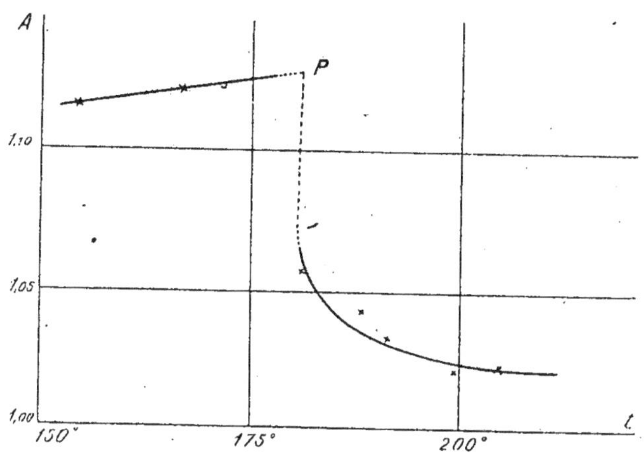

L'étain tétragonal au-dessous de 161° à 7,28 comme densité. Si la transformation du tétragonal en rhombique se fait à 161°, sous la pression atmosphérique, elle se fera à une température plus élevée sous une pression plus grande.

Quoi qu'il en soit, il me paraît difficile d'admettre que la forme dite *rhombique* qui existerait vers 200° et qui serait proprement la forme fragile, se maintienne au-dessus de 200°. La stabilité parfaite, la flexibilité à chaud, la ténacité relativement grande du fil obtenu aux températures voisines du point de fusion, me paraissent incompatibles avec l'extraordinaire fragilité du métal aux températures dont j'ai parlé.

M. Paul JÉGOU.

Ingénieur, ancien Élève de l'École supérieure d'Électricité
[Sablé-sur-Sarthe (Sarthe)].

RÉCEPTEUR DE SIGNAUX HORAIRES HERTZIENS.

538.56 : 654.25

En général, les récepteurs de télégraphie sans fil utilisent le détecteur électrolytique pour déceler les ondes hertziennes, mais celui-ci exige, pour fonctionner, l'application d'une force électromotrice réglée avec soin (tension critique du détecteur). Cette tension est obtenue pratiquement en faisant débiter un accumulateur double (4 volts à charge normale) sur une résistance qui est dite fonctionner comme *potentiomètre.*

L'inconvénient d'un tel récepteur consiste en la suggestion procurée par l'accumulateur qui doit être surveillé et mis en charge de temps à autre. Pour ne pas interrompre le service, il convient alors d'avoir à sa disposition quelques accumulateurs doubles et, pratiquement, pour recharger cette petite batterie il faut avoir recours à une dynamo actionnée par un moteur. Bref, l'usage des accumulateurs enlève à ce récepteur toute autonomie en ce sens qu'il ne peut se suffire à lui-même.

En radiotélégraphie, il n'y a là aucun inconvénient, car les postes de télégraphie sans fil ont nécessairement une réception et une émission; celle-ci est alors toujours à même de procurer le moyen de recharger aisément les accumulateurs du récepteur.

Il n'en est plus de même quand il s'agit du problème de la réception des signaux horaires transmis par les ondes hertziennes, car alors il suffit d'être muni d'un récepteur d'ondes pour pouvoir déceler le signal envoyé à heure fixe et convenu d'avance. Il faut donc, dans ce cas, un récepteur tout à fait autonome, c'est-à-dire qui soit établi de façon à être constamment en état de fonctionner par lui-même.

Ce problème ne peut être résolu que par l'emploi de piles pour remplacer les accumulateurs. D'ailleurs, le récepteur de signaux horaires doit être simple et peu encombrant, il y a donc intérêt aussi à chercher le dispositif permettant d'utiliser le moins d'éléments possible.

Voici les nouveaux principes utilisés pour réaliser ce nouveau récepteur. Il est caractérisé :

1° Par la suppression complète du potentiomètre.

2° Par les détecteurs électrolytiques utilisés qui ont leurs électrodes inactives (par opposition à l'électrode qui constitue la pointe sensible ou active du détecteur, celle-ci est toujours en platine très fin) et leurs électrolytes choisis de façon à réaliser des détecteurs qui possèdent des tensions critiques d'électrolyse toujours légèrement supérieures aux tensions données par l'ensemble des éléments de piles qu'on veut utiliser.

(La tension critique d'un détecteur varie notablement avec le métal qui constitue l'électrode inactive et l'acide utilisé pour constituer l'électrolyse).

3° Par l'usage d'une bobine genre téléphonique dont le primaire à gros fil et court est placé aux bornes des téléphones tandis que l'enroulement à fil fin et long est placé en série entre les éléments de pile et le détecteur. (Dans ce cas, le primaire de la bobine fonctionne comme induit, le secondaire de la bobine fonctionne comme inducteur).

Les éléments de cette bobine sont déterminés suivant les cas et suivant les récepteurs téléphoniques utilisés.

Cette bobine a pour résultat, comme l'expérience le prouve, de compenser la diminution de sensibilité due à ce que la tension appliquée sur le détecteur électrolytique est quelque peu inférieure à le tension critique du détecteur.

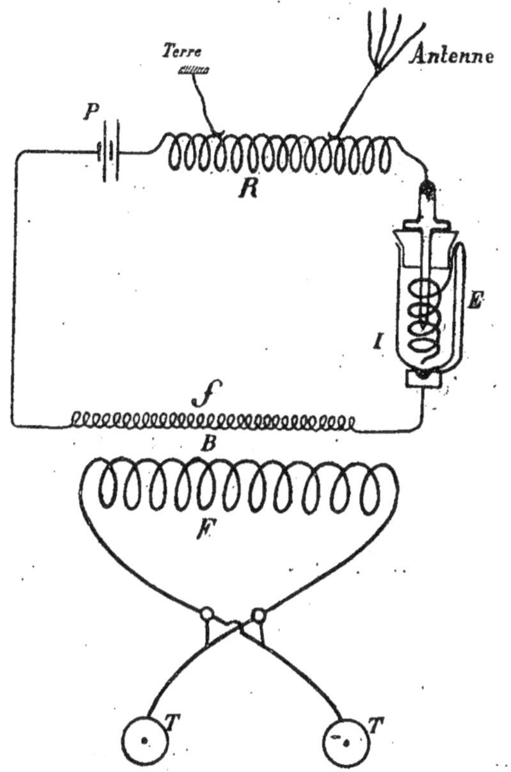

Schéma du récepteur pour signaux horaires hertziens.
P, pile de deux éléments Leclanché ou deux éléments secs Delafon; R, résonateur de syntonie; E, détecteur électrolytique à électrode inactive I en plomb; B, bobine transformatrice dont *f* est l'enroulement fil fin et F l'enroulement fil gros; T, récepteurs téléphoniques, modèle courant de 150ᵒ.

D'ailleurs pour diverses raisons qu'on va exposer, la sensibilité peut être supérieure à celle obtenue avec le récepteur ordinaire et sans avoir recours aux récepteurs téléphoniques spécialement sensibles qu'on utilise en général. Ce résultat est dû :

1° A la suppression du potentiomètre qui est une cause de diffusion des ondes; les oscillations drainées par l'antenne ne passent pas entièrement par le détecteur, une certaine partie de celles-ci est dérivée par le potentiomètre;

2° A ce que les récepteurs téléphoniques n'étant plus dans le circuit de l'électrolytique, mais dans un circuit induit, les membranes ne sont attirées que quand les oscillations viennent frapper le détecteur.

A l'état normal les membranes ne sont plus tendues par le courant constant de polarisation qui passe par l'électrolytique d'où il résulte la possibilité de rapprocher davantage les membranes des électros excitateurs sans risque de *collage* et aussi une facilité plus grande pour les membranes à entrer en vibration.

Pratiquement l'appareil se présente sous la forme suivante :

Deux éléments Leclanché ou deux éléments secs P sont appliqués sur le détecteur électrolytique E dont l'électrolyte est de l'eau acidulée avec de l'acide sulfurique et dont l'électrode inactive I est en plomb (fil de plomb fusible) suivant modèle déposé n° 38. Ce détecteur a une tension critique légèrement supérieure à celle réalisée avec les deux éléments Leclanché montés en série.

En série avec le détecteur est branchée la bobine B genre téléphonique dont l'enroulement fil fin et long f est de 450 ohms et l'enroulement fil gros et court F est de 3 ohms. Le fil fin (Inducteur) est en circuit avec le détecteur, le fil gros (Induit) est aux bornes de deux récepteurs téléphoniques T. de 140 ohms chacun et montés en parallèle.

Le résonateur R de syntonie est branché soit aux bornes du détecteur avec un condensateur C ou mieux comme l'indique le schéma, directement en série entre les éléments Leclanché et le détecteur et alors on n'a plus de condensateur.

Il importe de remarquer que les récepteurs téléphoniques utilisés sont ceux adoptés sur le réseau téléphonique de l'État. La sensibilité générale de l'appareil est au moins égale à celle que l'on réalise avec les récepteurs téléphoniques spéciaux de grande sensibilité et de haute résistance (Sultivan 7000^w), qui sont beaucoup plus coûteux.

D'ailleurs la bobine téléphonique est plus simple à établir que le *potentiomètre*.

L'appareil complet est donc de réalisation notablement plus économique et a en outre l'avantage de fonctionner avec des éléments Leclanché dont le débit est infime et pouvant rester en bon état pendant très longtemps.

M. PAUL JÉGOU.

ENREGISTREUR D'ORAGES AVEC DÉTECTEUR ÉLECTROLYTIQUE.

537-33-42

2 Août.

Les liens qui existent entre le problème de l'enregistrement graphique des décharges atmosphériques d'un orage même éloigné du lieu d'observation et le problème de la télégraphie sans fil sont évidents. Dans les deux cas, il s'agit de déceler dans l'espace des oscillations électriques de même nature.

Rien donc de plus naturel que de constater une similitude presque complète entre le dispositif enregistreur de Popoff (1895) et le premier récepteur de télégraphie sans fil de Marconi. Tous les deux utilisent le tube à limaille de Branly ou *cohéreur*, seul détecteur d'ondes connu à l'époque. Ce cohéreur est associé à une antenne et à un relais, lequel est destiné à commander le stylet inscripteur d'un enregistreur à mouvement d'horlogerie.

Quelques années plus tard (1898), sur le même principe, M. Boggio Lera s'efforce, judicieusement d'ailleurs, de réaliser un enregistreur qui, non seulement renseigne sur le nombre de décharges, mais encore puisse indiquer si l'orage s'éloigne on se rapproche du lieu d'observation. C'est là un renseignement complémentaire très intéressant qu'on est en droit d'exiger de tout bon enregistreur d'orages.

Plus tard (1902) M. Turpain réalisait des dispositifs très ingénieux destinés à fournir également ces deux indications au moyen d'une association convenable de cohéreurs d'inégales sensibilités; en même temps, connaissant le fonctionnement irrégulier et même capricieux du tube à limaille, il cherche à l'utiliser dans des conditions plus favorables.

L'an dernier M. Turpain a eu l'heureuse idée de chercher une autre solution en utilisant un dispositif *bolométrique* analogue à celui qui a été utilisé par M. Tissot pour ses mesures en télégraphie sans fil. Les décharges atmosphériques sont alors enregistrées photographiquement au moyen d'un rayon lumineux réfléchi par le miroir d'un galvanomètre. Les déviations de ce galvanomètre sont la conséquence d'un déséquilibrage d'un pont de Wheatstone par suite de l'échauffement d'un fil de platine très fin sous l'action des ondes captées par l'antenne. On sait alors que les déviations du rayon lumineux sont proportionnelles au carré de l'énergie recueillie par l'antenne.

Le développement de la bande photographique renseigne donc directement sur le nombre et l'énergie des décharges atmosphériques et, par le fait même, sur la proximité de l'orage enregistré.

Le dispositif bolométrique nous ayant paru un peu compliqué et trop délicat quand il s'agit d'en faire un enregistreur vraiment sensible par suite de l'usage nécessaire d'un galvanomètre très sensible et de fils chauffants très fins soigneusement soustraits aux actions ambiantes, nous avons songé ([1]) à utiliser les propriétés présentées par l'association d'un galvanomètre Deprez-d'Arsonval de sensibilité courante avec un *détecteur électrolytique*, détecteur universellement utilisé maintenant à cause de sa sensibilité, de sa sécurité de marche et de sa robustesse pour recevoir en T. S. F. les radiotélégrammes.

On sait que, sous l'action d'ondes hertziennes même faibles, (M. Tissot a songé à utiliser cette sensibilité pour un dispositif d'appel en radioté-

---

([1]) L'idée nous est venue à la conférence de M. Turpain sur son dispositif bolométrique (Congrès de Lille, 1909) lui ayant demandé en séance s'il avait songé à utiliser le détecteur électrolytique, qui devrait donner des résultats analogues avec plus de simplicité.

légraphie), le galvanomètre dévie nettement et ces déviations sont, en grandeur, corrélatives de l'énergie captée par l'antenne.

Il nous a semblé qu'un tel dispositif possédait toutes les qualités requises pour réaliser un excellent enregistreur d'orages simple, robuste et régulier, en l'associant à un enregistreur photographique analogue à celui utilisé avec le dispositif bolométrique.

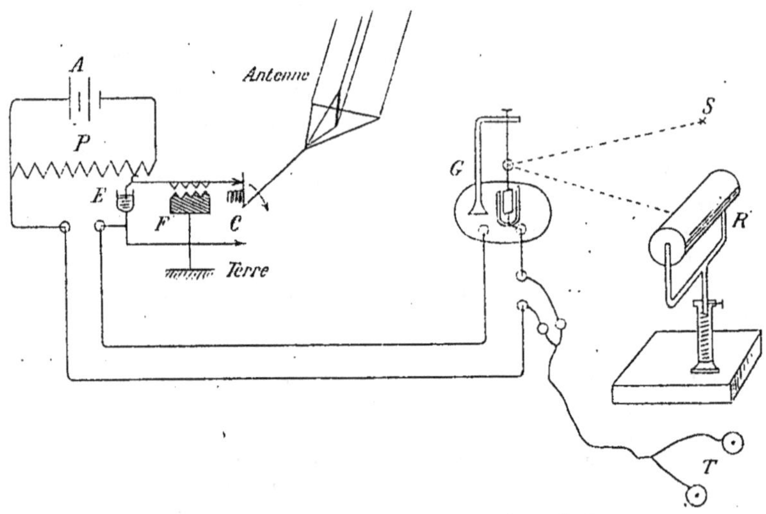

Enregistreur d'orages avec détecteur électrolytique.
A, accumulateurs. P, potentiomètre. E, détecteur électrolytique. F, parafoudre.
C, commutateur pour mettre l'antenne à la terre. G, galvanomètre. S, source
lumineuse linéaire. R, enregistreur photographique. T, téléphones.

Pratiquement, voici comment le dispositif (schéma) a été réalisé dans les essais que nous avons entrepris : Dans une cabine on avait placé l'appareil sensible, c'est-à-dire l'accumulateur, le potentiomètre et le détecteur électrolytique, aux bornes duquel on branchait l'antenne et la terre.

L'action des oscillations sur le détecteur était reportée par une ligne bifilaire sur un galvanomètre placé dans une salle obscure voisine de la cabine. Une fente lumineuse était dirigée vers le miroir du galvanomètre, et sur le trajet du faisceau réfléchi on plaçait un enregistreur photographique de Richard. Cet enregistreur avait été spécialement étudié de façon à permettre des vitesses variables pour le déroulement du papier photographique, dans le but d'enregistrer avec plus ou moins de détail l'état orageux de la région.

Les graphiques d'orages permettent de se rendre compte de la fidélité avec laquelle l'appareil enregistre les décharges atmosphériques avec leurs intensités relatives.

Un avantage de ce dispositif qu'il importe de faire ressortir est qu'en plaçant des téléphones en série avec le détecteur et le galvanomètre, il est très aisé, sans nuire aucunement à l'enregistrement photographique, de suivre à tout moment un orage en écoutant les crépitements caractéristiques rendus par les membranes des téléphones à chaque décharge atmosphérique.

Remarquons aussi que la sensibilité générale de l'appareil peut être très facilement graduée en agissant sur le réglage du potentiomètre ou en shuntant convenablement le galvanomètre. Ce réglage peut présenter un intérêt lorsque l'enregistreur est installé dans une région sillonnée par des oscillations hertziennes provenant de postes radiotélégraphiques relativement peu éloignés de l'observatoire; il est alors facile, aux dépens de la sensibilité générale bien entendu, de mettre l'enregistreur à l'abri des troubles qu'occasionneraient les oscillations émises par ces postes.

Quelques dispositifs de sécurité ont été ultilisés : tout d'abord un parafoudre était placé à la base de l'antenne, et était destiné à mettre les appareils à l'abri des actions trop énergiques.

De plus un commutateur spécial avait été prévu pour pouvoir mettre l'antenne directement à la terre, sans toucher à celle-ci, quand l'orage était trop près et devenait réellement dangereux.

<hr>

M. Paul RAZOUS,

Lauréat de l'Institut,
Licencié ès sciences mathématiques et physiques.

<hr>

MOYENS D'ASSURER DANS UN LOCAL DÉTERMINÉ UNE TEMPÉRATURE ET UN ÉTAT HYGROMÉTRIQUE FIXÉS A L'AVANCE.

628.8

5 Août.

Actuellement, grâce aux perfectionnements des appareils de chauffage, on arrive bien à réaliser dans un local une température fixée à l'avance, mais on obtient difficilement l'état hygrométrique désiré. La plupart du temps même on ne s'occupe pas de l'état hygrométrique qui a pourtant sur la santé une influence considérable. Or, tout le monde sait combien est désagréable la trop grande sécheresse de l'air dans les appartements chauffés pendant la froide saison, soit par des appareils à feu continu, soit par les calorifères à circulation d'eau ou de vapeur. D'après le Dr Héricourt, l'un et l'autre sont antiphysiologiques, car ils dessèchent les poumons par un courant d'air brûlé. En effet, si l'air est trop sec, il absorbe trop rapidement l'humidité de notre corps, la transpiration peut devenir trop abondante, les muqueuses de la gorge et des poumons s'irritent. Il en résulte une sensation désagréable qui finit à la longue par occasionner une véritable fatigue. Combien de maux de tête, de douleurs d'estomac, attribués à la production d'acide carbonique ou d'oxyde de carbone, ne proviennent que de la trop grande sécheresse de l'air de locaux où l'on doit séjourner.

On connaît aussi le désagrément des buées ou de l'état hygrométrique très élevé, dans les teintureries, les papeteries, les savonneries, les filatures de lin au mouillé et plusieurs autres industries. Il y a donc dans plusieurs circonstances de la vie domestique ou de la vie en atelier, tantôt un état hygrométrique trop faible, tantôt un état hygrométrique trop fort. Or, pour ramener à l'état hygrométrique voulu, on n'a opéré ou pu opérer jusqu'ici que par tâtonnements. Aussi est-il nécessaire d'étudier les moyens permettant de réaliser avec précision l'état hygrométrique et la température voulue.

Dans ce but, j'ai établi les procédés de calcul suivants :

Premier cas : État hygrométrique trop faible. — Considérons un local dans lequel, avec le chauffage par radiateur à vapeur, on a réalisé la température voulue, ou bien une température t légèrement inférieure à la température voulue que nous désignerons par $t + n$. Soit e l'état hygrométrique trop faible obtenu avec le mode de chauffage considéré et $e + i$ l'état hygrométrique conforme aux principes de l'hygiène que l'on désire réaliser.

Dans ce but, il faut renouveler l'air du local en introduisant de l'air humidifié. Comme l'humidification ne se produit que par une vaporisation d'eau et, par suite, par une absorption de calories par l'eau à vaporiser, il faudra prendre un volume V d'air extérieur à la température θ et d'état hygrométrique ζ, le porter à la température T et puis l'humidifier en lui faisant absorber un poids P d'eau.

Indiquons ici qu'on peut humidifier l'air par l'un des procédés suivants :

1° Emploi de la vapeur vive projetée directement dans l'air de ventilation ou dans les salles à humidifier;

2° Humidification par des arrosages sur les planchers avec de l'eau s'écoulant dans des rigoles placées sur le sol;

3° Emploi des pulvérisateurs d'eau placés soit sur le parcours de l'air de ventilation, soit dans les salles à humidifier;

4° Humidification par insufflation de l'air de ventilation au travers d'une pluie artificielle ou d'un tissu humecté au préalable.

Le premier procédé surchauffe l'air des locaux et produit, sous forme de condensations, des dépôts qui peuvent oxyder les parties métalliques.

Les procédés d'humidification par des arrosages sur les planchers ou par de l'eau s'écoulant dans des rigoles placées sur le sol ne peuvent pas être employés dans le plus grand nombre de locaux, car ils manquent de propreté.

L'emploi de pulvérisateurs d'eau placés soit sur le parcours de l'air de ventilation, soit dans les salles à humidifier, ne paraît pas sans inconvénients dans les locaux habités ou dans les ateliers où sont fabriqués des marchandises délicates, car le brouillard produit par ces pulvérisateurs entraîne presque toujours une certaine quantité d'eau à l'état de gouttelettes extrêmement fines.

L'humidification par une insufflation de l'air de ventilation au travers d'une pluie artificielle ou d'un tissu humecté au préalable présente l'avantage de filtrer cet air tout en l'humidifiant; elle s'installe sur les conduites de refoulement de la ventilation des locaux. Ce procédé peut se réaliser par l'emploi de pulvérisateurs injecteurs entraînant l'eau en même temps qu'ils la pulvérisent.

Ceci dit, représentons par :

P_0, P_T, P_t, P_{t+n}, les poids de vapeur d'eau contenus dans 1^{m^3} d'air aux températures θ, T, t et $t + n$, les états hygrométriques étant respectivement ζ, E, e et $e + i$;

F_θ, F_T, F_t, F_{t+n} les tensions maxima de la vapeur d'eau aux températures θ, T, et $t + n$;

f_0, f_T, f_t, f_{t+n} les tensions correspondantes aux températures θ, T, t et $t + n$ et aux états hygrométriques ζ, E, e et $e + i$.

Si nous désignons par v le volume du local où doit régner la température $t + n$ et l'état hygrométrique $e + i$, nous aurons une première équation en écrivant que la quantité de vapeur d'eau restée dans la salle est égale à la quantité de vapeur d'eau contenue dans l'air rentrant, diminuée de la quantité de vapeur d'eau contenue dans l'air sortant du local.

Or la quantité de vapeur d'eau restée dans la salle est égale à

$$v[(e + i) P_{t+n} - e P_t)].$$

La quantité de vapeur d'eau contenue dans l'air introduit sera de

$$\frac{V(1,293)(0,622) E F_T}{(1 + \alpha\theta) 760} + p.$$

La quantité de vapeur d'eau contenue dans l'air sortant sera de

$$\frac{V(1,293) \times 0,622 (e + i) T_{t+n}}{(1 + \alpha\theta) 760},$$

d'où l'équation

$$\frac{V \times 1,293 \times 0,622}{(1 + \alpha\theta) 760} [E F_T - (e + i) F_{t+n}] = v[(e + i) P_{t+n} - e P_t] - p.$$

Or, d'après les expériences de Herwig, $E F_T = \zeta F_\theta$.
On a donc

$$(1) \quad \frac{V \times 1,293 \times 0,622}{(1 + \alpha\theta) 760} [\zeta F_\theta - (e + i) F_{t+n}] = v[(e + i) P_{t+n} - e P_t] - p.$$

Pour obtenir cette seconde équation, écrivons que les V mètres cubes d'air introduits à θ et ζ doivent fournir la chaleur nécessaire : 1° pour vaporiser le poids p d'eau à la température $t+n$ (la température de l'eau étant d); 2° pour élever de t à $t+n$ l'air et la vapeur d'eau contenue dans le local; il vient

$$(2) \qquad \frac{V \times 1,293}{(1 + \alpha\theta)} \times 0,24(T - t - n)$$
$$= p[606,5 + 0,305(t + n - d)] + (ve\,P_t \times 0,475 \times n)$$
$$+ \left[\frac{v}{1 + \alpha t} \times 1,293 \times \frac{H - \frac{3}{8} f_t}{760} \times n \times 0,24 \right] \dots$$

Une troisième équation sera établie, en remarquant que p est la quantité de vapeur d'eau que peuvent absorber les V mètres cubes d'air introduits. Au moyen d'un appareil humidificateur convenable, on peut atteindre un état hygrométrique K. On aura donc, comme n est supposé très faible,

$$K P_{t+n} - E P_T = p.$$

Comme $E P_t$ est, d'après les expériences de Herwig, égal à ζP_0, on aura donc finalement

$$p = K P_{t+n} - \zeta P_\theta.$$

En remplaçant p par sa valeur dans l'équation (1) et (2), on aura deux équations du premier degré en V et T qui permettront de déterminer ces deux quantités. Le problème est donc résolu.

Deuxième cas : État hygrométrique trop élevé. — Soit maintenant le cas d'un local dont l'état hygrométrique e est trop élevé; proposons-nous de ramener cet état hygrométrique à la valeur $e - i$. En adoptant les mêmes mentions que précédemment et en remarquant que p est nul, on a une première équation en écrivant que la quantité de vapeur d'eau contenue dans l'air sortant est égale à la quantité de vapeur d'eau contenue dans l'air entrant augmentée de la quantité de vapeur d'eau enlevée de la salle :

$$\frac{V \times 1,293 \times 0,622(e - i) F_{t+n}}{(1 + \alpha\theta)\,760},$$

$$\frac{V \times 1,293 \times 0,622 \times E F_T}{760} + v[e\,P_t - (e - i) P_{t+n}].$$

On a d'ailleurs, d'après les expériences de Herwig,

$$E F_T = \varepsilon F.$$

On aura une deuxième équation en écrivant que les V mètres cubes doivent fournir la chaleur nécessaire pour élever de t à $t + n$ la vapeur d'eau contenue dans le local et l'air contenu dans ce lieu :

$$(4) \qquad \frac{V \times 1,293 \times 0,24(T - t - n)}{1 + \alpha\theta}$$

$$(vn\, P_t \times 0,475) + \left(\frac{v}{1 + \alpha t} \times 1,293 \times \frac{H - \frac{3}{8} f_t}{760} \times 0,242 \right).$$

Les deux équations (3) et (4) linéaires en T et V nous fournissent ces deux quantités.

Troisième cas : Cas des buées. — Considérons des locaux (ateliers de l'industrie) où se trouvent des buées.

Soit V le volume d'air extérieur à la température θ et d'état hygrométrique ε à faire passer dans les ateliers. Désignons par : t la température de l'atelier où les buées existent; v le volume en mètres cubes de l'atelier où se forment les buées; P_t le poids de vapeur d'eau saturée à la température t contenue dans 1^{m^3} d'air de l'atelier renfermant les buées; π_t le poids d'eau vésiculaire contenue à la température t dans 1^{m^3} d'air de l'atelier renfermant les buées, quantité dont la détermination sera indiquée plus loin; $t + n$ la température de régime, les buées étant éliminées; P_{t+n} le poids de vapeur d'eau saturée à la température $t + n$ contenue dans 1^{m^3} d'atelier; e l'état hygrométrique conforme à l'hygiène et aux nécessités de la fabrication, que l'on veut réaliser dans l'atelier.

Écrivons que les V mètres cubes doivent fournir la chaleur nécessaire pour : 1° vaporiser l'eau vésiculaire et la porter à $t + n$; 2° élever de t à $t + n$ la vapeur d'eau contenue dans l'atelier; il vient

$$\frac{V \times 1,293 \times 0,24(T - t + n)}{1 + \alpha\theta} = v\,\pi_t[606,5 + 0,305(t + n)] + vn\,P_t \times 0,475).$$

Écrivons maintenant que l'air introduit contient, à sa sortie, la vapeur d'eau contenue dans l'air au moment de son introduction augmentée de la vapeur d'eau et eau vésiculaire entraînées :

$$(2) \qquad V \times 1,293 \times 0,622 \times \frac{E F_t}{760(1 + \alpha\theta)} + v(P_t + \pi_t - e P_t + n)$$

$$= V \times 1,293 \times 0,622 \times \frac{e F_{t+n}}{760[1 + \alpha(t + n)]}.$$

Remplaçant dans (2) V par sa valeur déduite de l'équation (1), il vient

$$(3) \qquad \left(\frac{e F_{t+n}}{1 + \alpha(t + n)} - \frac{E F_T}{1 + \alpha T'} \right)$$

$$\times \Big\{ \pi_t[606,5 + 0,305(t + n)] + 0,475\, n\, P_t \Big\} \times \frac{0,622(1 + \alpha T)}{0,24 \times 760(T - t - n)}$$

$$= P_t + \pi_t - e P_{t+n}.$$

Appliquons maintenant à l'air extérieur de température θ et d'état hygrométrique ε qui est échauffé à T et dont l'état hygrométrique devient E le résultat des expériences de M. Herwig, qui a établi qu'une vapeur, suffisamment éloignée de son point de liquéfaction, suit sensiblement la loi de Mariotte à un coefficient de dilatation très voisin de celui des gaz et une densité constante, nous aurons l'égalité

$$(4) \qquad E\, F_T = \xi\, F_0.$$

En effet, on a

$$E = \frac{f_T}{F_T},$$

f_T étant la tension de la vapeur d'eau à la température T et F_T la tension maxima.

On a également

$$\xi = \frac{f_0}{F_0}.$$

Or, comme il s'agit d'une même masse d'air échauffé de θ à T, on aura $f_\theta = f_T$, d'où l'égalité (4).

Remplaçons dans (3) EF_T par sa valeur εF_0, il viendra

$$(5) \quad \left\{ \left(\frac{e\,F_{t+n}}{1+\alpha(t+n)} - \frac{\xi\,F_\theta}{1+\alpha\theta} \right) \left\{ \frac{\pi_t[606.5+0.315(t+n)]+0,475\,n\,P_t}{0,24 \times 760(T-t-n)} \right\} 0,622 \right.$$
$$(1+\alpha T) = P_t + \pi_t - e\,P_{t+n},$$

équation du premier degré en T et V.

Pour déterminer expérimentalement la quantité d'eau vésiculaire ou globulaire existant en suspension par mètre cube dans un atelier à buées, il suffit d'employer une disposition présentant la plus grande analogie avec la méthode chimique décrite par Brünner pour déterminer l'état hygrométrique .

On absorbe, au moyen de substances très avides d'eau, la vapeur d'eau et l'eau globulaire contenues dans un volume connu d'air et l'on en détermine le poids par la balance. En retranchant du poids ainsi obtenu, le poids de la vapeur d'eau contenue à l'état de saturation à la température à laquelle est faite l'observation, on en déduit la quantité d'eau qui existe en suspension à l'état globulaire ou vésiculaire.

MM. E. ROTHÉ

Professeur à la Faculté des Sciences (Nancy)

ET

E. Grégoire de BOLLEMONT.

PHOTOGRAPHIE INTERFÉRENTIELLE DES COULEURS SOUS L'INCIDENCE DE 45° EN LUMIÈRE NATURELLE ET EN LUMIÈRE POLARISÉE. ÉTUDE DU DÉCALAGE : INFLUENCE DU TEMPS DE POSE ET DE LA NATURE DES ÉMULSIONS.

536.65 : 77.86

3 Août.

M. Ponsot [1] a étudié, en 1906, l'influence de l'incidence, sur les couleurs obtenues dans les photographies interférentielles du spectre. Pour réaliser une incidence de 45° dans la gélatine, il utilisait un prisme rectangle isoscèle en crown-baryum (indice 1,55, lumière jaune). Il faisait adhérer, avec de la gélatine, la face hypoténuse du prisme à la face nue de la plaque de verre; le châssis renfermant la plaque était incliné à 45° sur l'horizon, l'axe principal de l'objectif étant normal à la face verticale du prisme à réflexion totale.

Grâce à l'obligeance de M. Damien, Doyen de la Faculté des Sciences de Lille, qui a bien voulu mettre ce prisme à notre disposition, nous avons pu reprendre et continuer les expériences du regretté M. Ponsot. Nous avons vérifié ainsi les différents faits énoncés dans sa Note; nous avons ensuite étudié en détail le décalage que présentent les couleurs dans des conditions particulières que nous décrivons plus loin.

Déjà dans sa première Communication sur la photographie interférentielle sans mercure, M. Rothé [2] appelait l'attention sur le décalage du rouge.

Au Congrès de Lyon (1906) nous avons montré que l'épaisseur de la gélatine n'était pas sans influence sur le décalage des couleurs [3]; avec les plaques minces tout le spectre semble avoir glissé vers l'extré-

---

[1] *Comptes rendus de l'Académie des Sciences,* 26 juin 1906. (M. Ponsot est mort avant d'avoir terminé ce travail.)

[2] *Comptes rendus,* t. CXXXIX, 1904, p. 567. — *Société de Physique,* 16 décembre 1904.

[3] *Comptes rendus de la 35ᵉ session de l'Association française pour l'Avancement des Sciences,* 1906, p. 93.

mité rouge. Dès cette époque, nous avons signalé la grande importance de la durée de pose : pour obtenir des couleurs fidèles, il est indispensable de poser un temps bien déterminé.

Dans le travail que nous avons l'honneur de présenter au Congrès de Toulouse, nous nous sommes proposé d'étudier la discordance des couleurs avec et sans miroir de mercure ; mais, tandis que M. Ponsot n'avait employé que des émulsions très riches en sels d'argent, à peu près deux fois plus riches que celles généralement utilisées dans la photographie interférentielle ([1]), nous avons fait usage au contraire :

1° *Des émulsions normales*, qui conviennent particulièrement bien pour les photographies du spectre ;

2° *Des émulsions dites* $\frac{1}{2}$, où toutes les concentrations sont multipliées par ce facteur.

I. *Incidence normale.* — Nous avons d'abord comparé les résultats obtenus sous l'incidence normale pour ces diverses émulsions sensibilisées et non sensibilisées à l'alcool argentique, en lumière naturelle et en lumière polarisée.

Le dispositif expérimental était le suivant :

Une fente *f* éclairée par la lumière de l'arc électrique était placée au foyer d'une lentille achromatique (L_1) ; le faisceau parallèle traversait un prisme à réflexion totale (V) et tombait sur l'objectif formé par une deuxième lentille (L_2). En avant de la fente nous placions un Foucault (F) et, entre le prisme et l'objectif, un biréfringent (B).

Il était ainsi facile d'obtenir des photographies du spectre en lumière polarisée, soit dans le plan d'incidence, soit dans le plan perpendiculaire. Dans l'un et l'autre cas, nous avons obtenu des couleurs plus éclatantes qu'en lumière naturelle. *La différence est surtout accentuée pour l'émulsion* $\frac{3}{2}$, *qui, en lumière naturelle, donne en général de mauvais résultats.*

II. *Incidence de 45°.* — Pour obtenir des photographies sous l'incidence de 45°, nous avons employé le dispositif décrit ci-dessus, mais en collant,

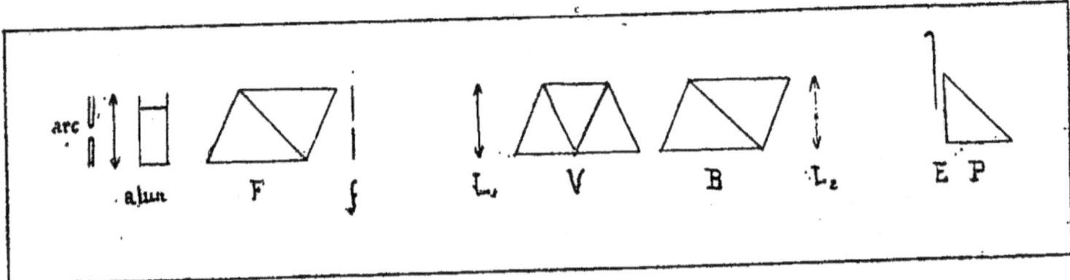

Fig. 1.

avec de la gélatine, la plaque sensible sur la face hypoténuse du prisme à réflexion totale.

([1]) *Bulletin de la Société Industrielle du Nord de la France*, 1905.

Pour reconnaître l'influence du temps de pose nous placions un écran E devant la face verticale du prisme. Il suffisait de soulever cet écran au bout de temps déterminés pour obtenir, sur une même plaque, des photographies à poses variables, toutes les autres conditions restant les mêmes.

Fig. 2.

Pour que les résultats obtenus sur plaques sensibilisées et non sensibilisées soient parfaitement comparables, nous coupions une même plaque en deux parties dont l'une seulement était traitée à l'alcool argentique.

1. LUMIÈRE NATURELLE. — *a. Émulsion normale, plaques ordinaires non sensibilisées.* — Les couleurs obtenues sont beaucoup plus vives que sous l'incidence normale; la variation du temps de pose modifie la position du rouge dans le spectre. On sait qu'en raison de l'incidence le rouge apparaît, sur la plaque développée, dans la région où le spectre montre du bleu. *Il y a recul du rouge vers les faibles longueurs d'onde pour les poses longues; au point de vue de l'éclat des couleurs, le temps de pose intervient peu.*

b. Plaques normales sensibilisées à l'alcool argentique. — Les résultats sont analogues aux précédents; de plus, il est remarquable que les teintes ne soient pas notablement plus éclatantes que les précédentes.

c. Émulsion $\frac{3}{2}$, plaques sensibilisées et non sensibilisées. — Le temps de pose a une plus grande influence sur la position des couleurs; le décalage est accentué.

2. LUMIÈRE POLARISÉE. — Quand la lumière est polarisée perpendiculairement au plan d'incidence, bien que les plaques développées présentent l'aspect habituel, on n'a pas de couleurs en les observant par réflexion; (expérience de Wiener).

Quand la lumière est polarisée dans le plan d'incidence, les couleurs sont beaucoup plus éclatantes qu'en lumière naturelle; elles sont en tous points comparables à celles qu'on obtient lorsqu'on emploie un miroir de mercure.

Comme ci-dessus le temps de pose influe peu sur l'éclat, mais il existe un décalage dans le même sens.

Pourtant les différentes émulsions sensibilisées et non sensibilisées présentent peu de différences et l'on remarquera que ces différences, dues à la nature des émulsions, si importantes pour la lumière naturelle sous l'incidence normale, sont moindres pour la lumière naturelle sous l'incidence de 45°, et disparaissent à peu près totalement sous cette même incidence, en lumière polarisée.

En résumé, comme pour les photographies ordinaires du spectre, il faut une pose juste pour que les couleurs soient exactes. Ces expériences préliminaires nous ont permis de déterminer exactement cette pose pour les diverses émulsions. C'est dans ces conditions que nous avons ensuite comparé les photographies faites avec ou sans mercure pour des poses déterminées.

III. *Comparaison des spectres obtenus avec et sans miroir de mercure.* — Pour faire cette comparaison, il suffit de photographier un spectre dont la moitié inférieure seulement soit réfléchie par le miroir mercuriel. On emploie un châssis à mercure et l'on règle le niveau du liquide de façon à ne couvrir que la moitié de la face hypoténuse du prisme à réflexion totale (*fig.* 3).

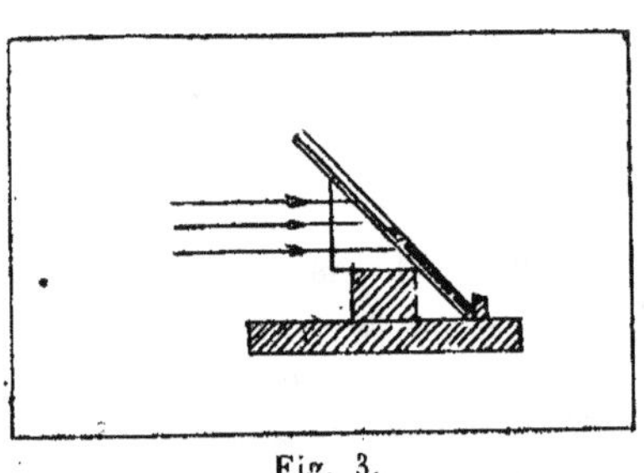

Fig. 3.

1. LUMIÈRE NATURELLE. — *a. Plaques normales non sensibilisées.* — Le spectre avec mercure est éclatant; à la place où devrait se trouver le rouge, on voit directement par réflexion du bleu, puis du carmin, puis du vert. C'est la succession ordinaire des couleurs d'un spectre sous l'incidence normale.

Le spectre sans mercure est peu éclatant, mais vues directement les teintes se rapprochent davantage des couleurs spectrales.

b. Plaques normales sensibilisées. — L'éclat des teintes du spectre sans mercure se rapproche davantage de celui du spectre avec mercure, mais la position des couleurs est entièrement différente (*fig.* 4).

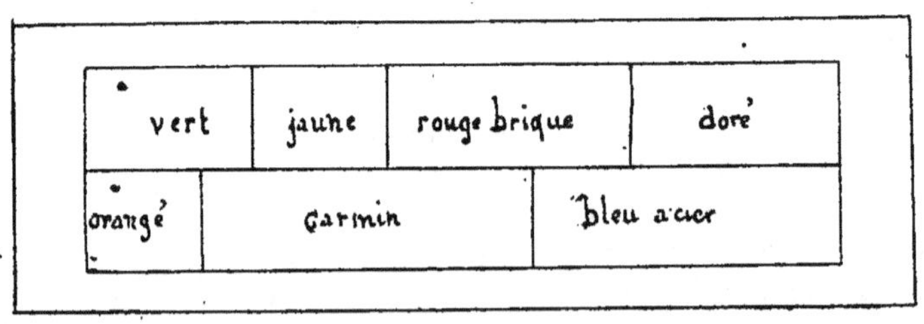

Fig. 4.

c. Plaques ½ non sensibilisées. — Le spectre avec mercure est encore plus éclatant que le précédent, le spectre sans mercure l'est beaucoup moins qu'avec l'émulsion normale dans les mêmes conditions. Ces résultats sont d'accord avec ceux de M. Ponsot qui employait des émulsions deux fois plus riches que l'émulsion normale.

d. Plaques $\frac{3}{2}$ *sensibilisées.* — Les couleurs sont plus brillantes que les précédentes, mais le décalage subsiste.

2. LUMIÈRE POLARISÉE. — On observe le même décalage, très accentué dans les clichés mercuriels; mais on remarquera qu'en lumière polarisée les teintes ont un éclat particulièrement vif, aussi bien dans les spectres sans mercure que dans les autres.

IV. Dans ces expériences de comparaison, nous avons toujours employé les temps de pose qui conviennent le mieux aux photographies sáns miroir de mercure.

Les résultats seraient évidemment différents si le temps de pose choisi était celui correspondant aux photographies mercurielles.

Le décalage est dû surtout à un effet superficiel. On peut s'en rendre compte par une expérience simple.

Les deux spectres, d'aspect aussi différent que l'indique la figure 4, apparaissent identiques quand on les observe sous un prisme de verre d'environ 10°, en interposant entre la gélatine et le prisme du baume de Canada ou de la benzine. Pour faire l'expérience, il suffit de verser quelques gouttes de benzine sur la face gélatine et d'appliquer le prisme en évitant les bulles d'air.

Les rouges sont très beaux et commencent en un même point de la plaque, qui est bien le point correspondant du rouge sous l'incidence de 45°; les deux spectres s'arrêtent à la même région du vert.

MM. BOUASSE ET SARDA,

Faculté des Sciences (Toulouse).

DÉTERMINATION DE LA DURÉE DES OSCILLATIONS TRÈS AMORTIES.

531.762

3 Août.

I. Nous nous sommes d'abord proposé d'obtenir un étalon de durée de l'ordre du dixième de seconde pour fixer la constante de l'appareil enregistreur décrit dans la Mécanique de l'un de nous ([1]). Nous ne pouvons insister sur nos essais malheureux avec le pendule conique. S'il est facile d'obtenir un tour en un temps toujours le même et par conséquent

---

([1]) *Mécanique rationnelle et expérimentale*, § 613 et 614. Delagrave, éditeur.

de régler *moyennement* un appareil avec un pendule conique, il est difficile d'obtenir un mouvement uniforme : les deux problèmes sont essentiellement différents et le second est incomparablement plus compliqué que le premier.

Par exemple, si le pendule conique n'est pas exactement de révolution autour de sa tige, ou si son centrage par rapport au disque horizontal qu'il entraîne est défectueux, tout se passe comme s'il décrivait une ellipse suivant la loi des aires pour les rayons vecteurs issus du centre : ces rayons n'ont pas un mouvement uniforme. Il y a plus : si la masse du pendule conique est de l'ordre du moment d'inertie du disque entraîné, on ne sait plus si c'est le disque qui règle le pendule ou le pendule qui règle le disque : les frottements interviennent en effet pour réaliser une liaison presque rigide.

Nous avons donc cherché une autre méthode, en fixant comme condition que l'appareil pourrait être construit au laboratoire par nos propres moyens. Les méthodes vraiment usuelles ne doivent pas nécessiter d'appareils coûteux à établir.

Ne serait-il pas possible de régler un train d'engrenage entraîné par des poids au moyen d'une lame vibrante?

A la vérité on sait entretenir électriquement le mouvement d'une lame comme on le fait pour un diapason; il est relativement facile de déterminer la fréquence de ses oscillations par inscription sur un cylindre Mais cette opération implique que le mouvement du cylindre soit connu, c'est-à-dire qu'on enregistre la seconde. Au surplus, si facile que soit l'expérience, elle exige un matériel coûteux; elle n'est pas réglée d'une manière permanente. Pour résoudre notre problème, il faut que la lame détermine automatiquement le mouvement du train, de manière que la détermination de ce mouvement et par suite de la fréquence puisse avoir lieu, à tout instant, au moyen d'un compte-seconde.

On a déjà plusieurs solutions du problème. Nous rappelons pour mémoire l'horloge électrique de Niaudet et Kœnig : à la place du pendule est un diapason entretenu par l'échappement lui-même. Peu importe que l'échappement modifie la fréquence, pourvu que ce soit d'une manière invariable; le diapason comptant lui-même le nombre de ses oscillations, on enregistre d'une part la période sur l'appareil à étalonner; simultanément on la détermine en valeur absolue par l'intermédiaire du cadran, à l'aide d'un compte-seconde ou d'une autre horloge. Le principal défaut de la solution est le prix des appareils; un échappement à grande vitesse ne fonctionne sans ratés que s'il est admirablement construit; de plus, il est passablement difficile de produire ainsi un entretien *correct*.

La solution Hipp et Favarger, utilisée dans leurs chronographes genre Morse, est intéressante mais vraiment grossière. Faire en sorte qu'une lame vibrante *batte* sur une roue dentée, ressemble vraiment trop aux anciens procédés de réglage des horloges avant l'invention du pendule. Du reste ce n'est pas la solution *économique* demandée.

Voici comment nous procédons : Nous utilisons d'un tourne-broche du commerce (35 fr) son train d'engrenage, en remplaçant le ressort par un tambour T (*fig.* 1), une corde et un poids. Nous supprimons toutes les pièces inutiles qui sont nombreuses; c'est dire que le prix de notre appareil, borné aux pièces nécessaires, serait peu élevé. Nous remplaçons les masses servant de volant, que porte habituellement la vis sans fin V,

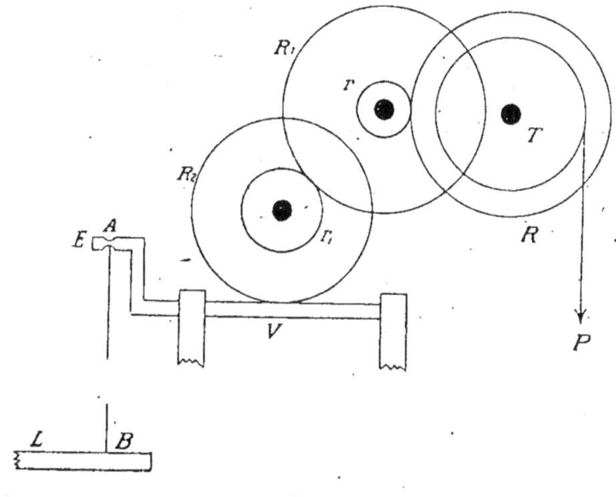

Fig. 1.

par un excentrique E dont le rayon est d'environ 5 mm. Enfin nous utilisons comme lame vibrante une lame de fer de 4 mm d'épaisseur, de 2 cm de largeur et dont la longueur varie de 20 à 30 cm suivant la fréquence à obtenir. Elle est solidement fixée à l'une de ses extrémités (non représentée); l'autre est dans l'aplomb de l'excentrique.

La lame est reliée à l'excentrique par un ressort AB de 10 cm de longueur (plus ou moins), fermé soit d'un boudin en fil d'acier très fin, soit d'un caoutchouc rond à chapeau, soit d'un caoutchouc moins extensible. On peut remplacer le ressort par une bielle rigide.

L'expérience consiste à modifier le poids P, le mode de liaison AB, et à déterminer la fréquence. Comme la lame fait une oscillation pendant que l'arbre V fait un tour, il suffit de déterminer la durée d'un certain nombre de tours de l'une des roues du train, par exemple de la roue R_2 qui engrène avec la vis sans fin et dont le nombre de dents est d'une quarantaine.

Voici les résultats de l'expérience.

Quand la liaison AB est rigide, quand on utilise une véritable bielle, l'accroissement du poids P augmente la vitesse *d'une manière continue;* naturellement de moins en moins vite à mesure que P augmente. Il semble qu'on tende vers une limite. La courbe représentative des vitesses V en fonction des poids P a l'allure ABEC, représentée figure 2.

Ce résultat était facile à prévoir, puisque les frottements tant des rouages que de la lame, augmentent rapidement avec la vitesse.

Supposons que AB soit un ressort convenablement choisi, suffisamment extensible. *Empêchons la lame de vibrer* et faisons varier le poids P d'une manière continue; nous obtenons une courbe de forme ABEC (*fig.* 2) comme avec l'accouplement rigide. Le ressort AB absorbe de l'énergie du fait qui est périodiquement allongé, tant à cause du frottement intérieur fonction de la vitesse que des phénomènes d'hystérésis.

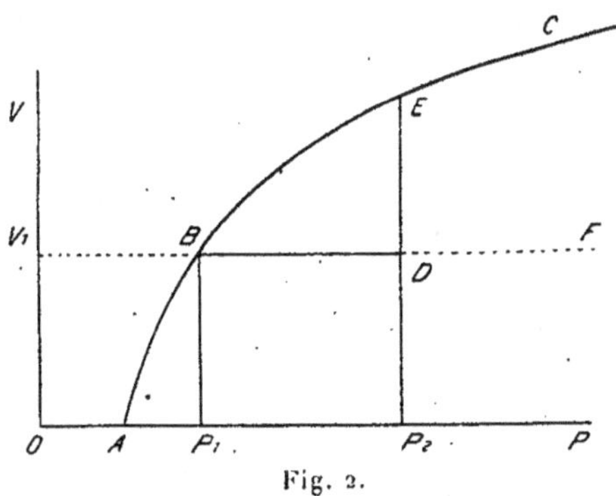

Fig. 2.

Rendons à la lame sa liberté. — Si P est inférieur au poids P_1 qui dans l'expérience précédente impose aux rouages des vitesses inférieures à la vitesse V_1 correspondant au synchronisme (portion AB de la courbe), l'amplitude de la vibration de la lame est insensible. Tout se passe donc comme plus haut.

Si P est supérieur à P_1, la lame vibre; au lieu de la courbe BEC, on obtient l'horizontale BDF. Il faut toutefois prendre certaines précautions; la vitesse doit croître lentement jusqu'à la valeur V_1, de manière que l'amplitude de l'oscillation de la lame puisse atteindre une valeur suffisante. Sinon la vitesse devient supérieure à V_1, *la lame ne s'accroche pas :* on reste sur la courbe ABC.

Si le poids devient trop grand, supérieur à P_2 par exemple, la lame refuse de s'accrocher quelles que soient les précautions prises. Au reste la lame, une fois accrochée, peut se désaccrocher; la vitesse croit brusquement, on rattrape la courbe ABC.

Ainsi entre certaines limites pour le poids, on peut réaliser deux phénomènes très différents suivant que la lame vibre ou ne vibre pas; quand elle vibre, elle joue le rôle de régulateur d'absorption et synchronise avec elle le train d'engrenages.

A la vérité, quand on détermine avec soin la courbe BDF, on ne trouve pas rigoureusement une horizontale. Elle se relève un peu : la vitesse croît légèrement quand P croît. Cela tient à la réaction du ressort sur la période de la lame et à l'influence du frottement qui permet d'imposer à un oscillateur une période différente de sa période propre (*voir* la troisième partie de cette note).

N'oublions pas du reste que nous ne cherchons pas à construire un appareil étalonné une fois pour toutes; c'est inutile, puisque l'appareil se réétalonne quand on le désire et en quelques minutes, avec une précision plus que suffisante pour toutes les expériences même réputées précises. Il suffit que, pendant ces quelques minutes, les conditions ne changent pas, d'autant qu'on peut faire coïncider l'étalonnage avec l'utilisation de la lame comme étalon auxiliaire. On possède donc à peu de frais un étalon intermédiaire de temps de l'ordre du dixième ou du vingtième de seconde; dans le cas de l'appareil que nous avions à étalonner, on colle sur la lame vibrante un bout de carton mince percé d'un trou d'aiguille, on éclaire fortement ce trou et l'on projette son image sur le cliché dont on veut mesurer la vitesse.

Nous ne pouvons donner ici l'explication complète des phénomènes; elle est simple dans ses grandes lignes. Elle repose sur l'isochronisme des petites oscillations de la lame vibrante et sur l'existence d'un frottement intérieur, tant pour la lame que pour le ressort intermédiaire, notable et *croissant rapidement avec l'amplitude*. Lorsque le poids P est supérieur à P_1 l'excès d'énergie disponible pour un tour du tambour T est utilisé, non à changer la vitesse, mais à augmenter l'amplitude de l'oscillation de la lame; d'où la nécessité pour obtenir l'accrochage de laisser à celle-ci le temps de prendre son amplitude de régime. Si le poids P est trop grand, cet excès ne peut plus être absorbé; la vitesse croit, le synchronisme cesse, la lame *se décroche* et cesse de vibrer. On conçoit que le décrochage soit particulièrement à craindre quand le poids P diffère beaucoup de P_1, et qu'une fois produit, même pour un poids peu différent de P_1, ce soit définitivement, la lame cessant presque aussitôt de vibrer. La théorie montre le rôle considérable que joue le décalage entre les oscillations des deux points extrêmes A et B du ressort.

II. On synchronise aisément le train d'engrenages avec des lames dont la fréquence est comprise entre 10 et 20. Pour des fréquences supérieures, les difficultés surgissent qui tiennent à l'inertie des pièces et à la grossièreté relative des roues d'engrenage d'un tourne-broche, roues qui ne sont même pas *repassées*. Nous avons construit un appareil sur un principe différent.

Une lame entretenue électriquement vibre avec une période qui dépend du mode d'entretien. Il est quasiment impossible de réaliser des diapasons étalonnés une fois pour toutes. Outre que la correction de température est très incertaine, les variations de l'intensité du courant d'entretien peuvent modifier la période. On sait que les conditions théoriques d'un entretien parfait au moyen d'impulsions ne peuvent pas être pratiquement satisfaite dans le cas d'une lame vibrante et d'un électro ([1]); les procédés proposés pour tourner la difficulté sont illusoires.

Mais cela n'a plus d'importance si l'on peut vérifier à chaque instant son étalon; il ne joue plus que le rôle d'intermédiaire momentané.

([1]) *Mécanique rationnelle et expérimentale*, § 428.

Nous nous sommes proposés de transformer le tourne-broche en un moteur synchrone à courants de même sens et discontinus.

Supprimons l'excentrique E et montons sur l'arbre V (*fig.* 1 et 3) l'armature F constituée par une plaque de fer découpée de 5 mm d'épaisseur. Elle tourne entre les pôles N, S, d'un électro monté en série avec l'électro qui entretient le mouvement de la lame par le procédé ordinaire de la sonnerie. Dans cet électro passent donc des courants discontinus, de même sens et dont la durée est environ la moitié de la période de la lame.

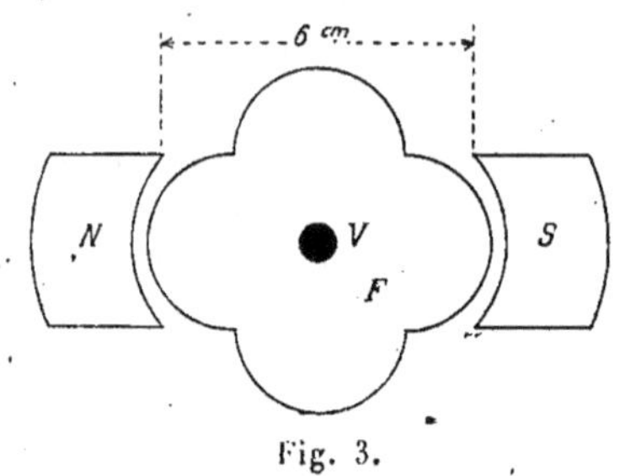

Fig. 3.

Nous réalisons ainsi un moteur synchrone dont la période *électrique* correspond au quart du tour de l'arbre V. Si par exemple le diapason fait 100 vibrations par seconde et si l'armature est *accrochée*, l'arbre V fait 25 tours. La seule difficulté est l'accrochage. On l'obtient en modifiant le poids P jusqu'à ce que le moteur tourne de lui-même un peu plus vite qu'il ne faudrait; les phénomènes électriques contrarient le mouvement. L'accrochage se produit spontanément; le moteur est, si l'on peut dire, *négatif*.

L'accrochage obtenu, on peut supprimer le poids P : le mouvement continue indéfiniment. Cette suppression ne doit pas être brusque; la diminution de P correspond à un changement de décalage auquel il faut donner le temps de se produire. L'expérience est très facile avec des lames dont la fréquence est de 60 à 80.

Théoriquement, on peut augmenter le nombre des festons de l'armature F; mais on augmente simultanément les difficultés d'accrochage et les chances de désaccrochage. D'autre part, il n'est guère possible sur un train ordinaire de tourne-broche d'obtenir plus de 20 à 25 tours par seconde pour l'arbre V, sans augmenter le poids P d'une manière dangereuse pour les arbres.

Il est commode d'employer des lames donnant une oscillation d'assez grande amplitude (plusieurs millimètres); on utilise alors un contact à mercure.

III. Abordons enfin notre problème principal : *Déterminer la durée des oscillations très amorties.*

Il faut entretenir l'oscillation sans modifier la période. Or, si l'on applique une force sinusoïdale par rapport au temps à un oscillateur quelconque, on sait que le synchronisme aura toujours lieu. Pour une force d'amplitude donnée, l'amplitude entretenue est maxima lorsque la période de la force est égale à la période propre de l'oscillateur; mais ce critérium n'est pas sensible. Heureusement Helmholtz a démontré que la période de la force est égale à la période du corps entretenu, lorsque le décalage des deux quantités est $\pi : 2$. Comme on démontre de plus qu'au voisinage de cette valeur la variation du décalage est très rapide, le critérium est sensible.

A la vérité, la démonstration d'Helmholtz suppose le frottement proportionnel à la vitesse; mais il est facile de voir que cette condition n'est pas indispensable. C'est pour le décalage égal à $\pi : 2$ que l'énergie transmise est maxima; quelle que soit la loi du frottement, cette condition correspond à l'égalité des périodes.

Voici comment nous avons réalisé l'expérience : Montons sur l'arbre V du tourne-broche (*fig.* 1 et 4) un disque métallique léger D portant

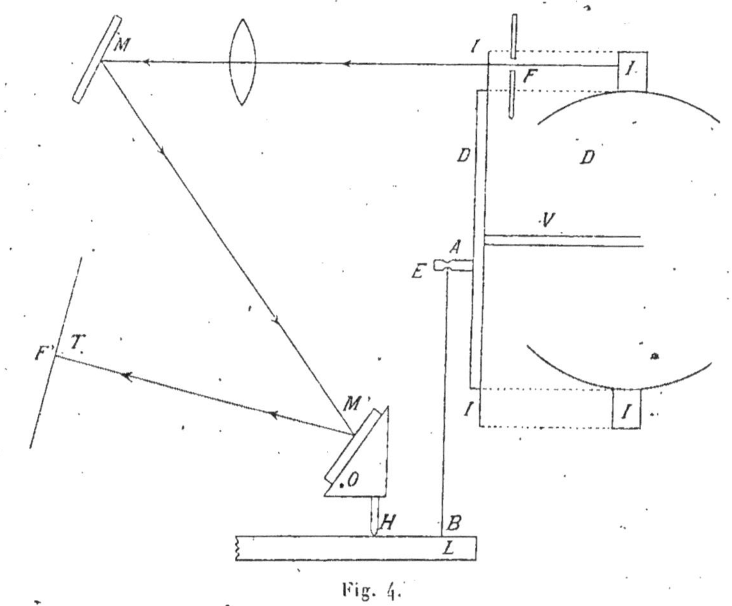

Fig. 4.

l'excentrique E et, sur le même diamètre que celui-ci, deux bouts de papier I. La figure montre le disque rabattu.

Les rayons émis par une fente horizontale F fortement éclairée tombent sur une lentille, un miroir fixe M, un miroir M' mobile autour de l'axe horizontal O; ils forment l'image de F en F' sur l'écran T. Le miroir M' suit les oscillations du système entretenu L qui est relié à l'excentrique par le ressort AB; peu importe les dispositions mécaniques nécessaires pour obtenir ce résultat. On voit donc, sur le tableau T, une longue bande éclairée sur laquelle se détachent en noir deux traits horizontaux. Ils correspondent au passage des petits écrans I devant la fente F; leur position dépend évidemment du décalage relatif entre l'excentrique E et le système entretenu.

Il s'agit de préciser le problème, car on pourrait interpréter à contresens le théorème d'Helmholtz. Soit

$$ \mathrm{M}\,\frac{d^2 z}{dt^2} + f\,\frac{dz}{dt} + \mathrm{E}\,z = 0 $$

l'équation du mouvement du système entretenu supposé seul, *le ressort AB enlevé*. La variable z représente le déplacement vertical du point B.

Le ressort tendu AB ajoute une force périodique dont l'expression est de la forme $\mathrm{E}_0 + \mathrm{E}_1(z - z')$; z' est le déplacement vertical du point A. L'équation devient (par un changement d'origine pour les z)

$$ \mathrm{M}\,\frac{d^2 z}{dt^2} + f\,\frac{dz}{dt} + (\mathrm{E} + \mathrm{E}_1)\,z = \mathrm{E}_1\,z'. $$

La force périodique ajoutée, dont le théorème d'Helmholtz fixe le décalage par rapport au mouvement du système entretenu, est non pas $\mathrm{E}_1\,(z - z')$, mais $\mathrm{E}_1\,z'$. La portion $\mathrm{E}_1 z'$ de la force totale ajoutée se confond avec la force périodique qui provient des propriétés élastiques du système entretenu. Autrement dit, le système entretenu supposé seul aurait une période de *plus forte résonance* (période pour le frottement nul)

$$ \mathrm{T} = 2\pi\,\sqrt{\mathrm{M} : \mathrm{E}}. $$

Le système entretenu, après adjonction du ressort AB, *le point A étant supposé immobile*, a pour période de plus forte résonance

$$ \mathrm{T}' = 2\pi\,\sqrt{\mathrm{M} : (\mathrm{E} + \mathrm{E}_1)}. $$

À la vérité, c'est T que nous désirons connaître; c'est T' que le théorème d'Helmholtz nous permet de déterminer; mais la différence entre T et T' est insignifiante.

Pour déterminer T', nous donnerons donc au point A un mouvement périodique vertical (projection verticale du mouvement réel) de période telle que les vibrations des points A et B soient décalées de $\pi : 2$ l'une par rapport à l'autre. Les mouvements z et z', comptés positivement dans le même sens, seront représentés par les équations

$$ z = \mathrm{A}\,\sin\omega t, \qquad z' = \mathrm{B}\,\cos\omega t. $$

Plaçons les écrans I sur le même diamètre que l'excentrique et le point B dans l'aplomb de celui-ci quand il est au bas de sa course. On vérifiera immédiatement que le décalage est $\pi : 2$; si les écrans I obturent la fente au moment où la lame passe dans sa position moyenne : *par suite, les traits noirs horizontaux sont superposés*.

L'expérience consiste donc à faire varier *lentement* la vitesse du tourne-broche et à l'enregistrer au moment où les traits noirs coïncident. On choisit le poids P suffisant et l'on donne au disque D un moment d'inertie notable. La vitesse croît très lentement. On commence l'enregistrement (par exemple sur la bande d'un chronographe Hipp et Favarger) quand les traits noirs sont à une petite distance l'un de l'autre *avant* leur superposition; on la termine quand ils sont à la même distance *après* leur superposition. La vitesse moyenne est très approximativement celle qu'on cherche.

La méthode est très régulière et très précise : elle est applicable même pour de forts amortissements. Nous l'utilisons en ce moment à l'étude des vibrations d'une sphère, d'un plan, d'un cône, etc., dans un liquide. Nous pouvons dès à présent annoncer qu'il s'en faut de beaucoup que les théories classiques soient satisfaisantes.

IV. Nous ne pouvons insister dans cette Note sur les relations qui existent entre les méthodes I et III. La méthode I n'est pas un cas particulier de la méthode III, où le frottement devient négligeable. Dans la méthode III, on impose la période de la force : on est dans le cas *d'une oscillation entretenue* (*voir* la *Mécanique* de l'un de nous, 3e Partie, Chap. VII). Dans la méthode I, le système entretenu réagit considérablement sur le système qui l'entretient; il y a *résonance* (*Mécanique*, Chap. VIII).

La méthode I est applicable chaque fois que les frottements sont petits. Nous l'avons utilisée pour déterminer les variations du module d'Young avec la température (entre o et 100°, pour une lame de fer par exemple).

Nous avons étudié des cas particuliers curieux de cette méthode. Par exemple cherchons à entretenir simultanément, avec le même appareil et des ressorts identiques, deux lames parallèles *à peu près* identiques. On trouve que leurs amplitudes ne sont pas les mêmes; *l'amplitude est plus grande pour la lame dont la période est la plus longue*. Les amplitudes deviennent égales si les périodes sont rigoureusement égales.

Ceci posé rendons les périodes égales, puis aimantons longitudinalement l'une des lames : les amplitudes qui étaient égales, deviennent inégales, indiquant une diminution de la période pour la lame aimantée. La méthode est très sensible. Nous continuons ces recherches et publierons nos résultats *in extenso*.

M. A.-E. SALMON,

Professeur au Lycée (Nîmes).

MAGNÉTISME RÉMANENT DANS L'ACIER.

538.11

3 Août.

J'ai présenté, au Congrès de Lille, en 1909, un Mémoire sur la détermination, dans les aimants longs, des positions des pôles et des masses magnétiques polaires et sur la mesure de la composante horizontale terrestre.

La présente Note est une application de la méthode exposée à la page 107 des *Comptes rendus* du dernier Congrès. J'ai mesuré les masses magnétiques produites aux pôles d'un aimant placé dans des champs magnétiques croissants et j'ai voulu m'assurer si l'on arrive aux mêmes résultats qu'en prenant, comme constante, l'intensité d'aimantation. On sait que l'intensité d'aimantation est le quotient du moment magnétique par le volume de l'aimant.

Dans un aimant uniforme, l'intensité d'aimantation est égale à la densité superficielle sur l'une des bases; dans les aimants ordinaires, c'est une moyenne. D'une façon plus exacte, on peut mesurer la masse magnétique qui prend naissance au pôle d'un aimant et persiste après la disparition du champ.

Je vais rappeler comment se détermine la masse magnétique polaire, renvoyant, pour les détails, à la page 107 des *Comptes rendus* du Congrès de Lille.

Sur une petite aiguille aimantée ab, fixée à l'extrémité d'une tige légère horizontale, on fait agir le pôle d'un aimant long dont l'axe vertical passe par le centre de gravité de l'aiguille ab horizontale. La force développée, suivant l'axe horizontal de l'aiguille ab, est

$$(1) \qquad f_1 = \frac{\mu\, m}{r^3};$$

μ, masse magnétique au pôle de l'aimant; m, moment magnétique de l'aiguille ab, et r, distance du pôle de l'aimant à l'axe de ab. On peut écrire

$$r = \sqrt[3]{\frac{\mu\, m}{f_1}}.$$

En donnant à l'aimant, suspendu à un sphéromètre, des déplacements égaux à h,

$$r = \sqrt[3]{\frac{\mu\, m}{f_1}},$$

$$r + h = \sqrt[3]{\frac{\mu\, m}{f_2}}.$$

et, par suite,

$$(2) \qquad \frac{h}{r} = \sqrt[3]{\frac{f_2}{f_1}} - 1;$$

f_1 et f_2 se mesurent exactement par une nouvelle méthode que j'ai exposée dans le Mémoire cité plus haut. L'équation (2) fait donc connaître r.

On évalue au cathétomètre la distance ρ de l'extrémité de l'aimant à l'axe de ab et

$$\alpha = r - \rho$$

est la distance du pôle de l'aimant à l'extrémité voisine. La distance des deux pôles est

$$\lambda = l - 2\,x,$$

l étant la longueur de l'aimant.

En multipliant les deux termes de l'équation (2) par $\lambda\,H^2$, on a

$$(3) \qquad \lambda\,H^2 f_1 = \frac{MH \cdot mH}{r^3}.$$

Cette relation fait connaître H.

Les produits MH et mH se mesurent, par oscillations, dans le champ terrestre et l'équation (3) donne la valeur de H et par suite, à l'aide de la relation (1), la valeur de μ.

Tous les détails de ces mesures ont été donnés à la page 113 des *Comptes rendus* du Congrès de Lille.

Pour faire une série d'expériences sur un barreau d'acier, on le place dans un solénoïde suspendu au sphéromètre, on fait passer le courant pendant 5 secondes environ, en évitant les courants de self, et l'on obtient une série de valeurs de μ en faisant varier l'intensité du champ.

Je citerai, comme exemple, les résultats de deux expériences sur deux barreaux cylindriques d'acier, de dimensions très différentes.

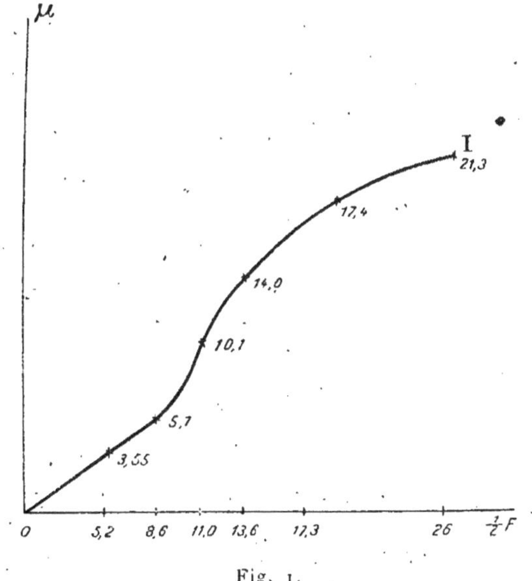

Fig. 1.

PREMIÈRE SÉRIE.

Aiguille à tricoter.

Dimensions et poids de la tige.		Dimensions et poids de ab.	
L $= 22^{cm},0,$		$l_1 = 0^{cm},845,$	
$d = 0^{cm},198,$		$d_1 = 0^{cm},224,$	
$p = 5^g,20.$		$p_1 = 0^g,237.$	

α.................	0,52	0,51	0,53	0,53	0,51	0,52
μ.................	3,63	5,12	10,1	14,0	17,4	21,3
Intensité du champ..	10,5	17,0	22,0	27,3	34,6	52,0

Ces résultats sont traduits sur la courbe (*fig.* 1) en prenant pour abscisses la moitié de l'intensité du champ et pour ordonnées la masse magnétique polaire.

SECONDE SÉRIE.

Barreau cylindrique en acier chromé.

$$\text{Dimensions et poids du barreau} \begin{cases} L = 25^{cm},0, \\ d = 1^{cm},03, \\ p = 154^{g},4. \end{cases} \qquad \text{Dimensions et poids de } ab. \begin{cases} L_1 = 0^{cm},845, \\ d_1 = 0^{cm},225, \\ p_1 = 0^{g},257. \end{cases}$$

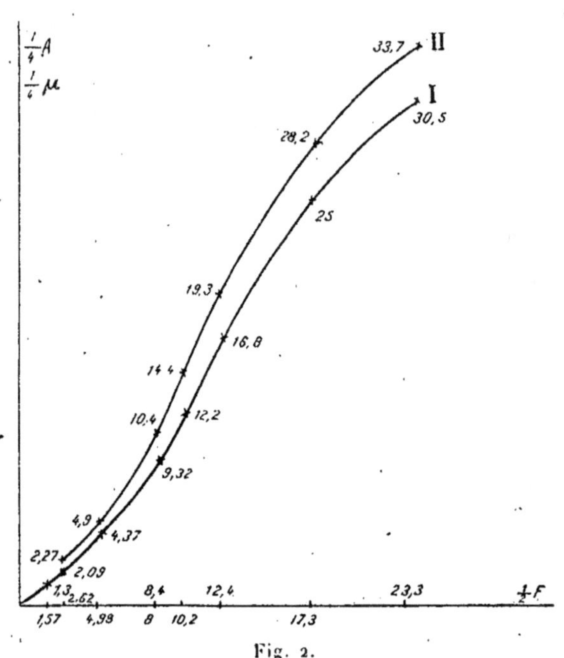

Fig. 2.

J'ai mesuré, en même temps, la masse μ et l'intensité d'aimantation.

α.	μ.	A.	F.	H.
1,16	5,22	»	3,15	»
1,12	8,37	9,11	5,25	0,217
1,11	17,5	19,8	9,97	0,219
1,15	37,0	41,9	16,8	0,220
1,16	48,7	53,9	20,5	0,218
1,16	67,4	77,3	24,9	0,219
1,17	100,0	112,8	34,6	0,216
1,12	122,0	135,0	46,7	0,219

Ces résultats ont permis de tracer deux courbes (*fig.* 2) :

$$\text{Courbe I} \ldots\ldots\ldots \quad \text{abscisses } \tfrac{1}{2}F \qquad \text{ordonnées } \tfrac{1}{4}\mu$$
$$\text{Courbe II} \ldots\ldots\ldots \quad \text{abscisses } \tfrac{1}{2}F \qquad \text{ordonnées } \tfrac{1}{4}A$$

Conclusions. — 1° Aux erreurs d'expériences près, les pôles gardent leurs positions, après aimantation dans des champs croissants.

2° Les courbes qui représentent les variations des masses magnétiques polaires et les intensités d'aimantation ont la même allure.

3° Les nombres trouvés pour la valeur de H, dans le laboratoire, montrent que les expériences ont été faites dans de bonnes conditions.

MM. Ulysse LALA et Émile TURRIÈRE,

Professeurs (Toulouse).

516.43 : 535.58

IMPORTANCE PHYSIQUE DES ELLIPSOIDES A PLANS CYCLIQUES ORTHOGONAUX.

---

3 *Août.*

Un ellipsoïde E d'équation

$$\frac{x^2}{a^2} + \frac{y^2}{b^2} + \frac{z^2}{c^2} = 1,$$

rapportée aux axes de symétrie $O(x, y, z)$, est à hyperbole focale équilatère si les axes $(a > b > c)$ sont tels que

$$a^2 - b^2 = b^2 - c^2,$$

c'est-à-dire

$$a^2 + c^2 = 2\,b^2.$$

Dans ce cas, l'ellipsoïde E'

$$a^2 x^2 + b^2 y^2 + c^2 z^2 = 1,$$

polaire réciproque de E par rapport à la sphère concentrique

$$x^2 + y^2 + z^2 = 1,$$

a ses plans cycliques orthogonaux, et réciproquement. Les plans cycliques centraux passent, on le sait, par l'axe moyen Oy et sont perpendiculaires au plan principal xOz.

Les ellipsoïdes E', à plans cycliques orthogonaux, se rencontrent en Électroptique comme *ellipsoïdes des indices* [1] tels que *les axes*

---

[1] H. Bouasse, *Cours de Physique*, t. V: *Électroptique*, p. 110.

optiques ou *axes de réfraction conique intérieure sont orthogonaux.* Les axes optiques étant les normales aux plans cycliques de l'ellipsoïde E, font avec l'axe des x des angles I définis par

$$\sin I = \sqrt{\frac{b^2 - c^2}{a^2 - c^2}}, \qquad \tan I = \pm \sqrt{\frac{b^2 - c^2}{a^2 - b^2}},$$

de sorte que l'angle 2I de ces deux axes est tel que

$$\cos 2 I = \frac{a^2 + c^2 - 2 b^2}{a^2 - c^2}.$$

Cette expression montre que les axes de réfraction conique intérieure font un angle obtus, droit ou aigu, suivant que le numérateur

$$a^2 + c^2 - 2 b^2$$

de cos 2I est négatif, pratiquement nul (très petit) ou positif. Suivant le cas, le corps considéré est dit *négatif ou positif pour la longueur d'onde considérée.* En particulier, *si l'ellipsoïde des indices est de révolution,* ce qui est le cas des cristaux uniaxes pour lesquels les axes optiques coïncident avec l'axe des x ($b = c$, I $= 0$), le cristal est négatif si l'ellipsoïde des indices est aplati, ce qui se présente pour le spath d'Islande, et il est positif, comme le quartz, si cet ellipsoïde est allongé : l'indice ordinaire est $\frac{1}{b}$ et l'indice extraordinaire $\frac{1}{a}$.

La présente Note a pour but d'appeler l'attention sur la possibilité pour *un même corps* d'être *négatif pour certaines radiations et positif pour d'autres.* Pour de tels corps, en raison de la continuité de l'indice n en fonction de la longueur d'onde λ, il existe une radiation et une seule pour laquelle l'ellipsoïde des indices est E'.

Dans la théorie de Cauchy ([1]) l'indice n d'une substance transparente est donné, en fonction de la longueur d'onde λ dans le vide, par la formule

$$n^2 = \alpha + \beta\lambda^{-2} + \gamma\lambda^{-4} + \ldots,$$

d'où l'on tire, en extrayant la racine carrée,

$$n = A + B\lambda^{-2} + C\lambda^{-4} + \ldots,$$

en posant

$$A = \sqrt{\alpha}, \qquad B = \frac{\beta}{2\sqrt{\alpha}}, \qquad C = \frac{1}{2\sqrt{\alpha}}\left(\gamma - \frac{\beta^2}{4\alpha}\right), \qquad \ldots,$$

Pour les corps transparents ordinaires : eau, sulfure de carbone, verre,

---

([1]) CAUCHY, *Mémoire sur la dispersion de la lumière,* Prague, 1835. — CH. BRIOT, *Essais sur la théorie mathématique de la lumière,* Paris, 1864. — H. BOUASSE, *loc. cit.,* p. 271 et suiv. — CARVALLO, *Théories et formules de dispersion, Congrès international de Physique,* t. II, p. 175-199; Paris, 1900. — MASCART, *Traité d'optique* t. III, p. 646-647. — Etc.

sel gemme, fluorine, spath d'Islande, quartz, la dispersion est de la forme

$$n^2 = \alpha + \beta\lambda^{-2} - \gamma\lambda^2,$$

les trois constantes α, β, γ, étant positives.

Dans le *spectre visible*, on a parfois, pour les gaz par exemple, *très exactement*, l'expression simple

$$n^2 = \alpha + \beta\lambda^{-2},$$

d'où

$$n = A + B\lambda^{-2},$$

α, β, A, B, étant des constantes positives.

En représentant par A_1, A_2, A_3. B_1, B_2, B_3 les valeurs des coefficients A et B pour les *indices principaux* maximum (n_g), moyen (n_m), minimum (n_p) dont deux sont égaux (indice ordinaire) pour les corps uniaxes, nous avons

$$n_g = A_1 + B_1\lambda^{-2}, \qquad n_m = A_2 + B_2\lambda^{-2}, \qquad n_p = A_3 + B_3\lambda^{-2}.$$

Si donc nous écrivons

$$n_g + n_p = 2n_m,$$

ce qui se réalise très sensiblement pour la radiation D ($\lambda = 0^\mu,589$) dans le cas de l'*épidote rouge de Rothenkopf* (3,52 pour 100 Fe^2O^3) dont les indices principaux sont alors, d'après Weinschenk,

$$n_g = 1,7343, \qquad n_m = 1,7291, \qquad n_p = 1,7238,$$

ce qui donne

$$n_g + n_p = 2n_m - 0,0001,$$

d'où résulte la valeur $89°16'$ (très voisine de $90°$) pour angle $2I$ des axes optiques correspondants, nous avons

$$A_1 + B_1\lambda^{-2} + A_3 + B_3\lambda^{-2} = 2(A_2 + B_2\lambda^{-2}),$$

équation qui détermine la valeur

$$\lambda = \sqrt{-\frac{B_1 + B_3 - 2B_2}{A_1 + A_3 - 2A_2}}$$

de la longueur d'onde de la radiation pour laquelle l'ellipsoïde des indices est E'. C'est précisément ce qui arrive avec la radiation rouge ($\lambda = 0^\mu,670$ fournie par le lithium pour l'épidote rouge de Rothenkopf dont l'angle $2I$ des axes optiques, donné par Weinschenk, est alors exactement $90°$.

La même particularité se présente pour l'*hexachloro-β-cétohydronaph-talène*, solide organique de formule

$$C^6H^4\Big\langle\begin{array}{l}CCl^2 - CO\\[4pt]CCl^2 - CCl^2\end{array}$$

qui cristallise dans le système orthorhombique, car, d'après Jenssen

*15

SUBSTANCES. (Observateurs).	SYSTÈME cristallin.	RAIE ou couleur.	SIGNE optique.	$2 I.$	INDICES principaux.
Kaolinite (d'Anglesey), $2 H^2 O, Al^2 O^3, 2 Si O^2$ (DICK)	mono-clinique	D	—	app. $90°$	
Pérowskite, $Ti O^3 Ca$ (DES CLOIZEAUX)	cubique?	D	$\prime\prime$	env. $90°$	$n_m = 2,38$
Piémontite (de Saint-Marcel) $H^2 (Ca Mn)^4 (Mn^2 Al^2 Fe^2)^3 Si^6 O^{26}$ 20 pour 100 $Mn^5 O^3$ (LASPEYRES)	mono-clinique	D	$+$	voisin de $90°$	
Amphibole rhombique (de Franklin), $Mg Si O^3$ (PENFIELD)	ortho-rhombique	Li D	$+$ —	$89.56'$ 88.46	$\left.\begin{array}{l} n_g = 1,6404 \\ n_m = 1,6301 \\ n_p = 1,6208 \end{array}\right\}$ $\begin{array}{l} n_g + n_p \\ = 2 n_m + 0,001 \end{array}$
Acide santoninique, $C^{15} H^{20} O^4$ (STRÜVER)	ortho-rhombique	rouge bleu	— $+$	89.55 87.40	
Métasantonate méthylique, $C^4 H^{19} O^4 (CH^3)$ (STRÜVER)	mono-clinique	rouge	—	89.53	
Hyposulfate de baryum à $4 H^2 O$, $S^2 O^6 Ba + 4 H^2 O$ (WYROUBOFF).	mono-clinique	rouge	$+$	89.42	
Péridot olivine (du Vésuve), $Si O^4 (Mg Fe)^2$, $0,13 Fe$, $0,87 Mg$ (PENFIELD et FORBES)	ortho-rhombique	D	—	89.42	
Oxyfluohypomolybdate d'ammo-nium, $Mo O F^3 + 2 NH^4 F$ (SCACCHI)	ortho-rhombique	jaune	—	89.38	
Péridot olivine (d'Auvergne), $0,134 Fe$, $0,866 Mg$ (PENFIELD et FORBES)	ortho-rhombique	D	—	89.36	
Danburite (de Suisse), $Ca Bo^2 Si^2 O^8$ (HINTZE).	ortho-rhombique	bleu Tl	$+$ —	89.36 89.14	$\left.\begin{array}{l} n_g = 1,6393 \\ n_m = 1,6366 \\ n_p = 1,6356 \end{array}\right\}$ $\begin{array}{l} n_g + n_p \\ = 2 n_m + 0,0017 \end{array}$
Épidote (de Huntington), $H^2 Ca^4 (Al^2 Fe^2)^3 Si^6 O^{26}$ 5,67 pour 100 $Fe^2 O^3$ (FORBES)	mono-clinique	D	$+$	89.28	$\begin{array}{l} n_g = 1,724 \\ n_m = 1,716 \\ n_p = 1,714 \end{array}$
Sulfate d'ammonium et cérium, $3 SO^4 Ce + SO^4 (NH^4)^2 + 8 H^2 O$ (WYROUBOFF)	mono-clinique	D	$+$	89.24	
Adamine, $Zn As^2 O^6 + H^2 O$ (DES CLOIZEAUX)	ortho-rhombique	bleu	$+$	89.16	
Cantharidine $C^{10} H^{12} O^4$ (NEGRI)	ortho-rhombique	D	$\prime\prime$	89.7	

ce corps, positif pour la radiation D avec

$$2\,I = 88^\circ 54',$$
$$n_g = 1,6490, \qquad n_m = 1,6430, \qquad n_p = 1,6375,$$
$$n_g + n_p = 2\,n_m + 0,0005$$

est négatif pour le rouge-lithium et, dans ce cas

$$2\,I = 89^\circ 16',$$
$$n_g = 1,6468, \qquad n_m = 1,6393, \qquad n_p = 1,6320,$$
$$n_g + n_p = 2\,n_m + 0002.$$

Semblablement, des mesures de Laird montrent que le *chloroplati-nate de triéthylsulfine* $[(C^2 H^5)^3 S\, Cl]^2 Pt\, Cl^4$, systèmé monoclinique, négatif avec

$$2\,I = 89^\circ 45', \qquad n_m = 1,6371$$

pour la radiation D, est, pour le vert thallium, positif avec

$$2\,I = 90^\circ 57'.$$

. Le résultat prévu correspond donc réellement à une propriété physique de certains corps. C'est ce que montrent également les exemples suivants qui, comme les précédents, résultent de l'examen des Tables XIII et XIV (propriétés optiques des solides inorganiques et des solides organiques) du fascicule II du *Recueil des Données numériques* (H. DUFET, *Optique*) publié par la *Société française de Physique*, (p. 466-751) (¹).

(¹) Dans ces Tables, l'angle des axes optiques (ou de réfraction conique intérieure) que nous appelons 2I est représenté par 2V.

CHIMIE.

M. A. DANÉ,

Chimiste-Expert et Préparateur d'Hydrologie (Toulouse).

MOYENS QUI PERMETTENT UN EXAMEN RAPIDE DES EAUX.

543.3 : 614.777

6 *Août.*

Les analyses complètes de l'eau nécessitent un temps assez long et des opérations délicates.

Certainement l'analyse qui permet de recueillir le corps après l'avoir séparé, de le peser et de le transformer au besoin en ses divers composés, reste toujours le procédé de choix pour le laboratoire. Mais il n'existe pas partout des laboratoires adaptés à ce genre de travaux et, comme Mohr l'a montré, on peut avec un matériel restreint faire beaucoup de dosages par la volumétrie, c'est-à-dire par les liqueurs titrées et les réactifs indicateurs. Dans l'étude de l'eau potable certains dosages, tels ceux de l'acide sulfurique, de l'acide carbonique total, sont presque exclusivement opérés par voie pondérale, tandis que le dosage du chlore est devenu presque généralement volumétrique. Mon but dans cette communication est d'apporter le plus possible de simplifications à l'analyse, je souhaite d'y avoir réussi jusque dans l'examen des principes chimiques et biologiques contaminateurs (voir Travaux originaux du Mémoire).

Au laboratoire du Pr Garrigou, j'ai fait toutes les investigations nécessaires.

De plus une éducation première, dont je suis redevable à M. le Pr Denigès, a secondé considérablement les efforts de ma deuxième période d'études chimiques.

J'expose ici des procédés connus, mais modifiés de façon telle qu'ils deviennent plus faciles à exécuter, et d'autres procédés basés sur des principes connus, mais dont je prends date pour la priorité de l'application à l'analyse de l'eau.

Nature des roches et terrains. Température. Situation. Qualités des eaux. Caractères organoleptiques. — Quoique d'ordre surtout chimique, ma communication vous doit quelques mots à ce sujet. Je ne m'arrêterai pas longtemps sur la nature des roches et terrains traversés par l'eau.

Aussi peu naturaliste qu'il puisse être, le chimiste doit savoir reconnaître les argiles, les schistes, le granite, le calcaire, et il saura d'avance d'après l'émergence si une eau de source doit être minéralisée ou non, et il devra s'attendre, par suite de la structure fissurée des calcaires et des granites, feuilletée des schistes, à une pollution possible des eaux par des causes lointaines. L'étude des grottes avoisinant les sources ou la spéléogie, la nouvelle science, si bien mise en relief par M. Martel, sera un élément d'étude.

La constante de la température des sources sera un élément très utile d'appréciation, car on sait que cette température doit obéir le moins possible à la température extérieure. Il en est de même de la situation des sources au-dessous des agglomérations, des cimetières et des champs fumés qui deviennent de ces faits suspectes, condamnées même.

Les qualités des eaux potables sont connues de tous, je n'insiste pas. Les qualités des eaux industrielles sont pour ainsi dire les mêmes que celles des eaux d'alimentation, puisqu'elles servent dans beaucoup de cas à la préparation ou à la manipulation de produits destinés à l'alimentation. Elles devront être froides, sans goût appréciable et le moins chargées possible pour les fruitières, féculeries; celles employées en sucrerie devront être peu minéralisées et surtout peu nitratées. Pour la fabrication de la bière, l'eau doit être également peu chargée, surtout en sels calcaires et magnésiens qui nuisent à l'opération du maltage. La tannerie ne sera pas si difficile et se servira d'une eau chargée en sulfates, pourvu que les chlorures ne soient pas trop abondants. Le blanchiment demande le moins de sels calcaires, magnésiens et de fer, comme aussi les eaux employées dans les chaudières de machines à vapeur. L'eau considérée comme force motrice, seule n'intéressera pas l'analyste.

Description des méthodes. — Quelle que soit l'origine de l'eau, qu'elle provienne de sources, de rivières, de lacs, de fonte de neiges, de glaciers ou de puits, en outre des prises de température, des examens géologiques, et des qualités organoleptiques, les procédés que je vais décrire, même seulement certains d'entre eux, seront suffisants pour en donner une composition sommaire et complète s'ils sont à la fois tous mis en œuvre.

Le matériel qu'ils exigeront est celui qu'on peut trouver partout. Des capsules de porcelaine ou des vases de bohême, une éprouvette de 50 cm³, ou plus, afin d'effectuer les mesures, quelques pipettes de 10 cm³ divisées par dixièmes de centimètre cube, quelques-unes de 1 cm³ ou 2 cm³, de petits entonnoirs et filtres à analyse, enfin une burette quelconque graduée en dixièmes, des liqueurs titrées et quelques réactifs seront suffisants. Il faut y ajouter un moyen de chauffage quelconque. Toutes les opérations titrimétriques seront faites en présence d'un vase témoin de coloration ou de réaction. L'importance de ce témoin est grande pour l'exactitude; il a de plus l'avantage de raffermir la certitude chez celui qui n'est pas familiarisé avec le laboratoire.

Hydrotimétrie. — Cette opération est détaillée dans tous les Ouvrages; il serait oiseux et par trop élémentaire d'en faire la description. Je ferai les observations suivantes :]

A. Qu'il est bon d'effectuer la prise de degré avec des solutions de savon étendues préalablement titrées et employées avec la burette ordinaire..

B. Que cette méthode, déjà d'une exactitude relative lorsqu'on veut avoir le degré total, n'offre rien de précis lorsqu'on veut l'appliquer à une analyse complète, comme on l'a écrit, ou lorsqu'on veut essayer des eaux fortement minéralisées.

C. Que le degré après ébullition n'est pas plus exact, car aucun auteur n'est d'accord sur la durée de temps d'ébullition et par conséquent sur l'évaporation qui en résulte).

Je propose d'effectuer cette opération ainsi :

Degré après ébullition. — Deux capsules de porcelaine sont placées sur un même bain-marie ayant deux ouvertures égales : dans l'une on place 5o cm³ d'eau, dans l'autre 25 cm³; quand les 25 cm³ sont évaporés, on a une réduction de moitié. On filtre le liquide qui reste des 5o cm³, on complète à 5o cm³ avec eau distillée après refroidissement et l'on prend le degré (les 25 cm³ évaporés serviront ultérieurement au dosage des nitrates).

Alcalinité. — L'alcalinité d'une eau potable ordinaire ne provient généralement que des sels calcaires magnésiens carbonatés, rarement des silicates alcalins. (L'une des quatre fiches hydrométriques de M. Bonjean).

Les silicates et carbonates alcalins seront rapidement reconnus si, avant ébullition, l'eau donne la réaction colorée de la phtaléine, mais tel n'est pas le cas généralement et l'on pourra apprécier cette alcalinité en carbonates alcalino-terreux, en carbonate de chaux de préférence. Comme M. Bonjean nous apprécierons le degré d'alcalinité. Nous en supputerons, à part, le poids des chlorures de sodium, sulfate de calcium et silice, le poids du résidu salin vers 18o°. Nous en déduirons l'acide carbonique combiné, l'acide carbonique total bientôt, et après le dosage de la chaux, par une simple règle, la *règle chaux-magnésie*, la magnésie.

On emploiera un acide fort titré HCl ou $SO^4H^2 \dfrac{N}{10}$ (de préférence HCl lorsqu'on voudra ensuite doser CO^2 total par l'alcalimétrie) et l'hélianthine. Un témoin ne sera pas oublié avec même volume d'eau distillée et autant de gouttes d'hélianthine (chiffre à déduire).

On opérera sur 25o cm³ d'eau et l'on notera le nombre de centimètres cubes d'acide $\dfrac{N}{10}$ nécessaire au virage, correction faite. Soit n centimètres cubes sur 25o cm³ d'eau :

$n \times 0{,}005$ = carbonates calcaires et magnésiens évalués en CO^3Ca,
$n \times 0{,}0022$ = CO^2 combiné,
$n \times 0{,}0044$ = CO^2 combiné et des bicarbonates.

On rapporte au litre.

L'opération se fait à froid; l'exécution, très facile, est décrite sur tous les ouvrages spéciaux; je n'en dis ces quelques mots que pour être complet et pour me servir de ce degré n comme facteur dans le dosage de l'acide carbonique total par l'alcalimétrie.

Chlore. — Le dosage est effectué, comparativement avec un témoin, et par l'azotate d'argent titré selon la méthode ordinaire. L'évaluation se fera en Cl Na, le dosage volumétrique des alcalins étant peu pratique, sinon impossible directement. Il est nécessaire ici de rappeler que les eaux des terrains tertiaires, triasiques et voisines de la mer renferment des doses un peu élevées de chlorures et de leur présence un peu élevée il ne faut pas conclure à la pollution.

Chaux. — Mon collègue, M. Molas, chimiste dans la région pyrénéenne, emploie une méthode directe de dosage de l'oxalate de chaux par le permanganate en milieu sulfurique dans les examens de minerais; j'ai employé le même procédé dans le dosage de l'oxalate de chaux formé dans un volume déterminé d'eau. Ce moyen permet de se passer de liqueurs oxaliques titrées, d'éviter la dissolution de l'oxalate de chaux par les acides chlorhydrique ou azotique, acides plus ou moins nuisibles dans les dosages au permanganate. Voici une technique pour les eaux : à 200 cm³ d'eau, ou tout autre volume déterminé, on ajoute 1 cm³ Cl NH⁴ saturée, puis NH³ et oxalate d'ammoniaque à 10 °/₀, soit 30 cm³; on porte vers 80°, on laisse reposer 2 heures au moins, on filtre sur un petit filtre à plis (7 à 9 cm) préalablement bien garni avec de l'eau tenant en suspension de la pâte à papier faite avec des rognures de filtre; on lave à l'eau distillée plusieurs fois (¹); on prend le filtre et son contenu, on le place dans un vase de Bohême avec 50 cm³ d'eau et 15 à 20 cm³ SO⁴H² à $\frac{1}{2}$, on porté jusqu'à l'ébullition, on retire du feu, on attend quelques minutes (vers 75° à 80°) et l'on ajoute peu à peu MnO⁴K jusqu'à coloration rose persistant 30 secondes

$$\text{environ 1 cm}^3 \text{ Mn O}^4\text{K } \frac{\text{N}}{10} = 0,0028 \text{ CaO ou } 0,0050 \text{ CO}^3\text{Ca.}$$

Un témoin pourra être fait avec la même proportion d'eau distillée, même proportion d'acide sulfurique, et un papier-filtre semblable à celui qui amenait l'oxalate. J'ai pu remarquer que la correction ici est presque insignifiante. Il y a une précaution essentielle à observer, c'est d'éviter d'ajouter le MnO⁴K si le liquide est en ébullition ou trop voisin de l'ébullition; la cause en est qu'à l'ébullition la cellulose emploierait du permanganate, tandis qu'au-dessous rien ne se produit. On rapporte au litre.

Magnésie. Dosage par l'urane. — Le filtratum du précédent traité par le phosphate d'ammoniaque donne du phosphate ammoniaco-magnésien, qui, recueilli après 10 heures, filtré, lavé avec soin, redissous sur filtre par l'acide azotique, traité par Az H³, puis redissous dans quantité stricte d'acide acétique, donne un liquide où l'on dosera l'acide phosphorique par la méthode volumétrique à l'urane. La quantité de P²O⁵ trouvée, multipliée par 0,5633, donnera MgO et CO³Mg en multipliant encore ce résultat par 2,1.

Lorsqu'on additionne l'alcalinité par litre exprimée en CO³ Ca, *l'acide sulfurique exprimé en* CO³ Ca, *l'acide nitrique exprimé en* CO³ Ca, *on a un total qui, après avoir défalqué la chaux totale dosée et exprimée en* CO³ CA, *donne un reste*

(¹) Le filtratum est conservé pour le dosage de la magnésie.

d'alcalinité. Ce reste d'alcalinité est converti en CO_3Mg *en le multipliant par* 1,17 $\left(\text{rapport } \dfrac{CO_3Mg}{CO_3Ca}\right).$

On rapporte SO_3 en SO_4Ca en multipliant SO_3 par 1,439
» SO_4Ca en CO_3Ca » SO_4Ca par 0,735
» SO_3 en CO_3Ca » SO_3 par 1,02
» NO_3H en CO_3Ca » NO_3H par 1,33

Voici une eau qui m'a donné :

Alcalinité en CO_3Ca par litre 0,15   A
Chaux totale en CO_3Ca................ 0,12   CT
Sulfate évalué en CO_3Ca.............. 0,0125 n
Acide nitrique évalué en CO_3Ca....... 0,00133 n'

La règle sera

$$A + n + n' - CT = E$$

en CO_3Ca ou en chiffres :

$$0,15 + 0,0125 + 0,00133 - 0,12 = 0,043$$

qui, exprimé en CO_3Mg, deviendra

$$0,043 \times 1,17 = 0,0503.$$

Cette règle souffrira des exceptions dans les cas rares où le chlore sera à l'état de Cl_2Ca et les sels magnésiens à un état différent de ceux de carbonates. Je me propose d'en vérifier l'exactitude dans l'ensemble des analyses faites.

Acide nitrique. — On évapore 25 cm³ d'eau (on prend les 25 cm³ évaporés lors de la prise du degré hydrotimétrique après ébullition) et l'on opère selon la méthode de Grandval et Lajoux. On se sert d'un colorimètre ou d'une échelle de solutions titrées traitées pareillement. Afin d'éviter l'achat d'un colorimètre toujours très coûteux, je dois signaler le colorimètre « le Simplex » que M. le Pr Blarez a fait construire chez M. Berlemont. Il consiste en deux tubes cylindriques en verre à fond plat portant gravés sur le verre des divisions en millimètres. Ces deux tubes sont logés dans une petite boîte en bois sans fond. On place dans l'un des tubes une certaine épaisseur du liquide le plus coloré, par exemple 10 mm, et dans le second tube on fait couler, au moyen d'un tube effilé, le second liquide coloré jusqu'à ce que, en regardant par-dessus une feuille de papier blanc, bien éclairée et inclinée à 45°, on observe l'égalité des teintes. On enlève alors les tubes, on lit la hauteur des liquides et l'on fait les calculs. Supposons que dans le tube témoin à 0,50 °/₀ de nitrate de potasse, la hauteur soit de 10 mm et représentons par h la hauteur en millimètres du liquide à doser dans le deuxième tube.

En appelant x la quantité de nitrate dans 1 litre d'eau, on aura

$$\frac{10}{h} = \frac{x}{0,50}, \qquad \text{d'où} \qquad x = \frac{5}{h}.$$

(*L'Urine*, par M. le Dr Blarez.)

Sulfates. — Dosage volumétrique par le procédé Vitali réduit par nous à une seule filtration.

Principe. — Les sels solubles de baryum précipitent complètement SO_4H_2 et sont également précipités à leur tour par CO_3Na_2 avant de donner la teinte rose de la phtaléine. Il faut donc :

1º Une solution de CO_3K_2 ou $CO_3Na_2\dfrac{N}{10}$ $\Big($ qu'on vérifiera si l'on veut une première fois avec $SO_4H_2\dfrac{N}{10}\Big)$, à $14^g,30$ par litre ;

2º Une solution de Cl_2B a cristallisé $\dfrac{N}{10}$ ($12,20$ par litre) ;

3º Phtaléine du phénol.

A. *Titrage des liqueurs*. — Dans un vase de Bohême on mettra 10 cm³ de solution barytique titrée $+$ 5 gouttes de phtaléine et l'on y versera en chauffant $CO_3Na\dfrac{N}{10}$ jusqu'à rose violacé. On fera ainsi des solutions équivalentes volume à volume.

B. *Préparation de l'eau à analyser*. — Dans un vase ou capsule on met 200 cm³ d'eau à analyser ou volume déterminé, on chauffe à l'ébullition, puis on ajoute CO_3Na_2 étendu, on fait bouillir encore, on filtre, on lave le filtre à l'eau distillée, on recueille toutes les eaux, on y ajoute phtaléine, on a coloration rosée ou rouge, puis peu à peu acide acétique étendu jusqu'à légère acidité, puis on revient avec précaution au rose.

Dans cette eau ainsi préparée on a éliminé les diverses influences des carbonates alcalino-terreux et l'on a tenu compte de la coloration finale qui devra être obtenue semblable. On ajoute alors 15 cm³ $Cl_2Ba\dfrac{N}{10}$, on porte à l'ébullition, le sulfate de Ba se forme et l'on verse toujours en chauffant $CO_3Na_2\dfrac{N}{10}$ jusqu'à réapparition de la teinte.

Soit n le nombre de centimètres cubes employés. La quantité correspondant aux sulfates sera

$$15 - n = A \text{ cm}^3.$$

$A \times 0,0049 = SO_4H_2$ pour la quantité d'eau mise en expérience.

$A \times 0,0068 = SO_4Ca$ id.

On rapportera au litre.

Acide carbonique total. — M. Meillère, le premier, a donné un procédé basé sur l'alcalimétrie en combinant l'alcalinité trouvée avec une addition d'eau de baryte titrée. Il m'a paru que celle-ci était très altérable et je préfère une solution de sucrate de baryum un peu plus stable, mais qu'il faut vérifier avant usage. Voici la méthode que je donne :

Solution de sucrate de baryte titrée.

Hydrate de baryte.............................	15^g
Sucre.......................................	45
Eau distillée	1000

Triturez le sucre et la baryte, ajoutez peu à peu l'eau, filtrez et titrez avec $HCl\dfrac{N}{10}$. Notez le nombre de centimètres cubes $\dfrac{N}{10}$; pour 10 cm³, par exemple, 10 cm³ de cette solution valent 14,5 cm³ $\dfrac{N}{10}$.

Dans un verre conique pouvant se boucher, mettre 250 cm³ d'eau, puis 10 cm³ solution titrée de baryte, boucher, chauffer vers 70° et laisser 5 à 6 heures.

On a par exemple une eau qui a donné pour 250 cm³ :

$$8^{cm³} \text{ acide } \dfrac{N}{10} \text{ à l'alcalinité; on y ajoute donc,}$$

$$14,5 \qquad \text{id.} \qquad \text{provenant de 10 cm³ sucrate de baryte.}$$

$$\text{Total...} \quad \overline{22,5}$$

On en filtre la moitié, 130 cm³ correspondant à 125 cm³ et l'on reprend l'alcalinité avec $HCl\dfrac{N}{10}$; on n'a plus par exemple que 4 cm³ $\dfrac{N}{10}$, ce qui donnera, pour la totalité des 250 cm³, 8 cm³.

D'où la différence 22,5 — 8 = 14,5 cm³ est le chiffre d'acide $\dfrac{N}{10}$ correspondant à la quantité d'équivalents employés par CO_2 total, et cette différence multipliée par 0,0022 donnera pour 250 cm³ d'eau CO_2 total. On rapportera au litre en multipliant par 4. On a déjà eu par l'alcalinité CO_2 combiné; par le calcul on déterminera celui appartenant aux bicarbonates.

Dosage de l'oxygène. — Le procédé très commode aux sels ferreux sera employé soit avec la pipette de Montsouris, soit au moyen de la volumétrie ordinaire.

Recherche et dosage des nitrites par mon procédé. — J'ai déjà dit autrefois, et on l'a dit comme moi, que la recherche des nitrites par le réactif sulfanilique naphtylamine offrait quelques chances d'erreurs. L'eau qui contient certaines matières organiques, ou tourbeuses ou ferrugineuses, peut donner une réaction douteuse. D'autre part, le réactif préparé en deux solutions chlorhydriques perd assez vite ses propriétés. Il reste encore de très nombreux réactifs : Tromsdorf, Denigès, Mauseau, etc.; mais je propose aujourd'hui comme réactif de sensibilité grande et constante la réaction bien connue en chimie du nitroso-indol.

$$\textit{Réactif :} \text{ Indol} = 0,01. \qquad \text{Alcool à } 95° — 150 \text{ cm³.}$$

Mode d'emploi. — Dans un verre prendre une quantité quelconque d'eau, y ajouter 2 ou 5 cm³ du réactif et autant d'acide sulfurique pur au demi. Avec de l'eau contenant des *nitrites*, on a *immédiatement* une coloration *rosée*.

La réaction est sensible à $\dfrac{1}{2500000}$.

Avec l'acide humique et certaines autres matières organiques, il se produira une coloration jaunâtre devenant après quelques heures jaune rougeâtre, mais jamais *immédiatement*.

Il reste, pour compléter l'examen d'une eau, à déterminer ou la proportion de matières organiques ou à en faire une appréciation pondérale. Une méthode permettant d'apprécier la teneur en colibacille est utile également. Beaucoup de procédés aussi ont été donnés. Ici aussi je porte au Congrès le résultat de mes recherches. Pour la matière organique je donne un procédé sommaire mais suffisant dans beaucoup de cas, au permanganate; et en deuxième lieu un procédé de laboratoire de précision à l'hydrate d'argent.

Procédé direct au permanganate. — 150 cm³ d'eau additionnés de 2 cm³ de solution saturée de carbonate de soude et de 2 cm³ MnOK à 0,50 % ne doivent pas être décolorés après 10 minutes d'ébullition, et addition de 5 cm³ SO⁴H² au quart après tiédissement.

$$1 \text{ cm}^3 \text{ Mn O}^4\text{K à } 0,50 \text{ pour } 100 = 0,000125 \text{ d'oxygène.}$$

2 cm³ de MnO⁴K dans 150 cm³ d'eau valent par litre d'eau :

$$2 \times 0,000125 \times 6,6 = 0,00165 \text{ d'oxygène emprunté au permanganate.}$$

L'essai direct peut être commencé par 1 cm³ de MnO⁴K dans 150 cm³ d'eau.

Ce procédé a été publié en détail dans l'*Union pharmaceutique*, mai 1910.

Procédé de précision de laboratoire à l'hydrate d'argent. — Le procédé repose sur la cyanoargentimétrie de M. le Pr Denigès et sur la réduction de l'hydrate d'argent par les matières organiques suivantes : matières colorantes végétales et animales, la taurine, les mucosites, les acides uriques, tartriques, galliques, les substances protéiques dissoutes, les produits des décompositions putrides.

Voici le résumé de la technique et les liqueurs nécessaires :

Solution de NO³Ag $\frac{N}{100}$;

Solution CN K approximativement $\frac{N}{100}$ (n'a pas besoin d'être exacte en opérant avec un témoin);

Solution chloruro-magnésienne-ammoniacale

$$(\text{Cl NH}^4 \text{ 150} — \text{Cl}^2\text{AMg 100} — \text{NH}^3 \text{1000});$$

Ammoniaque;

Iodure de potassium dissous;

Lessive de NaOH ou de KOH;

Solution de ClK à 2,09 % dont 1 cm³ = 0,001 de Cl.

Témoin. — On met dans un vase conique et dans l'ordre indiqué 10 cm³ NO³Ag $\frac{N}{100}$ + 1 cm³ lessive alcaline + 200 cm³ eau distillée + autant de centimètres cubes de solution de Cl K que l'eau à analyser contient de milligrammes de chlore par 200 cm³ d'eau.

Vase avec l'eau à analyser. — Avec l'eau à analyser et dans le même ordre que ci-dessus on a fait le mélange, sauf le chlorure de potassium.

On fait bouillir les deux vases 10 minutes pendant lesquelles on observe la réduction du sel d'argent dans le vase contenant l'eau à analyser.

On laisse tiédir les deux vases et l'on ajoute dans chacun 10 cm³ de solution chloruro-magnésienne + 10 cm³ de NH³, on agite, on filtre (la filtration dure une demi-heure environ). Chaque filtratum est traité par un même volume de solution de cyanure, soit 15 cm³, puis on ajoute 10 gouttes de solution d'iodure de potassium et de l'azotate d'argent $\frac{N}{100}$ jusqu'à louche persistant.

Le vase témoin est représenté par n cm³. Le vase à analyser par n' cm³ d'azotate d'argent. La quantité $n' - n =$ azotate d'argent $\frac{N}{100}$ représentant les matières organiques de 200 cm³ d'eau.

On rapporte au litre. Un litre d'eau potable ne doit pas réduire plus de 10 cm³ NO³Ag $\frac{N}{100}$.

Procédé de numération du coli-bacille par notre méthode simple. — Quoique ceci soit plutôt du ressort de l'hygiène et de la bactériologie, je n'hésite pas devant une assemblée de chimistes à en donner un résumé, car elle permet à tous de se rendre compte du jour au lendemain de la valeur d'une eau au point de vue sanitaire.

La méthode repose sur la recherche de l'indol directement dans des *tubes ou flacons bouchés contenant 4 à 5 cm³ de solution de peptone (peptone pancréatique, 2; ClNa, 2; eau, 100; bicarbonate de soude, quantité suffisante pour neutraliser), le tout stérilisé et ensemencé à l'aide d'une pipette stérile de 1, 2, 3, 4, 5, 10 cm³ d'eau ou toute autre quantité. Après 2 à 3 jours au maximum d'étuve ne dépassant pas 38° ou dans tout autre lieu à température modérée on peut faire l'essai suivant,* qui n'est qu'une modification de celui publié par M. Panisset et Porcher en employant la solution de *paradiméthylaminobenzaldéhyde* à raison de 1 gr dans 100 cm³ d'alcool à 95° (réaction d'Erlich) :

Chacun des tubes de culture est additionné d'une quantité à peu près égale d'éther, agité; après repos l'éther est décanté dans un autre tube, on y ajoute 2 ou 3 cm³ de solution diméthylaminobenzaldéhyde et quelques gouttes HCl; on agite légèrement. Si le tube épuisé par l'éther est celui de 2 cm³ d'eau et que celui de 1 cm³ ne donne pas la réaction, c'est que 2 cm³ d'eau contiennent un germe de coli pour cette quantité, soit 500 par litre. La limite étant de 200 par litre, il séra facile de borner les essais quotidiens à quelques tubes.

Avec cette méthode j'espère que les essais d'eaux pourront être multipliés dans les hôpitaux militaires, civils, bureaux d'hygiène, etc. Elle a pour elle le mérite de la simplicité; je n'en réclame que la priorité de l'application aux essais d'eaux potables, quoique le coli-bacille ne soit pas le seul à donner de l'indol, cette réaction n'en indique pas moins la présence de microbes contaminateurs.

(¹) S'il y a une coloration rouge ou rosée, c'est que la quantité d'eau mise en expérience contenait au moins un germe de coli-bacille, lequel s'est multiplié et a donné de l'indol au dépens de la solution de peptone.

M. E. NOELTING,

Directeur de l'École de Chimie (Mulhouse).

CONTRIBUTION A LA CONNAISSANCE DES COULEURS A MORDANTS.

667.14.

2 Août.

On sait que par introduction dans un chromogène de deux groupes hydroxyle, d'un hydroxyle et d'un nitroso (ou ce qui est la même chose d'un oxygène quinonique et d'un oxime), enfin de deux oximes, en position ortho l'un vis-à-vis de l'autre, on obtient des colorants à mordants bien caractérisés. On n'a pas encore signalé le fait qu'il en est de même quand un hydroxyle et un amino se trouvent dans la position en question. Je ferai voir dans ce qui suit que, du moins dans la série anthroquinonique, l'hydroxyle et l'amino en ortho donnent naissance à des colorants à mordants très puissants.

Dans d'autres familles de colorants l'influence est, ainsi que je m'en suis convaincu, plus faible, mais pourtant parfois encore assez marquée. Une étude approfondie et systématique de ces phénomènes que je ne suis pas à même d'entreprendre en ce moment, conduirait peut-être à des résultats intéressants.

Dans la série anthraquinonique j'ai étudié tout d'abord les dérivés ci-dessous :

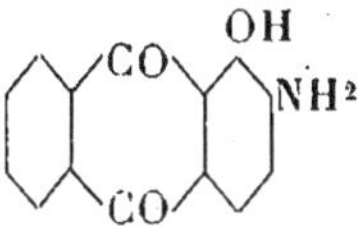

$$\text{I.} \qquad \text{II.} \qquad \text{III.} \qquad \text{IV.} \qquad \text{V.} \qquad \text{VI.}$$

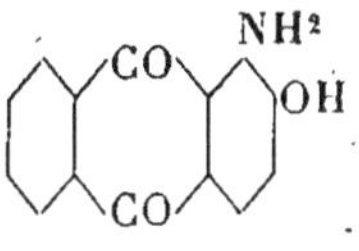

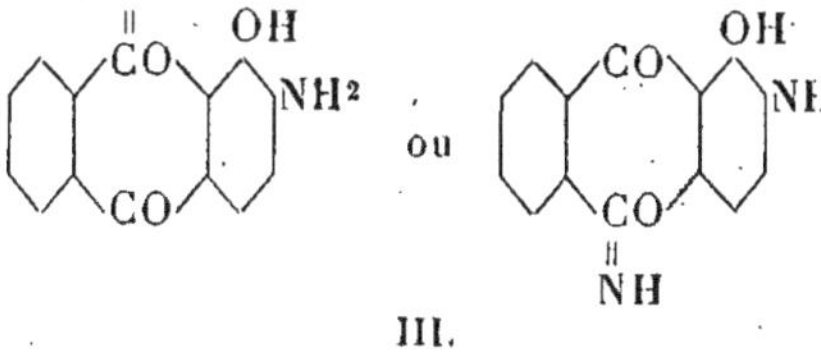

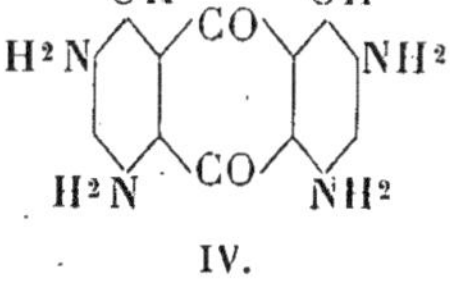

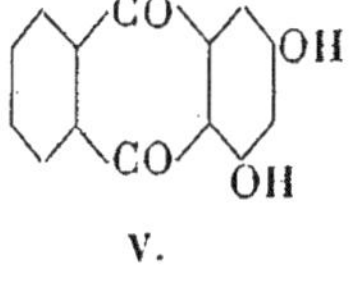

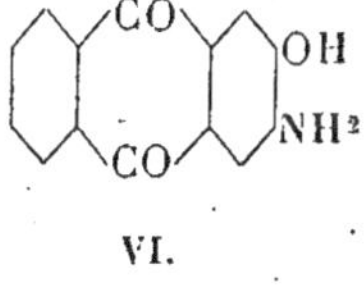

Ils tirent tous sur chrome, fer et aluminium et sur presque tous les autres métaux des bandes Scheurer. Je donne ci-dessous un Tableau synoptique des nuances obtenues. Non seulement la position ortho, mais jusqu'à un certain point aussi la position para des groupes amino et hydroxyle, peut donner aux dérivés dans lesquels elle se trouve la propriété de teindre les mordants.

Les combinaisons

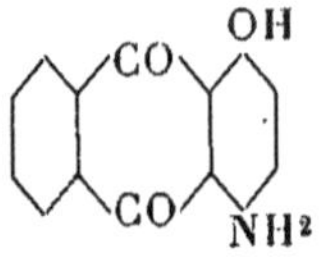

VII. 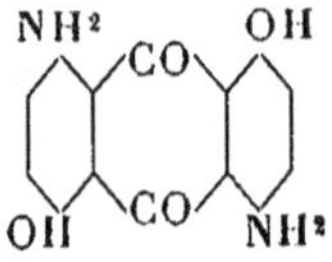   VIII.

sont une démonstration de ce fait. L'affinité pour les mordants est toutefois moindre que dans la série ortho. La même diminution a lieu aussi dans la série hydroxylique, comme on le voit en comparant la quinizarine avec l'alizarine

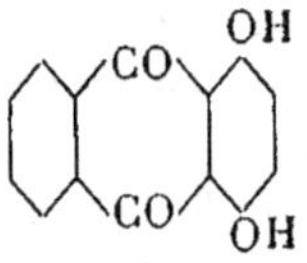

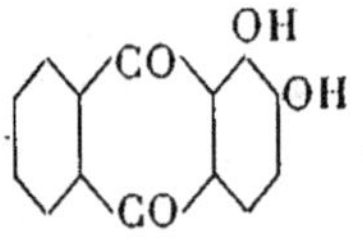

Dans le cas du dérivé VIII, le diaminoanthrarufine, l'affinité relativement faible pour les mordants provient certainement en bonne partie aussi de sa faible solubilité, car ses acides mono et bisulfoniques, les alizarine-saphirols

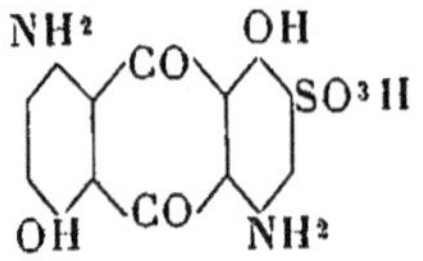

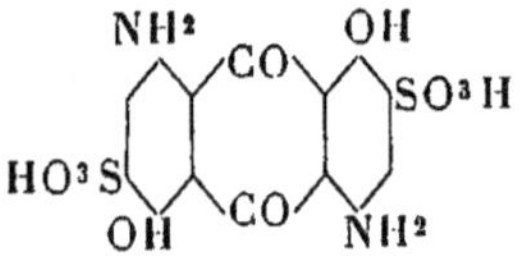

IX.

tirent assez bien sur coton mordancé. M. Buntrock (*Revue générale des matières colorantes*, t. V, p. 99, et *Berliner Berichte*, t. XXXIV, 1901, p. 2344) avait déjà signalé le fait que ces colorants teignent la laine mordancée. Le même auteur avait fait remarquer aussi que

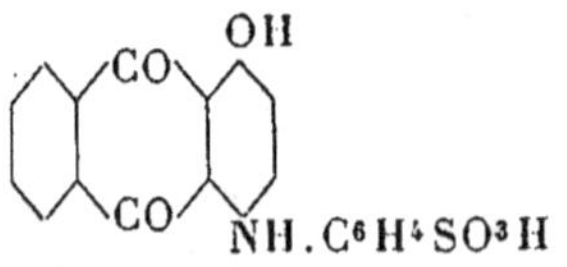

et

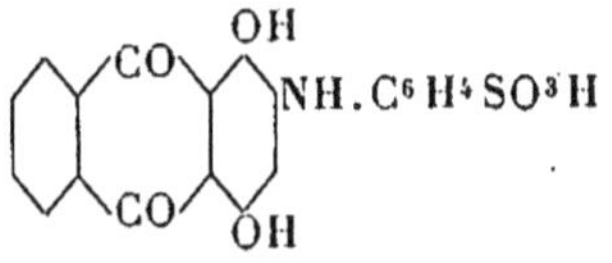

se fixent sur les mordants.

Les Farbenfabriken F. Bayer et Cie, à Elberfeld (brevet allemand n° 98639, FRIEDLÆNDER, t. V, p. 245) ont trouvé que la dinitrochrysazine

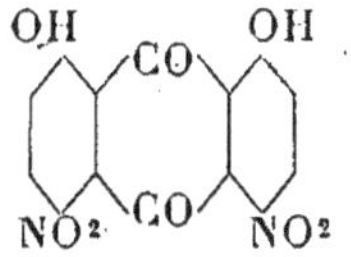

$$\text{OH} \quad \text{CO} \quad \text{OH}$$
$$\text{NO}_2 \quad \text{CO} \quad \text{NO}_2$$

X.

teint en bleu la laine mordancée au chrome. J'ai observé qu'elle teint également le coton mordancé d'une manière très intensive.

Son produit de réduction, la diaminochrysazine

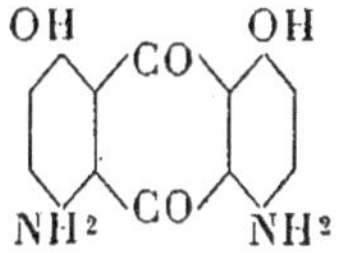

$$\text{OH} \quad \text{CO} \quad \text{OH}$$
$$\text{NH}_2 \quad \text{CO} \quad \text{NH}_2$$

XI.

teint, d'après le brevet allemand n° 100138 des Farbenfabriken, la laine chromée en bleu. Mes essais faits avec des bandes Scheurer m'ont fait voir qu'elle est aussi un fort colorant à mordants pour le coton. L'acide chrysamminique, la tétranitrochrysazine

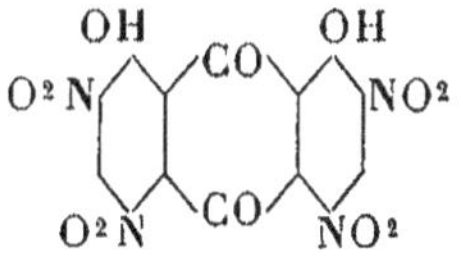

$$\text{OH} \quad \text{CO} \quad \text{OH}$$
$$\text{O}_2\text{N} \qquad \qquad \text{NO}_2$$
$$\text{O}_2\text{N} \quad \text{CO} \quad \text{NO}_2$$

XII.

est, ainsi que l'a déjà fait remarquer M. Liebermann (*Berichte*, t. XXXV, p. 1497), un colorant à mordant, assez faible il est vrai, mais son produit de réduction, l'hydrochrysammide, formule n° 4, montre une affinité tout à fait prononcée pour les mordants, aussi bien sur laine que sur coton.

Le Tableau ci-dessous indique les nuances obtenues sur bandes Scheurer. Il est assez remarquable que tous les colorants amino-oxy donnent sur cuivre des teintes très intenses.

Teintes obtenues par teinture sur bandes Scheurer par les colorants de l'anthraquinone ci-dessous.

	I. 1-oxy-2-amino-anthraquinone.	II. 1-amino-2-oxy-anthraquinone.	III. 1-oxy-2-amino-anthraquinone-imide.	IV. 1.8-dioxy-2.4.5.7-tétramino-anthraquinone.	V. 1-amino-2.4-dioxy-anthraquinone.	VI. 1.3-diamino-2-oxy-anthraquinone.	VII. 1-oxy-3-amino-anthraquinone.	VIII. 1.5-dioxy-4.8-diamino-anthraquinone.	IX. Acides sulfoniques de VIII.	X. 1.8-dioxy-4.5-dinitro-anthraquinone.	XI. 1.8-dioxy-4.5-diamino-anthraquinone.
Cérium	Violet.	Violet faible.	Les teintes ressemblent beaucoup à celles de I, mais sont en général sensiblement plus faibles.	Bleu terne fort.	Violet rougeâtre ou rouge terne très faible.	Brun faible.	Gris violacé faible.	Gris bleu faible.	Bleu violacé.	Bleu terne.	Comme IV.
Thorium	Violet plus rougeâtre.	Violet.					Violet faible.				
Zirconium	Id.	Violet plus rougeâtre.									
Yttrium	Violet bleuâtre.	Violet bleuâtre fort.		Violet brunâtre fort.		Brun.	Gris un peu plus intense.		Violet noirâtre intense.	Violet brunâtre fort.	
Glucinium (beryllium)	Violet rougeâtre.	Violet terne, plus ou moins violacé, mais en général faible.		Bleu terne faible.		Brun violacé faible.	Gris violacé fort.	Bleu.	Bleu.	Bleu violacé terne.	Comme IV, mais un peu plus fort.
Aluminium	Id.						Violet très faible.	Bleuâtre très faible.			
Cobalt	Violet terne et faible.			Violet bleuâtre tirant vers le brun.		Brun noirâtre.	Ne tire pas.		Bleuâtre faible.	Noir violacé.	Plus faible que IV.
Nickel	Id.										
Uranium	Violet bleuâtre.			Bleu ardoise terne.		Gris faible.	Gris faible.		Ne tire pas.	Gris bleuâtre.	
Chrome	Violet rougeâtre.	Violet rougeâtre.			Violet rougeâtre.	Brun.	Bleu faible.		Bleu fort.	Bleu terne.	En général comme IV, Mn, Ti, Pb, un peu plus faibles.
Cuivre	Id.	Violet fort.	Violet très intense.	Violet terne.	Violet noirâtre.	Brun noirâtre.	Noir violacé fort.	Noir violacé fort.	Noir violacé fort.	Violet terne fort.	
Zinc	Violet bleuâtre.	Violet terne très faible.	Comme I, mais très faibles.		Pour ainsi dire pas de coloration. Le cuivre est le seul mordant qui attire le colorant.	Brun clair.	Ne tirent pas.	Ne tirent pas.	Bleuâtre très faible.	Gris bleuâtre en général faible.	
Cadmium	Violet bleuâtre faible.			Violet faible.		Brun un peu plus foncé.					
Manganèse	Violet plus rougeâtre faible.	Violet un peu plut fort.		Bleu ardoise.		Gris faible.					
Bismuth	Violet rougeâtre fort.	Violet terne, rougeâtre très faible.		Gris ardoise faible.		Brun foncé.					
Plomb	Violet plus bleuâtre, faible.			Gris un peu plus fort.		Brun faible.					
Étain	Chair, faible.			Ne tire presque pas.		Gris faible.					
Titanium	Violet fort.	Violet un peu plus fort.	Comme I, mais pas tout à fait aussi intense.	Bleu noirâtre surtout très fort sur le fer.		Brun.			Bleu.	Bleu noirâtre le fer est plus intense.	
Fer	Noir violacé.	Violet brunâtre.				Brun plus fort.			Bleu noir.		

.M. E. NOELTING.

CONTRIBUTION A LA CONNAISSANCE DES AUXOCHROMES.

667.213

2 Août.

Il existe un grand nombre de corps incolores ou peu colorés, appartenant généralement à la série aromatique, qui, par l'introduction de certains groupes à la place d'atomes d'hydrogène, deviennent colorés. Ces corps sont appelés par M. Witt *chromogènes* et les groupes, grâce auxquels ils deviennent colorés, sont appelés par le même savant *auxochromes*. Ces groupes auxochromes sont, en particulier, l'hydroxyle et l'aminogène, OH et NH^2. Le remplacement de l'hydrogène de l'hydroxyle par un métal, par exemple ONa, OK, augmente le pouvoir auxochrôme; le remplacement par un radical alcoolique, OCH^3, OC^2H^5, etc., ou aromatique OC^6H^5, etc., le diminue en général plus ou moins. Si, par contre, cet atome d'hydrogène est remplacé par un radical acide, $OCOCH^3$, $OCOC^6H^5$, le pouvoir colorant est diminué très sensiblement souvent même complètement détruit.

Si dans le cas du groupe NH^2 on remplace un ou deux des atomes d'hydrogène par des radicaux alcooliques ou aromatiques (aryliques), de façon à obtenir

$$N{<}^{CH^2}_{\ H}, \qquad N{<}^{CH^3}_{\ CH^3}, \qquad N{<}^{C^6H^5}_{\ H}, \qquad N{<}^{C^6H^5}_{\ CH^3}$$

on augmente en général le pouvoir colorant, le cas où les deux H sont remplacés par des radicaux aromatiques,

$$N{<}^{C^6H^5}_{\ C^6H^5}$$

par exemple, n'est guère étudié, tandis qu'en les remplaçant par des groupes acides pour former

$$N{<}^{COCH^3}_{\ H}, \qquad N{<}^{COC^6H^3}_{\ H}, \qquad N{<}^{CH^3}_{\ COCH^3}, \qquad N{<}^{CH^3}_{\ NO}, \qquad \text{etc.,}$$

on le détruit, ou du moins on le diminue très considérablement. Toutefois un groupement acide, le sulfophényle (et ses homologues), fait exception à la règle, ainsi que l'a démontré M. Witt depuis longtemps (WITT et G. SCHMITT, *Ber.*, t. XXVII, 1894, p. 2370).

Par introduction de ce groupe, le NH^2 devient acide et fonctionne alors à peu près comme le groupe OH; les dérivés azoïques des sulfophénylnaphtylamines

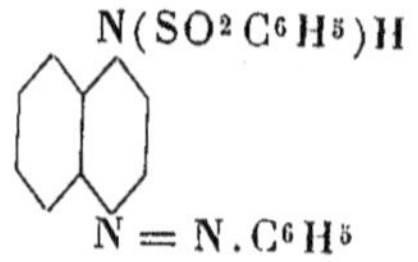

$$N(SO^2C^6H^5)H \quad \ldots \quad N = N.C^6H^5$$
$$\ldots \quad \text{et} \quad N(SO^2C^6H^5)H$$
$$N = N.C^6H^5$$

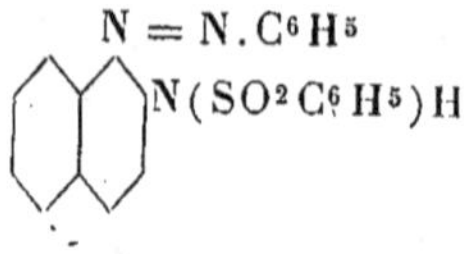

ressemblent aux dérivés correspondants de l'α- et du β-napthol, et les matières colorantes solubles obtenues avec l'acide sulfanilique teignant, le premier en jaune, le second en rouge, tandis que ceux des naphtols teignent tous les deux en orange (orange I et II du commerce).

Un autre radical acide encore, introduit dans le groupe amino, loin de diminuer le pouvoir colorant du corps dans lequel il se trouve, le modifie et l'augmente; c'est le radical picryle, $C^6H^2(NO^2)^3$. Le dinitrophényle $C^6H^3(NO^2)^2$ lui est analogue, quoique moins actif; quant au radical mononitrophényle, son action n'a pas encore été étudiée; il est probable pourtant qu'elle se manifestera également dans le même sens et à un degré encore moindre.

Le groupement picrylamine $NH.C^6H^2(NO^2)^3$ est un auxochrome puissant, à caractère acide. Si ce groupement remplace un hydrogène du benzène ou de naphtalène, il transforme ces hydrocarbures incolores en dérivés fortement colorés,

$$C^6H^5NH.C^6H^2(NO^2)^3, \quad C^{10}H^7NH.C^6H^2(NO^2)^3,$$

et si alors la molécule contient simultanément un groupe sulfo, SO^3H, il résulte de vrais colorants, teignant la soie et la laine en bain acide (E. NOELTING et E. VON SALIS-MAYENFELD, D. R. P., n° 22268, FRIEDLÆNDER, t. I, p. 326). Cette particularité tient évidemment à l'action chromophorique des groupes nitro NO^2. Toutefois il ne m'a pas paru inutile de signaler ce fait que le radical acide picryle, contrairement à ce qui a lieu pour les autres groupes acides, augmente le pouvoir auxochromique du groupe amide d'une manière considérable, au lieu de le diminuer. D'autres radicaux analogues tels que $C^6H^2(NO^2)^2(SO^3H)$, etc., produiraient naturellement le même effet. Il n'est pas impossible qu'en faisant des études systématiques dans cette voie on n'arrive à des colorants utilisables industriellement.

Les groupes auxochromes amino et hydroxyle sont les seuls dont il soit fait mention dans la littérature chimique; ainsi l'Ouvrage le plus récent sur ces matières, *Die Auxochrome*, par le professeur Hugo Kaufmann de Stuttgart, paru en 1907, n'en cite point d'autres.

Il en existe pourtant encore deux sur lesquels je voudrais appeler l'attention; ce sont les groupes hydrazine, $N\langle{}^{NH^2}_{H}$ et hydroxylamine $N\langle{}^{OH}_{H}$, l'un fortement basique, l'autre à la fois faiblement basique et acide. Du $N\langle{}^{NH^2}_{H}$ peuvent dériver par substitution des H par des radicaux alcooliques ou aryliques ou par les deux à la fois, de nombreux groupements qui auront sans doute tous aussi le caractère auxochrome, mais qui ont été peu étudiés; quant aux dérivés de $N\langle^{OH}_{H}$,

$$N\langle^{OCH^3}_{H}, \qquad N\langle^{OH}_{CH^3}, \qquad N\langle^{OCH^3}_{CH^3},$$

des corps les contenant ne sont pas connus du tout.

Les groupes $N\langle^{NH^2}_{H}$ est non seulement un auxochrome, mais même un auxochrome plus fort que le groupe NH^2.

La phénylhydrazine elle-même $C^6H^5\ N\langle^{NH^2}_{H}$ est déjà légèrement colorée en jaune, tandis que l'aniline est incolore et ses dérivés nitrés sont d'une coloration plus intense que les nitranilines correspondantes.

Si dans le groupe NH^2 de l'aniline les deux atomes d'hydrogène sont remplacés par le radical d'une aldéhyde, par exemple $CH = C^6H^5$, le caractère auxochromique n'est pas détruit; les dérivés ortho-méta-para $C^6H^4\langle^{N\ =\ CH.C^6H^5}_{NO^2}$ (ce sont les nitro-azo-méthines, chromogènes d'une espèce particulière) sont colorés en jaune.

Il en est de même quand dans le groupe hydrazine $N\langle^{NH^2}_{H}$, les 2 atomes d'hydrogène du NH^2 sont remplacés par le groupe benzylidène $CH = C^6H^5$ ou un autre aldéhydène, par exemple CH^2.

Les trois benzylidène-nitro-phényl-hydrazones ortho-métha-para $C^6H^4\langle^{N\ =\ CH.C^6H^5}_{NO^2}$ sont colorées en rouge orange et leurs acides sulfoniques sont, ainsi que je l'ai constaté, de véritables matières colorantes teignant la laine sur bain acide.

La trinitrophénylhydrazine

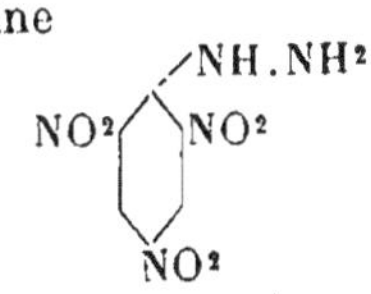

est d'une couleur plus intense que la trinitraniline (picramide)

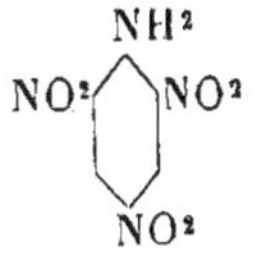

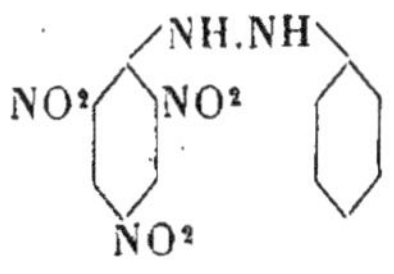

et pareillement la trinitrophényl-phénylhydrazine (trinitrohydrazo-benzol) est beaucoup plus colorée que la trinitrodiphénylamine

$$NO^2 \diagup NH \diagdown NO^2 \diagdown NO^2$$

Les dérivés sulfoniques de ces deux derniers corps sont des colorants acides d'après mes expériences. Quand on transforme la fuchsine en son dérivé hydrazinique, la nuance devient plus bleuâtre (ZIEGLER, *Berichte*, t. XX, p. 1557). Il en est de même pour certaines rhodamines; ainsi la triéthylrhodamine est un rouge bleuâtre, sa nitrosamine est orangé rouge, l'hydrazine correspondante enfin teint en violet.

$$C^6H^4CO\,OH \qquad\qquad C^6H^4CO\,OH$$
$$N(C^2H^5)^2 \quad Cl \quad N(C^2H^5)H \qquad N(C^2H^5)^2 \quad Cl \quad N(C^2H^5)(NO)$$

$$C^6H^4CO\,OH$$
$$N(C^2H^5)^2 \quad Cl \quad N(C^2H^5)(NH^2)$$

La diéthylrhodamine symétrique teint en rouge un peu jaunâtre, son dérivé hydrazinique en violet:

$$C^6H^4CO\,OH \qquad\qquad C^6H^4CO\,OH$$
$$N(C^2H^5)H \quad Cl \quad N(C^2H^5)H \qquad N(C^2H^5)(NH^2) \quad Cl \quad N(C^2H^5)(NH^2)$$

(NŒLTING et LÉONHART, expériences inédites).

Si dans le chromogène anthraquinone

$$\diagup CO \diagdown \diagdown CO \diagup$$

coloré en jaune pâle on introduit le groupe hydrazine, il résulte des dérivés d'une coloration intense, ressemblant aux aminoanthraquinones. Il est probable qu'en étudiant comparativement les dérivés amino et hydrazino dans d'autres séries, on arriverait à des résultats analogues.

Aucun colorant hydrazinique simple, contenant le groupe $NH.NH^2$, n'est employé jusqu'à présent; cela tient à l'instabilité du groupe en question. Il est toutefois à prévoir que si l'on donnait à ce groupe plus de stabilité en le méthylant à l'état de $N\langle{}^{N(CH^3)^2}_{CH^3}$ et surtout en le transformant en groupe hydrazonique par l'action d'une aldéhyde, formaldéhyde, benzaldéhyde ou autre, on obtiendrait des colorants suffisamment fixes pour pouvoir être employés industriellement, si leur prix de revient le permettait. M. Ziegler a préparé des corps de ce genre dérivés de la fuchsine et j'ai moi-même, en collaboration avec M. Margulies (expériences inédites), obtenu les hydrazines 1.4 et 1.3 du tétraméthyldiamidotriphénylméthane. Ces leucobases ne se laissent pas oxyder directement, mais si l'on en prépare des hydrazones, par exemple

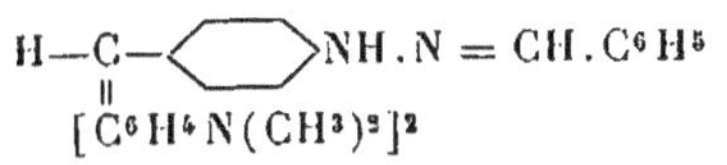

$$H-\underset{\underset{[C^6H^4N(CH^3)^2]^2}{\|}}{C}-\langle\underline{\quad}\rangle NH.N = CH.C^6H^5$$

on peut les transformer sans difficulté dans les carbinols correspondants qui sont des colorants bleus dans la série 1.4, verts dans la série 1.3.

Quant aux dérivés hydroxylaminiques, ils n'ont pas été beaucoup étudiés jusqu'à présent. La phénylhydroxylamine elle-même est incolore, mais ses dérivés méta-mono-nitré et trinitré sont jaunes, et ils se dissolvent dans les alcalis avec une coloration brune.

Ce n'est guère que dans la série de l'anthraquinone que les dérivés hydroxylaminiques ont été l'objet d'un examen un peu plus approfondi. La 1-hydroxylamino-anthraquinone et les 1.5 et 1.8-dihydroxylamino sont rouge brun. La solution alcaline du dérivé 1.5 est bleue, celles des dérivés 1 et 1.8 sont vertes.

Les acides sulfoniques des dihydroxylamino-anthrarufine et chrysazine

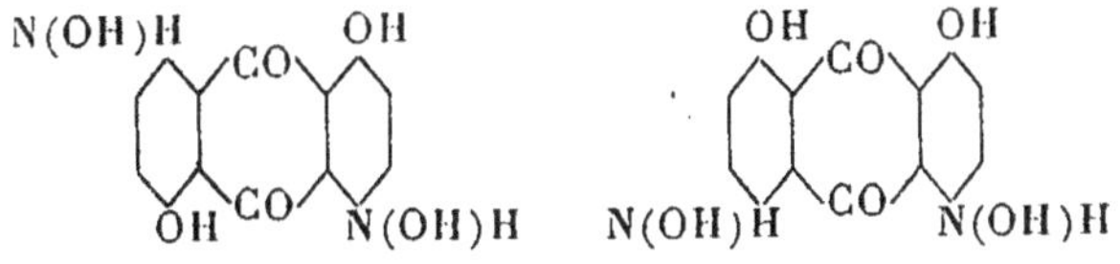

sont des colorants bleus ressemblant aux dérivés aminés correspondants les alizarine-saphirols.

Il serait enfin fort intéressant d'examiner si un groupe $N\langle{}^{OH}_{H}$ et un groupe OH en ortho ne donneraient pas à un chromogène les caractères d'un colorant à mordant. Cela semble fort probable, car, ainsi que je l'ai fait remarquer dans un autre Mémoire, des groupes OH et NH^2 en ortho suffisent, dans la série anthraquinonique, pour provoquer l'affinité pour les mordants métalliques.

M. V. GRIGNARD,
Professeur à l'Institut chimique (Nancy).

SUR LA NOMENCLATURE DES SYSTÈMES HYDROCARBONÉS POLYCYCLIQUES.

54-1-7.2

Août.

Le seul procédé de nomenclature que nous possédions actuellement pour les composés hydrocarbonés bicycliques, est celui proposé par A. von Baeyer. Il consiste essentiellement à indiquer dans une *caractéristique* suivant le préfixe *bicyclo*, les longueurs des trois *ponts* qui réunissent les deux atomes de C communs à tous les cycles, et à dénommer le squelette fondamental d'après le nombre total des atomes de C disposés en chaînes fermées.

Cè procédé présente plusieurs inconvénients :

1° Il ne parle pas d'une façon suffisamment immédiate à l'esprit. Voici trois hydrocarbures dérivés d'un même cycle hexagonal :

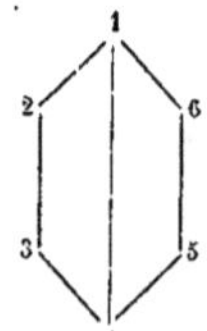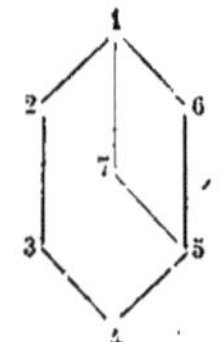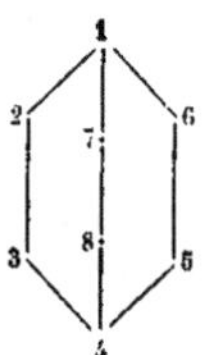

Bicyclo-[0,2,2]-hexane.   Bicyclo-[1,1,3]-heptane.   Bicyclo-[2,2,2]-octane.

Les noms d'heptane et d'octane qu'il faut, d'après la nomenclature de Baeyer, attribuer aux deux derniers, créent une confusion, et l'on est obligé de se livrer à un calcul pour apercevoir la forme géométrique du schéma. Ainsi, pour connaître le nombre des atomes de C de chaque cycle, il faut faire la somme de deux des nombres de la caractéristique et y ajouter 2.

On ne voit pas non plus, après avoir choisi un cycle fondamental, quelle est la disposition du pont transversal par rapport à ce cycle. En numérotant comme l'indique Baeyer, à partir d'un sommet commun et dans le sens du *pont* le plus long, on aura la position de l'autre sommet commun en ajoutant 2 au chiffre le plus élevé de la caractéristique.

2° Si le sommet commun qui a servi de point de départ pour le numérotage vient, par suite d'une transposition, à être déplacé, au cours d'une réaction, il devient nécessaire, pour dénommer les nouveaux produits, de procéder à un second numérotage avec la nouvelle origine, de sorte que la comparaison devient impossible entre deux séries de corps dérivés les uns des autres. Quelques exemples feront mieux saisir tout à l'heure l'importance de ces remarques.

3° Un risque de confusion résulte du fait que pour désigner les atomes de C qui portent des substituants, on est obligé d'employer les mêmes chiffres que dans la caractéristique, mais avec un sens différent.

4° Enfin, le procédé de Baeyer devient complètement inapplicable aussitôt que le cycle fondamental porte plusieurs ponts dont les extrémités sont différentes.

Pour remédier à ces inconvénients, je crois pouvoir proposer la nomenclature suivante :

1° On choisira un cycle fondamental qui sera traversé par un ou plusieurs *ponts*.

On pourrait, par exemple, poser en principe que le pont doit être le plus court et le plus simple possible. Mais cette règle ne doit avoir rien d'absolu, car les phénomènes de déplacement du pont pourraient obliger, à un certain moment, à choisir un nouveau cycle fondamental, ce qui rendrait évidemment les comparaisons moins faciles.

2° Les atomes de C du pont seront numérotés à la suite de ceux du cycle fondamental, comme dans le système de Baeyer.

3° La dénomination se fera de la manière suivante :

Au lieu de nommer le système constitué par la totalité des atomes de C cyclés, on énoncera le cycle fondamental dont la forme apparaît par suite immédiatement. On considère ainsi les ponts comme des substituants particuliers rattachés au cycle fondamental par leurs deux extrémités et dont la position et la nature vont être précisées par la *caractéristique*.

La *caractéristique* suit le préfixe *bicyclo*, dans le cas d'un seul pont : elle est constituée par les numéros de tous les atomes de C qui constituent le pont, y compris bien entendu, les points d'attache. On sait ainsi immédiatement de quel sommet du cycle fondamental part le pont, à quel sommet il aboutit et quels sont les atomes de C intermédiaires.

Ainsi les trois schémas représentés au début porteront les noms suivants :

Bicyclo-[1,4]-hexane; bicyclo-[1,7,5]-hexane; bicyclo-[1,7,8,4]-hexane.

Pour les substitutions ordinaires dans le noyau ou dans le pont, il n'y a aucune difficulté, puisque tous les atomes de C sont numérotés. Un seul cas a besoin d'être examiné, c'est celui où le pont contient une double liaison.

On emploiera alors le préfixe *bycicléno* et, pour indiquer le point de départ de la double liaison, on accentuera, dans la caractéristique, le numéro du sommet correspondant. *Exemples* :

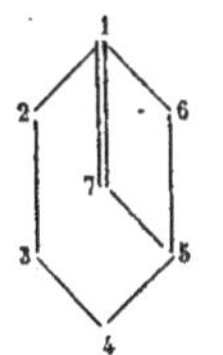

Bicycléno-[1',7,5]-hexane.

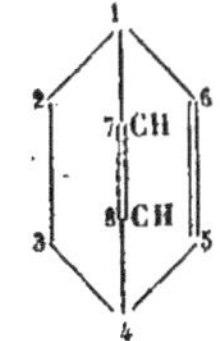

Bicycléno-[1,7',8,4]-hexane-5.

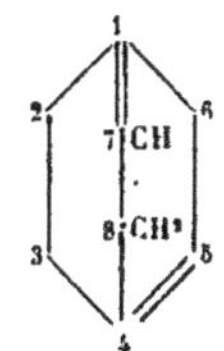

Bicycléno-[1',7,8,4]-hexane-4.

Dans la nomenclature de Baeyer, les noms seraient :

Bicyclo-[1,1,3]-heptène-[1,7] ; bicyclo-[2,2,2]-octiadène-5-7 ; bicyclo-[2,2,2]-octiadène-4-[1,7].

On voit que dans les premier et troisième cas, on est obligé de désigner la place d'une double liaison par deux chiffres, contrairement aux règles habituelles.

Enfin, il est très facile d'appliquer tout ceci au cas où le cycle fondamental porte plusieurs ponts de sommets différents ou non.

En considérant simplement le nombre de cycles que chaque pont engendre dans le cycle fondamental, on a deux cycles par pont et, par suite, on emploiera les préfixes *tétracyclo* et *tétracycléno* dans le cas de deux ponts, avec une caractéristique pour chaque pont. *Exemple* :

$$\text{Tetracyclo} \left\{ \begin{matrix} 1,7,4 \\ 2,6 \end{matrix} \right\} \text{hexane.} \qquad \text{Tétracyclo} \left\{ \begin{matrix} 1,7,6 \\ 2,8,4 \end{matrix} \right\} \text{hexane.}$$

Pour terminer appliquons ces considérations à quelques corps connus.

Supposons que nous voulions comparer l'hydrate de pinène à son isomère, le bornéol. Avec la nomenclature de Baeyer le numérotage doit être différent pour les deux, tandis qu'il ne change pas dans mon système :

Triméthyl-2-7-7
Bicyclo-[1,1,3]-
Heptanol-2

GRIGNARD.

Triméthyl-1-7-7
Bicyclo-[1,2,2]-
Heptanol-2

Triméthyl-1-7-7
Bicyclo-[1,7,4]-
Hexanol-2

BAEYER.

Triméthyl-1-7-7
Bicyclo-[2,7,4]-
Hexanol-1

Il est impossible, avec les dénominations de Baeyer, de soupçonner ce qui s'est passé sans dessiner les schémas; avec les miennes on voit immédiatement qu'un sommet du pont s'est déplacé de 2 en 1, tandis que la fonction alcool émigrait inversement de 1 en 2.

Voici, enfin, deux exemples de cycles bipontés pour lesquels il n'existait pas encore de nomenclature.

Acide tricyclène carbonique (J. BREDT et R. MAY).

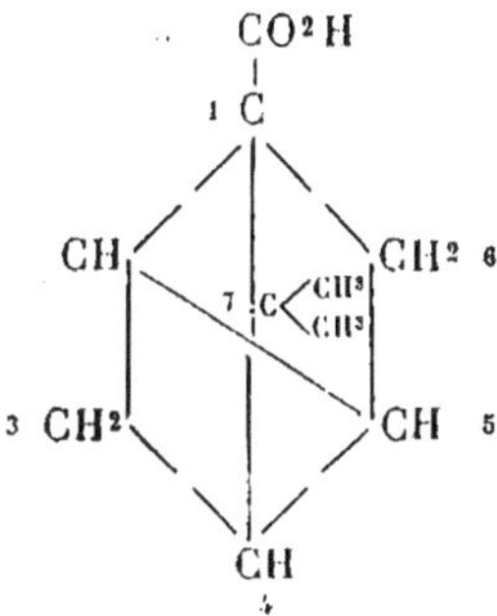

Diméthyl-7.7-tétracyclo $\left\{ \begin{matrix} 1,7,4 \\ 2,5 \end{matrix} \right\}$ hexaneméthanoïque-1.

Acide térésantalique (SEMMLER).

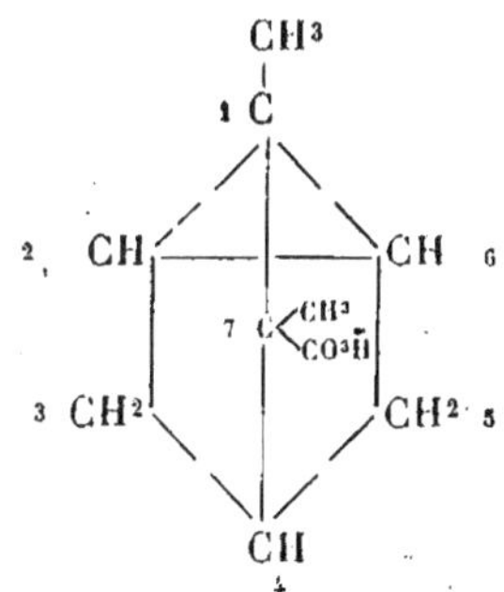

Diméthyl-1-7-tétracyclo $\left\{ \begin{matrix} 1,7,4 \\ 2,6 \end{matrix} \right\}$ hexaneméthanoïque-7.

On voit sans qu'il soit nécessaire d'insister davantage, que cette nomenclature est susceptible par sa simplicité et sa clarté de rendre des services pour l'étude de toutes les chaînes hydrocarbonées polycycliques.

M. A. CUSSAC,

Pharmacien de 1re classe (Biarritz).

SUR LA BACTÉRIOLOGIE DE L'EAU SALÉE NATURELLE DE BRISCOUS-BIARRITZ.

2 *Août*.

614.77 : 616.029 (44.79)

La connaissance complète d'une eau constitue un problème complexe qu'il est particulièrement important de résoudre lorsqu'il s'agit d'une eau minérale aussi fréquemment employée que l'est aujourd'hui celle de Briscous, qui, on le sait, alimente les Thermes-Salins de Biarritz. A notre époque où l'Hydrologie devient une très importante branche de la Thérapeutique, une eau minérale doit satisfaire à un certain nombre de conditions, dont l'ensemble permettra de la mieux caractériser et d'en fixer les indications d'une manière plus précise. Nous savons déjà que l'eau de Briscous-Biarritz est classée parmi les eaux salées naturelles chlorurées sodiques fortes et bromo-iodurées, et que cette classification lui vient de la composition chimique qui nous en a été donnée par l'Académie de Médecine. Voici l'exposé de cette analyse par litre d'eau salée :

Éléments minéralisateurs de l'eau de Briscous-Biarritz.

Densité à l'aréomètre.......	24,2
Résidu sec.................	307,790
Chlorure de sodium......................	295,659
» de potassium...................	2,608
» de magnésium..................	»
» de calcium....................	»
» de lithium....................	traces
Bromure de sodium......................	0,167
Iodure de sodium	traces
Sulfate de chaux.......................	3,375
» de magnésie.....................	4,707
» de soude.......................	0,990
Silice, fer, alumine....................	0,090
Matières organiques et divers.............	0,194
Totaux des résidus secs...	307,790

Si nous comparons cette analyse chimique avec celles des principales sources chlorurées, sodiques, bromo-iodurées, nous voyons que l'eau de Briscous-Biarritz doit être, par sa forte minéralisation, classée en tête de celles de Salies-de-Béarn, Miserey-Besançon, Salins-du-Jura, Bex (Suisse), Kreusnach (Prusse), Ischl (Autriche).

Nous ne développerons pas l'étude déjà faite des principes chimiques de l'eau de Briscous, et nous n'aborderons pas davantage l'action thérapeutique de cette eau que le Corps médical de Biarritz, après une longue expérience, a méthodiquement établie.

A plusieurs reprises d'éminents praticiens ont publié des travaux importants sur l'eau de Briscous-Biarritz et ses usages médicaux ; nous avons relevé dans le travail du Dr de Lostalot ([1]) l'opinion suivante :

« L'absence de toute infection locale, dérivant de l'application de l'eau de Briscous nous permet, *à défaut d'une étude bactériologique*, de lui reconnaître des propriétés antiseptiques. »

Cette déduction étant uniquement basée sur l'observation clinique, il nous a paru nécessaire de la soumettre au contrôle de l'expérimentation. Dans la communication préliminaire que nous présentons aujourd'hui, nous n'avons pas la prétention d'apporter la solution complète de la question posée. Nous nous proposons simplement de faire connaître les résultats de nos premières recherches. Ces recherches ont été faites au cours des études que nous poursuivons, depuis une année, sur les eaux salées naturelles de Biarritz, dans les Laboratoires d'Hydrologie et de Bactériologie des Facultés de Médecine et des Sciences de l'Université de Toulouse, sous la haute direction de M. le Pr Garrigou, et avec les conseils de M. le Dr A. Gautié, préparateur à la Faculté de Médecine.

Pour étudier les espèces de bactéries les plus intéressantes et la manière dont elles se comportent dans l'eau de Briscous, nous avons fait des recherches réitérées et nous n'avons utilisé pour les cultures que des milieux capables d'assurer leur développement complet. Tout d'abord, nous nous sommes préoccupé d'assurer la sincérité du prélèvement de l'eau qui devait servir à nos recherches et, le 16 juin dernier, muni des appareils nécessaires maintenus dans la glace, nous nous sommes transporté au village basque de Briscous, où les sources exploitées (dépôt marin) ont un débit moyen de 1000 m³ par 24 heures. Ont assisté à cette opération : le directeur de la Compagnie des Salines et Thermes-Salins de Briscous-Biarritz, le président du Tribunal civil d'Hanoï, et le directeur du journal *Le Courrier de Biarritz* que nous ne saurions trop remercier d'avoir bien voulu nous assister dans cette excursion scientifique. Les échantillons prélevés ont été renfermés dans des ampoules de verre stérilisées, scellées à la lampe et dans des flacons bouchés à l'émeri, préalablement lavés à l'acide sulfurique. Le même jour, des prélèvements semblables ont été faits à l'établissement des Thermes-Salins, à Biarritz, à l'extrémité de la canalisation par laquelle arrive l'eau de Briscous et le tout a été emporté aussitôt dans de la glace et par nos soins personnels, jusqu'au Laboratoire à Toulouse, où les premiers

---

([1]) Dr P. DE LOSTALOT-BACHOUÉ, *Les maladies de l'enfance, leur traitement à Biarritz*, 1903.

ensemencements ont été effectués dès l'arrivée. Nous avons ainsi procédé, pour étudier comparativement l'eau prise en ces deux points.

Les premières numérations faites le 21 juin sur vingt boîtes de Pétri avec gélatine nutritive, ensemencées à l'aide de pipettes calibrées de Pasteur, à raison de dix boîtes pour Briscous et dix pour Biarritz ont donné :
Briscous, 606 germes par centimètre cube;
Biarritz, 402 germes par centimètre cube.
Ce qui donnne une moyenne de 504 germes par centimètre cube.

Le calcul en a été fait à l'aide des coefficients de Miquel. Ce résultat peut paraître surprenant, étant donné que l'eau est prélevée à Briscous à l'origine, et que celle prise à Biarritz a parcouru une canalisation souterraine de 18 km; il s'explique cependant par les difficultés que présente à Briscous le prélèvement des échantillons et notamment parce que l'eau est amenée, par une machinerie, de la nappe souterraine dans la canalisation, sans offrir d'autre issue qu'un robinet de fortune, qui ne fonctionne presque jamais.

Si nous nous étions tenu aux résultats de nos premières recherches, nous aurions été amené à conclure que l'eau de Briscous-Biarritz n'est pas aseptique; dans ces conditions, et en faisant la part des contaminations accidentelles, nous avons cru devoir renouveler nos expériences, afin d'en interpréter d'une manière rationnelle les résultats. Les échantillons d'eau qui ont servi aux premiers ensemencements ne se trouvant plus au contact de la glace, ont été conservés à la température ordinaire pour poursuivre nos recherches.

Le 24 juin, nous avons fait de nouveaux ensemencements séparés avec les flacons provenant de Briscous et de Biarritz. En suivant comme précédemment la technique de MM. *Dop* et *Gautié*, nous sommes arrivé, au bout de 15 jours, aux résultats suivants :
Briscous, 288 germes par centimètre cube;
Biarritz, 153 germes par centimètre cube.
Ce qui donne une moyenne de 220 germes par centimètre cube.
Devant ces nouveaux résultats, qui accusaient nettement une diminution du nombre des bactéries, nous avons continué nos travaux avec les seuls échantillons prélevés aux Thermes-Salins, en attendant qu'un dispositif puisse nous permettre de faire des prélèvements aux sources mêmes dans des conditions rigoureuses d'asepsie. Entre temps, nous avons fait l'examen microscopique du dépôt centrifugé de l'eau prélevée à Biarritz le 16 juin, et aussi l'examen d'une goutte puisée à l'aide d'une pipette Pasteur, au fond d'un des flacons. Nous avons constaté qu'il n'y avait ni algues filamenteuses ni diatomées, mais simplement quelques bactéries : bacilles, microcoques.
Le 4 juillet, nous avons reçu directement au laboratoire un nouvel envoi de 4 flacons de 90 cm³ d'eau envoyée très obligeamment par M. le Directeur des Thermes-Salins de Biarritz. Ces flacons étaient bouchés en verre, paraffinés et hermétiquement clos. Nous les avons numérotés de 1 à 4 sur leurs étiquettes qui portaient l'inscription « Eau salée naturelle de Briscous, prélevée aux Thermes-Salins à Biarritz »; ils avaient été logés dans une boîte en métal et

entourés de glace totalement fondue à leur arrivée à Toulouse. Ces flacons étaient accompagnés d'une lettre explicative, indiquant que les prélèvements avaient été faits avec toutes les précautions possibles.

Ces points préliminaires étant établis, nous allons exposer. en détail la suite de notre travail pour essayer d'arriver à des conclusions de quelque intérêt scientifique.

Le 4 juillet dernier, nous avons employé 24 boîtes stérilisées de Pétri, garnies de gélatine mélangée à du bouillon peptonisé, ce qui constitue en microbiologie un des milieux solides les plus usités. Ces 24 boîtes ont été numérotées de 1 à 12 et de 1 *bis* à 12 *bis*. Puis, à l'aide de tubes de verre de 5 à 6 mm de diamètre, nous avons fabriqué et stérilisé les 4 pipettes de Pasteur destinées aux ensemencements des boîtes; ces pipettes ont été numérotées de 1 à 4, chacune d'elles étant destinée aux flacons d'eau de Briscous prélevés à Biarritz, et portant le numéro correspondant.

Pour chacune de ces pipettes, nous avons déterminé le nombre de gouttes d'eau de Briscous contenues dans 1 cm³, et nous avons obtenu pour le n° 1, 26 gouttes; pour le n° 2, 26 gouttes; pour le n° 3, 34 gouttes; et pour le n° 4, 30 gouttes. Ensuite, nous avons ensemencé une série de 6 boîtes avec chacun des flacons arrivés le jour même, et cela de la manière suivante :

1° Une goutte d'eau du flacon n° 1 prélevée à l'aide de la pipette stérilisée a été placée dans chacune des boîtes numérotés 1, 2 et 3. Cette goutte a été aussitôt mélangée au milieu nutritif par des mouvements circulaires. 2° Deux gouttes d'eau de ce flacon n° 1 prélevées à l'aide de la même pipette n° 1 ont été placées dans chacune des boîtes n°ˢ 1 *bis*, 2 *bis* et 3 *bis*, et mélangées également à la gélatine nutritive.

Pour les autres boîtes nous avons procédé de la même manière en continuant dans l'ordre des séries de numéros, ce qui a donné pour chaque flacon d'eau six boîtes ensemencées dont trois avec une goutte d'eau et trois avec deux gouttes. Ainsi préparées les 24 boîtes ont été placées à une température de 22°, à côté d'un thermomètre enregistreur qui a noté les variations de température pendant la durée des observations relatives à ces boîtes; ces variations ont été à peine sensibles.

Après 48 *heures*, la première série comprenant les six boîtes du flacon n° 1, contenait une moyenne de 58 colonies dont 10 liquéfiantes. La deuxième série en contenait 32 dont 5 liquéfiantes. La troisième série n'en ayant aucune, donnait 0. La quatrième série également 0.

Après 3 *jours*, la première série donnait le même résultat que la veille. La deuxième série donnait 41 colonies avec le même nombre de liquéfiantes que la veille. La troisième série donnait bien 0 bactérie, mais une moisissure isolée avait pris naissance. La quatrième série restait encore à 0.

Après 4 *jours*, la première série comprenait deux boîtes dont les colonies liquéfiantes étaient étendues et réunies, ce qui empêchait la numération exacte. La deuxième série était également envahie en partie par les colonies liquéfiantes. La troisième série donnait une seule colonie et la moisissure était plus étendue que la veille. La quatrième série avait deux colonies blanches.

Après 5 *jours*, le nombre de boîtes envahies par les colonies liquéfiantes étant devenu un obstacle pour la continuation de nos observations, nous aurions pu recourir aux coefficients de Miquel qui ont été établis après plus de 60 000 analyses bactériologiques, et donnent des résultats d'une exactitude reconnue. Mais, vu les différences frappantes entre les divers résultats suivant que l'eau examinée provenait des flacons 1 et 2 ou des flacons 3 et 4, nous estimons que la moyenne du nombre des bactéries que l'on obtiendrait par un simple calcul serait dans ce cas sans intérêt, vu qu'un certain nombre de boîtes de Pétri sont restées à o.

Le 11 juillet, nous avons préparé 24 nouvelles boîtes de Pétri pour renouveler l'expérience faite le 4 du même mois. Les boîtes et pipettes ont été numérotées dans le même ordre, et les ensemencements ont été faits d'après la même méthode.

Après 4 jours, nous avons observé comme moyenne : première série, 6 colonies dont une liquéfiante et 4 moisissures; deuxième série, 4 colonies; troisième série, une seule colonie et une moisissure sur la totalité des six boîtes de cette série. La quatrième série donne o, et une moisissure isolée.

Après 7 jours, quelques colonies liquéfiantes gênaient la numération et les boîtes présentaient les caractères suivants : première série, 10 colonies, 4 moisissures, colonies liquéfiantes envahissantes; deuxième série, 5 colonies dont une liquéfiante; troisième série, même aspect que le 15 juillet, avec 4 boîtes donnant o. La quatrième série donne encore o avec l'unique moisissure qui devient liquéfiante.

La numération qui pourrait donner un résultat quantitatif à cette nouvelle analyse bactériologique, nous paraît n'avoir qu'un intérêt relatif à côté de l'observation et des conclusions qu'on semble déjà devoir en tirer.

Le 20 juillet, nous avons recommencé l'examen bactériologique de l'eau de Briscous en le limitant aux flacons numérotés 3 et 4 qui nous laissent supposer que ces deux échantillons peuvent contenir une eau à peu près aseptique. C'est sur 12 boîtes que nous avons opéré en en utilisant 6 pour chaque échantillon.

Après 48 heures, pas de colonie dans aucune des deux séries.

Après 3 jours, nous trouvons dans la première série de 6, une boîte contenant une seule colonie, et une autre boîte avec une moisissure; les 4 autres étant à o. La deuxième série se trouve composée d'une boîte contenant 2 colonies et de 5 boîtes à o.

Après 6 jours, les résultats restent à peu près les mêmes, puisque sur la totalité des douze boîtes une seule colonie s'est ajoutée au petit nombre déjà observé.

Après 8 jours, résultat identique à celui de l'avant-veille.

Tous ces détails ayant été notés à mesure et très régulièrement, nous ne croyons pas devoir rappeler les difficultés de prélèvement que nous avons déjà signalées pour essayer d'arriver aux conclusions qui découlent de nos analyses bactériologiques. Nous devons cependant tenir compte de ces difficultés pour trouver le sens véritable des travaux mis en train les 16 et 24 juin, 4, 11 et 20 juillet dernier, et qui nous ont permis d'observer certaines boîtes de Pétri restant à o même 15 jours après leur ensemencement par l'eau de Briscous. Ces faits et résultats étant exposés, il y a donc toute probabilité pour que l'eau de Briscous-Biarritz soit *aseptique*, et, à la rigueur, on pourrait même conclure que cette eau est complètement aseptique; par prudence, nous nous en tenons cependant à la conclusion du début.

En observant les premiers résultats de nos analyses bactériologiques quantitatives, et en les comparant entre eux, nous avons remarqué que le nombre de germes au centimètre cube allait en diminuant dans l'ordre successif des expériences. Nous nous sommes alors demandé si l'eau salée naturelle de Briscous ne posséderait pas aussi des propriétés antiseptiques. Sachant que les métrites et les salpingites font partie des maladies microbiennes habituellement traitées avec succès aux Thermes-Salins de Biarritz, nous nous sommes préoccupé de savoir comment se comportaient dans le milieu salé à minéralisation complexe que constitue l'eau de Briscous, certains microbes pathogènes de ces affections féminines : Le *Colibacille*, les *Staphylocoques doré* et *blanc*, le *Streptocoque pyogène* qui sont également des habitants de l'eau prise au point de vue général. Grâce à l'obligeance de M. le Pr Laborde, pharmacien en chef des Hôpitaux civils de Toulouse, nous avons pu nous procurer les cultures pures des micro-organismes, qui, après avoir été identifiés au microscope, ont servi à notre expérimentation; ce qui nous a fait gagner un temps précieux, en nous évitant des recherches et isolements quelquefois fort longs.

Après avoir mis dans un tube à expériences trois gouttes de culture de *Colibacille* en solution de peptone pure avec 10 cm³ d'eau de Briscous-Biarritz, nous avons , au bout de 48 heures, prélevé une anse de ce liquide pour ensemencer un nouveau tube de solution de peptone que nous avons aussitôt placé dans une étuve à 37°, où nous l'avons laissé pendant 2 jours. Au bout de ce temps, le tube ne présentant *aucun trouble*, nous n'avons pas eu à nous préoccuper de la recherche des caractères spécifiques (réaction de l'indol, fermentation du lactose), et nous avons conclu que le *Colibacille* n'existait plus dans cette eau. Nous avons alors contrôlé cette expérience sur trois tubes en prenant comme témoin un quatrième tube contenant de l'eau de canalisation de la Ville de Toulouse, et en faisant notre observation après un temps moitié moindre. Au bout de 24 heures, le *Colibacille* avait disparu des trois tubes restés transparents qui contenaient de l'eau de Briscous, tandis qu'il pullulait en troublant celui de l'eau de Toulouse. Pour les *Staphylocoques* et le *Streptocoque* nous avons suivi la technique qui convient pour rechercher leur présence, et nous avons constaté qu'il n'y avait plus, trace de ces micro-organismes; donc il est naturel de conclure qu'ils ont été détruits.

Et nous ne croyons pas trop nous avancer en concluant que l'eau de Briscous-Biarritz paraît être une eau ayant la propriété de détruire certains microbes pathogènes.

M. G. DENIGÈS,

Professeur à la Faculté de Médecine (Bordeaux).

RECHERCHE DE L'ALCOOL ÉTHYLIQUE EN PRÉSENCE DE L'ALCOOL MÉTHYLIQUE.

547.31

5 Août.

Tandis que l'alcool méthylique, traité à chaud par l'eau bromée, ne fournit que des quantités insignifiantes de formol, l'alcool éthylique, dans les mêmes conditions, donne abondamment de l'aldéhyde ordinaire suivant le processus de déshydrogénation :

$$CH^3 . CH^2 . OH + 2\,Br = CH^3 . CO . H + 2\,BrH.$$

Partant de ce fait que j'ai eu maintes fois l'occasion d'observer en étudiant l'action du brome sur les corps à fonction alcoolique, je propose le procédé suivant pour rechercher l'alcool éthylique en présence de son homologue inférieur.

Dans un long tube à essais (une vingtaine de centimètres), d'assez fort calibre (environ 25 mm de diamètre), mettre 0,2 cm³ d'alcool méthylique ; ajouter 5 cm³ d'eau bromée à 0,3 cm³ de brome pour 50 cm³ d'eau, agiter et porter le mélange au bain-marie bouillant. L'y laisser durant 5 à 6 minutes si la coloration jaune du liquide persiste jusqu'à ce terme; jusqu'à décoloration seulement, si la teinte jaune a sensiblement disparu avant que ce délai soit écoulé. On fait ensuite refroidir en immergeant le tube et son contenu dans de l'eau froide, puis, si ce contenu est encore coloré, y ajouter goutte à goutte, jusqu'à décoloration et *sans excès*, du bisulfite de soude liquide du commerce, de 36° à 40° Baumé, étendu au cinquième. Qu'on ait été obligé de décolorer ainsi le liquide ou que sa coloration ait été obtenue par l'action seule de la chaleur, on lui ajoute 5 cm³ de fuchsine bisulfitée (¹), on l'agite et on l'introduit dans un tube à essais de moindre diamètre (pas plus de 15 mm à 16 mm) puis l'on abandonne le tout au repos pendant une temps qui ne devra pas excéder 8 minutes, mais atteindra au moins 5 minutes. En présence d'alcool éthylique, il se développera une coloration rouge ou rouge violet dont l'intensité est proportionnelle à la quantité de cet alcool. En son absence, il ne se produit pas de coloration sensible, car celle, très faible d'ailleurs, que produit l'alcool méthylique pur, traité dans les mêmes conditions, ne commence à se manifester qu'après un contact d'en-

---

(¹) Il sera bon ici d'employer une formule de fuchsine bisulfitée ne comportant l'emploi que de la moindre quantité possible d'acide minéral. Celle de Leys, qui consiste à ajouter à 1 litre de solution aqueuse de fuchsine au millième, 10 cm³ de bisulfite de soude à 30° Baumé et quelques instants après 10 cm³ d'acide chlorhydrique pur et concentré, est particulièrement recommandable.

*17

viron dix minutes avec le réactif. On peut déceler ainsi jusqu'à 1 °/₀ d'alcool éthylique dans l'alcool méthylique.

Des dosages du premier de ces composés peuvent être effectués aisément, par voie colorimétrique, par comparaison avec des solutions, de titre connu, d'alcool éthylique dans l'alcool méthylique pur.

Ajoutons que, pour les fortes dilutions, même au point de vue qualitatif, il est bon de faire une opération similaire et simultanée avec 0,2 cm³ de méthanol pur. On aura ainsi un tube témoin qui, mis à côté du tube d'essai, permettra, en examinant suivant l'axe de ce tube les teintes produites, de constater plus nettement la moindre différence de coloration de leur contenu.

Enfin, il convient de signaler que la présence de l'alcool méthylique, loin d'être une gêne, favorise au contraire la réaction en retenant, lors de l'attaque bromée, l'éthanol produit, sous forme d'acétal méthylique moins volatil que l'aldéhyde correspondant, mais se prêtant, aussi bien que lui, à la condensation suivie de coloration avec la fuchsine bisulfitée et s'opposant ainsi à d'importantes pertes par vaporisation.

C'est pour cette raison que, pour l'identification par le procédé qui vient d'être indiqué, de l'alcool éthylique exempt d'alcool méthylique ou ne contenant que des quantités relativement faibles de ce corps, il est bon d'en ajouter (à l'état pur), 0,2 cm³ à la prise d'essai, de même volume, de l'alcool qu'on se propose d'examiner.

M. F. GARRIGOU,

Professeur à la Faculté de Médecine (Toulouse).

DES MÉTALLOIDES ET MÉTAUX CONTENUS DANS LES EAUX MINÉRALES ET DANS LES EAUX POTABLES.

5.437.614.777

5 Août.

Lorsqu'en 1860 j'ai commencé mes études analytiques sur les eaux, je fus frappé par un fait absolument nouveau au point de vue de l'hydrologie.

Lorsqu'il m'arrivait de traiter le résidu salin de quelques litres d'eau, par un courant d'acide sulfhydrique, j'obtenais presque toujours le noircissement de l'eau.

Le résidu salin d'eaux considérées à cette époque comme des eaux amétalliques, noircissait ou brunissait dans les mêmes circonstances.

Je crus pouvoir conclure de ces faits que les eaux ainsi examinées devaient contenir des métaux précipitables par l'H2S, et je soumis mon observation à mon premier professeur de Chimie analytique, Ossian

Henry, en lui indiquant ma conclusion. Il fut de mon avis, ce qui m'encouragea à poursuivre une recherche générale dans ce sens.

M'étant adonné dès cette époque à l'étude géologique des Pyrénées, je pris la précaution de recueillir de l'eau dans chacune de mes excursions (1 litre et même moins) et de les examiner dans ce sens. De nombreux gardes forestiers voulurent bien dans leurs tournées me procurer des échantillons d'eau. J'ai pu ainsi, surtout dans le centre de la chaîne des Pyrénées, en examiner des centaines.

Perfectionnant ma méthode analytique, j'ai pu faire ainsi un très grand nombre d'observations que je continue encore, après une interruption, de huit années pour des motifs spéciaux.

Dans deux notes à l'Académie des Sciences, présentées par M. Armand Gautier [1], j'ai résumé les résultats obtenus. Je me propose de les compléter aujourd'hui avec des détails plus circonstanciés.

Le procédé suivant est celui auquel je me suis arrêté pour l'examen en question. Il est d'une simplicité absolue, et d'une sûreté remarquable, ne m'ayant jamais procuré de mécompte.

On évapore à siccité *un litre* de l'eau minérale à étudier. Le résidu sec est traité par une petite quantité d'eau régale, puis l'on évapore de nouveau à siccité. Afin de chasser complètement tout l'acide azotique, on ajoute un peu d'acide chlorhydrique, et l'on évapore encore à sec. Cette opération est répétée deux à trois fois.

On verse ensuite, sur la solution chlorurée, une petite quantité de solution saturée d'acide sulfhydrique et l'on agite. S'il y a brunissement du liquide, coloration, ou précipité noir, on peut affirmer que l'eau minérale contient des métalloïdes et des métaux du sixième et du cinquième groupe, ou bien de l'un ou de l'autre (Sn, Sb, As, Pt, Hg, Pb, Ag, Bi, Cu, etc).

On filtre sur un tout petit filtre et, après avoir lavé le dépôt des sulfures restés sur le filtre, avec de l'eau sulfhydriquée, on fait sécher le filtre et on le conserve.

Dans le filtratum, on ajoute un peu d'ammoniaque et une goutte de sulfhydrate d'ammoniaque. S'il se forme un précipité noir, c'est qu'il y a au moins du fer et peut-être, avec lui, d'autres métaux du quatrième et du troisième groupe (Fe, Co, Ni, Mn, Cr, Al, etc.). On filtre et l'on sèche le filtre pour le conserver aussi.

Je me sers ensuite, pour étudier les caractères des métalloïdes et des métaux obtenus, et conservés à l'état de sulfures, sur des filtres, de l'admirable méthode des flammes de Bunsen, dont j'ai modifié la technique en la rendant plus pratique. Cette méthode est aussi sensible que le spectroscope pour étudier les métaux et métalloïdes volatils, et elle a de plus, sur le spectroscope, l'avantage de permettre de refaire plusieurs fois, indéfiniment même, les opérations de caractérisation de chaque métal, car les substances ne se perdent pas.

Avec cette méthode, j'emploie le procédé des perles de borax ou du sel

---

[1] *Comptes rendus* du 18 avril et du 23 mai 1910.

de phosphore, le procédé des réductions microscopiques sur baguettes fines de charbon, enfin le spectroscope.

Dans ces conditions les déterminations peuvent se faire avec autant de promptitude que de précision.

, La rapidité et la sûreté de ces méthodes réunies, plutôt que leur nouveauté, en font le mérite.

Ces mêmes procédés de recherche ont été appliqués à la constatation des métalloïdes et métaux dans les eaux de boisson, et ceci est un fait doublement intéressant. Il permet d'abord d'émettre des opinions théoriques nouvelles au point de vue de l'hygiène des eaux potables, et de leur étude.

Ils permettent ensuite de discuter à fond la théorie d'Armand Gautier sur l'origine et sur la formation des eaux minérales.

J'ai consacré quinze leçons de mon Cours d'hydrologie de cette année, à l'exposé et à la discussion de tout ce qu'a avancé l'illustre chimiste, au point de vue de ses théories si savamment exposées. Tout en reconnaissant le bien fondé de ses opinions sur la provenance distillatoire des eaux entrant dans la composition des roches, à des températures très élevées entraînant la fusion de ces roches, comme cela a lieu dans les volcans, il m'est impossible, en vieux géologue pratique, de reconnaître pour exact l'exclusivisme de M. Armand Gautier.

La géothermie, dont M. Gautier n'admettait pas l'action dans la formation des eaux minérales lors de sa première communication sur le sujet au Congrès d'Hydrologie de Venise, joue le plus grand rôle dans cette formation. M. Gautier a, depuis lors, profondément modifié ses vues sur le sujet, et la constatation de métaux très nombreux dans les eaux de la surface, dont il a nié tout d'abord l'existence, aujourd'hui définitivement démontrée, est une raison péremptoire pour refuser au volcanisme d'être l'unique agent de formation des eaux thermominérales. D'ailleurs, l'admirable travail analytique et synthétique présenté par l'illustre académicien sur les produits minéraux dus au volcanisme, concurremment avec l'intervention volcanique de certaines sources, est un travail qui honore son auteur, et qui, tout en étant d'une exagération bien excusable au point de vue hydrologie, a placé cette dernière au premier rang des sciences qui permettent d'entrevoir l'origine et la grandeur des causes premières, dont les mondes sont le résultat. Causes premières d'une intervention tellement puissante et tellement parfaite dans les résultats, qu'elles amènent naturellement à la conception de l'idéal du beau et du sublime, tel que le concevait Bernard de Palissy, en associant dans leur action créatrice ou simplement modificatrice des espèces minérales, les deux éléments feu et eau.

Mes constatations si nombreuses de la présence des métaux mêmes dans les simples eaux potables, m'ont conduit à faire certaines observations dont la portée pratique ne saurait échapper à ceux qui, en science, mettent le fait bien au-dessus de la théorie.

Ces constatations ont l'avantage de *contribuer* à expliquer pourquoi certaines eaux sont préférées par certains animaux; pourquoi l'homme lui-même, l'homme de la montagne, surtout, préfère boire à certaines sources qu'à d'autres, les considérant comme plus toniques.

Dans toutes ces eaux j'ai trouvé des traces métalliques plus abondantes que dans d'autres.

Dans d'autres points, comme à la Frèche, à l'hospice de Luchon, où les paturages sont superbes et exquis pour les bêtes à corne et à laine, j'ai trouvé que les eaux d'arrosage si recherchées comme eau de boisson par le bétail, sont notablement riches en métaux, et donnaient aux herbages de premier ordre utilisés pour les troupeaux, une richesse métallique exceptionnelle. Bêtes et pâtres s'abreuvent à ces mêmes eaux métallifères, et il ne se produit jamais d'accidents.

Cette richesse métallique de certaines sources m'a permis, en plusieurs points des Pyrénées, de constater que même les simples sources d'eau potable étudiées au point de vue de leur richesse métallique, peuvent servir, du même chef que la botanique, à étudier la composition métallifère profonde des terrains.

La gorge de Balour, au sud des Eaux-Bonnes, les montagnes du sud du Saint-Gironnais, celles de l'origine de la Garonne, de la Neste, de l'Ariège, etc., m'ont fourni des sources d'eau potable et d'eaux minérales m'indiquant leurs relations avec des gîtes métallifères auxquels elles empruntent leur richesse métallique.

Dans le Saint-Gironnais et dans la région de Pierrefite, près Cauterets, j'ai pu saisir le mécanisme de la dissolution des métaux par les eaux potables de la région.

Ainsi, l'étude métallifère des eaux potables peut servir, dans certains cas, à interroger la richesse métallique de régions plus ou moins profondes du sol, et contribuer à la découverte d'amas inconnus de minerais divers.

Le Comité supérieur d'hygiène, qui s'est à plusieurs reprises occupé si utilement, au point de vue de l'hygiène générale, de la composition des sources d'eau potable en matière organique, microbes et autres substances jugées plus ou moins fâcheuses au point de vue de la santé publique, ne devrait-il pas, bien que les cas ne soient pas fréquents, s'occuper de la trop grande abondance de métaux dans certaines eaux potables ?

Il me semble que la chose en vaudrait la peine.

Le Comité, en faisant ses analyses d'une manière rationnellement combinée et complète, serait forcé de modifier ses indications officielles pour le refus ou l'acceptation des eaux potables en matière d'hygiène, indications qui sont actuellement pour tous ceux qu'on charge officiellement de l'examen des eaux potables, une source de décisions quelquefois injustes et souvent déplorables pour les communes.

Tel est le résumé des faits nouveaux que je tenais à mettre en relief dans le Congrès actuel.

M. E. CHAUVENET.

SUR LA PRÉPARATION DU THORIUM MÉTALLIQUE.

546.84

5 *Août.*

Berzélius [1], Chydénius [2] et Bergmann [3] ont été les premiers auteurs qui aient cherché à préparer le thorium métallique; ces savants réduisaient par le potassium ou le sodium soit le chlorure de thorium anhydre, soit le chlorure double de potassium et de thorium. Ce produit devait être certainement très impur; d'ailleurs l'analyse de leur poudre grise n'a jamais été donnée. Plus récemment Nilson [4] chercha à préparer du thorium métallique en faisant agir du sodium sur un chlorure double de thorium et de potassium obtenu par voie humide; d'après l'analyse, ce thorium renfermait jusqu'à 19,85 °/o d'oxyde; il ne pouvait pas en être autrement : Kruss [5] d'abord, puis Moissan et Hönigschmidt [6] ensuite ont montré en effet que le chlorure double hydraté de potassium et de thorium contient, après l'action de la chaleur, une forte proportion d'oxychlorure. J'ai établi moi-même que $ThCl^4, KCl, 9H^2O$ se transforme vers 200° en $Th(OH)Cl^3, KCl$ et en $ThOCl^2 KCl$ au rouge naissant.

Enfin MM. Matignon et Delépine [7] d'une part et Moissan et Hönigschmidt [8] de l'autre ont essayé de préparer le thorium métallique en réduisant par le sodium le chlorure de thorium; ces savants ont obtenu par cette méthode un mélange de métal et d'oxyde, la teneur en thorine variant de 10 à 25 °/o; cependant Moissan signale avoir abaissé accidentellement jusqu'à 3 °/o la teneur en oxyde. L'électrolyse du chlorure de thorium ne semble pas avoir donné de meilleurs résultats. Quant à l'affinage du carbure de thorium que M. Troost [9] d'une part et Moissan et M. Étard [10] de l'autre ont préparé au four électrique, cette opération n'est pas possible, attendu que le thorium est un élément trop oxydable.

J'ai repris la préparation du thorium et j'ai cherché à l'obtenir plus pur que mes devanciers.

---

[1] Berzélius, *Ann. Ph. Chem. Pog.*, t. XVI, 1829, p. 385.
[2] Chydenius, *Jah.*, 1863, p. 194.
[3] Bergmann, *Ann. Ch. Pog.*, t. LXXXII, 1814, p. 561.
[4] Nilson, *Berichte*, 1882, p. 2537.
[5] Kruss, *Zeit f. an. Ch.*, t. XIV, 1897, p. 361.
[6] Moissan et Hönigschmidt, *Ann. Ch. Ph.*, 8e série, 1906, p. 182.
[7] Matignon et Delépine, *Comptes rendus*, t. CXXXII, 1901, p. 37.
[8] Moissan et Hönigschmidt, *Ann. Ch. Ph.*, 8e série, 1906, p. 182.
[9] Troost, *Comptes rendus*, t. CXVI, 1893, p. 1227.
[10] Moissan et Étard, *Comptes rendus*, t. CXXII, 1896, p. 573.

J'opérais d'abord la réduction du chlorure de thorium avec du lithium dans une nacelle en nickel renfermée dans un tube du même métal et dans lequel je faisais le vide; dans ces conditions le thorium réagit avec le nickel pour donner un composé qui se présente soit en lamelles grises à cassure métallique, soit en poudre pyrophorique noire et auquel l'analyse semble attribuer la formule Th^2Ni.

Analyse.

			Théorie pour Th^2Ni.
Th pour 100	88,51	88,57	88,72
Ni »	11,56	11,32	11,28

Ce résultat prouverait l'existence d'un alliage bien défini; chauffé à 60° dans un courant d'oxyde de carbone, il ne donne point de nickel carbonyle; si CO avait réagi avec cet alliage, le résidu eût été constitué par du thorium pur. L'acide chlorhydrique dissout rapidement cet alliage, tandis qu'il se combine très difficilement au nickel pur. Enfin le nickel est attirable à l'aimant; cet alliage est inactif à son action. Afin d'éviter la formation d'alliage, j'ai substitué dans mon dispositif le fer au nickel; pour opérer la réduction du chlorure de thorium, je me suis servi de sodium que j'ai eu soin de purifier d'après les indications de M. Rengade, c'est-à-dire sublimation du métal dans le vide. En apportant dans cette préparation toutes les précautions nécessaires afin d'empêcher soit l'hydratation de $ThCl^4$, soit l'oxydation du métal alcalin, j'ai pu obtenir du thorium dont le titre varie de 92 à 96,5 % de métal pur. Il ne m'a pas été possible d'avoir un produit plus pur.

Le dispositif qui m'a servi dans cette opération se composait :

1° D'un tube en fer portant à l'une des extrémités A un robinet à vide; à l'autre extrémité B se visse un bouchon en fer.

2° A cette dernière extrémité s'ajuste, au moyen d'un bouchon, un tube en verre portant sur la paroi un orifice o de 1 cm de diamètre.

Enfin le tube en verre était fermé par un bouchon dans lequel s'engageait un long tube T en communication avec un appareil générateur de gaz carbonique sec.

La marche d'une opération est la suivante : l'appareil étant disposé ainsi que je viens de le dire, j'introduis une nacelle en fer bien décapée dans le tube en verre, de telle sorte qu'elle se trouve exactement placée sous l'orifice o fermé avec un bouchon; par T arrive un courant rapide de CO^2 de façon à chasser tout l'air de l'appareil et à le remplir de gaz carbonique sec. A ce moment j'introduis rapidement dans la nacelle par l'orifice o : 1° un poids connu de chlorure de thorium; 2° un excès de sodium très pur, préalablement fondu dans le tube laboratoire dont il se détache par quelques secousses.

Enfin l'orifice o étant bouché avec le tube T qui ne cesse d'amener du CO^2, je fais glisser la nacelle dans le tube en fer; à ce moment, le robinet étant fermé, je visse rapidement au tube le bouchon en fer et je fais dans l'appareil un vide de 10 mm. La réduction s'opère aussitôt à une température de 700° environ.

Tel est le dispositif simple qui me permet de manier des corps très facilement altérables à l'abri de l'air et de l'humidité. Le chlorure de thorium fournit soit avec le chlorure de cæsium, soit avec le chlorure de rubidium, les combinaisons

$$Th\,Cl^4, 2\,Rb\,Cl, 9\,H^2O \quad et \quad Th\,Cl^4, 2\,Cs\,Cl, 8\,H^2O\,;$$

ces deux chlorures doubles abandonnent leur eau vers 150° et se transforment en $Th\,Cl^4, 2\,Rb\,Cl$ et $Th\,Cl^4, 2\,Cs\,Cl$.

J'ai pensé que ces chlorures doubles pourraient s'hydrater moins facilement que $Th\,Cl^4$ et par contre pourraient servir à la préparation du thorium métallique en diminuant la quantité d'oxyde. Cependant le métal obtenu par cette méthode contient 7 % de thorine. Si cette réaction ne permet pas d'obtenir un métal plus pur, elle a l'avantage du moins de montrer qu'on peut préparer du thorium métallique tout aussi pur que celui que fournissent les autres méthodes en partant d'un produit préparé lui-même par voie humide. Ce fait n'est pas particulier : j'ai déjà montré que certaines combinaisons anhydres du thorium peuvent s'obtenir en s'adressant à des combinaisons hydratées.

Il est probable que la porosité du tube en fer au rouge est la cause de la formation de l'oxyde qui souille le métal. M. de Forcrand et moi avons cherché à éviter cette cause d'impureté en tentant la réaction suivante qui se fait dans un courant d'hydrogène et dans un tube en verre : formation d'abord de $Th\,H^4$ par l'action de $Th\,Cl^4$ sur $Li\,H$ et décomposition ensuite de $Th\,H^4$ vers 400° dans le vide :

$$Th\,Cl^4 + 4\,Li\,H = Th\,H^4 + 4\,Li\,Cl.$$

Le métal ainsi obtenu renferme encore de 8 à 9 % de thorine qui provient très certainement de la présence d'une certaine quantité d'eau absorbée par l'hydrure de lithium; en effet, bien qu'il soit décrit comme inaltérable, ce composé absorbe très rapidement sans changer d'aspect, la vapeur d'eau atmosphérique, de 8 à 10 % en 30 minutes.

Le métal renfermant de 92 à 96 % de thorium est noir; il ne s'oxyde pas à l'air ni dans l'oxygène, mais il s'oxyde dans l'oxygène sous la pression de 25^{atm}.

Il brûle avec un flamme très éclairante dans le chlorate de potassium fondu. Le chlore l'attaque très lentement en le transformant en chlorure; ce fait semble en contradiction avec la chaleur de formation très élevée du chlorure de thorium que j'ai déterminée :

$$Th + Cl^4 = Th\,Cl^4 + 339^{Cal},43,$$

soit $84^{Cal},86$ (¹) pour 1 chlore.

(¹) On peut rapprocher ce nombre de ceux donnés par M. Matignon :

$$La + Cl^3 = La\,Cl^3 + 87^{Cal},6 \text{ pour } 1\,Cl,$$
$$Nd + Cl^3 = Nd\,Cl^3 + 83^{Cal},1 \text{ pour } 1\,Cl.$$

M. A. De GRAMONT,

(Paris).

NOUVEL APPAREIL A SPECTRES D'ÉTINCELLES DES LIQUIDES SANS RAIES D'ÉLECTRODES.

53-5.336-752

5 *Août.*

Dans les appareils employés jusqu'ici pour faire éclater l'étincelle de la bobine à la surface d'une solution afin d'obtenir le spectre des composés que celle-ci renferme, l'étincelle jaillit toujours entre deux fils de platine dont l'un est plongé dans la solution. Ce dernier, dans l'appareil Delachanal et Mermet, est coiffé d'un petit tube capillaire en verre pour maintenir au-dessus du fil une goutte du liquide. M. Demarçay employait une petite torsade de fils de platine fins affleurant à peine le liquide.

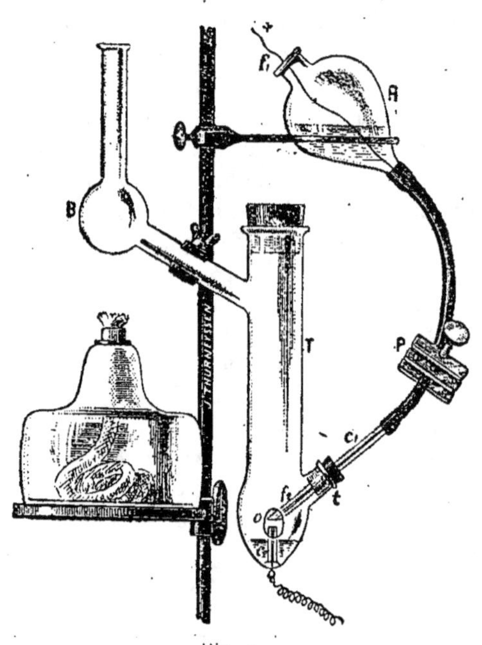

Fig. 1.

De toutes façons l'étincelle qui traverse le liquide part d'au moins une électrode de platine nue, et jaillit sur l'extrémité d'un tube de verre dans le système Delachanal et Mermet. Je me suis proposé de réaliser un dispositif permettant de s'affranchir complètement de la présence des raies étrangères dues, soit aux électrodes de platine, soit aux impuretés du verre. J'y suis arrivé en faisant éclater l'étincelle entre deux gouttes du liquide à étudier, amenées, l'une au-dessus de l'autre, aux extrémités de deux tubes capillaires en silice fondue. J'ai déjà donné ([1]) le principe, et une première réalisation du dispositif (*fig.* 1), destiné à éviter les pertes de

---

([1]) *Comptes rendus de l'Académie des Sciences*, t. CXLV, 9 décembre 1907.

liquide par projection et formé d'un tube extérieur T en verre ordinaire, d'environ 3^{cm} de diamètre extérieur et de 15^{cm} de hauteur totale; il est muni d'un tubulure latérale t pour la pénétration du capillaire positif c, qui s'y trouve maintenu par un bouchon de liège paraffiné. Une fenêtre elliptique est pratiquée en O dans la paroi du tube, en face du point où doit jaillir l'étincelle, pour permettre aux radiations ultra-violettes de celle-ci d'arriver à la fente du spectrographe sans subir l'absorption des parois du verre. Pour évacuer les vapeurs dues à la décharge, un appel d'air latéral est formé en chauffant légèrement la boule B, surmontée d'une cheminée, au moyen d'une petite lampe à alcool. Pour régler avec plus de précision l'écartement interpolaire de l'étincelle, on peut supprimer le bouchon de la tubulure latérale t_1, et fixer le capillaire c_1 à un support à crémaillère au moyen duquel on lui donne de très faible déplacements. Dans le cas où l'on n'a pas affaire à un liquide précieux, le réglage précis, l'alimentation liquide, et l'isolement électrique sont beaucoup facilités par le nouveau dispositif présenté ici (*fig.* 2), où tout

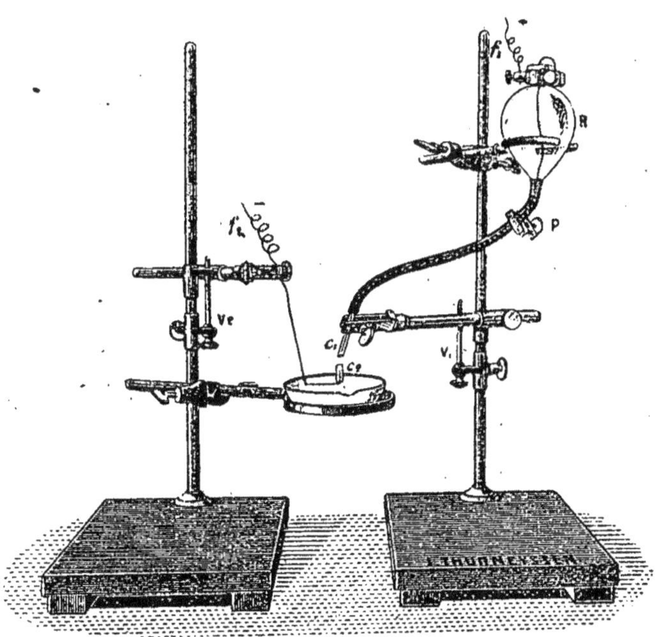

Fig. 2.

ce qui dépend de chacun des pôles est complètement isolé mécaniquement et électriquement sur un support séparé; comme dans le précédent dissitif, le tube capillaire le plus court c_2, plonge dans le liquide à étudier, et coiffe une courte électrode de platine reliée au pôle négatif de la bobine, et dont l'extrémité se termine au moins 5^{mm} plus bas que le sommet de ce tube de silice où monte le liquide par capillarité. L'autre goutte est amenée vis-à-vis de la première par un second tube en silice c_1, incliné et alimenté en liquide par le réservoir R au moyen d'un tube en caoutchouc, dont une pince à burette P règle l'écoulement. La communication avec le pôle positif est établie au moyen d'un fil de platine fin f_1, f_2 traversant le réservoir en caoutchouc et le tube capillaire, en se terminant seulement à environ 5^{mm} de l'extrémité inférieure de celui-ci, où l'on évite ainsi la formation d'un chapelet de gouttes et de bulles, entre lesquelles se produit parfois la décharge si l'électrode communique seulement avec le liquide du réservoir R. Le système des deux tubes et du réservoir est le même dans les deux dispositifs et désigné par les mêmes lettres dans les deux figures 1 et 2. Dans le nouvel appareil (*fig.* 2), chacun des tubes capillaires de silice, et par conséquent chaque pôle, est maintenu par une pince de cuivre fixée à l'extrémité d'une tige isolante d'ébonite pouvant être déplacée à volonté le long de son support particulier, au moyen d'un coulant de laiton à vis de serrage solidaire d'une vis de rappel v_1, v_2, qui commande un second coulant glissant à frottement doux et portant la tige d'ébonite à pince. On peut ainsi donner tous les mouvements désirés à chaque électrode, et disposer le tube inférieur dans un récipient quelconque : capsule, cuiller, ou petit tube ouvert. Avec une capsule on a l'avantage de pouvoir transvaser de temps en temps dans le réservoir R, avec une pipette, le liquide en excès dans la capsule, ce qui devient nécessaire dans le cas des longues poses nécessitées par la photographie spectrale de ces étincelles, peu lumineuses, et généralement colorées en rouge par la raie $H\alpha$(C.) de l'hydrogène, toujours très vive dans les spectres des solutions.

Pour ce genre de recherches sur les liquides, il est préférable d'employer, soit l'étincelle directe de la bobine sans condensation, soit celle-ci très faiblement condensée avec une petite bouteille de Leyde (0,0005 microfarad), et de préférence rendue oscillante avec une self-induction comprise entre 0,0001 et 0,001 d'Henry. Dans l'ultra-violet les clichés ainsi obtenus présentent faiblement les arêtes des principales bandes de l'azote [1], 3372,5 surtout, et fortement une seule bande, la plus caractéristique, de la vapeur d'eau, dégradée vers le rouge et dont les arêtes 3089,4; 3067,4; 3063,8; sont tournées vers la partie la plus réfrangible du spectre.

Dans tous les clichés obtenus avec ces dispositifs, je n'ai constaté aucune raie du platine ni du silicium, dont la raie la plus sensible, l'*ultime*, Si, 2881,7 aurait été visible si la silice des tubes capillaires avait été attaquée par l'étincelle.

J'ai essayé, avec ces procédés, de faire usage de la bobine de M. Demarçay à gros fil induit. Avec cette dernière, qui ne comporte pas d'emploi de condensateur dans le circuit secondaire, les clichés obtenus montraient un développement considérable des diverses bandes de l'azote et

---

[1] Les longueurs d'ondes sont données en unités d'Augström $o^{μμ}$,1.

de la vapeur d'eau, envahissant presque tout le spectre ultra-violet. Cette bobine doit donc être réservée pour l'étude de la partie visible des spectres des liquides, ou pour le commencement de l'ultra-violet, transmissible à travers le flint, jusqu'à λ 3500, comme l'avait, d'ailleurs, employée son inventeur.

Les dispositifs à tube capillaire qui viennent d'être décrits ont été mis à l'épreuve depuis 1907, et m'ont permis de poursuivre une partie de mes recherches sur les raies ultimes des métalloïdes [1] et sur le spectre de bandes du phosphore [2].

M. G. GAUDION,

Ingénieur-Chimiste (Toulouse).

HYDROGÉNATION CATALYTIQUE DES NITRITES ALCOOLIQUES.

54.112-74.31

5 *Août.*

On sait que les hydrocarbures nitrés, aussi bien en série grasse qu'en série aromatique, sont susceptibles d'être hydrogénés régulièrement en donnant naissance aux amines correspondantes. Or, cette réaction a été indiquée, depuis longtemps, parmi celles qui permettent de distinguer les hydrocarbures nitrés de la série grasse de leurs isomères, les nitrites alcooliques. Dans des travaux déjà anciens, M. Frederick Guthrie [3] d'une part, M. Carey-Lea [4] d'autre part, avaient reconnu que les méthodes d'hydrogénation par voie humide, appliquées aux éthers nitreux ne donnaient naissance qu'aux alcools correspondants, à du bioxyde d'azote et à un peu d'ammoniaque, sans formation appréciable d'amines. Les agents réducteurs dont s'étaient servi les auteurs cités étaient, soit le mélange de zinc et d'acide sulfurique étendu, soit le chlorure stanneux, soit l'hydrogène sulfuré. Plus tard, MM. Meyer et Stuber [5], reprenant l'étude de ces éthers et de leurs isomères, reconnurent que seuls les hydrocarbures nitrés étaient susceptibles de s'hydrogéner régulièrement en donnant des amines.

Il était intéressant d'appliquer aux nitrites alcooliques la méthode

---

[1] *Comptes rendus,* t. CXLVI, 15 juin 1908.
[2] *Ibid,* t. CXLIX, 26 juillet 1909.
[3] *Chem. Soc.,* t. XI, p. 245.
[4] SILL., *Am. J. of. Sc.,* t. XXXII, p. 178
[5] *D. chem. G.,* t. V, p. 203.

générale d'hydrogénation catalytique de MM. Sabatier et Senderens pour comparer les résultats avec ceux précédemment obtenus. Or, la réaction est, ici, tout à fait différente, ainsi que j'ai pu le constater en hydrogénant, d'abord, le nitrite d'amyle. Les vapeurs de nitrite d'amyle récemment rectifié étaient entraînées par un excès d'hydrogène sur une colonne de nickel réduit maintenu à la température de 220° à 230°. Les produits de la réaction contenaient de l'eau, provenant de la réduction, un peu d'alcool amylique, un peu d'ammoniaque, mais la majeure partie était constituée par un mélange des trois amylamines, primaire, secondaire et tertiaire, que j'ai isolées et identifiées. L'amylamine obtenue bout à 94°-95°. Je l'ai identifiée en préparant la *phényl-1-amyl-2-urée* (fus. 154°) et la *phényl-1-amyl-2-thiourée* (fus. 101°). La diamylamine bout à 182°: J'ai préparé la *phényl¹ diamyl²² thiourée* (fus. 69°-70°). La triamylamine bout à 238°. Il ne reste qu'une très petite quantité de nitrite d'amyle non hydrogéné. Pour expliquer cette formation d'amines par hydrogénation d'un éther nitreux, il faut admettre que, dans les conditions où s'opère la réaction, il se trouve transformé tautomériquement en hydrocarbure nitré lequel est hydrogéné régulièrement en donnant naissance à l'amine primaire. Les amines secondaire et tertiaire proviennent de l'action propre du métal catalyseur sur l'amine primaire formée, ainsi que l'ont déjà observé MM. Sabatier et Senderens dans l'hydrogénation des nitriles, et M. Mailhe dans l'hydrogénation des oximes. Il faut d'ailleurs remarquer qu'il se forme surtout de l'amine secondaire.

L'emploi du cuivre comme catalyseur m'a conduit à des résultats analogues. Mais ici, l'hydrogénation ne commence qu'au-dessus de 300°. Réalisée vers 350°, elle a donné encore naissance aux trois amylamines. Mais ici, le rendement en amine primaire est meilleur que dans le cas du nickel, bien que l'amine secondaire soit toujours la plus abondante. Il se forme peu d'amine tertiaire.

J'ai étendu à d'autres nitrites alcooliques cette méthode générale, et j'ai hydrogéné successivement, sur le nickel et sur le cuivre, les nitrites d'isobutyle, de propyle, d'isopropyle, d'éthyle et de méthyle.

Le nitrite d'isobutyle se comporte sensiblement comme le nitrite d'amyle. J'ai obtenu la monoisobutylamine, qui bout à 69°, la diisobutylamine, qui bout à 139°-142°, et une petite quantité de triisobutylamine bouillant à 182°-186°. J'ai préparé la *phényl-1-isobutyl-2-thiourée* (fus. 80°-81°).

Le nitrite de propyle récemment préparé, hydrogéné vers 200° sur le nickel, a fourni une petite quantité de propylamine bouillant à 49°-52°. La majeure partie des produits de la réaction était constituée par de la dipropylamine bouillant à 111°; en outre, il est passé à la distillation un peu de tripropylamine bouillant à 153°.

J'ai préparé la *phényl-1-dipropyl-22-thiourée* (fus. 64°-65°). Comme toujours, il s'est formé dans la réaction un peu d'ammoniaque et d'alcool (propylique), et de l'eau. Sur le cuivre, vers 330°, on obtient une réaction analogue, mais plus lente; il se forme un peu plus d'amine primaire que dans le cas du nickel.

J'ai hydrogéné aussi le nitrite d'isopropyle, dans les mêmes conditions, sur le nickel et sur le cuivre. J'ai isolé des produits de la réaction de l'isopropylamine bouillant à 32°-33°, et de la diisopropylamine bouillant à 84°-86°. Il passe à la distillation une très petite quantité d'un résidu bouillant au-dessus de 100° et qui contient sans doute de l'amine tertiaire. La diisopropylamine avait déjà été signalée par M. Mailhe (¹) dans l'hydrogénation de l'acétoxime.

L'hydrogénation du nitrite d'éthyle m'a conduit à des résultats analogues, sans complication appréciable; j'ai obtenu une solution aqueuse d'éthylamines contenant un peu d'alcool éthylique et d'ammoniaque.

Le nitrite de méthyle se comporte de même dans le cas du nickel comme catalyseur; il a donné lieu à des résultats plus complexes, dans le cas du cuivre. Un courant lent de nitrite de méthyle gazeux entraîné dans un excès d'hydrogène sur du nickel réduit maintenu au-dessous de 180°, est hydrogéné régulièrement avec formation de méthylamines, caractérisées par leurs réactions. Au contraire, sur le cuivre, vers 340°, on constate la formation de vapeurs blanches qui accompagnent une petite quantité de méthylamines; les gaz dégagés ont une odeur écœurante rappelant l'odeur de l'acide cyanhydrique. Cette réaction est analogue à celle qu'avaient observée MM. Sabatier et Senderens (²) dans l'hydrogénation du nitrométhane sur le cuivre réduit, et elle semble vérifier l'hypothèse de la transformation tautomérique des nitrites alcooliques en hydrocarbures nitrés dans les conditions où s'effectue cette réaction.

M. G. MIGNONAC

(Toulouse).

HYDROGÉNATION DES DÉRIVÉS DINITRÉS AROMATIQUES.

547.75

5 Août.

J'ai appliqué aux dérivés dinitrés aromatiques la méthode d'hydrogénation de MM. Sabatier et Senderens; j'ai ainsi montré que cette éthode peut donner des résultats même avec des corps difficilement volatils comme les dinitrobenzènes et les dinitrotoluènes.

(¹) *Comptes rendus*, t. CXL, 1905, p. 1691 et t. CXLI, 1905, p. 113.
(²) *Comptes rendus*, t. CXXXV, 1902, p. 226.

HYDROGÉNATION DES DINITROBENZÈNES. — *Orthonitrobenzène*. — Si l'on dirige sur du nickel réduit et maintenu à 170°-190° des vapeurs d'*o*-dinitrobenzène entraînées par un excès d'hydrogène, on observe une absorption de ce gaz en même temps qu'on peut constater un faible dégagement de NH^3.

Au bout de quelque temps on voit apparaître à l'extrémité du tube laboratoire de belles lamelles incolores d'*o*-phénylènediamine pure. Le rendement peut atteindre 70 °/₀. On recueille également quelques centimètres cubes d'un liquide contenant l'eau formée dans la réaction, ainsi que de faibles quantités de $C^2H^5NH^6$.

Au-desus de 210° la réaction est plus complexe ; on observe un dégagement abondant de NH^3 en même temps que la formation d'aniline de cyclohexylamine et de dicyclohexylamine ; néanmoins il y a encore 5 °/₀ de phénylène diamine que j'ai pu séparer par cristallisation dans le chloroforme.

A 260°-280° on n'a plus formation de phénylène-diamine.

Métadinitrobenzène. — L'hydrogénation de produit avec la même facilité que pour le dérivé 1.2, mais peut être effectuée à température plus élevée 120°-120°. le dérivé neutre se dédoublant avec moins de facilité que le précédent.

Dans ce cas la faible quantité d'aniline produite s'hydrogène entièrement, donne de la cyclohexylamine et de la dicyclohexylamine.

Nous avons eu :

$$60 \text{ pour } 100 \text{ de } C^6H^4(NH^2)^2 1.3$$
$$20 \quad » \quad \text{de } C^6H^{11}NH^2$$
$$4 \text{ à } 5 \quad » \quad \text{de } (C^6H^{11})^2NH$$

Paradinitrobenzène. — L'hydrogénation du dérivé peut s'effectuer à 180°-200° ; elle est un peu plus difficile que celle des composés précédents par suite de la plus faible volatilité dé $C^6H^4(NO^2)^2 1.4$.

Néanmoins on arrive à 50 °/₀ de phénylène-diaminé du premier coup.

Remarque. — On observe dans les hydrogénations, au-dessus de la traînée du nickel, la formation d'un composé brun rougeâtre peu volatil qui chemine peu à peu dans le tube et indique la diminution d'activité catalytique du métal.

Hydrogénation sur le cuivre. — En dirigeant des vapeurs d'un dinitrobenzène entraînées par de l'hydrogène sur du cuivre réduit et maintenu à 320°-330°, on observe une absorption très forte d'hydrogène :

Vitesse initiale de H...................... 144 cm³ à la minute
Vitesse pendant l'hydrogénation.......... 34 cm³   —

Mais l'action du métal se trouve bien vite paralysée par la formation de ce composé rouge foncé dont j'ai déjà parlé et qui se fait ici en abondance. Je crois que cette sorte de goudron est dû à l'oxydation de la diamine par le dérivé dinitré.

Dinitrotoluènes. — Tous les dinitrololuènes légèrement volatils sans décomposition donnent sur le nickel en présence d'hydrogène les crésylène-diamines correspondants. Mais celle-ci, en présence des métaux divisés, se décomposent à plus basse température que les phénylène-diamines (à partir de 185°-190°) en NH^3 et toluidines, lesquelles subissent l'hydrogénation pour donner des hexahydrotoluidines.

Hydrogénation des nitranilines. — Les nitranilines hydrogénés ou de Ni, à la même température que les dérivés nitrés correspondants, donnent et avec plus de facilité les diamines.

Ainsi, j'ai obtenu l'ortho et la métaphénylène-diamine avec un rendement de 80 °/₀. la paraphénylène-diamine avec un rendement de 55 à 60 °/₀. En outre, avec les nitronilines, on n'a pas, comme avec les dérivés dinitrés formation de substances goudronneuses et le catalyseur ne peut servir très longtemps.

Hydrogénation des phénylène-diamines. — J'ai hydrogéné directement sur le nickel les phénylène-diamines avec l'espoir d'arriver aux cyclohexane-diamines. Mais chaque fois qu'on a fixation d'hydrogène dans les noyaux un groupe amide s'en va à l'état de NH^3. En effectuant à 160°, 150° et même 140°, cette hydrogénation, j'ai toujours obtenu un mélange de $C^{11}H^{11}NH^2$, $(C^6H^{11})^3NH$ et $C^6H^5NHC^6H^{11}$ en même temps que j'ai observé un dégagement de NH^2.

Préparation des chloranilines par hydrogénation des chloronitrobenzènes en présence des métaux divisés. — MM. Sabatier et Mailhe, en effectuant la réduction des dérivés halogénés aromatiques, ont soumis à l'hydrogénation en présence de nickel les dérivés chloronitrés.

J'ai répété ces expériences pour chercher à obtenir les chloranilines, mais le nickel agit trop violemment, et c'est à peine si l'on en obtient des traces; il se fait surtout $C^6H^5NH^2$ et $C^6H^5NH^2.HCl$.

Le chlore n'étant enlevé qu'à l'aide d'hydrogénants puissants HI (Berthelot) ou hydrogène en présence de nickel (Sabatier et Mailhe), j'ai pensé que le cuivre étant un agent d'hydrogénation moins actif que le nickel respecterait le chlore et que je pourrais ainsi arriver aux chloranilines. C'est ce que j'ai pu vérifier.

Hydrogénation des chloronitrobenzènes par l'hydrogène en présence du cuivre. — Si sur du cuivre réduit on dirige des vapeurs de chloronitrobenzol entraînées par de l'hydrogène, on n'observe pas d'absorption de ce gaz au-dessous de 280°-300°. Mais à partir de cette température, la diminution du débit d'hydrogène est sensible de 128 à 96 cm³, mais la température la plus favorable est comprise entre 360°-380° le volume d'hydrogène dégagé diminue alors de 124 cm³ à 6 cm³.

Les chloranilines recueillies sont mélangées d'un excès de chloronitro benzène; on les sépare en faisant les sels de chloraniline qu'on fait cristalliser; on peut encore obtenir les chloranilines pures en faisant reposer plusieurs fois le mélange sur le cuivre jusqu'à transformation totale au chloronitrobenzène.

Elle se fait aussi dans la réaction des traces d'aniline qu'on sépare facilement par distillation.

Réduction des bromonitrobenzènes par l'hydrogène en présence du cuivre divisé. — Si sur du cuivre maintenu à 350°-380° on fait passer les vapeurs d'un bromonitrobenzène entraînées par un excès d'hydrogène, on observe tout d'abord une absorption de ce gaz, mais bientôt le volume d'hydrogène dégagé est égal au volume initial. Le métal cesse alors d'être actif.

Si l'on examine le produit obtenu, on constate qu'il est formé d'aniline, d'un peu de bromaniline, mais la plus grande partie est constituée par le produit non transformé coloré en rouge par des azodibromobenzènes : il s'est formé en outre à la surface du métal du bromure de cuivre, ce qui a paralysé son action catalytique.

Dans ce cas on a donc, simplement formation de bromanilines, mais la méthode ne constitue pas une méthode de préparation de ces dernières.

MM. GARRIGOU,

Professeur à la Faculté de Médecine (Toulouse),

ET

A. DANÉ,

Préparateur;

LE PERMANGANATE DE POTASSE OXYDE-T-IL RÉELLEMENT LA MATIÈRE ORGANIQUE DES EAUX.

54-3.7-678

5 Août.

Dans le cours des divers dosages de matières organiques dans les eaux, nous avons été conduits à faire de nombreuses opérations qui ont elles-mêmes amené le doute dans notre esprit au sujet de cette oxydation, ou du moins, à la croire entachée de graves erreurs. Ces observations sont les suivantes :

1º Les opérations différentielles faites suivant les méthodes du Conseil supérieur d'hygiène de France, sur 50 cm³ et 100 cm³ ou sur 100 cm³ et 200 cm³ nous ont montré que les 10 cm³ de permanganate ajouté dans l'un et l'autre ballon variaient notamment de teinte, que durant l'ébullition pendant le temps prescrit, l'action du permanganate paraissait se faire sentir plus énergique dans le ballon où il se trouvait le plus concentré que dans le ballon contenant plus de liquide, par conséquent plus de matière organique.

2º D'autres observations nous ont montré qu'une même eau naturelle ayant accusé l'emploi par litre de 8 cm³ de permanganate en milieu acide et 7 cm³ en milieu alcalin nous demandait après l'avoir traitée par l'hydrate de Baryte 67 cm³ de permanganate, aussi bien en milieu acide qu'en milieu alcalin. Assurément l'hydrate *de Baryte dissous ne pouvait être compté comme matière organique.* Puisque nous agissions sur la même eau dont nous avions déjà noté les chiffres obtenus par les méthodes officielles, notre attention devait se mettre en éveil afin de serrer de près cette question. Pour le fait de la Baryte en solution nous voulons croire que cette base a pu être suroxydée en présence du permanganate, et nous

*18

essaierons plus loin de déterminer si CaO et les sels de CaO peuvent produire des faits semblables.

3° L'acide chlorhydrique même dilué fausse les résultats et comme presque toutes les eaux contiennent des chlorures qui à l'ébullition avec SO^4H^2 donnent HCl, celui-ci réagit avec MnO^4K pour donner la réaction suivante :

$$8\,HCl + MnO^4K = MnCl^2 + KCl + 4\,H^2O + 5\,Cl.$$

ou à notre avis une réaction plus compliquée, basée sur la formation de chlorates qui se détruisent.

Nous ajoutons en outre que ces réactions dépendent de la concentration de MnO^4K, concentration qui est inégale dans les opérations différentielles et de la production inégale d'HCl (un des deux vases contenant double dose de SO^4H^2 et double dose de chlorures).

4° La matière organique des eaux étant le résultat d'une sorte de lixiviation et macération des matières hydrocarbonées déjà oxydées, l'acide faible combiné généralement à la chaux sous le nom d'acide humique, il semble difficile d'admettre une oxydation nouvelle de ce corps, d'autant mieux que le peu d'azote que pouvait contenir à l'origine l'humus est passé à l'état d'azotate.

De nombreuses observations sur les extraits obtenus par les dissolvants nous ont permis de nous rendre compte que les doses de MnO^4K employées étaient bien inférieures à celles employées avec l'eau naturelle et qu'elles étaient liées avec les doses trouvées de Cl^2Ca et de $(NO^3)^2\,Ca$ et non avec le poids de matière organique extraite.

Nous avons essayé d'étudier l'action des corps perturbateurs de ce dosage et de voir si les doses de permanganate employées ne peuvent pas être attribuées à ces corps.

Influence de l'ébullition de So^4H^2 *sur* MnO^4K. — Quand on fait bouillir 10 minutes 10 cm³ MnO^4K avec SO^4H^2 en présence d'eau distillée, et que l'on ajoute 10 cm³ $(COOH)^2$ strictement équivalent à MnO^4K, on s'aperçoit que le retour à la coloration par le MnO^4K s'élève à 0 cm³,5 tandis que la liqueur devrait rester teintée au rose. Une partie de MnO^4K dans ces conditions perdrait de l'oxygène, oxygène que dans les analyses on attribuerait à l'oxydation de la matière organique.

L'épreuve inverse, c'est-à-dire addition du MnO^4K sur même volume de $(COOH)^2$ ne donne pas cette différence, elle confirme au contraire l'équivalence des solutions manganique et oxalique.

Une partie de MnO^4K est réduite donc du fait seul de l'ébullition avec SO^4H^2.

Influence de la concentration inégale du permanganate dans les flacons différentiels. — Au paragraphe 3, nous avons vu l'action perturbatrice de l'acide chlorhydrique; nous nous sommes étendus sur ce fait et nous ajouterons ici que la réduction du permanganate sera d'autant plus forte, que les chlorures seront plus abondants, qu'une même dose de chlorures dans un milieu inégalement étendu, affectera différemment le permanganate. La réaction sera plus vive dans le milieu le plus concentré.

Nos deux expériences ci-dessous sont faites en présence de 10 cm³ Cl²Ca $\frac{M}{10}$ exactement titré.

Vase A. — 100 cm³ d'eau distillée + 10 cm³ Cl²Ca $\frac{M}{10}$ + 5 cm³ SO⁴H²
au $\frac{1}{4}$ + 10 cm³ MnO⁴K titré, ébullition de 10 minutes, puis 10 cm³ (COOH)² équivalent, retour
à la coloration par le permanganate.......... 1 cm³,4
Vase B. — 200 cm³   id.   id.   donne.... 1 cm³,1

Sauf l'exagération ici voulue en ajoutant 10 cm³ Cl²Ca $\frac{M}{10}$, ce sont bien les cas dans lesquels on se trouve pour les dosages au permanaganate. On agit presque toujours en présence de chlorures et en milieu inégalement concentré. Dans la pratique on conseille même d'opérer sur 50 cm³ et 100 cm³ et alors es 10 minutes d'ébullition concentrent les liquides de telle façon que les erreurs provenant de la seule réduction du MnO⁴K et celles provenant d'une décomposition plus ou moins rapide des chlorures sont multipliées par le facteur 20.

Influence de HCl et des chlorures. — Cette réaction perturbatrice de HCl ou des chlorures en présence de HCl est assurément très connue mais on semble ne pas y attribuer l'importance qu'à notre avis elle mérite. Lorsque l'on fait un dosage de matières organiques dans les eaux par la voie manganimétrique, on n'a souvent qu'un emploi minime de permanganate, souvent des dixièmes de centimètres cubes qu'il faut multiplier par un coefficient pour ramener les résultats au litre. Pourquoi donc la quantité de permanganate de potasse employée ne serait-elle pas rapportée soit aux chlorures soit à des influences d'ébullition ou d'auto-réduction plutôt qu'à la matière organique ?

Pourtant dans l'état actuel des choses une consommation un peu trop élevée de permanganate peut causer le refus d'une eau pour l'alimentation publique.

Voici les expériences sur lesquelles nous nous basons

Avec HCl. — 10 cm³ HCl $\frac{M}{10}$ + (S cm), 5 SO⁴H² au $\frac{1}{4}$ + 30 cm³. Eau distillée pure + 10 cm³ MnO⁴K, ébullition de 10 minutes puis addition de 10 cm³ (COOH)² équivalent, décoloration absolue, le retour à la coloration nécessite 1 cm³ de permanganate à 0,50 pour 1000.

Avec Cl²Ca. — 10 cm³ de solution titrée $\frac{M}{10}$ de Cl²Ca *dans les mêmes conditions* demandera 1 cm³,4 de permanganate de retour. Si nous abandonnons le tout à l'ébullition exagérée ou bien si nous la maintenons plus longtemps, le permanganate de retour pourra s'élever à un chiffre très élevé 3,4 et même 7 cm³ L'importance de la teneur de l'ébullition est donc à remarquer ainsi que la concentration du milieu.

Avec les chlorures divers. — Nous avons vérifié l'influence des chlorures de potassium, de sodium, de magnésium et les résultats ont été identiques : selon la concentration et l'ébullition, et le temps d'ébullition il faut ajouter pour le retour des quantités *variables* de permanganate.

Influence de l'acide nitreux et de l'acide nitrique. — Dans le cas de l'acide nitreux la question est tranchée, on connaît un procédé de dosage par MnO^4K en opérant dans ses conditions spéciales. Il fausserait les résultats si l'on n'avait pas le soin au préalable de faire les essais des nitrites. Quant aux nitrates et l'acide nitrique produit par SO^4H^2 la question n'est pas si nette et l'on ne se préoccupait guère de leur présence lorsqu'on dosait les matières organiques par le caméléon. A notre avis les nitrates traités par SO^4H^2 en présence de matières organiques aussi faibles qu'elles soient se réduisent en produits nitreux immédiatement détruits par MnO^4K, d'où perte de permanganate.

Voici quelques expériences faites en présence du nitrate de chaux. Le nitrate de calcium employé a été préparé au laboratoire par l'action de NO^3H ou CO^3Ca précipité, calciné, dissous dans l'eau distillée, calciné de nouveau en évitant de part de vapeurs nitreuses, repris par l'alcool absolu évaporé et séché à l'étuve puis dissous dans l'eau distillée au titre $\frac{M}{100}$. Pour ces essais au permanganate nous nous sommes mis dans des conditions identiques de volume pour que les différences ne puissent être attribuées qu'au nitrate de calcium.

$$1^{er}\ essai. \ — \ 10\ cm^3\ (NO^3)^2Ca\ \frac{M}{10} + 40\ cm^3\ H^2O + 5\ cm^3\ SO^4H^2\ au\ \tfrac{1}{4}$$
$$+ 10\ cm^3\ MnO^4H,\ \text{ébullition 10 minutes puis 10 } cm^3 \qquad cm^3$$
$$(COOH)^2\ \text{équiv. Il faut ajouter permanganate......} \quad 0,4$$

$$2^e\ essai. \ — \ 20\ cm^3\ (NO^3)^2Ca\ \frac{M}{10} + 30\ cm^3 \qquad id. \qquad ...... \quad 0,8$$

$$3^e\ essai. \ — \ 30\ cm^3\ (NO^3)^2Ca\ \frac{M}{10} + 20\ cm^3 \qquad id. \qquad ...... \quad 1,2$$

La progression est donc bien nette et le permanganate accuse une perte sensible que l'on noterait dans une analyse d'eau comme matière organique. L'action de NO^3H est évidente et nous allons essayer de voir si CaO en sa qualité d'alcalino-terreux peut gêner le dosage.

Influence des alcalino-terreux. — Malgré les résultats obtenus avec bain Barytique, disons tout de suite que vis-à-vis des sels de CaO nous n'avons rien eu de semblable. Tandis qu'avec les eaux chargées de Baryte nous trouvons constamment des doses considérables de MnO^4K employé, avec l'eau seconde de chaux faite avec CaO pure (1 g,28 CaO par litre) les épreuves différentielles entre l'eau distillée pure et l'eau de chaux se réduisaient à zéro. En présence de tout alcalino-terreux non chloruré nous ne pouvons pas conclure à une suroxydation; dans le cas contraire les expériences faites avec $HCl\ \frac{N}{10}$ nous permettent d'y croire, cette forme chlorure étant plus atteinte par le MnO^4K. Ni SO^4Ca, ni CO^3Ca *pur* ne fausseraient l'action manganique, le MnO^4K étant sans action sur eux s'ils sont purs.

Conclusion. — Le dosage des matières organiques par le permanganate se trouve le plus souvent vicié pour les raisons résumées suivantes :

1º Dans certaines conditions une partie du MnO^4K se réduit *toute seule* en présence de l'ébullition avec un acide ou un alcali.

2º Les chlorures quels qu'ils soient, et partant HCl quoique à un moindre degré prennent de l'oxygène au permanganate ou tout au moins le détruisent.

3º Les azotates presque au même titre que les azotites sont influencés par le permanganate en milieu sulfurique et causent ainsi une perte.

4º Des dosages faits sur la matière organique extraite des résidus salins par un dissolvant, il résulte que le nombre de centimètres cubes employés est en rapport avec le poids des chlorures de calcium et d'azotate de calcium encore dans l'extrait et non avec le poids de la matière organique extraite.

5º La concentration inégale du permanganate dans les opérations différentielles en présence des chlorures ou azotates est une cause d'erreur soit en plus soit en moins selon la proportion de ces corps, et le chiffre de centimètres cubes de MnO^4K employé peut mériter qu'une confiance limitée.

MÉTÉOROLOGIE ET PHYSIQUE DU GLOBE.

M. Le Dʳ E. VIDAL,

Correspondant national de la Société nationale d'Agriculture de France (Hyères)

LA LUTTE CONTRE LA GRÊLE.

551.578 : 63.21.3

5 Août.

Peut-on lutter contre la grêle ? La réponse à cette question aurait été franchement affirmative si elle avait été posée à l'époque des Congrès réunis en Autriche et en Italie dans les années qui suivirent la proclamation de la découverte de M. Stiger ; elle aurait été déjà moins catégorique à la suite du Congrès international de Lyon, pendant lequel les représentants les plus autorisés de la science météorologique en Italie, sans en excepter M. Roberto, exprimèrent quelques doutes sur l'efficacité des moyens employés pour combattre ce redoutable fléau.

Le nombre des partisans du doute s'est accru depuis lors dans les milieux scientifiques et la négation absolue de la possibilité d'une intervention efficace contre les nuages chargés de grêle, avec les moyens dont nous pouvons disposer actuellement, a maintenant de très convaincus défenseurs et cela surtout, depuis la publication du Mémoire de M. Blaserna, sur les expériences qu'il a dirigées de 1902 à 1906 sur le territoire de Castelfranco-Véneto, Mémoire dont voici les conclusions :

« Toutes les expériences ayant été bien conduites, on peut admettre qu'elles démontrent péremptoirement combien est illusoire l'idée de dissiper les nuages chargés de grêle. Canons, fusées et bombes ont donc fait leurs preuves.

Il m'eut été plus agréable de mettre à la disposition du pays un remède efficace contre un des plus grands ennemis de l'agriculture, mais l'issue défavorable des expériences que nous venons de relater permet d'affirmer, que dans cette voie, il n'y a plus rien à espérer et qu'il convient de se prémunir contre les effets de la grêle par des procédés complètement différents ».

Ainsi donc, les canons-tromblons, les fusées et les bombes n'ont fait que dissiper des illusions au-dessus du territoire de Castelfranco-Véneto et, si nous suivions à la lettre les conseils de l'éminent Président de l'Académie Royale dei-Lincei, il faudrait cesser toute tentative d'intervention contre les orages et reléguer à côté des inoffensifs canons-tromblons de M. Stiger, les fusées paragrêle, dont le premier, j'ai préconisé l'usage en 1901, au Congrès International de Lyon.

Telle n'est point mon intention, et du reste, aurai-je la moindre chance d'être suivi dans ce nouveau chemin de Damas, par les milliers d'observateurs qui ont la plus grande confiance dans l'efficacité des fusées, ou de mes pétards paragrêle, et dont les postes de tir, chaque année plus nombreux, tendent à remplacer définitivement l'armement du début.

Je ne reviendrai donc pas en ce moment sur la réponse que j'ai faite au Mémoire de M. Blaserna, réponse qui a été publiée en mai 1907 dans le *Bulletin de la Société Nationale d'Agriculture*, mais je crois devoir faire observer que si la confiance des Savants dans les tirs en général contre la grêle a diminué, la confiance dans le tir des fusées n'a fait qu'augmenter dans l'esprit des agriculteurs qui sont appelés journellement à s'en servir et par conséquent à pouvoir en constater les merveilleux effets.

Nous nous trouvons donc en présence d'une seule négation régulière, celle de M. Blaserna, puisque elle est étayée d'une série d'expériences, que nous tenons pour authentiques, mais nous avons en même temps à tenir compte d'une foule d'observations dont les auteurs sont aussi dignes de foi que les délégués du Sénateur italien, et nous avons trop de respect pour l'opinion de nos adversaires pour ne pas avoir depuis longtemps recherché quelles peuvent être les causes de ces divergences radicales, qui semblent extraordinaires, entre des observateurs dont l'absolue bonne foi n'a jamais été mise en doute.

Causes d'erreur pour M. Blaserna. — Une des causes les plus probables se trouve dans la manière dont ont été exécutées les expériences de Castelfranco, non loin des pentes si rapides de la chaine des Alpes Carniques; nous l'avons signalée quand nous avons répondu à M. Blaserna, mais nous n'y reviendrons pas aujourd'hui et nous nous en tiendrons à signaler les causes générales qui peuvent modifier et même annihiler l'efficacité des moyens employés pour combattre les orages de grêle.

Ces causes sont multiples, elles peuvent selon nous, dépendre de la configuration des terrains, de la violence des orages qui varie suivant les localités et suivant les saisons, du moment ou l'on ouvre le tir et surtout de l'application plus ou moins défectueuse du principe découvert par M. Stiger.

Stratégie à établir. — C'est ainsi, que la stratégie de la défense d'une vallée étroite et située à proximité des hauts plateaux à condensation, ne sera pas la même que celle d'une plaine éloignée des montagnes, (nous nous réservons de revenir en terminant sur cette question d'une importance capitale), c'est ainsi, que la forme et la résistance des moyens employés pour lutter contre les nuages orageux, doivent toujours être proportionnées à la violence du vent, car s'ils ne remplissent pas cette condition essentielle, ils risquent d'être emportés par la tempête sans s'élever dans les airs et par conséquent d'éclater sans avoir été d'aucune utilité.

Il faut aussi, que les tireurs aient une certaine habitude de la défense contre les orages et qu'ils n'attendent jamais trop longtemps avant d'ouvrir le feu, non point pour dissiper les nuages chargés de grêle, ainsi que le dit fort à tort M. Blaserna, dans le compte rendu de ses expériences, mais pour bouleverser leurs couches inférieures.

Principale cause d'erreur. Insuffisance du procédé de M. Stiger. — Mais la cause la plus fréquente de la réussite des uns et de l'échec des autres dans les tirs paragrêles réside, nous ne saurions trop le répéter, dans l'application plus ou moins logique de la géniale découverte de M. Stiger. Nous voyons en effet, une certaine école, hélas encore trop nombreuse, rester fidèle à l'armement primitif et s'efforcer de faire pénétrer dans l'air ainsi que dans les nuages orageux, des projectiles gazeux beaucoup moins denses que les milieux qu'ils doivent traverser ! Nous pouvons admirer la patience de ces hommes convaincus, mais bien nous garder de les imiter.

Constitution des orages. Trombe à l'Ile d'Elbe. — La partie inférieure des orages est parcourue, ne l'oublions pas, par des tourbillons horizontaux et aussi par des tourbillons verticaux qui engendrent électriquement la grêle et la pralinent dans leur sein; ce sont ces tourbillons qu'il faut détruire au moyen de nos projectiles de même qu'il suffit de tirer un coup de canon chargé à blanc, pour couper en deux ces énormes trombes marines qui menacent les plus gros navires d'une destruction immédiate (¹).

Tromperie provenant de certains artificiers. — Quelques autres tireurs après avoir expérimenté conjointement les deux systèmes, ont en partie remplacé leurs insuffisantes batteries de tromblons par des engins plus sérieux. Nous ne saurions trop les féliciter de leur conversion, mais combien peu parmi ces néophytes de la fusée paragrêle, se sont-ils donné la peine d'en étudier le fonctionnement et savent-ils en obtenir les meilleurs effets? La preuve en est, qu'on les voit employer des projectiles qui s'élèvent sans qu'ils s'en doutent, à peine aux deux tiers de l'altitude qu'ils doivent atteindre, ou bien engager dans leurs écrits le public à tirer contre les orages des fusées qui sont censées éclater à mille et jusqu'à douze cents mètres au-dessus du sol, c'est-à-dire dépasser de plus du double la portée nécessaire ! D'autres enfin, plus avisés, ont adopté d'emblée le système que nous avions proposé théoriquement dans un mémoire adressé à l'Académie des sciences et que nous avons soutenu, après expériences faites, au Congrès international de Lyon, mais ils se servent aussi sans qu'ils puissent s'en douter, de fusées dont la portée moyenne n'est pas suffisante et ils s'exposent ainsi à voir échouer entre leurs mains un moyen de préservation qui donne ailleurs les plus incontestables succès.

Unissons nos efforts et rejetons les procédés primitifs. — Que peut-il résulter de ce manque de coordination de nos effors, si ce n'est un échec dont les fâcheuses conséquences rejaillisent sur tout le système ?. Pre-

---

(¹) C'est ainsi qu'en 1854, j'ai vu la corvette de guerre *La Caravane*, sur laquelle j'étais embarqué, préservée d'un désastre certain, par ce procédé si simple qui nous était imposé par l'absence de tout projectile.

nons donc une résolution virile et, tout en conservant les plus vifs senti-
ments de reconnaissance envers M. Stiger, débarrassons le principe de
sa découverte de la tare originelle qui a causé son insuccès. Il nous est
prouvé que le Tore n'agit que dans des conditions exceptionnelles, met-
tons-le résolument de côté et remplaçons-le, qu'il soit produit par des
canons à poudre et même par des tromblons à acétylène de plus de
douze mètres de hauteur, remplaçons-le, disons-nous, par la fusée que nous
devrons parfois renforcer elle-même dans certaines circonstances au
moyen d'un pétard également paragrêle. Nous pourrons alors attendre
patiemment que les hommes de science aient enfin découvert un moyen
de lutte supérieur à celui que nous avons inventé et qui est entré dans
la pratique à partir de 1901.

Les fusées ont depuis lors fait leurs preuves, et les statistiques officielles nous prouvent qu'elles sont de plus en plus employées par les
agriculteurs témoins de leurs succès. Mais pour que l'on puisse se servir
utilement de ces armes, il faut connaître les conditions qui sont le plus
favorables à leur action; il ne suffit pas de tirer les premières fusées venues
contre les nuages orageux, pour se préserver de la grêle, il faut d'après
nos expériences répétées, qu'elles éclatent non seulement à un certain
moment, mais encore à une altitude moyenne au-dessus des postes de tir,
et c'est encore sur ces deux points essentiels qu'il serait indispensable
de s'entendre avant de donner des conseils à la foule des intéressés.

Moment ou il faut ouvrir le feu. — Nous ne savons encore rien de certain,
il faut bien l'avouer, au sujet de la première de ces questions qui concerne
le moment précis où il faut ouvrir le feu contre les nuages orageux dans
le but de se préserver de la grêle, et nous serions bien aise de l'entendre
discuter par les personnes qui ont déjà lutté contre ce fléau; nous
pensons néammoins, jusqu'à preuve du contraire, que le tireur ne doit
pas attendre trop longtemps avant d'ouvrir le feu; la grêle qui tombe
fait toujours assez de bruit pour que l'on soit averti de son approche et dans
ce cas, on ne doit pas hésiter une seconde à lancer des projectiles contre
le nuage qui s'avance généralement avec une très grande rapidité.

Il faut donc étudier très attentivement les différentes vitesses que
peuvent avoir les orages dans la contrée que l'on veut défendre. Cette
vitesse, nous le savons maintenant, dépend de plusieurs causes dont la
majeure est subordonnée à la configuration elle-même du pays. Les
orages peuvent en effet, être comparés à des torrents qui sont d'autant
plus rapides que leurs bords sont plus resserrés et que leurs lits sont plus
inclinés. Poussé par son propre poids et par les ondulations répétées
du tonnerre, le corps de l'orage se précipite dans certains cas plus impé-
tueusement que dans d'autres, et il faut alors ne pas l'attaquer de front,
mais le bombarder sur ses flancs à mesure qu'il passe.

Vitesses des orages. Orographie. Vents généraux. — La vitesse des
orages dépend encore de la force et de la direction des vents généraux
qui favorisent ou qui contrarient leur marche; elle peut enfin se trouver

brusquement réduite à fort peu de chose par l'accumulation des nuages eux-mêmes dans une plaine bordée de tous les côtés par un cirque de collines, etc., etc.

Telles sont les principales considérations que nous signalons aux chefs des postes de tir sur la marche des orages, mais il est encore d'autres cas dans lesquels il faut bien connaître la façon dont se comportent certains orages, si l'on ne veut pas se laisser surprendre par eux et c'est pour cela, qu'il faut prévoir toutes les éventualités qui peuvent se présenter.

Genèse de la grêle. — La grêle ne tombe pas selon nous, du haut des nuages qui la contiennent, elle n'est pas la conséquence du refroidissement de leurs couches supérieures au contact du froid atmosphérique, elle est au contraire produite, de toutes pièces, dans l'intérieur de la masse orageuse elle-même et peut-être même dans ses couches inférieures. C'est un météore d'origine électrique dont nous sommes incapables il est vrai, d'expliquer la genèse, mais que nous voyons tomber par bordées successives, c'est-à-dire cesser brusquement parce qu'il n'y a plus de grêlons formés, et dont la chute recommence au bout de quelques instants, aussitôt qu'une nouvelle provision de grêlons s'est réformée.

Ce sont là des détails sur lesquels il convient d'attirer l'attention des syndicats de défense contre la grêle et que leurs membres ne doivent point ignorer, parce que l'aspect des nuages pourra bien souvent leur permettre de mesurer l'intensité du danger qui les menace et en prévision duquel nous devons leur fournir un armement suffisant.

Altitude moyenne qu'il faut atteindre. — Ceci nous amène à traiter la question de l'altitude moyenne que doivent atteindre au-dessus du sol, les projectiles à explosion dont nous avons préconisé l'emploi au Congrès international de Lyon. A cette époque, nous l'avions théoriquement fixée entre 350 et 400^m, mais nous avons depuis lors mieux étudié l'action de nos fusées paragrêle et nous avons reconnu que si l'on veut avoir le plus de chances d'atteindre la partie vulnérable des orages en général, il faut les faire éclater un peu plus haut, c'est-à-dire 450 et 500^m.

Les orages jettent du lest. — Nous n'entendons pas dire par cela, que les corps même des orages, qu'ils nous menacent ou non de la grêle, se trouvent à cette hauteur, leurs couches supérieures dilatées par la chaleur solaire peuvent en effet se trouver à plusieurs kilomètres au-dessus du sol, mais leurs couches inférieures, plus froides et par conséquent plus condensées, suivant les lois de la pesanteur, se rapprochent du sol et, quand elles n'ont pas encore jeté du lest, sous forme de pluie ou de grêle, peuvent être atteintes même par le Tore du canon-tromblon; c'est ce qui a pu tromper M. Stiger lui-même et aussi les personnes qui jusqu'à ce jour ont refusé d'admettre les perfectionnements apportés à son système.

En résumé, il est facile de comprendre que les orages ont la forme bien accentuée d'un champignon et que c'est dans leur partie basse qu'il faut les attaquer si l'on veut les rendre inoffensifs.

Ne pas s'élever plus haut que 500 mètres. — Mais, s'il est indispensable d'atteindre une altitude moyenne de 400 à 500ᵐ, il faut bien se garder de trop la dépasser et d'imiter ces zélés partisans des canons-tromblons qui se contentaient, il n'y a pas bien longtemps encore, d'un inoffensif anneau de vapeurs ou de fumée et qui conseillent aujourd'hui à leurs co-syndiqués l'emploi de fusées s'élevant à plus de 1200ᵐ ! c'est là une exagération dont nous avons appris à nous garder, depuis que nous avons étudié l'action des fusées; nous nous contentons donc d'une portée *garantie* de 450 à 500ᵐ, mais nous exigeons que l'on nous fournisse des projectiles atteignant en moyenne cette altitude et que l'on écarte toutes causes de suspicion en l'affichant sur le corps même de chaque fusée.

Nous ne saurions trop engager les syndicats intéressés à prendre la même précaution, s'ils ne veulent pas être trompés.

Sussaltoria. — Dans l'espèce, il ne s'agit pas de transpercer les nuages orageux, mais bien de les bouleverser, d'exercer sur leurs couches inférieures une action sussaltoire (ce mot n'est pas français, mais il indique si bien le mouvement de bas en haut, que nous n'hésitons pas à l'employer). C'est d'après nous, le seul moyen à ce jour connu, de modifier les conditions dans lesquelles se trouvent entre elles les couches inférieures des immenses cônes orageux et de neutraliser ces redoutables accumulateurs d'énergie électrique.

Il est bien facile, en effet, de comprendre que s'il suffisait pour combattre victorieusement les orages, de faire détonner dans leurs masses profondes des fusées ou des pétards paragrêles et d'y produire des ondulations, les éclats de foudre, tout aussitôt suivis des grondements du tonnerre, exécuteraient la besogne beaucoup mieux que nos artificiers les plus renommés.

Expériences d'Hyères. — Nos projectiles agissent donc de bas en haut sur les nuages, ils les font sauter, ils peuvent en transpercer la masse, mais non les dissiper; et ce n'est pas la seule preuve que les fusées agissent sur l'orage lui-même, ne les voyons-nous pas, en maintes occasions, s'opposer tout autant à la formation de la foudre qu'à celle des grêlons ? Ne les voyons-nous pas aussi apaiser les vents les plus violents et parfois nous montrer le bleu du ciel, dans une zone rendue calme au milieu d'un bouleversement général ? Voilà ce que nous avons vu maintes fois, voilà ce qu'ont vu à Hyères les 1800 militaires de tous grades qui composent le 22ᵉ régiment d'Infanterie coloniale, voilà ce qu'aurait pu voir M. André, s'il avait accepté les offres réitérées qui lui ont été faites si gracieusement par MM. Blanc, Chatillon et Guinand, au nom de leurs syndicats de défense.

Conclusions à retarder encore longtemps. — Il serait donc imprudent d'adopter des conclusions qui ne seront point basées sur des expériences contradictoires à celles que nous poursuivons de différents côtés; il faut plutôt suivre le sage conseil que nous donne M. Violle, de l'Institut, de laisser encore mûrir une question que seul le temps pourra solutionner, et sans nous laisser détourner de notre chemin par d'injustifiables attaques, puiser une force nouvelle dans ces contradictions qui n'ont eu que trop de retentissement.

Concentrons donc tous nos efforts, nous tous qui sommes de bonne foi, adoptons une ligne de défense uniforme, employons des armes plus perfectionnées que celle qu'inventa jadis M. Stiger, exigeons que sur chaque projectile à explosion aérienne soit inscrite l'altitude moyenne qu'il doit atteindre, et si nous échouons, ce qui ne nous semble point probable, nous nous inclinerons devant un jugement qui aura le droit d'être considéré comme définitif parce qu'il sera motivé.

Expérience de la défense de Gannat. — Mais ces conditions, que nous venons de signaler, une fois remplies, suffiront-elles pour préserver toute une contrée assez vaste et bien délimitée? Nous ne le pensons pas et bien des efforts resteront stériles, d'après nous, tant qu'ils seront confinés dans les limites des territoires ordinairement dévastés.

Dans le cours de nos expériences de tir contre les orages de grêle, nous avons en effet reconnu, qu'il était avant tout nécessaire de les combattre méthodiquement et par conséquent, de connaître les points stratégiques sur lesquels nous devions nous placer pour diriger contre eux notre premier feu, et pour les décharger en partie de leur électricité au fur et à mesure qu'ils avancent vers nous. C'est là pensons-nous, le meilleur moyen de combattre certains orages, dont la violence et la marche rapide défient toute intervention locale. Nos engins ne l'oublions pas, doivent être considérés comme des paragrêles agissant au même titre que les paratonnerres; ils peuvent, cela est très probable, empêcher la formation de la grêle dans la partie inférieure de la masse orageuse, mais ils n'exercent, cela est certain, aucune action directe sur les grêlons déjà formés.

Les points stratégiques, nous l'avions prévu dès les premiers jours (voir le *Compte rendu du Congrès international de Lyon*, novembre 1901), sont parfois très éloignés des champs sur lesquels les orages exercent habituellement leurs ravages, il faut donc avant de rien entreprendre localement, étudier dans tous ses détails l'orographie de la contrée que l'on veut défendre et se livrer à des études préliminaires qui embrassent tous les détails de la météorologie de ce pays.

On n'a malheureusement pas, jusqu'à ce jour, tenu assez compte de ces prudents conseils et l'on s'est en général contenté d'éparpiller, au petit hasard, les postes de tir dans les champs le plus souvent visités par le fléau.

C'est encore là une cause d'insuccès et c'est en partant du principe que je viens d'énoncer que j'ai solidement établi la défense du territoire de l'arrondissement de Gannat qui est compris entre l'Allier à l'Est, la Morge au sud et la boucle de la Sioule à l'ouest et au nord.

Après avoir très minutieusement étudié sur la carte et sur le terrain l'orographie de cette belle cuvette périodiquement dévastée par la grêle et après m'être enquis de tous les détails de la météorologie de la contrée, j'ai préalablement tracé une ligne de décharge passant sur tous les points faibles de son périmètre, par lesquels débouchent tous les petits cours d'eau du pays avant de se jeter dans les grandes rivières. J'ai ensuite disposé des batteries de fusées et de mortiers paragrêles destinés à la défense locale de toutes les communes ordinairement ravagées par le fléau.

Le tout a nécessité l'établissement de 77 postes de tir qui protègent une surface de près de 20 000[h] des meilleures terres de la Limagne, ce qui constitue une économie considérable, puisque chaque poste défend environ 250[h] tandis que s'il était isolé, il n'en protégerait pas plus de 25 c'est-à-dire dix fois moins.

Cette manière de procéder a été favorablement appréciée par la Commission des recherches scientifiques instituée au Ministère de l'Agriculture et présidée par M. Violle, membre de l'Académie des Sciences; elle avait aussi reçu l'approbation de M. Brunhes, le si distingué directeur de l'observatoire du Puy-de-Dôme, dont tout le monde savant déplore la mort prématurée. M. Brunhes avait, en outre, consenti, sur ma demande, à faire surveiller par le personnel très compétent de son observatoire, une série de postes que j'ai échelonnés sur les flancs du Puy-de-Dôme et qui contrôlent mutuellement les résultats de leurs tirs.

Nous espérons tous que le successeur de M. Brunhes voudra bien ne pas laisser péricliter cette fondation qui, mieux que toute autre, pourra servir à déterminer expérimentalement le mode d'action de nos engins sur les orages de grêle; mais, quoiqu'il arrive, je pense, avec MM. Violle et Brunhes, que pour être concluante l'expérience tentée dans la Limagne sous le patronage du Ministère de l'Agriculture, devra se prolonger fort longtemps et, qu'en attendant, nous devons continuer nos efforts individuels pour lutter contre les ravages de la grêle sur toutes les autres parties du territoire.

M. Paul GIRARDIN,

Professeur à l'Université (Fribourg, Suisse).

LES OSCILLATIONS DES GLACIERS DE SAVOIE,
PARTICULIÈREMENT DE 1902 A 1909.

551.311.1 (44.88

5 *Août.*

Nous restreignons à dessein notre étude aux glaciers de la Maurienne et de la Tarantaise, laissant de côté ceux du Mont Blanc sur lesquels le service des Eaux et Forêts (études de MM. Mougin et Bernard à Tête

Rousse) et la belle carte en cours d'exécution de MM. Henri et Joseph Vallot nous renseignent suffisamment.

A part la chronique orale transmise par les gens du pays, précieuse mais sujette à caution, voici les principales dates des travaux scientifiques exécutés sur ces glaciers, en ne mentionnant que pour mémoire la Carte Sarde à $\frac{1}{50000}$, qui ne figure pas avec précision le contour des glaciers ni même leur situation :

1° Les minutes de la Carte d'État-Major, levées immédiatement après l'annexion (feuille Bonneval 1864). Nous avons pu consulter et calquer au Service géographique les minutes originales.

2° Les nouveaux levés de précision à $\frac{1}{20000}$, documents non publiés et qui ne sont pas absolument inaccessibles aux travailleurs, grâce à la complaisance du général Berthaut.

3° Des repères au minium placés sur le front des glaciers en 1891, 1893, 1894 par le Prince Roland Bonaparte.

4° Des repères placés par nous-mêmes en 1902, et plus tard aux mêmes initiales RB et que nous avons visités chaque année jusqu'en 1909.

5° Des repères placés depuis par l'administration des Eaux et Forêts.

On voit que l'utilisation de ces divers documents rend possibles des comparaisons et des conclusions de trois sortes :

1° Comparaison de nos propres repères entre eux, de 1902 à 1909, soit une période de 7 ans.

2° Comparaison avec les repères du Prince Roland Bonaparte, soit une période de 15 à 18 ans.

3° Comparaison de l'état des glaciers : longueur, surface, altitude des fronts, entre le moment où furent exécutés les anciens levés de l'État-Major (1864) et les nouveaux levés des brigades topographiques (à partir de 1903).

D'abord, sur la plus récente période de 7 ans, et même de 15 et de 18 ans, si l'on remonte à 1894 et 1891, le retrait a été continu et général, mais il est allé en s'atténuant; pour aucun des glaciers en observation depuis 1902, il n'atteint 100 mètres, et il tend à s'arrêter. Des velléités d'avancement (Sources de l'Arc) et même un avancement notable (Mulinet en 1909) montrent que ces glaciers sont à peu près stationnaires. L'enneigement progressif dans ces trois dernières années, les trois étés couverts et humides qui se succèdent depuis 1908, nous paraissent même l'indice d'une crue prochaine.

Il est d'autre part difficile de concilier, d'après un Tableau que nous avons dressé, l'importance du recul des glaciers en longueur (1100 m environ aux Sources de l'Arc) et en hauteur, (l'extrémité du front, au même glacier s'est relevée de 2188 m d'altitude à 2525 soit 337 m), avec la diminution des mêmes appareils en surface, telle qu'en témoigne la comparaison des anciens et des nouveaux levés, en supposant que les deux cartes soient comparables (on sait combien la Carte d'État-Major a dû être levée rapidement dans cette région). Même en tenant compte des inexactitudes et des lacunes de cette dernière, il apparaît nettement que la surface perdue est loin d'être proportionnelle à la longueur perdue, ce qui montre en particulier la supériorité des levés à grande échelle et des profils en travers, sur les simples repères.

Voici une observation qui nous permettra de concilier ces deux données en apparence contradictoires. Pour tous ces glaciers méridionaux qui ne sont que des glaciers suspendus (à part les Évettes), la crue n'a pas affecté l'ensemble du front, mais une langue seulement ou un lobe, qui s'est individualisé et brusquement allongé, jusqu'à atteindre le fond de la vallée comme aux Sources de l'Arc. Alors le gradin de confluence, conduisant au vallon suspendu où se trouve aujourd'hui le glacier, réduit à son état d'équilibre, était occupé par une cascade de séracs. Cet état de choses s'est réalisé aussi pour le Mulinet, qui a bénéficié d'une confluence, de l'apport du Grand Méan, mais dont les moraines terminales n'ont pu subsister ni rester debout sur une pente trop déclive. C'est partout l'extrémité en pointe qui a bénéficié de l'allongement et non une frange d'égale largeur, bordant le glacier tout autour, et cet allongement a pu porter le front très en avant du reste du glacier et très bas, à 2200 m d'altitude.

M. E. DE MARTONNE,

Chargé de Cours de Géographie à la Sorbonne (Paris).

LE VENT D'AUTAN ET SES RAPPORTS AVEC LE MARIN.

551.518.5

5 *Août*.

Il n'est pas d'habitant du Languedoc et du SE. de l'Aquitaine qui ne connaisse le vent d'autan. Un auteur du xviiiᵉ siècle en décrivait déjà les effets en ces termes :

« Ce vent est chaud et pesant, lourd, il engourdit et abbat les hommes et les animaux. Il rend la tête pesante, il ôte l'appétit et paraît gonfler tout le corps (¹). »

Tout le monde sait qu'il souffle des régions Est, et s'oppose par la plupart de ses caractères au vent d'Ouest, connu sous le nom de *Cers*. Celui-ci amène les nuages et la pluie, rafraîchissant en été la température. L'autan fait régner la sécheresse au moins pendant un ou deux jours

---

(¹) Astruc, *Mémoire pour l'histoire naturelle de la province du Languedoc*, 1740, Chap. VIII.

avec des températures souvent anormalement élevées. Sa violence en certains points n'a d'égale que celle du mistral provençal.

Malgré son importance pour le climat du midi français, l'autan n'était connu jusqu'à ces dernières années que par des notices vagues ou de brèves descriptions (¹). Persuadé que l'étude des vents locaux est un des points les plus importants de la météorologie régionale, je me suis efforcé depuis 1906 de rassembler les documents nécessaires à l'étude du vent d'autan dans le Haut-Languedoc, et j'ai tenté d'éclaircir les conditions auxquelles ce vent doit ses caractères originaux (²).

1. *Organisation des observations.* — Il n'échappe à personne que les observations météorologiques telles qu'elles sont organisées en France sous le contrôle du Bureau central météorologique, et telles qu'elles sont publiées dans les *Annales* sont complètement insuffisantes pour l'étude d'un vent local. Le nombre de stations à enregistreurs est infime. Les notations du vent sont sujettes à caution et ne sont pas conçues en vue de l'étude des périodes.

J'ai dû m'occuper d'organiser un réseau spécial d'observations. Grâce à la collaboration des Ingénieurs du Canal du midi, de la Commission météorologique du Tarn, et de plusieurs propriétaires, j'ai pu y arriver dans le département du Tarn-et-Garonne et les départements limitrophes, Aude et Hérault. J'ai profité d'une organisation du même genre déjà créée dans l'Aude par MM. Rouquet et Ferrand, qui ont installé à Belpech une station modèle avec enregistreurs (³).

Mes observateurs remplissent un bulletin dont voici le modèle. Ils ont été munis d'instructions écrites et verbales, ces dernières particulièrement utiles sont renouvelées de temps en temps. J'ai installé à Saint-Ferréol un poste à enregistreurs (baromètre et thermomètre et hygromètre sous abri), muni d'un anémomètre Richard. J'ai installé aussi un thermomètre enregistreur et un hygromètre à Lacaune. Ces stations ont été choisies après mûre réflexion, comme ayant la situation topographique la plus favorable à l'étude des effets de l'autan. En outre, j'ai remis un anémomètre à MM. Rouquet et Ferrand à Belpech et obtenu

---

(¹) J'ai donné dans une Note précédente des indications bibliographiques générales. On doit y ajouter une série de notes, du plus haut intérêt, publiées par M. Marchand dans le *Bulletin de l'Observatoire d'Orthez*, 1902, p. 63 et 71; 1903, p. 3, 11, 19, 35, 42, 52, 59, 67 et 76 (série malheureusement inachevée) et un article de M. SALLES, *Prévision du temps* (*Journ. d'Agriculture pratique pour le midi de la France*, 1897, p. 264).

(²) Voir *Note préliminaire sur le vent d'autan* (*Bul. Soc. géogr., Montpellier*, 1907); *Contribution à l'étude du vent d'autan* (*ibidem*, 1909). — *Contribution à l'étude du vent d'autan*, An. Soc. météor. de France, 1909, p. 205-217.

(³) Voici les noms des principaux observateurs auxquels je ne saurais trop adresser de remerciements : MM. Gaujon (Albi), Raucoule (Castres), Metey (Lacaune), D\ De Barrau (Le Montagnet par Sorèze), Got (Labrespy), Auriol (Lavergne), Tourinel (Saint-Ferréol par Revel), Roderic (Lampy), Chapoteau (Castelnaudary), Fieu (Naurouse), Seine (Trèbes), Rancoulé (Sallèles), Rouquet et Ferrand (Belpech).

communication des diagrammes d'enregistreurs ainsi que des observations si remarquables de ces Messieurs.

En ajoutant à ces documents les observations et diagrammes d'enregistreurs qui me sont fournis par Montpellier, je crois avoir des éléments suffisants pour tenter l'analyse du mécanisme de l'autan dans le Languedoc.

Je me propose d'exposer brièvement les principaux résultats auxquels je suis arrivé, en spécifiant qu'ils se rapportent seulement à la région languedocienne.

II. *Caractère polymorphe de l'autan: Autan blanc et autan noir.* — Un des premiers faits qui frappent lorsque l'on étudie l'autan, c'est que ses caractères ne sont nullement constants. Ils varient à la fois dans le temps et l'espace.

La violence que l'on considère comme un caractère essentiel decevent dans la plaine de Castres, à Carcassonne, etc., ne s'observe que rarement à Albi et à Montauban. C'est peut-être l'élément qui varie le plus localement. La sécheresse est plus générale, ainsi que l'élévation de température.

Mais il est bien rare que deux périodes d'autan se ressemblent à cet égard. Souvent l'autan amène un cortège de nuages et finit par la pluie. Aussi, dans certaines régions considère-t-on l'autan comme un vent pluvieux. D'autrefois l'autan balaie tous les nuages du ciel, dessèche les mares, compromet ou active la végétation, suivant la saison, par la sécheresse et les hautes températures qu'il fait régner pendant plusieurs jours.

Le paysan a conscience de ces différences, car il distingue l'*Autan noir* (*auta negro*) et l'*autan blanc* (*auta blanco*). Le premier, selon lui, amène la pluie et ne dure pas. Le second amène la sécheresse et peut souffler plusieurs semaines avec des poses de 12 ou 24 heures.

Ces variations de l'autan ont fort embarrassé les premiers savants qui en ont essayé l'étude ([1]).

Une double conclusion nous paraît pouvoir être tirée de ces constatations : les caractères de l'autan dépendent des conditions générales de la situation atmosphérique, ils sont localement modifiées par des influences topographiques.

III. *Conditions météorologiques produisant l'autan.* — Renseigné exactement par mes observateurs sur la durée des périodes d'autan, j'ai pu, en analysant les conditions météorologiques au moyen des données du Bureau central météorologique me rendre compte des conditions qui déterminent ce courant atmosphérique. J'ai dû dans

---

([1]) Un exemple curieux, en est fourni par l'article de l'Ingénieur Salles cité plus haut. L'auteur distingue bien les deux variétés d'autan, mais les explications proposées sont contraires aux lois fondamentales de la météorologie.

certains cas refaire les cartes en traçant les isobares de. millimètre en millimètre.

Il s'est toujours .confirmé que l'autan est dû, soit à un mouvement cyclonal intéressant le golfe de Gascogne, soit à un anticyclone situé sur l'Europe centrale. Il y a donc un *autan cyclonal*, correspondant en général à l'*autan noir*; et un *autan anticyclonal*, correspondant en général à l'*autan blanc*.

L'autan cyclonal amène la pluie quand la dépression se rapproche et que le vent tourne à l'Ouest. L'autan anticyclonal donne des périodes de sécheresse prolongée avec des accalmies, dépendant des oscillations du centre de l'anticyclone.

L'influence cyclonale a pour origine soit une dépression secondaire sur le golfe de Gascogne, accompagnant une dépression à trajectoire plus septentrionale, soit une inflexion en V des isobares sur le flanc d'une dépression passant par les Iles Britanniques.

L'influence anticyclonale peut être due soit à un anticyclone persistant, centré vers Munich, soit à un anticyclone se détachant du maximum des Açores et se déplaçant lentement vers l'Est-NE.

Les influences cyclonales et anticyclonales peuvent se combiner.

Je crois qu'il y a lieu de rejeter tout rapport direct entre l'Autan et le Mistral. Ces deux vents sont dus à des dépressions différentes; leur simultanéité ne dure généralement pas 24 heures, car la situation qui y donne lieu est tout à fait anormale et instable. Les périodes 8-12 octobre 1906 et 26-27 octobre 1909 sont caractéristiques à cet égard ([1]).

Les caractères généraux de l'autan sont dus en définitive à la prédominance plus ou moins marquée des influences cyclonales ou anticyclonales. Il faut aussi tenir compte des caractères des périodes précédentes. Lorsque deux périodes d'autan se suivent après un court intervalle, la seconde est généralement plus humide.

Enfin il faut tenir compte du caractère cyclique des manifestations météorologiques, particulièrement dans les périodes d'autan cyclonal. Le début marque presque toujours un brusque abaissement de l'humidité et de la nébulosité, mais la courbe remonte progressivement et, à la fin de la période, a des caractères contraires à ceux du début.

IV. *Influence du relief du sol. Rapport avec le marin.* — Ces conclusions n'expliquent pas encore les différences locales que manifeste l'autan au cours d'une même période et pendant la même journée. Ces différences sont pourtant incontestables. Ici le vent est violent jusqu'à renverser les voitures, ailleurs sa force ne dépasse pas celle de la bise. A Saint-Ferréol, l'anémomètre enregistre des vitesses de 15 m et plus, les arbres sont couchés, les routes déchaussées. A Albi, on n'observe pas d'effets pareils.

La température et l'humidité présentent des variations locales aussi

---

([1]) *Voir* ma première Note, p. 12-13 et ma deuxième Note, p. 12.

remarquables. Ici la sécheresse est telle que l'hygromètre peut descendre à 25 pour 100 (Saint-Ferréol); ailleurs l'état hygrométrique moyen des périodes d'autan n'est pas sensiblement inférieur à celui des périodes de cers (Belpech). Ici la température s'élève brusquement de 10° à 15° au début de l'autan (Lacaune, Saint-Ferréol); ailleurs cette élévation est peu sensible et compensée par un fort refroidissement nocturne (Belpech).

Il y a plus. Si l'on avance vers le bas Languedoc, on voit les caractères du courant de SE changer progressivement. A partir de Carcassonne, il cesse généralement d'être sec. A Narbonne, Béziers et Montpellier, le vent d'ESE est toujours humide, donnant du brouillard ou même de la pluie; il est très rarement violent. Son nom même a changé, c'est le *marin*. C'est pourtant bien le même courant du SE, déterminé exactement par les mêmes conditions météorologiques générales, mais saturé de vapeurs, même lorsqu'il est anticyclonal, par son passage sur la Méditerranée.

J'ai pu tracer à peu près la zone où s'opère en moyenne le changement des caractères du vent du SE. Elle coïncide à peu près avec la ligne de partage des eaux passant entre Murat et Lacaune, par le col de Fenille, le Cabardès, entre Bram et Carcassonne.

Cette limite varie suivant la saison et suivant les conditions météorologiques générales. Pendant les périodes à influences cyclonales, le marin gagne vers l'Ouest; c'est le contraire pendant les périodes à influences anticyclonales prépondérantes.

Dans les années excessivement pluvieuses l'aire du marin tend à gagner vers l'Ouest.

Il est remarquable que la limite moyenne de l'autan et du marin est une limite biologique et même économique. C'est celle de la grande extension du chêne blanc vers le SE et de la viticulture de plaine à grand rendement vers l'Ouest.

V. *L'autan assimilable au foehn.* — Comment expliquer le contraste si frappant de l'autan et du marin? Il est permis de croire que, si l'on y arrive, on aura la clef de toutes les anomalies locales.

Dès le début de mon étude de l'autan, j'ai émis l'hypothèse que ses caractères étaient dus à un mécanisme semblable à celui du foehn. Le marin, chargé d'humidité sur la côte du Languedoc, s'en débarrasse en gravissant les pentes des montagnes qui bordent cette côte; dépouillé de son humidité, et réchauffé par la condensation, il redescend sur le versant atlantique avec les caractères d'un vent sec et chaud.

Les observations dont je dispose maintenant paraissent confirmer cette hypothèse.

En comparant les diagrammes de thermomètres et hygromètres enregistreurs à Montpellier et Saint-Ferréol, on constate que : les vents d'E à Montpellier atténuent l'oscillation thermique diurne, relèvent légèrement le maximum et notablement le minimum, en hiver; ils amortissent aussi l'oscillation de l'humidité relative en relevant le minimum, mais surtout le maximum.

A Saint-Ferréol, les mêmes vents relèvent à la fois le minimum et le maximum thermique, augmentent les oscillations de l'état hygrométrique en abaissant légèrement le maximum et très notablement le minimum.

L'opposition est si frappante qu'elle se traduit même dans les moyennes comme le montre ce tableau (mois d'octobre 1908).

	Montpellier.		Saint-Ferréol.	
	Est.	Ouest.	Est.	Ouest
Maximum	93	81	92	95
Minimum	77	49	66	78
Oscillation	15	33	25	16
Moyenne	87	64	80	89

Les montées et les descentes de l'hygromètre et du thermomètre à Montpellier et Saint-Ferréol se correspondent, mais sont de signe contraire. Toute interruption du vent d'autan se traduit dans la courbe de l'hygromètre de Saint-Ferréol, qui remonte.

Tous ces faits paraissent bien d'accord avec la théorie de l'autan-foehn.

On peut maintenant aller plus loin et expliquer les variations locales. Les caractères de l'autan se modifient progressivement avec l'éloignement de la mer et brusquement avec les dénivellations rapides du relief du sol.

En comparant les diagrammes d'enregistreurs à Lacaune, Saint-Ferréol et Belpech, on voit en effet que l'oscillation thermique par autan, augmente progressivement de l'E à l'O, que la sécheresse par autan diminue dans la même direction.

C'est à Saint-Ferréol que la sécheresse par autan est le plus marquée. La situation topographique y est celle de tous les pays où l'expérience nous apprend que l'autan est le plus souvent sec : au pied du versant abrupt tourné vers le NW de la Montagne Noire.

VI. *Violence de l'autan.* — Un point particulier, délicat à élucider, est la raison de la violence de l'autan, et surtout de ses variations locales. Mes observations, confirmant l'expérience courante, révèlent à cet égard des anomalies au premier abord déconcertantes.

Je crois avoir trouvé une explication générale satisfaisante en comparant le mouvement du courant d'E qui constitue le marin-autan, à celui d'un cours d'eau torrentiel ayant à franchir un obstacle interposé dans son lit.

Du côté amont, il y a élévation du plan d'eau, diminution de vitesse; sur l'obstacle, la tranche d'eau est peu épaisse et animée d'une vitesse croissante, qui aboutit du côté aval à un mouvement de chute désordonné, avec des tourbillons.

Ainsi le marin forme du côté de la Méditerrannée, une masse d'air animée d'un mouvement ascendant jusqu'à une certaine hauteur, avec un déplacement horizontal peu rapide. La tranche d'air en mouvement vers l'Ouest sur les hauteurs de l'Espinouse et de la Montagne Noire est très peu épaisse. les observations de nuages le montrent d'une façon incontestable. Sur le versant atlantique, la vitesse devient très grande et, dans les cas où il y a dénivellation brusque du sol, le mouvement devient tumultueux avec des tourbillons, où il a des points morts et des lieux de vitesse extrême.

Là où le courant d'E n'a pas à franchir un obstacle, il lui faut s'engager dans un couloir resserré (couloir Mazamet-Saint-Pons-Bédarieux, couloir Carcassonne-Naurouse); le resserrement du lit torrentiel produit le même effet que l'élévation du fond.

Conclusion. — Tels sont les principaux résultats où m'a conduit jusqu'à présent l'étude de l'autan du Languedoc. Il reste encore fort à faire pour connaître entièrement ce vent du Midi français.

Les observations devront être étendues dans la direction de l'Ouest, pour fixer de ce côté la limite de l'aire d'extension de l'autan et voir comment se modifient ses caractères. L'influence des Pyrénées, déjà reconnue par M. Marchand, serait intéressante à étudier en détail.

Les rapports du vent d'autan avec les phénomènes biologiques sont parmi les questions qui ont encore le plus besoin d'éclaircissement. En particulier, l'influence physiologique déprimante de l'autan, si connue à Toulouse, reste encore à expliquer.

Il est permis de croire toutefois que l'on peut considérer les causes et le caractères de l'autan comme connus dans leurs traits généraux. On peut définir l'autan : *un vent du SE, souvent violent, parfois jusqu'à égaler le mistral, toujours plus ou moins sec au moment où il commence à souffler, et généralement chaud; vent dérivé du courant de même direction qui est connu dans le bas Languedoc sous le nom de marin, et dont les caractères météorologiques, presque directement opposées sont modifiés par l'influence du relief du sol, s'exerçant suivant un mécanisme analogue à celui du foehn suisse.*

Je signalerai en terminant que l'étymologie de l'*autan* confirme pleinement ses rapports avec le marin. D'après mon collègue à la Sorbonne M. Thomas, bien connu par ses travaux de philologie romane et ses études de patois, autan dérive du bas-latin *altanus* signifiant le vent de la haute mer.

M. G. GUILBERT,

Météorologiste (Caen).

QUELQUES APPLICATIONS DE LA NOUVELLE MÉTHODE DE PRÉVISION DU TEMPS.

551.59

2 *Août.*

Le président de la Section de Météorologie ayant mis à l'ordre du jour la question de la prévision des *variations barométriques*, je me fais un devoir de présenter à la section quelques prévisions authentiques, basées sur la *Nouvelle Méthode de prévision du temps.*

En avril dernier, M. Bernard Brunhes, qui devait être, hélas, un mois plus tard si prématurément enlevé à la Science, me demanda d'indiquer par carte postale, sur la Carte isobarique qu'on reçoit chaque jour à Caen, 24 heures après sa confection, les variations barométriques lointaines.

M. Brunhes ne pouvait demander que l'indication des variations lointaines, puisque la Carte n'arrive à Caen que le jour même de l'événement.

Donc, pour la Manche, par exemple, toute prévision, d'après les Cartes isobariques, était impossible à Caen : elle se serait bornée à une simple constatation du fait existant.

Mais pour les côtes éloignées de la Provence ou pour les régions scandinaves ou islandaises, la prévision, quoique faite sur la Carte de la veille, le lendemain à 8 h du matin, conservait toute sa valeur, car il est impossible de préciser, d'un point donné, et en l'absence des Cartes, quelle peut être la valeur exacte des variations barométriques à quelque 2 ou 3000 km de distance, et même moins. Malheureusement, lorsque M. Brunhes m'écrivit dans ce sens, un anthrax grave m'interdisait tout travail.

Un ami, M. l'abbé Gabriel, licencié ès sciences et professeur de mathématiques, voulut bien se charger de cette prévision quotidienne que désirait instamment M. Brunhes.

Ces prévisions commencèrent vers le 15 avril et durèrent jusqu'au 10 mai, date de la mort de M. Brunhes.

Vers la fin d'avril, M. Brunhes m'écrivit qu'il était très satisfait de cet essai et qu'il avait adressé à M. E. Bouty, professeur à la Faculté des Sciences de Paris, une semaine des prévisions de M. l'abbé Gabriel.

M. Bouty a bien voulu récemment, et sur ma demande, me retourner ces prévisions, qui constituent une série d'applications de la *Nouvelle Méthode.*

En voici le texte intégral et, en regard pour chaque jour, les résultats constatés d'après la Carte isobarique du Bureau central météorologique de France.

PRÉVISIONS.	RÉSULTATS.

D'après la Carte du 16 avril 1910.

Carte du 17 avril 1910.

Caen, 17 avril, 8 h matin.

Hausse générale Algérie, moitié ouest Europe.

Hausse générale Algérie et sur plus des trois quarts de l'Europe.

Compression Normandie, avec maximum de hausse.

Dépression de Normandie détruite +15,1 mm à Cherbourg, +15,5 mm à Lorient, maximum de hausse.

Compression Golfe du Lion.

Dépression Golfe du Lion détruite : hausse 9 mm.

Faible dépression Adriatique.
Maximum de baisse vers Trieste.

Faible dépression Adriatique : —3,3 mm Lesina, — 2 mm Brindisi ; — 1,9 mm Trieste ; —1,3 mm Pesaro.

Côtes ouest de la France : Vent d'entre NW et N assez fort ou fort.

Côtes ouest : Vent de NW assez fort et fort.

Provence : Vent du NW fort ou très fort.

Provence : Vent de NW fort (très fort le soir du 17).

Quelques ondées.

Quelques ondées générales.

Caen, 17 avril 1910, 5 h soir.

(La Carte du dimanche 17 n'arrive que le mardi 19.)

Prévision par la méthode mixte d'observation des nuages et du baromètre.

Carte du 18 avril 1910.

Une forte dépression abordera demain matin l'Europe vers le nord de l'Irlande.

Une forte dépression :- Stornoway —9,9 mm, se présente au nord de l'Irlande exactement.

Les vents du NW vont cesser.

Les vents de NW ont complètement cessé.

Demain, vents SW à S sur la Bretagne et la Manche, assez forts et forts.
Temps nuageux à pluie sur les côtes de la Manche.

Vent S assez fort sur la Manche, WSW et W sur la Bretagne.
Ciel nuageux Manche, pluvieux en Bretagne.

Carte du 18 avril 1910.

Caen, 19 avril 1910, 8 h matin.

Carte du 19 avril 1910.

La dépression d'Irlande se trouve ce matin vers le Danemark.
Si dépression existe Wardoë, baisse maximum Finlande et Scandinavie.

Dépression Norvège, avec baisse maximum à Christiansund : — 17,4 mm, plongeant vers le Danemark et jusqu'à Bruxelles et aussi sur toute la Finlande : —9,4 mm à Skagen, —9,9 mm à Uléaborg.

Hausse maximum nord Irlande s'étendant jusqu'à Biarritz.

Hausse maximum nord Irlande : Malin-Head, +8,9 mm ; Biarritz, +5,8 mm.

PRÉVISIONS.

Carte du 18 avril 1910 (suite).

Second maximum de hausse : Balkans (Sofia).
Provence : Vent des régions N faible ou modéré.

Carte du 19 avril 1910.

Caen, 20 avril 1910, 8 h matin.

Dépression de Norvège sur Finlande.

Baisse à l'est d'une ligne tracée de Bodo à la Sardaigne et à l'Espagne.
Maximum de hausse *entre* Stornoway et Christiansund.

Hausse Açores.
Légère baisse au sud de l'Irlande.
Provence : Vent de NW assez fort et fort.

Carte du 20 avril 1910.

Caen, 21 avril 1910, 8 h matin.

La dépression de Bothnie se comble et disparaît au NE.
Hausse maximum Finlande.
Baisse légère ouest de Europe.

Baisse Balkans et sud de la Russie.
Ligne de o variation : Moscou, Varsovie, Prague.
Baisse légère Méditerranée.
Provence : Vent NW assez fort ou fort.

Carte du 21 avril 1910.

Caen, 22 avril 1910, 8 h matin.

Dépression de la mer du Nord sur Danemark et Suède, en se creusant.
Baisse générale Europe centrale et Méditerranée.
Hausse de l'Irlande à Arkangel.
Une nouvelle dépression s'approche de l'Islande.
Provence : Vent de NW assez fort et fort.

RÉSULTATS.

Carte du 19 avril 1910 (suite).

Second maximum Autriche : Vienne, + 9,4 mm.
Provence : Vent NW et NNW modéré et assez fort.

Carte du 20 avril 1910.

Dépression Finlande, golfe de Bothnie; maximum de baisse à Uléaborg, —12,3 mm.
Baisse de Bodö à la Corse et jusqu'en Espagne et sur tout l'est de l'Europe.
Maximum de hausse *entre* Stornoway, + 11,2 mm et Christiansund, + 12,5 mm. (Probable + 15 mm au nord de Shetland).
Hausse Açores.
Légère baisse golfe de Gascogne.
Provence : Vent de NW assez fort et fort.

Carte du 21 avril 1910.

La dépression de Bothnie diminue et reste sur le NE.
Hausse maximum Suède.
Baisse ouest de l'Europe, avec dépression près des Shetland.
Baisse Balkans et sud de la Russie.
Inexact : plusieurs lignes de o variation.
Baisse Adriatique et Méditerranée.
Provence : Vent de NW modéré et fort.

Carte du 22 avril 1910.

Dépression sur Suède, en se creusant : Wisby, —9 mm; Copenhague, —5,1 mm.
Baisse générale Europe centrale et Méditerranée, sauf Grèce.
Hausse de l'Irlande à Arkangel.
Nouvelle dépression Islande.

Provence : Vent de NW assez fort.

PRÉVISIONS.	RÉSULTATS.
Carte du 22 avril 1910.	
Caen, 23 avril 1910, 8 h matin.	*Carte du 23 avril* 1910.
La dépression de Wisby se comble.	La dépression de Wisby s'affaiblit.
Hausse maximum, voisine de +10 mm à Wisby.	Hausse maximum à Wisby, +5,2 mm.
Baisse légère sud-est de l'Europe.	Baisse légère sud de l'Europe et mer Noire.
Hausse Moscou.	Hausse Moscou.
La dépression d'Islande s'approche en se creusant.	La dépression d'Islande s'est rapprochée et s'est fortement creusée : Féroë. — 26,2 mm.
Baisse d'Écosse à Arkangel.	Baisse Iles-Britanniques et aussi à Arkangel et Finlande.
Baisse continue Méditerranée.	Baisse continue sur toute la Méditerranée.
Provence : Vent NW assez fort et fort.	Provence : Vent de NW assez fort et fort.

Ces quelques prévisions, comme on peut s'en assurer, se sont réalisées dans une assez belle proportion.

Si elles ne peuvent faire conclure à l'infaillibilité de la méthode, puisqu'il s'est produit diverses erreurs, et que d'ailleurs nul ne prétend avoir découvert d'impeccables règles, à loin près, il est de toute justice au moins de reconnaître l'importance des résultats obtenus par... un débutant.

On peut rapprocher ces prévisions de celles de M. Foucault, ancien notaire, météorologiste amateur, qui, en octobre 1909, avait à Paris rédigé quelques prévisions remarquables et qui depuis, le 16 février 1910, annonçait pour le lendemain l'arrivée d'une tempête qu'aucun Bureau central météorologique n'avait pu prévoir à cette date.

De même que M. Foucault, et par la même méthode, M. l'abbé Gabriel a prévu le 17 avril 1910, dans la carte postale de ce jour qui figure ci-dessus, l'arrivée d'une forte dépression sur un point précis et spécifié : *le nord de l'Irlande*. Comme la tempête du 17 février 1910, la dépression du 18 avril n'avait pu être annoncée par aucun météorologiste officiel.

Les prévisions de MM. Foucault et Gabriel prouvent donc qu'en dépit de vaines critiques, la *Nouvelle Méthode* est applicable par d'autres que par son auteur. Avec elle, des amateurs novices obtiennent des résultats infiniment plus précis que les météorologistes de carrière des établissements de l'État.

Ces mêmes amateurs prévoient avec succès, non seulement les variations barométriques à la surface de l'Europe, mais encore la direction et la force du vent, comme le prouvent les prévisions ci-dessus faites chaque jour pour la région maritime dénommée *Provence*.

De semblables prévisions justifient les appréciations du regretté Directeur de l'Observatoire du Puy de Dôme, M. Brunhes, qui reconnaissait hautement le caractère inédit des principes de la *Nouvelle Méthode* et aussi l'irrécusable progrès que ces principes allaient apporter à la Météorologie appliquée.

A une époque où l'homme entreprend de conquérir l'océan aérien, il serait logique de mieux étudier les courants de l'atmosphère. Il faudrait en connaître les oscillations, les tourbillons, les tempêtes, afin de pouvoir mettre en garde les aviateurs et les aéronautes contre l'arrivée imprévue de redoutables perturbations.

Comme il y a un demi-siècle pour le navigateur, il importe aujourd'hui de créer une météorologie nouvelle pour le matelot des airs, pour le navigateur de l'océan aérien.

La *Nouvelle Méthode*, nous osons l'affirmer, est destinée à permettre une connaissance plus complète des divers courants aériens. Elle assurera ainsi une plus grande sécurité aux aéronautes et aviateurs, et elle saura aussi prévoir les dangers qui les peuvent assaillir.

Rien de plus désirable à notre époque que de chercher à assurer la réalisation de si belles espérances et, dans ce but, pourquoi donc ne pas instituer un nouveau *Concours international de prévision du temps*, tel que celui de Liége en 1905 (¹).

M. GOUTEREAU,

Météorologiste au Bureau central météorologique de France.

SUR LA MÉTHODE DE PRÉVISION DE M. GUILBERT.

551.59

5 *Août.*

I. On a reproché au Service des Avertissements de n'avoir pas fait connaître plus tôt son opinion sur les règles de prévision de M. Guilbert. Il lui était difficile de le faire avant que la méthode ne fut définitivement fixée. Or, depuis l'époque où les successions nuageuses en formaient la base, la méthode a subi de continuelles transformations par l'adjonc-

---

(¹) La Section a reçu de M. Guilbert, avec le Mémoire ci-dessus, les cartes postales *originales* de M. l'abbé Gabriel, et a constaté qu'elles sont exactement reproduites dans le Mémoire.

tion de nouvelles règles à mesure que les règles anciennes se montraient insuffisantes. Enfin le Livre de M. Guilbert est venu apporter une base que l'on peut croire définitive à une étude critique, en voici quelques résultats.

II. *Succession des masses nuageuses.* — L'exactitude de cette règle, la première qu'ait formulée M. Guilbert, n'a jamais été démontrée par l'auteur. Celui-ci s'est contenté de donner quelques exemples où elle a permis de faire des prévisions heureuses. Or de nombreux travaux ont été faits sur la relation entre la marche des nuages, en particulier des cirrus, et celle des dépressions (Clément Ley, Abercromby, Polin, etc.). Ces travaux, faits d'après les règles de la méthode scientifique, montrent que si la succession nuageuse est un *indice* sur les changements probables du temps, elle est loin de permettre de faire des prévisions aussi retentissantes que celles de M. Guilbert.

III. *Règles des anomalies du vent.* — A un gradient déterminé doit correspondre un vent de force déterminée; c'est le vent *normal* pour le gradient (force 2 pour le gradient de 1 mm au degré, force 4 pour 2 mm, etc). Si le vent réel est plus fort que le vent normal, il y a excès de vent et cet excès sera suivi d'une hausse barométrique sur la gauche du vent. M. Guilbert dit que la hausse se produit en 12, 24 *ou* 48 *heures* et que la hausse est *le plus souvent* proportionnelle à l'excès.

Il y a donc, d'après M. Guilbert lui-même, indétermination : 1° sur l'époque où la hausse se produira; 2° sur la valeur de cette hausse et enfin 3° sur la position géographique de la hausse. Il y a contradiction entre cette indétermination, reconnue par M. Guilbert, et l'affirmation que la règle permet de faire une prévision *mathématique*, que le décimètre suffit pour calculer la distribution des pressions d'un jour d'après la carte de la veille. Ces dernières assertions sont évidemment exagérées.

La règle du vent en excès est complétée par celle du vent en déficit entraînant une baisse barométrique; on y retrouve les mêmes indéterminations.

Celles-ci apparaissent immédiatement quand on fait une étude statistique de la règle du vent normal.

a) On calcule par exemple, la vitesse du vent de NW qui doit correspondre normalement à une différence barométrique Perpignan-Marseille, pour des situations analogues (minimum sur le golfe de Gênes, isobares allant de N, NW vers le S, SE).

On obtient ainsi le vent normal et l'on peut ensuite calculer pour chaque cas particulier l'anomalie du vent et voir si elle a été suivie de hausse ou de baisse sur la gauche du vent; on a pris la pression à Marseille comme indice de la variation barométrique.

Voici les résultats obtenus :

VARIATIONS BAROMÉTRIQUES A MARSEILLE
POUR LES DIFFÉRENTES VALEURS DE L'ANOMALIE.

Période 1886-1895.

	$\Delta_0 - \Delta_n$.	Nombre de hausses.	Nombre de baisses.	Variations moyennes.	Variations extrêmes.	
	mm mm			mm	mm	mm
	$< -2,1$ ..	26	16	0,2	$+ 8$	-11
Vents	de $-1,5$ à $-2,0$...	44	28	0,9	11	$- 7$
en	de $-1,0$ à $-1,5$...	79	62	0,6	10	-11
excès.	de $-0,5$ à $-1,0$...	106	75	0,9	10	-11
	de $-0,5$ à $0,5$...	171	118	0,7	15	-11
Vents	de $0,5$ à $1,0$...	96	61	0,9	11	$- 7$
en	de $1,0$ à $1,5$...	60	30	0,9	9	-10
défaut.	de $1,5$ à $2,0$...	58	19	2,0	9	$- 6$
Déficit.	$> 2,0$...	37	15	2,0	12	$- 5$

	Hausses.	Pour 100.	Baisses.	Pour 100.
Pour 436 cas de vents en excès..	255	58	181	42
Pour 289 cas de vents normaux..	171	59	118	41
Pour 376 cas de vents en défaut.	251	67	125	33

Le tableau montre immédiatement que :

1º Il n'y a pas proportionnalité entre l'excès ou le déficit de vent et la variation correspondante;

2º Il y a proportionnellement autant de hausses lorsque le vent est en excès que lorsque le vent est en déficit (ce qui veut dire que, quel que soit le vent à Perpignan, il y a plus de chance que la dépression s'éloigne vers l'Est ou se comble, que de chances qu'elle se creuse ou marche vers l'Ouest.)

b) Les vents calculés par M. Gold pour l'altitude de 1000 m au-dessus de Berlin pendant l'année 1905, comparés aux vents réels, donnent des résultats analogues.

	Hausses.	Var. nulles.	Baisses.
Sur 100 cas de vents en excès, on trouve..	52	13	35
» » normaux, » ..	48	19	33
» » en défaut, . » ..	54	18	28

c) Si l'on calcule la variation à 5º sur la gauche du vent, sans s'occuper de savoir si celui-ci est en excès, normal, ou en défaut, on trouve des résultats du même ordre. Voici ce que l'on obtient pour Paris (année 1905):

	Hausses.	Var. nulles.	Baisses.
Sur 100 cas de vent quelconque	53	13	34

d) L'examen des cartes du temps conduit aux mêmes conclusions que la statistique.

Conclusion. — La règle fondée sur les anomalies du vent ne peut servir de base à une prévision des variations barométriques, encore moins à une prévision mathématique.

III. *Règle des vents divergents et convergents.* — La notion des vents anormaux est encore relativement simple. Celle des vents convergents ou divergents devient tout à fait confuse.

1re notion : Tout vent appartenant à un système cyclonique est convergent.

Tout vent appartenant à un système anticyclonique est divergent.

Ici les mots convergents et divergents sont pris dans leur sens ordinaire et conformément aux idées générales sur la circulation cyclonique et anticyclonique.

2e notion. Vents divergents par rapport à un système auquel ils n'appartiennent pas. Imaginons deux dépressions C, C′, séparées par une aire de pression relativement élevée. M. Guilbert dit que les vents de l'arrière de la dépression C sont divergents par rapport à la dépression C′.

La divergence est un caractère qui n'appartient qu'aux vents de l'arrière d'une dépression qui s'éloigne et par rapport à une dépression qui arrive et qui normalement (le mot est de M. Guilbert) doit suivre la première. Or M. Guilbert pose en règle que les vents divergents suffisent à eux seuls pour attirer la dépression. Il y a là une pétition de principe manifeste.

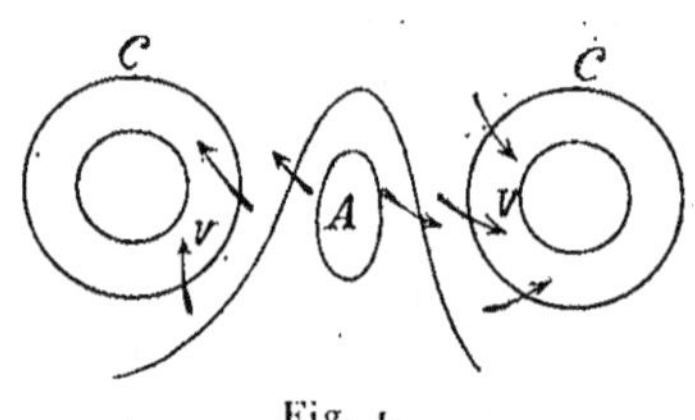

Fig. 1.

Ainsi, les vents de l'avant de C′ ne sont pas divergents par rapport à C. Comme, au point de vue hydrodynamique, rien ne distingue une espèce de vents de l'autre, on voit que tout essai d'explication théorique de la règle de la divergence est tout à fait illusoire.

3e notion. Deux vents opposés sont divergents l'un par rapport à l'autre et suffisent pour créer le vide entre eux. Il faut ajouter ce que M. Guilbert ne dit pas explicitement, mais ce qui est sous-entendu : à la condition que les deux vents soient séparés par un maximum relatif de pression.

Par exemple un vent de S à l'avant et de N à l'arrière d'une dépression ne sont pas divergents, mais un vent de N à l'avant d'un anticyclone et de S à l'arrière, le sont.

4e notion. M. Guilbert considère encore les zones de baisse barométrique qui ne coïncident pas nécessairement avec les dépressions et il étend à ces zones de baisse, la notion de divergence. Un vent peut ainsi être divergent par rapport à la zone de baisse tout en étant convergent par rapport à la dépression.

Ce sont les notions 2 et 3 qui forment la base fondamentale de la méthode de Guilbert.

Or la première sera vérifiée toutes les fois qu'il y aura succession normale des dépressions; elle sera inexacte toutes les fois qu'il y aura une anomalie dans la marche de celles-ci.

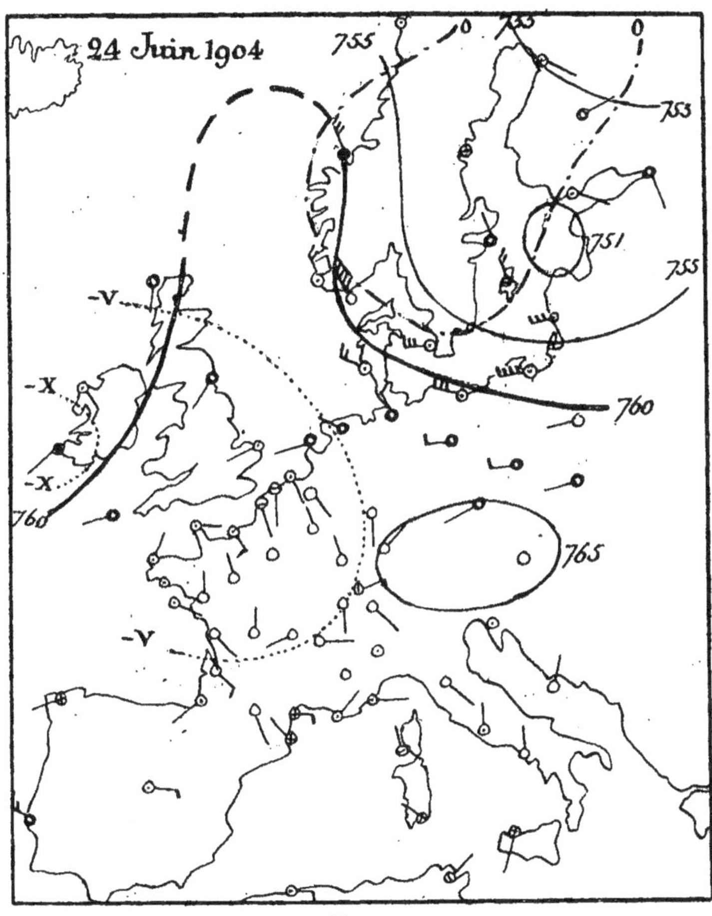

Fig. 2.

La deuxième sera exacte toutes les fois que la marche normale de la dépression C′ amène celle-ci à la place de la pointe d'anticyclone; elle sera inexacte toutes les fois que cette pointe subsistera, dans tous les cas d'anticyclone persistant.

Naturellement les cas où les règles paraîtront exactes seront plus nombreux que ceux où elles ne sont pas fondées. Cela revient à dire, en prenant un type particulier de situation atmosphérique, caractérisé par l'existence d'un anticyclone sur le sud-ouest de l'Europe, les dépressions se succédant depuis plusieurs jours dans le nord, que si une nouvelle dépression apparaît près de l'Écosse, il y a plus de chances qu'elle marche vers l'E, que de chances de rester stationnaire, c'est-à-dire en somme que le type de temps subsiste.

Ces remarques générales suffisent pour montrer que la règle fondée sur la divergence concorde le plus souvent avec les principes qui servaient auparavant de bases à la prévision du temps. Elles suffisent en tous cas pour trouver dans les cartes du temps des cas où la règle sera inexacte. En voici quelques exemples. Nous reproduisons ci-dessous l'analyse des cas cités par M. Guilbert et l'analyse des cas analogues où les conclusions sont différentes.

a) PREMIER EXEMPLE : *Arrivée subite d'une bourrasque.*

5 mars 1894 (p. 54).

D'après M. Guilbert, les vents de NW de la Manche à la Baltique sont divergents par rapport à la dépression qui se rapproche de l'Écosse (baisse de 5 mm en Écosse et en Irlande, par vent SW).

La dorsale de l'anticyclone doit être détruite et remplacée par une profonde dépression.

4 février 1894.

Situation analogue : SW fort, Stornoway où la pression est en baisse; W ou NW, 4, 5 Danemark, Baltique, de l'autre côté de la dorsale et cependant l'anticyclone s'étend vers le nord.

14 février 1894.

Une dépression se rapproche de l'Irlande : vent SSE Valencia avec baisse de 3 mm, S 4 Scilly. Vent N modéré de Cherbourg au Helder. Le maximum de baisse n'est pas sur la dorsale.

b) DEUXIÈME EXEMPLE : *Destruction subite d'anticyclone.*

6 décembre 1889 (p. 63).

SW 7, Stornoway par baisse barométrique; vent diamétralement opposé sur Manche. Cela suffit pour détruire l'anticyclone et créer une dépression.

Même cas le 15 avril 1906.

W 7 Stornoway (—5 mm), SW 5 Blacksod (— 1 mm), NE 5 Manche excès. L'anticyclone s'affaisse mais persiste; il n'y a pas de formation cyclonique.

c) TROISIÈME EXEMPLE : *Aggravation de dépression, creusement du centre.*

24 juin 1904 (*fig.* 2).   **1er juillet 1906 (*fig.* 3).**

Ici, le texte de M. Guilbert (p. 70-71) s'applique aussi bien à la deuxième carte qu'à la première. On peut appliquer ce texte à la carte du 1er juillet 1906, en lui faisant subir de légères modifications qui n'altèrent pas les règles. La carte du 25 juin 1904 (*fig.* 4) et celle du 2 juillet 1906 (*fig.* 5) sont tout à fait différentes.

Conclusion. — La règle fondée sur la divergence des vents ne permet pas de prévoir exactement les variations barométriques. Elle est exacte dans la mesure où l'on peut tabler sur la persistance d'un type de temps (par exemple la succession de grandes ondes barométriques); elle se trouve en défaut chaque fois qu'il se produit une perturbation dans la succession normale de ces ondes.

Dans aucun cas, on ne peut raisonnablement admettre qu'un seul vent divergent suffise pour attirer une dépression.

IV. *Autres règles de M. Guilbert.* — Ces règles sont nombreuses, complexes, souvent contradictoires. En voici quelques-unes :

1º Déplacement des dépressions vers les zones de moindre résistance

2º Vents trop forts par rapport à la baisse, arrêt de celle-ci, trop faibles, continuation de la baisse.

3º Vents forts près du centre d'une dépression, destruction de celle-ci.

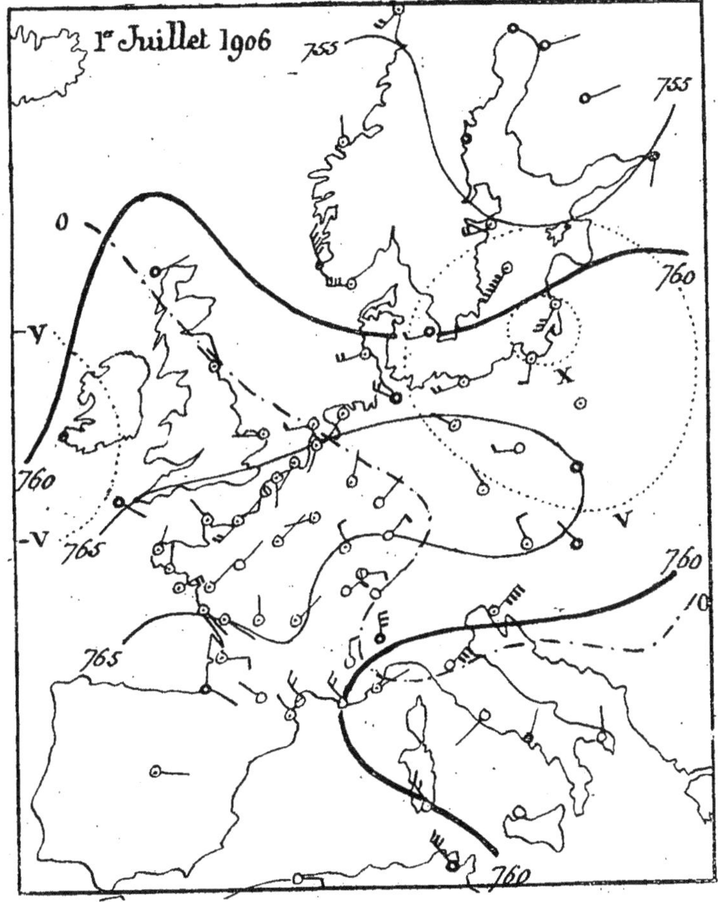

Fig. 3.

Nous ferons remarquer que souvent M. Guilbert indique qu'une dépression a été détruite alors qu'elle est simplement sortie des limites de la carte (deux exemples le 21 novembre 1902).

4º Destruction d'une dépression lorsqu'elle ne coïncide pas avec sa zone de baisse.

Ces règles et d'autres qu'a données M. Guilbert ne s'accordent pas toujours entre elles, ni avec les précédentes. Il faut noter qu'elles comportent beaucoup d'arbitraire. Par exemple, on ne sait pas, sauf les cas extrêmes, quand un vent sera *trop* fort ou *trop* faible par rapport à la baisse.

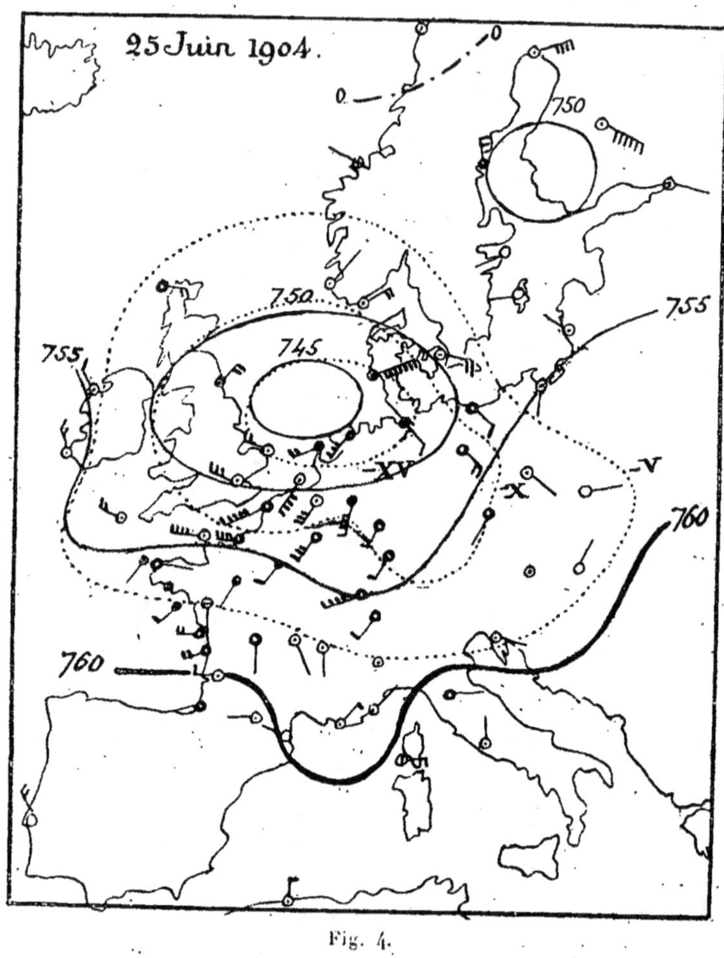

Fig. 4.

On peut trouver facilement des cas, où chacune d'elles, considérée isolément, est inexacte. Mais leur complexité et l'arbitraire qu'elles comportent ne permettent pas d'en faire une vérification d'ensemble, et leur application devient extrêmement difficile. Par contre, cette complexité et cet arbitraire deviennent deux facteurs favorables pour expliquer la transformation d'une situation en une autre. On peut poser en fait qu'il n'y a pas de transformation qui ne puisse s'expliquer par un choix convenable parmi les règles de M. Guilbert. Mais si le choix peut être guidé quand on connaît la transformation, il n'en est pas de même lorsqu'il s'agit de faire une véritable prévision.

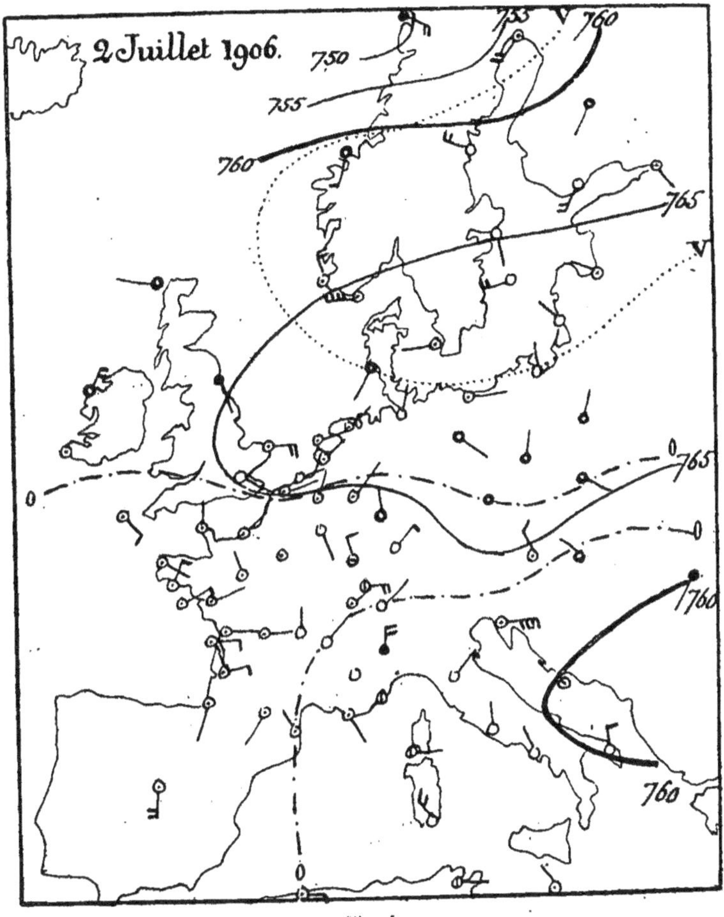

Fig. 5.

En fait, l'application des règles de M. Guilbert faite par le Service des Avertissements du Bureau central météorologique, avec le plus grand souci d'impartialité et avec l'espoir d'y trouver le moyen de diminuer une charge bien lourde, n'a pas conduit à la conviction que ces règles apportaient une aide nouvelle à la prévision du temps.

M. AURAND,

Directeur de l'Observatoire de Tananarive.

ANOMALIE DE LA COMPOSANTE DU MAGNÉTISME TERRESTRE, SUR LA COLLINE D'AMBOHIDEMPONA (Madagascar). Altitude 14ᵐ.

538₇ : 551 (691)

2 *Août* 1910.

Ayant eu l'occasion de me former à la méthode de levés rapides magnétiques sous la direction de M. Brunhes, le regretté directeur de l'Observatoire du Puy-de-Dôme, j'ai étudié les variations de la compo-

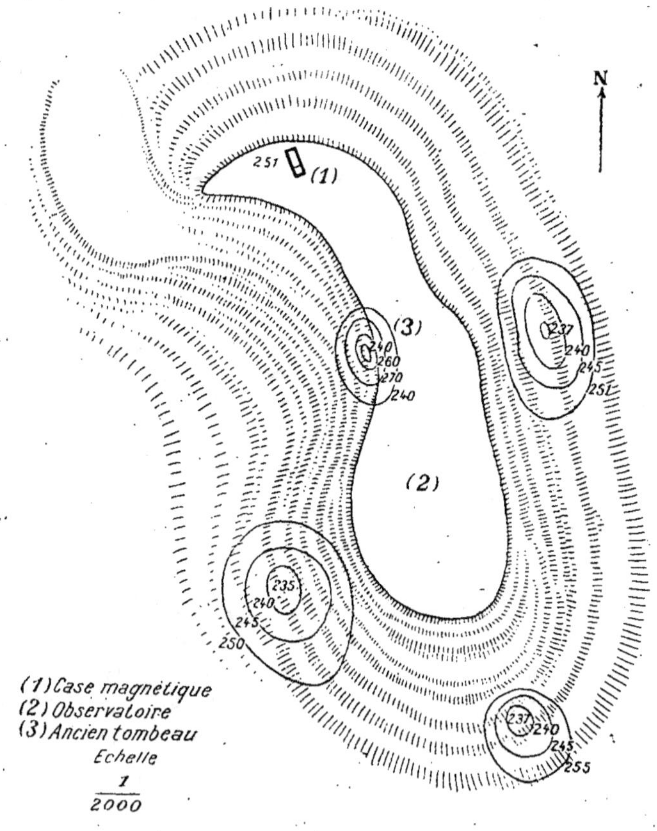

sante horizontale du magnétisme terrestre sur la colline d'Ambohidem-pona sur laquelle se trouve l'Observatoire de Tanararive. Cette étude m'a permis de relever quatre anomalies principales.

L'instrument dont je me suis servi est une boussole d'arpenteur transformée en boussole de sinus par l'adjonction d'un aimant déviant au-dessus d'une aiguille aimantée. Pour la manière d'opérer, je renvoie à l'article très intéressant de M. David, météréologiste au Puy-de-Dôme, *Anomalies de la composante horizontale du magnétisme terrestre au Puy-de-Dôme*, paru dans l'*Éclairage électrique du 8 novembre* 1902. Je rappellerai seulement que l'instrument ne donne pas directement la valeur de la composante, mais les variations de cette composante par rapport à une valeur déterminée.

La valeur choisie 0,251 est celle du pilier magnétique rapportée à janvier 1910. Cette valeur est déterminée chaque semaine au moyen du théodolite boussole de Brunner. C'est la valeur normale que l'on trouve sur toute la colline. Pour plus de sûreté, toutes les mesures ont été effectuées deux fois, à deux époques différentes. Elles ont donné des valeurs entièrement concordantes.

L'anomalie la plus forte se trouve à côté d'un ancien tombeau (n° 3 du plan). Peut-être la présence de ce tombeau, creusé sous une énorme pierre et qui n'a jamais été fouillé expliquerait-elle cette déviation. Pour les trois autres, la nature du terrain ne permettait nullement de les prévoir.

M. MATHIAS,

Professeur à la Faculté des Sciences (Clermont-Ferrand).

SUR LE MODE DE RÉDUCTION DES ENREGISTREURS MÉTÉOROLOGIQUES.

551-501.8

2 *Août.*

Le principe consiste à comparer le nombre E lu sur l'enregistreur à l'instant t à la valeur O donnée simultanément par l'observation directe, et à former la différence (E — O). Pour les enregistreurs Richard de l'Observatoire de Toulouse, la différence (E — O) est une fonction *continue* du temps; dès lors, le mode de réduction est tout indiqué. Il consiste, *quel que soit l'enregistreur*, à déterminer un certain nombre de fois par jour (E — O) par des mesures directes, puis à construire une courbe en prenant pour abscisses les temps et pour ordonnées les valeurs de (E—O) en réunissant les points obtenus par une courbe continue qui donne les corrections de l'enregistreur correspondant à tous les instants de la journée.

La température ne paraît pas être la cause exclusive des variations diurnes observées de la différence (E.-O.) : celles-ci pourraient être recherchées dans l'imparfaite élasticité du métal qui forme les parois du réservoir du thermomètre ou du baromètre enregistreur. En réalité, la cause paraît autre.

Les déformations du métal sont assez petites pour que l'élasticité de celui-ci demeure parfaite. Lorsque la cause des déformations disparaît, celles-ci s'annullent. Mais elles mettent pour s'annuler un temps fini. Si avant que la déformation s'annule, d'autres causes de perturbation agissent, celles-ci déforment un métal non revenu à sa position d'équilibre initiale. Il s'ensuit que (E.-O.) change. *Pour que ce changement n'ait pas lieu, ou soit moindre, il faut que le métal travaille moins.* On est donc conduit à augmenter l'épaisseur des parois des réservoirs, et à augmenter par des procédés convenables la sensibilité qui dès lors a diminué.

Dans le cas d'un baromètre enregistreur, si l'on double l'épaisseur des parois des coquilles la sensibilité est divisée par 8, *mais le retard dans le temps est devenu beaucoup plus faible.* On ramènera la sensibilité à sa valeur primitive, toutes choses égales d'ailleurs, en multipliant par 8 le nombre des coquilles.

M. P. GARRIGOU-LAGRANGE

(Limoges).

LE CONGRÈS DE L'ARBRE ET DE L'EAU ET L'AMÉNAGEMENT
DU PLATEAU DE MILLEVACHES.

614.777.6 : 63.49.193 (44.6)

4 *Août.*

La Société Gay-Lussac a organisé, depuis 1907, des réunions annuelles qui, sous le nom de *Congrès de l'Arbre et de l'Eau*, ont pour but d'étudier la mise en valeur des terrains incultes du Plateau central, l'aménagement et l'utilisation des eaux, toutes les questions se rapportant à l'hygiène publique et privée, ainsi qu'à la défense et à la conservation des paysages. Ces Congrès se sont réunis successivement à Limoges en 1907, à Guéret en 1908, à Tulle en 1909; le quatrième a eu lieu à Limoges en juillet dernier. Ils ont donné lieu sur les divers points du programme à des discussions intéressantes et ont abouti à des résolutions pratiques, dont plusieurs sont en bonne voie de réalisation.

L'effort principal a porté sur l'aménagement des hauts plateaux incultes qui, sous la dénomination de *Plateau de Millevaches*, embrassent une partie des départements de la Corrèze, de la Creuse et de la Haute-Vienne. A la suite du Congrès de 1907, le Comité permanent émit le vœu qu'il fût institué au Ministère de l'Agriculture une commission spéciale chargée d'étudier la mise en valeur du Plateau de Millevaches par des travaux mixtes de gazonnement et de reboisement.

Ce vœu, transmis aux Pouvoirs publics, fut en principe accueilli favorablement et aboutit en premier lieu à une décision par laquelle nous fûmes chargé d'étudier :

1° Le régime des pluies dans ses rapports avec la variation des cours d'eau et des nappes souterraines;

2° Le régime hydrologique de chaque vallée d'après la constitution du sol et les accidents de la surface.

Cette étude préliminaire devait servir de base à l'étude de la mise en valeur du Plateau et aux travaux d'aménagement.

Le vœu relatif à l'institution d'une commission spéciale fut repris au Congrès de Guéret en 1908. Précisé et complété sur les indications de M. Faure, inspecteur des améliorations agricoles, délégué de M. le Ministre de l'Agriculture, le vœu fut de nouveau transmis par le Comité permanent, et, à la suite de démarches renouvelées en 1909, la Commission fut définitivement instituée.

Réunie pour la première fois au Congrès de Tulle en juillet 1909, elle décida de procéder à une étude théorique et scientifique du Plateau entier, d'abord dans ses grandes lignes, d'une vallée bien définie ensuite. Elle choisit à cet effet la haute vallée de la Vézère, entre Bugeat et les sources.

Au mois d'août suivant, la Commission se transporta au Plateau de Millevaches et procéda à une visite détaillée du territoire.

Le Comité permanent des Congrès de l'Arbre et de l'Eau s'est occupé dès lors activement de préparer les travaux de la Commission. Il a installé en divers points bien choisis des stations pluviométriques, qui devront être complétées plus tard par des postes hydrométriques; il s'est assuré le concours de plusieurs maires et instituteurs pour la création sur le Plateau de pépinières communales et l'organisation de sociétés scolaires forestières; il a provoqué enfin la constitution de syndicats d'aménagement de terrains incultes, sur le modèle des associations syndicales libres du service des améliorations agricoles, et il en a trouvé les premiers éléments favorables à Chavanac et à Millevaches même, c'est-à-dire au centre du Plateau.

Dès le printemps de 1910, plusieurs pépinières furent organisées et pourvues de plants et de graines aux frais du Comité du Congrès, qui put aussi, grâce à une subvention au Syndicat de Chavanac, faire exécuter un kilomètre de fossés et préparer le terrain en vue d'un ensemencement prochain.

Le 17 juillet 1910, à la suite des réunions de Limoges, le Congrès de l'Arbre et de l'Eau se rendit à Millevaches, visita les pépinières, procéda en présence des enfants de l'école, sous la direction de M. Brugeille, instituteur, à l'inauguration des travaux de reboisement et à la plantation d'un Arbre et fixa sur la façade de la mairie une plaque commémorative de son passage.

La Commission d'étude se rendit à Chavanac, visita le territoire du Syndicat d'aménagement et approuva les premiers travaux, dont elle décida de poursuivre l'exécution en faisant porter son effort sur la mise en valeur des fonds tourbeux et sur l'amélioration des pâturages concurremment avec le reboisement des plateaux.

L'œuvre est donc aujourd'hui bien définie; elle doit se développer méthodiquement, pour aboutir un jour à l'aménagement rationnel des terrains, dont nous allons rapidement caractériser la topographie, la climatologie et l'hydrologie.

Le Plateau de Millevaches est constitué par l'ensemble des terrains qui dominent, au Centre et à l'Est, le territoire limousin. Ces terrains présentent au point de vue géologique et topographique, comme au point de vue du climat et de l'hydrologie, des caractères généraux presque identiques, à une altitude sensiblement égale. Leur physionomie, dans ses grands traits, a été décrite par plusieurs auteurs et notamment par M. Cardot, inspecteur des forêts, dans son rapport au premier Congrès de l'Arbre et de l'Eau. Son Mémoire et les autres Ouvrages qui en ont parlé ont mis en relief l'aspect désertique et désolé des immenses landes de bruyère, la confusion des formes topographiques, la multiplicité et la stagnation des cours d'eau.

Mais ces vues d'ensemble ne suffisent pas, si l'on veut étudier la mise en valeur de ce Plateau. Les travaux d'aménagement doivent reposer sur une connaissance plus précise des conditions géographiques et physiques, dont les premières en ligne sont la topographie, la climatologie et l'hydrologie. Il faut en un mot définir le Plateau, marquer ses limites et caractériser son rôle dans l'économie générale du relief du Limousin d'abord, du Plateau central de la France ensuite.

Topographie. — Ce qui frappe au premier abord le voyageur, lorsqu'il a atteint les altitudes élevées qui marquent le Plateau, c'est la confusion des formes du terrain, l'absence de lignes de faîte accentuées et la stagnation des eaux. Il faut, pour rendre raison de cette topographie spéciale, rappeler que le Limousin dans son ensemble est une des plus anciennes surfaces de dénudation du globe, que des phénomènes géologiques plus ou moins reculés ont pu l'affecter et y produire des ruptures et des soulèvements, mais qu'ils n'ont point changé les conditions originelles principales. D'autre part il faut admettre qu'à une époque reculée les grandes lignes hydrographiques étaient déjà fixées dans leurs conditions actuelles. On est ainsi porté à admettre que le Limousin tout entier, qui avait dû présenter antérieureurement un relief plus accentué et qui avait été rasé par l'érosion, constituait alors comme un vaste plateau, sorte de pénéplaine présentant un renflement ou nœud hydrologique, d'où les eaux descendaient de tous côtés par des pentes très faibles.

A la suite des temps, les ruptures d'équilibre et les affaissements survenus dans les régions circumvoisines amenèrent des modifications dans les niveaux de base et le travail des eaux creusa dans la pénéplaine primitive des sillons dominés par des plateaux, dont le modelé se poursuivit à travers les âges. Postérieurement encore des vallées plus profondes ont largement entaillé les vallées primitives et ont donné naissances aux ruptures de pente actuelles.

Mais ce travail de dénudation n'a pas également atteint toutes les parties du territoire. Le nœud hydrologique, dont nous parlions plus haut et d'où rayonnaient les eaux dans toutes les directions, a conservé ses caractères primordiaux. Les sources nombreuses, mais peu abondantes, y entretenaient de faibles ruisseaux, dont les eaux n'ont eu, ni par leur force vive, ni par les matériaux qu'elles charriaient, la puissance d'érosion qu'elles devaient acquérir à l'aval. Il en est résulté que ce nœud a gardé la topographie et l'hydrographie confuses des premiers âges, et nous devons considérer le Plateau de Millevaches comme le reste de la pénéplaine primitive, autour duquel elle s'est peu à peu affaissée et démantelée. Sur le plateau lui-même, au contraire, l'impuissance des eaux n'a pu qu'arrondir les formes primitives; la roche, décomposée sur place, a produit de puissantes assises d'arène; les ruisseaux, coulant au creux de vallées peu encaissées et à faible pente, n'ont pu ouvrir les seuils nombreux qui les barraient à l'origine, et les petits lacs formés par ces barrages ont peu à peu disparu, envahis par la végétation et la tourbe.

Nous définirons donc le Plateau de Millevaches comme étant la partie la plus ancienne du Limousin, celle qui depuis les premiers âges n'a subi que des modifications de surface, sans que cette surface y ait été profondément entaillée par la dénudation postérieure, tandis que tout autour prenaient naissance des plateaux puissamment modelés et coupés de vallées plus ou moins encaissées et jeunes.

Il n'y a sans doute pas de limites très précises entre ces deux états, et l'on passe de l'un à l'autre par des gradatures insensibles. Cependant c'est généralement à la même altitude que se présente sur les cours d'eau qui descendent du plateau la rupture de pente qui caractérise ce passage. Sur une carte à courbes de niveau, à petite échelle d'abord pour avoir une vue d'ensemble, si nous suivons, de l'aval à l'amont, les vallées qui entaillent les courbes supérieures à 600 m, nous remarquerons que c'est vers 700 m que cessent les dentelures un peu accusées qui marquent les vallées d'aval. C'est donc aux altitudes comprises entre 600 m et 800 m que nous fixerons la première rupture de pente, qui se marque très bien d'ailleurs dans les profils en long que nous avons pu consulter.

Pour préciser les idées sur l'importance et sur l'étendue du Plateau, nous avons calculé la surface comprise dans la courbe de 800 m, qui est sûrement supérieure à la zone d'affaissement. Cette surface est d'environ 57 6oo ha, qui se répartissent par des lignes de faîte peu marquées entre les affluents supérieurs de la Loire et de la Dordogne.

Climatologie. — Les notions précises manquent pour caractériser la climatologie du Plateau: Au point de vue seul des pluies, qui est d'ailleurs le plus intéressant, nous possédons, au moins sur le pourtour, des séries assez longues pour permettre de donner une vue d'ensemble de la répartition des eaux atmosphériques.

On trouvera des renseignements sur cette importante question dans l'étude que nous avons publiée en 1891 au Recueil des *Comptes rendus de la Commission météorologique de la Haute-Vienne*. Les conclusions, appuyées par des Tableaux numériques et par une Carte pluviométrique d'ensemble du Limousin et des régions circumvoisines, peuvent être résumées ainsi :

Le fait le plus saillant, qui saute immédiatement aux yeux, est l'augmentation de la hauteur de pluie avec l'altitude du sol. On remarque en effet qu'une vaste surface, où la pluie atteint et dépasse 13oo mm par an, couvre les hauts plateaux de Millevaches et s'étend vers l'Est jusqu'aux monts d'Auvergne. Tout autour de ce grand plateau la pluie diminue dans tous les sens, non pas uniformément, mais en suivant en quelque sorte les principaux accidents du terrain. C'est ainsi que nous voyons des pointes de pluie encore fortes marquer les séries d'ondulations qui séparent les bassins de nos rivières, tandis que les vallées où elles coulent sont bien moins fortement teintées. Ce phénomène est très saillant sur la Carte pour les vallées de la Dordogne et de l'Isle, de la Vienne, de la Creuse, du Cher et de l'Allier, qui pénètrent profondément dans le massif, séparées l'une de l'autre par les abondantes pluies qui couvrent leurs lignes de faîte. Ainsi sont déterminées avec leurs principales sinuosités, les courbes de 11oo mm, de 9oo mm et de 7oo mm, la courbe de 9oo étant celle qui suit à peu près les limites du Limousin, et qui le renferme dans son pourtour. Il s'ensuit que dans les régions qui nous entourent directement, la couche d'eau tombée annuellement ne dépasse pas en moyenne 8oo mm, tandis qu'elle atteint et dépasse 13oo mm, presque le double, sur une bonne partie du Limousin.

Mais, si intéressantes qu'elles soient, ces vues générales ne sauraient suffire aujourd'hui et, pour pousser la question plus à fond, nous avons installé au début de l'hiver 1909-1910 deux pluviomètres, l'un à Bugeat, l'autre à Chavanac, confiés le premier à M. Chassaing, le second à M. Brugeille. Ces deux instituteurs nous ont adressé depuis le 1er décembre dernier régulièrement des feuilles très bien tenues et nous aurons là plus tard deux sources précieuses de documents. Les douze premiers mois écoulés ont fourni les résultats suivants; ils ne peuvent à eux seuls donner une idée exacte du phénomène, l'année courante étant à ce point de vue exceptionnelle. Ils n'en sont pas moins intéressants, surtout par leur comparaison avec les nombres relevés à Limoges.

	Bugeat.	Chavanac.	Limoges.
	mm	mm	mm
Décembre 1909	310,6	303,1	188,6
Janvier 1910	236,4	184,1	119,3
Février	219,8	286,5	151,6
Mars	37,5	28,0	34,9
Avril	67,2	59,0	57,9
Mai	231,4	166,3	208,0
Juin	189,4	172,9	180,6
Juillet	206,7	99,2	111,2
Août	136,2	104,0	87,1
Septembre			
Octobre			
Novembre			

De très fortes chutes ont signalé cette période et ont donné, comme
total des 24 heures, dans les trois stations :

	Bugeat.	Chavanac.	Limoges.
	mm	mm	mm
2 décembre 1910	57	48	24
12-13 mai 1910 (48 heures)	66	43	53
26 juin	56	43	49

La connaissance de la répartition des pluies dans les diverses parties
du Plateau et aussi de leur répartition dans les divers mois et saisons
de l'année est un des éléments les plus importants au point de vue clima-
tologique. Elle demanderait à être complétée par des notions un peu
précises sur la température. Mais ici les documents font défaut et nous
n'avons guère comme indications générales que la fréquence et l'abondance des chutes de neige. L'hiver et le printemps de 1910 ont été à ce
point de vue marqués par des caractères particuliers qui, s'ils ne donnent
pas la physionomie moyenne du phénomène, sont cependant intéressants à constater. Voici ce que nous relevons dans les feuilles de nos
correspondants, qui signalent, du 11 janvier au 21 février, ainsi qu'en
mai, de nombreuses et importantes chutes de neige.

M. Brugeille, à Chavanac, porte en remarque le 4 février :

« Une tempête de neige a commencé à 8 h du matin et a duré toute la journée.
Le vent a passé du Sud à l'Ouest, puis au Nord-Ouest dans la même journée. »

et les 7 et 8 :

« Il est encore tombé 30 cm de neige, ce qui fait 1 m en moyenne partout. Il y a des congères (amoncellements), sur la route de Meymac à
Millevaches, de 6 m d'épaisseur. »

D'autre part M. Dupic, de Gentioux, nous écrit à la date du 7 mars 1910 :

« Les neiges ont causé dans mes bois un mal énorme, qu'il ne m'est pas possible d'apprécier, car le sol n'est pas encore découvert et la circulation est
difficile. C'est pour nous un véritable désastre dans les plantations de 40 ans.

· » Du 20 janvier au 17 février j'ai compté en différentes chutes 1,53 m de neige. L'an dernier, dans les deux mois de janvier et de février, j'en avais constaté 0,45 m. »

Enfin, le 13 mai 1910, M. Brugeille m'écrit à nouveau qu'il a reçu de la graine de mélèze de Paris et il ajoute :

« Je ne puis encore semer cette graine de quelques jours, car à l'endroit destiné à cet effet il y a une couche de neige de 0,50 m d'épaisseur. Hier et avant-hier il s'est abattu une tempête formidable sur le Plateau de Millevaches. La neige était mêlée avec quelque peu de pluie, sans cela nous en aurions une couche de 1 m partout.

» Pour venir de Bugeat à Millevaches ce matin, j'ai dû traverser plus de 100 congères de plusieurs mètres de hauteur barrant la route. A plusieurs endroits, il y a de 2,50 m à 3 m d'épaisseur. Les vieux de 80 ans n'ont rien vu de semblable au 12 mai.

» C'est la famine pour les bestiaux. Le foin se vend à Millevaches 7 fr le quintal ancien, c'est-à-dire les 50 kg.; encore on n'en trouve plus. Les gens sont désolés, car les maisons les mieux approvisionnées d'habitude en sont dépourvues comme les autres. On est obligé d'alimenter les bêtes à cornes avec du seigle, dont heureusement la récolte a été bonne l'année dernière. »

Hydrographie. — Si les notions précises manquent encore sur la climatologie du Plateau de Millevaches, il en est de même au point de vue hydrographique, et ce sont surtout des vœux que nous avons à émettre ici, tendant à l'étude précise et détaillée de chaque vallée du Plateau, étude comportant l'étendue des bassins versants, le tracé des profils en long et en travers et des relevés de débits, en des points aussi nombreux et à des époques aussi rapprochées que possible. On pourrait d'ailleurs aisément installer en beaucoup d'endroits des échelles hydrométriques, dont l'observation continue serait facile et dont les lectures seraient rattachées à une courbe de débits par les procédés connus. Ces notions jointes à la connaissance des précipitations atmosphériques, et à la détermination de la constitution géologique du sol, permettraient de définir le régime de chaque vallée et serviraient de base aux travaux d'aménagement, qui reposent évidemment d'abord sur l'utilisation des eaux.

Nous sommes encore loin du résultat à obtenir et il faudra une longue suite d'efforts pour réunir ces matériaux. Nous devons cependant reconnaître que nous avons dès à présent une cartographie assez complète du Plateau et nous signalerons notamment la Carte au $\frac{1}{40000}$ de la Corrèze, avec courbes de niveau, qui a été calquée sur les minutes du Dépôt de la Guerre. Avec quelques imperfections de détail cette Carte peut servir dès à présent à l'estimation des surfaces et au tracé approximatif des profils.

Quoi qu'il en soit la Commission ayant, dans sa première visite au Plateau, en août 1909, décidé de porter d'abord ses efforts sur le bassin de la Haute Vézère, entre Bugeat et les sources, nous croyons devoir donner quelques détails sur cette partie du Plateau.

Nous avons tracé sur la Carte au $\frac{1}{100000}$ du Ministère de l'Intérieur, les lignes de faîte du bassin de la Vézère en amont de Bugeat, ainsi que celle de ses principaux affluents. La vallée peut être divisée en deux grandes parties : la Vézère proprement dite et le ruisseau de la Prade, drainant une surface presque égale. Les deux rivières se rejoignent à 1,5 km en amont de Bugeat environ.

Quant à la Vézère proprement dite, elle coule sur un lit peu incliné et sur une longueur de 22 km environ, avec une différence de niveau de près de 200 m. Elle reçoit sur la rive droite plusieurs affluents et se divise au sortir de l'étang de Saint-Merd-les-Oussines en deux branches principales, qui ne sont pas toujours entièrement distinctes l'une de l'autre et qui semblent se rejoindre par moment sur les hauts plateaux tourbeux voisins des sources.

La superficie du bassin de la Vézère proprement dite
est d'environ............................... 7200 hectares
Celle du ruisseau de la Prade de................. 6500 —
L'ensemble du bassin de la Vézère en amont de
Bugeat est donc de........................... 13700 —

Le fait hydrologique le plus intéressant que nous ayons constaté relativement au Plateau a été consigné par nous dans le rapport que nous avons adressé en 1909 à la Direction de l'Hydraulique et des améliorations agricoles. Nous avons constaté que la valeur de la réserve en eau du sol, c'est-à-dire de la quantité qui s'écoule en l'absence de toute pluie, après une longue sécheresse, augmente dans une proportion notable lorsqu'on approche des hauts plateaux. Ce fait ressort de la comparaison que nous avons pu établir entre diverses sections de la Vienne, prises à des distances variables de ses sources, et de divers affluents de cette rivière. Nous avons ainsi noté que la valeur de la réserve étant supposée égale à 1 à Eymoutiers, nous trouvions les nombres suivants :

Valeur de la réserve de la Vienne à Eymoutiers.......... 1,00
—   —   à Saint-Léonard....... 0,94
—   —   à Limoges et à Aixe.... 0,70
—   de la Glane à Saint-Junien........ 0,68
—   de la Briance au pont de Saint-Paul. 0,63

Il y a là un phénomène intéressant, que nous avons cru pouvoir rattacher à l'existence sur le Plateau de vastes plaines tourbeuses et dont il faudra tenir soigneusement compte dans les projets d'aménagement.

M. E. DURAND-GRÉVILLE.

(Paris).

551.514

LES ANOMALIES DE LA LOI DES GRAINS ET DES ORAGES.

Dans un Mémoire intitulé *Les grains et les orages* (*Annales du Bureau central météorologique de France*, Mémoires, 1892), après la description de tous les faits constatés isolément par de nombreux météorologistes, nous disions qu'on était beaucoup moins d'accord sur les circonstances dans lesquelles les orages se produisent. Voici quelques-unes des très nombreuses opinions énoncées là-dessus :

« L'isochrone d'orage est précédée dans sa marche par un minimum secondaire elliptique très allongé, dont le grand axe est perpendiculaire au sens de la translation; elle est suivie d'un petit anticyclone très allongé.

« L'orage a son siège entre deux dépressions secondaires séparées par une bande de hautes pressions.

« L'orage naît d'une dépression orageuse très plate, que la moindre élévation de température produit toutes les fois que la pression est uniforme.

« L'orage naît ordinairement au fond des anses de basse pression (en allemand Gewittersäcke) qu'on remarque parfois dans les isobares.

« Les orages de tourbillon et les orages de chaleur n'ont pas entre eux de limite bien déterminée qui permette de les distinguer sûrement.

« L'orage de chaleur est le résultat d'un tourbillon à axe horizontal.

« La direction du vent, dans les orages, suit la loi de Buys-Ballot.

« La direction du vent dans les orages, ne suit pas la loi de Buys-Ballot.

C'est au milieu de ce chaos d'opinions qu'il s'agissait de choisir. Pour mieux dire, il fallait trouver une loi qui fut assez générale et assez simple pour mettre d'accord ces divers points de vue, dont chacun montrait sans doute un aspect de la vérité.

Il m'était resté dans l'esprit quelques remarques de MM. Mohn et Hildebrandsson et de M. Ciro Ferrari d'après lesquelles les phénomènes électriques, dans les orages, sont loin d'être proportionnels à l'intensité des phénomènes de vent et de pluie qui les accompagnent. Allant plus loin, M. Ciro Ferrari avait remarqué dans l'intervalle qui sépare deux *taches orageuses* ou, plus exactement, deux groupes d'isochrones d'orage les mêmes changements de pression barométrique, de direction et de force du vent, etc., qui se produisent ordinairement pendant les orages et qu'il avait étudiés au cours de ceux-ci avec une précision toute scientifique.

L'idée que ces phénomènes *intermédiaires* n'étaient pas fortuits me

vint à l'esprit. Je remarquai que deux groupes contemporains d'isochrones d'orage pouvaient parfois aisément se raccorder, c'est-à-
dire que les points frappés par l'orage étaient en quelque sorte acci-
dentels et s'échelonnaient sur des lignes isochrones plus continues et
plus étendues, tout le long desquelles se produisaient les mêmes changements brusques, sans orage.

Pour vérifier cette hypothèse, d'après laquelle le grain serait un phénomène purement dynamique et l'orage un phénomène local éveillé
par le passage du grain dans une atmosphère convenablement préparée,
il s'agissait de choisir un cas où tous les phénomènes seraient intenses,
ceux de l'orage et ceux du grain; de réunir, sur tous les éléments météorologiques, pour la journée où ce cas se serait produit, le plus grand nombre
possible d'observations, soit directes, soit fournies par les enregistreurs; de
déterminer d'heure en heure les isochrones d'orage et les isochrones de
grain et d'en étudier les relations véritables; puis, de dresser, aux mêmes
heures, une série de cartes d'isobares par millimètres afin de voir le lien
qui devait exister entre ces isochrones et la « *dépression secondaire orageuse* » qui d'après les idées les plus courantes, était le siège de l'orage.

Le hasard, nous donna bientôt l'occasion de vérifier ces relations
encore vaguement conçues et hypothétiques. Le 27 août 1890, un violent
grain de vent, sans pluie et presque sans nuages, passa, vers la fin de
la matinée, sur Angers. L'observatoire de La Baumette, grâce à l'obligeance de son directeur M. Cheux, nous fournit des renseignements
précis sur les phénomènes observés et, d'ailleurs, prévus :

Augmentation brusque de la vitesse du vent;

Changement brusque, vers la droite de l'observateur, de sa direction;

Hausse brusque du baromètre;

Baisse brusque de la température;

Hausse brusque de l'humidité relative;

Hausse brusque (très faible dans ce cas) de la nébulosité, qui était
nulle auparavant.

Si nos idées étaient justes, ce grain violent se serait déplacé en éveil-
lant l'orage non pas partout, puisqu'il ne l'avait pas éveillé à Angers,
mais sur tous les points où l'atmosphère serait convenablement préparée,
c'est-à-dire où existeraient déjà de grands nuages à très hauts sommets.

Je m'adressai d'abord aux observatoires locaux les plus voisins, puis
le cercle s'élargit peu à peu, à l'Ouest jusqu'à Valentia, et la Corogne;
à l'Est jusqu'à Saint-Pétersbourg. Il résulta de la comparaison de ces
documents que, partout, les divers phénomènes du grain *commençaient*
presque exactement à l'heure où la station était visitée par le bord antérieur d'une bande étroite qui s'étendait des *environs du centre jusqu'à
la circonférence d'une très grande dépression.* Il ne fallait plus songer à
une *dépression secondaire orageuse.* C'est dans l'intérieur de cette longue
bande que se passaient tous les phénomènes du grain. Le bord antérieur
de la bande fut appelé par nous *ligne de grain.* Il correspondait exac-

tement à la *bissectrice* de ce qu'Abercromby avait appelé les *isobares en V*. Pour Abercromby et Clément Ley qui avaient bien vu, cette bissectrice séparait deux régions, l'une calme, l'autre tempétueuse. A ces notions mes observations ajoutaient ceci, que la région tempétueuse était bornée à l'Ouest par une seconde ligne limite correspondant à la fin des troubles éveillés dans les instruments enregistreurs; c'était le bord occidental du *ruban de grain*; d'autre part, mes observations montraient dans les isobares non pas un simple V, mais un zigzag en N dont les deux branches occidentales coupaient en chevron, d'un bord à l'autre, le ruban de grain.

Voilà pour ce qui concerne le grain. Quant à la relation du grain avec l'orage, elle n'était pas moins nette. Quand l'orage se produisait, il *débutait*, à très peu près, au moment du passage de la ligne de grain sur la station considérée. Mais il s'en fallait de beaucoup que l'arrivée de la ligne de grain éveillât l'orage partout. Dans son déplacement parallèlement à elle-même, la ligne de grain qui, le 27 à 7 h du matin, s'étendait entre l'Irlande et la Corogne et qui avait suivi jusqu'à Saint-Pétersbourg (28 août, à 5 h du soir), la marche de la dépression dont elle faisait partie, avait éveillé, avant midi, un seul petit orage et quelques faibles averses dans l'Ouest de la France, puis, de 1 h 30 m à 8 h 15 m, une grande tache orageuse qui couvrait tout l'Est de la France et l'Ouest de l'Allemagne; puis encore, entre 3 h et 8 h deux petites taches orageuses dans le midi de la France; enfin, à 9 h du soir, toujours au moment du passage de la ligne de grain, un orage très circonscrit sur Berlin.

Sur tout le reste de l'immense espace balayé par cette ligne de grain au cours de sa marche pendant 36 heures, il ne s'était produit aucun orage. Cela prouve clairement que l'orage *de dépression* est le résultat de la rencontre de deux causes, l'une dynamique, qui peut venir de très loin, l'autre locale, qui consiste dans la présence de nuages à sommets très élevés. Chacune de ces causes, prise à part, est impuissante à éveiller l'orage de grain. Un amas de combustible ne s'enflammera jamais, si une étincelle apportée par quelqu'un ne tombe pas sur lui.

Telle est, du moins, nous l'avons constaté depuis, la règle très générale, qui ne peut subir que de rares exceptions. On conçoit, par exemple, que, si l'amas de combustible est formé de foin humide, la fermentation puisse allumer spontanément l'incendie. Nous faisons allusion à l'orage de chaleur. Mais la règle très générale n'en subsiste pas moins.

Nous l'avons dit, dès notre premier Mémoire ([1]), et nous l'avons répété souvent depuis lors, le fait de la marche régulière du ruban de grain permettrait facilement d'*avertir télégraphiquement de son arrivée*, souvent dangereuse, *les stations situées en avant de sa marche* et d'indiquer, à un quart d'heure près, le moment de cette arrivée. On pourrait

---

([1]) *Les grains et les orages*, par E. DURAND-GRÉVILLE (*Annales du Bureau central météréologique de France*, année 1892).

même annoncer, pour ce moment-là, la possibilité ou la probabilité d'un orage au même endroit. Cette probabilité d'orage serait naturellement plus grande, pour la station considérée, pendant l'été et aux heures les plus chaudes du jour.

Il y a une quarantaine d'années, Fron eut l'idée d'avertir du passage d'orages sur Paris une station située dans l'Est de la France. La tentative ne pouvait avoir aucun succès tant que la vraie relation entre le ruban de grain et l'isochrone d'orage ne serait pas connue. C'est le passage du grain, même non orageux, qu'il aurait fallu annoncer.

Il y a plus de 15 ans, la *Société d'études scientifiques d'Angers*, dont nous étions membre, adressa au Ministre compétent une demande à l'effet d'obtenir la gratuité pour des télégrammes destinés à des expériences d'annonce télégraphique des grains les plus violents.

La demande n'aboutit pas. L'administration des télégraphes, qui accorde la gratuité aux dépêches reçues par le *Bureau central* à des heures bien déterminées, refuse la même faveur aux dépêches envoyées à des heures quelconques. Ces résistances, toutes naturelles aujourd'hui, cesseront dès que l'opinion publique sera favorable à un système de prévision qui aurait pour résultat l'économie annuelle de nombreux millions de francs et de quelques vies humaines.

Le premier essai de prévision télégraphique du passage des grains a été fait par nous, à nos frais. Du 25 août au 6 septembre 1905, plusieurs directeurs d'observatoires de l'Ouest de la France voulurent bien nous faire connaître télégraphiquement le passage, sur leur région, de quelques grains importants, dont aucun ne manqua de produire en passant sur les instruments enregistreurs de Paris les troubles prévus.

A l'occasion du Congrès international d'aéronautique qui a eu lieu à Francfort pendant l'été de 1909, M. Linke, directeur de l'Institut météorologique de cette ville, s'assura le concours de 55 observateurs qui, dans un rayon de 150 km autour de la station, lui envoyèrent un télégramme toutes les fois qu'un orage ou un *coup de vent précurseur* passait sur eux. Le résultat fut que, sur les 37 orages qui visitèrent Francfort pendant cet été, tous, sauf un ou deux, furent annoncés *une heure ou davantage avant leur arrivée*; ce qui permit aux aéronautes de choisir l'heure de leur départ. Il est beaucoup plus facile aux aviateurs qu'aux aéronautes de passer à travers un ruban de grain, mais nous croyons que même dans leur cas, il serait bon de songer au proverbe : *Un homme averti en vaut deux*. Nous reviendrons ailleurs sur cette importante question.

Une loi météorologique ne peut pas comporter la même rigueur qu'une loi physique ou astronomique. Il serait dangereux de se laisser influencer par des irrégularités de détail au point d'hésiter à admettre l'existence, dans certains cas, de la loi des grains. Si l'on veut la considérer comme une loi rigoureusement mathématique, elle se trouvera en défaut dans l'immense majorité des cas. Il peut se faire, en effet, que la simultanéité du *début* de tous les phénomènes de grain, de vent, d'averse et d'orage ne soit pas absolue; que l'averse ou l'orage, par exemple, ne se produise pas *au moment même* où le vent tourne et devient plus fort. Si l'on veut se rendre compte du pourquoi, il faut avoir dans l'esprit non pas seulement les phénomènes empiriquement observés, mais les conditions de leur production. Par des raisons que nous avons maintes fois exposées ailleurs, ces phénomènes ont pour cause l'existence d'une nappe d'air alimentée par les couches supérieures divergentes de la dépression, nappe qui descend obliquement et atteint le sol sur toute la longueur du ruban de grain, le vent qu'elle produit soufflant transversalement au ruban, pour remonter obliquement en avant, c'est-à-dire au-dessus du couloir de grain qui borde le ruban. Si la nappe d'air descendante, lorsqu'elle rencontre les nuages, dont la présence est nécessaire à la production de l'averse ou de l'orage, n'est pas encore chargée de particules de glace qui la rendent conductrice et qui facilitent la décharge électrique entre ces nuages et les régions supérieures positives, il est tout naturel que l'orage soit en retard sur le grain de vent et le crochet barométrique de grain.

Il arrive que le crochet de grain ne se produise pas au moment où le vent de grain commence à souffler avec force. On peut facilement expliquer ce fait en remarquant que la nappe d'air descendant, au lieu de toucher le sol obliquement, peut l'avoir atteint tangentiellement, ce qui revient à dire que sa vitesse verticale est nulle. Or, le baromètre ne peut être influencé que par la *composante verticale* du vent de grain.

L'absence d'averse ou d'orage, bien entendu, n'a aucune importance, puisqu'elle s'explique par l'absence de nuages d'une structure ou d'une hauteur convenable lors du passage du ruban de grain.

Mais, dans beaucoup de cas, la non concordance est imaginaire : par exemple, quand on la cherche entre certains phénomènes de grain observés dans une station et certains autres observés dans une station voisine dont la distance peut paraître insignifiante, mais ne l'est pas. Si le ruban de grain se déplace (à peu près de l'Ouest à l'Est sous nos latitudes) avec une vitesse de 1 km par minute, ce qui est déjà beaucoup plus rapide que la moyenne, les phénomènes du grain se produiront à 10 minutes d'intervalle dans deux stations dont l'une est à 10 km à l'Est de l'autre. La discordance apparente pourra être plus grande si le déplacement est plus lent.

Il y a des cas où l'on se trompe sur l'existence du crochet. L'erreur peut provenir de la définition même du mot. Comme le crochet de grain offre souvent l'aspect d'un angle plus ou moins aigu (d'où l'expression allemande *Gewitternase*, nez d'orage), on est tenté de ne pas considérer comme tels les crochets d'une autre forme. Soit un ruban de grain ordinaire, avec des isobares en zigzag d'une forme déterminée; supposons qu'il se déplace de deux façons successives, vers le Nord-Est, et vers le Sud-Est, par exemple, le ruban de grain étant, dans les deux cas, orienté de même, à peu près Nord-Sud, comme cela arrive en moyenne dans nos latitudes. Dans le premier cas, le crochet occupera la partie montante du barogramme et sera en angle aigu; dans le second, il se trouvera sur la branche descendante; il sera toujours moins aigu et se réduira souvent à une ligne horizontale ou même reprendra une direction indiquant une simple diminution de la rapidité de la baisse. Les topographes qui ont une grande habitude des levés de plan avec courbes de niveau sentiront immédiatement ces différences; mais tout le monde peut s'en rendre compte après un court examen. M. Ciro Ferrari a parfaitement noté, par l'observation pure, toutes les formes du crochet pendant les orages. Notre seul rôle a consisté à les expliquer.

L'absence d'un crochet bien apparent peut parfois faire penser à un orage de chaleur, alors qu'en réalité il s'agit d'un orage de grain. Répétons-le, nous sommes loin de nier l'existence des orages de chaleur. Ceux-ci se produisent tous les jours, sous les tropiques, par exemple, au-dessus des pics élevés des îles, aussitôt que la chaleur solaire a formé des nuages assez hauts pour servir d'excitateurs entre la région d'électricité positive des cirrus et la surface négative de la terre.

La formation de nuages aussi élevés étant beaucoup plus rare sous nos latitudes, les orages de chaleur le sont aussi. Cependant, toutes les fois que, la pression étant uniforme sur de grands espaces, le vent étant par suite presque nul, des cumulus à sommet très élevé peuvent se produire tout à l'aise au-dessus des points du sol les plus aptes à s'échauffer sous l'action des rayons solaires, il y a possibilité d'existence pour un orage local *de chaleur*.

Nous avons publié dans les volumes de l'*Association française pour l'avancement des Sciences* (année 1905) deux Mémoires intitulés : *Procédés pour distinguer les orages de dépression des orages de chaleur* et *Moyens de tracer plus exactement les isochrones d'orage*. Nous y renvoyons le lecteur, qui verra comment on peut, à notre avis, se rendre un compte plus exact de la marche d'un orage et arriver à savoir si tel orage a, ou non, une trajectoire définie. Dans le premier cas, c'est un orage de grain. Dans les cas douteux, il faut vérifier si sur les courbes des instruments enregistreurs situés à 10 km, à 20 km, à 30 km ou davantage, on aperçoit les traces du passage d'un ou plusieurs rubans de grain. Si oui, c'est à un orage de grain qu'on a affaire; si non, c'est à un orage de chaleur. Mais nous croyons pouvoir simplifier la question en disant :

Il y a un orage de grain, quand, au même endroit, se produisent un ou plusieurs phénomènes du grain; il y a orage de chaleur dans le cas où les phénomènes électriques ne sont accompagnés d'*aucun* phénomène de grain.

Il existe pourtant une théorie ingénieuse qui vient compliquer la question. On sait que les cumulus sont formés par des masses centrales, ascendantes, d'air chaud et humide. D'après cette théorie, ce mouvement ascendant produirait un appel assez fort pour faire descendre jusqu'au sol les masses d'air du courant d'Ouest-Est qui passe, au-dessus des régions tempérées, vers 10 km d'altitude. De là viendraient le vent de grain, la rotation du vent vers le Nord-Ouest, la hausse baro-métrique d'un seul côté du cumulus supposé à peu près immobile.

Cette théorie souffre beaucoup d'objections. Il est difficile de croire qu'une cause aussi locale et aussi faible puisse produire des effets parfois très violents, qui, par pure coïncidence, seraient exactement ceux que produit le ruban de grain; en outre, elle n'explique ni l'averse de pluie ou de grêle, ni l'orage; enfin, elle s'applique particulièrement mal aux cas où cet *orage de chaleur* aurait un vent violent des régions Est : comment admettre, en effet, dans ce cas, que le grand courant supérieur d'Ouest fût allé chercher la partie Est du cumulus, en se détournant de 180° pour combler l'appel d'air ?

Il faut donc faire rentrer dans la loi des grains les orages, dits *de chaleur*, qui offrent des phénomènes de grain.

Cherchons d'autres cas où la loi des grains semble s'appliquer mal et même à rebours. Nous avons dit que l'orage commence avec le début de la hausse brusque du baromètre, non sans faire observer qu'il peut se produire, pour des raisons accidentelles, à un moment quelconque de la hausse. Mais que dire du cas où il apparaît après que le mouve-ment ascensionnel du baromètre a cessé et pendant la « *baisse* » rapide qui suit ?

Nous répondrons à cette objection en disant qu'il n'y a là aucune con-tradiction réelle. Quand le baromètre, après un fort ressaut, redescend, le crochet de grain n'en est pas moins existant; il ne cessera d'exister que quand le baromètre aura retrouvé la hauteur normale qu'il aurait eue en l'absence de tout ruban de grain. Un ascensionniste qui, après avoir atteint le sommet d'une montagne, redescend, reste ascensionniste pendant toute la descente, jusqu'au moment où il est de nouveau en plaine.

Nous avions l'intention de revenir sur les diverses distributions géné-rales de la pression qui, à l'heure actuelle, sont considérées par beaucoup de météorologistes comme échappant à la loi des grains et agissant en dehors d'elle pour produire un même ensemble de phénomènes de grain et d'orage, ensemble pourtant si particulier et si complexe. Tantôt, c'est une pression assez uniforme, avec dépressions plates (cas où nous acceptons la possibilité d'orages de chaleur); tantôt un couloir de pres-sion assez uniforme entre deux régions de forte pression; ou encore, un couloir de basses pressions entre deux dépressions. Ne pouvant, faute de place, traiter ici ces questions avec l'ampleur voulue, nous ferons remarquer provisoirement qu'*aucun de ces cas n'a jamais été étudié dans le détail par ceux qui les mettent en dehors de la loi des grains.* Par contre, nous avons fait souvent cette étude, et, toutes les fois, que nous l'avons faite, en choisissant de préférence des orages plus ou moins vio-lents, nous avons trouvé dans les courbes d'enregistreurs tous les caractères des grains, y compris le crochet, dont l'existence sur telle ligne qui peut avoir 1000 km et même 1500 km de longueur est absolument inexplicable avec des dépressions *plates*, en l'absence de tout ruban de grain qui les borderait.

Si l'on veut bien tenir compté de ces considérations, on devra admettre, croyons-nous, les conclusions suivantes :

L'orage est une décharge disruptive entre la région des cirrus et la surface terrestre. Cette décharge est rendue possible (orages de chaleur), dans des cas assez rares chez nous, par la simple présence de cumulus à sommets très élevés, surtout avec augmentation de la charge de la région des cirrus (influence des taches solaires). Mais, dans l'immense majorité des cas, sous nos latitudes, les orages ont pour seule cause le passage d'un ruban de grain dans une atmosphère convenablement préparée.

P.-S. — L'étude de M. Angot sur *Les Orages en* 1905, publiée dans les *Annales du Bureau central météorologique de France* (année 1910), ne nous a été connue, cette année, qu'après la rédaction du présent Mémoire. Notre savant confrère a cru pouvoir tirer de son examen des orages de 1903, 1904 et 1905 les conclusions suivantes :

1° Les phénomènes de *grain orageux* étudiés par M. Durand-Gréville, notamment la production d'un coup de vent violent au moment même de la hausse barométrique, se retrouvent avec une grande netteté, mais dans un certain nombre d'orages seulement;

2° Dans beaucoup d'orages où l'on observe encore des hausses brusques dé pression et des coups de vent, il n'y a plus coïncidence entre les deux phénomènes; les époques où ils se produisent peuvent différer souvent de 15 minutes ou même davantage;

3° Dans un grand nombre d'orages, on observe une hausse brusque du baromètre sans coup de vent, ou inversement, ou encore ni l'un ni l'autre de ces deux phénomènes. Ce dernier cas est même très fréquent. Le type d'orages à grains étudié par M. Durand-Gréville n'est donc pas le type général des orages et ne se retrouve certainement pas dans la majorité des cas.

D'après notre savant confrère, la loi des grains et des orages, telle que nous l'avions formulée à propos du grain du 27 août 1890, se vérifie quelquefois avec une grande netteté. C'est pour nous une précieuse confirmation de son existence. Mais nous devons ajouter que M. Angot aurait été beaucoup plus souvent d'accord avec nous, s'il ne s'était pas fait du crochet barométrique une idée beaucoup trop précise, en n'accordant ce nom qu'à une hausse barométrique presque instantanée. Par l'observation pure, M. Cirro Ferrari avait montré que le crochet observé pendant les orages peut prendre les aspects les plus divers, y compris celui d'une diminution brusque de la baisse barométrique. La forme du crochet dépend, pour la plus grande part, de la simple relation contingente qui existe entre le déplacement du ruban de grain et celui du centre de la dépression à laquelle il appartient. Dans notre premier Mémoire des *Annales du Bureau central météorologique* (année 1892), nous avons montré comment on peut reconstituer au moyen de la carte d'isobares correspondante, le barogramme du grain passé sur un lieu donné, il suffit pour cela de couper les isobares par une droite, passant par le lieu en question, parallèle à la trajectoire du centre de la dépression et d'élever, sur les points d'intersection, des ordonnées proportionnelles aux pressions correspondant aux courbes coupées. Or, il suffit, pour obtenir la courbe paradoxale que nous avons signalée tout à l'heure, de supposer qu'au moment où le grain allait passer sur le point considéré, le centre de la dépression, situé quelque part au Nord, allait *se rapprochant* du lieu d'observation. On obtiendra, en d'autres termes, un *crochet négatif* (ralentissement un peu brusque de la baisse) en se servant de *la même carte d'isobares*, mais en la coupant par une droite qui se rapproche du centre de la dépression.

On conçoit, et nous l'avons montré ici même dans nos deux plus récents Mémoires, qu'avec cette définition beaucoup plus large et plus correcte du crochet de grain, un grand nombre des cas où notre savant confrère n'a pas vu de crochet régulier doivent rentrer dans le grain orageux.

On conçoit aussi que certains « désaccords » entre le début du coup de vent et celui du crochet cessent d'exister si l'on se fait une autre idée de la forme et, par suite, de l'heure du début de celui-ci.

Mais, les discordances évaluées à 15 *minutes ou même davantage* fussent-elles réelles, cela signifierait-il qu'il n'y aurait dans ces cas-là aucune relation entre le ruban de grain et l'orage ? Cette conclusion négative peut paraître assez naturelle quand on s'occupe de ce qui se passe dans une seule et même station. Elle cesse de paraître telle si l'on suit le ruban de grain dans sa marche pendant quelques heures.

Prenons le cas le plus simple, celui où la hausse du vent et le début apparent du crochet sont d'accord. Si nous suivons le ruban de grain dans sa marche et si nous constatons qu'en *chaque* lieu d'observation l'orage éclate soit à l'heure du passage du ruban, soit 15 à 20 minutes avant ou après, et cela pendant plusieurs heures, n'est-il pas évident qu'il y a une relation un peu troublée, mais une relation incontestable entre le grain et l'orage ? En d'autres termes, qu'il s'agit bien, là encore, d'un grain orageux ?

Et si nous admettons qu'en même temps les phénomènes se compliquent d'une discordance *réelle* de 15 à 20 minutes entre le crochet et la hausse du vent, ne sera-t-il pas évident, toutes les fois que le déplacement durera plusieurs heures, que les trois phénomènes, s'ils ont eu lieu partout, même avec discordance, étaient connexes chacun avec les deux autres?

Dans les deux cas, la loi des grains aura subi une perturbation : elle n'en existera pas moins. Mais nous avons fait là une concession extrême qui n'aura guère l'occasion de se réaliser dans la pratique, un grand nombre des irrégularités signalées par notre savant confrère n'étant qu'apparentes et provenant d'une définition trop étroite du crochet de grain.

Les coups de vent sans crochet barométrique pendant un orage semblent un peu inquiétants au premier abord. Ils s'expliquent pourtant sans peine, si l'on admet que la nappe de vent inclinée qui produit le ruban de grain peut parfaitement, dans certains cas, être horizontale. Or, le crochet barométrique ne peut être produit que par la *composante verticale* d'un vent incliné. Nous pouvons affirmer d'avance avec certitude que, si l'on suivait la marche des troubles antérieurs ou postérieurs au passage d'un orage avec vent sans crochet, on verrait le crochet reparaître dans plus d'un barogramme.

Comment expliquer par la loi des grains un orage qui passe sans crochet et sans vent ? Très simplement, par l'existence de grains dont la nappe d'air ne descend pas jusqu'à la surface terrestre. Nous n'avons pas ici la place nécessaire pour traiter la question, mais nous montrerons plus tard, ici ou ailleurs, l'existence certaine, constatée par d'autres et aussi par nous, de grains de ce genre.

Ces considérations prouvent suffisamment, croyons-nous, que la loi des grains, sous nos latitudes, s'applique à l'immense majorité des orages existants. Cependant, comme on ne saurait trop multiplier les preuves, nous nous promettons d'examiner ces problèmes plus en détail et d'opposer à chaque objection non pas l'affirmation générale de souvenirs qui ne sont probants que pour nous, mais l'étude de cas d'observations topiques.

M. DAVID,

Météorologiste titulaire à l'Observatoire du Puy de Dôme.

SUR LES VARIATIONS DE L'HYGROMÈTRE A CHEVEU DANS UNE ATMOSPHÈRE SATURÉE AU-DESSOUS DE 0°.

551.57 (078)

5 *Août.*

De nombreuses études sur l'hygromètre à cheveu ont été faites au-dessus de zéro degré; je n'en connais pas qui portent sur cette étude au-dessous du point de congélation de l'eau. Cependant, tandis qu'au-dessus de zéro (si l'on élimine le tracé des deux ou trois premières heures, depuis que l'hygromètre s'est trouvé dans une atmosphère saturée et pendant lesquelles ses indications sont supérieures à leur valeur réelle), le tracé reste très sensiblement une ligne droite horizontale pendant tout le temps que l'atmosphère reste saturée; il n'en est plus de même au-dessous de zéro. Les indications de l'hygromètre varient alors avec la température; elles diminuent quand la température baisse, elles

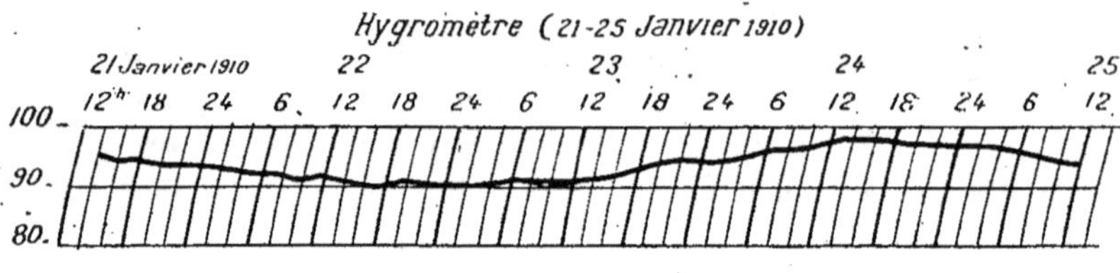

Fig. 1.

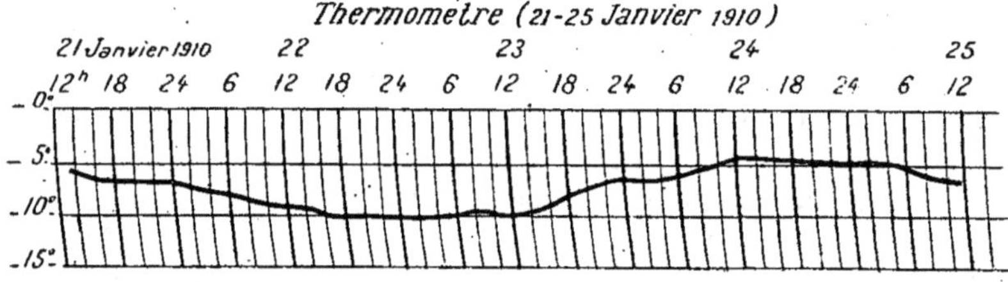

Fig. 2.

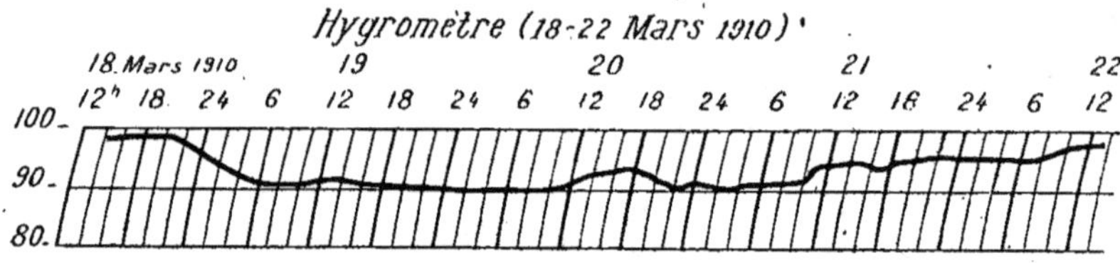

Fig. 3.

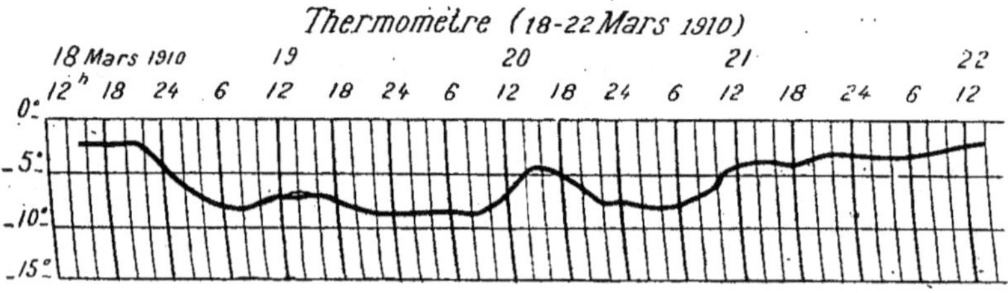

Fig. 4.

augmentent quand la température monte. Et alors l'hygromètre se comporte comme un véritable thermomètre relativement sensible. Le phénomène se produit quand bien même les cheveux sont recouverts d'un dépôt de givre.

Je pense que ce fait peut s'expliquer de la façon suivante :

Au-dessus de zéro, quand l'hygromètre se trouve dans une atmosphère saturée, les cheveux sont imprégnés d'eau liquide et, quelle que soit la température, la quantité d'eau absorbée reste sensiblement la même ainsi que la constitution physique du cheveu mouillé.

Au-dessous de zéro le cheveu n'est plus en réalité mouillé; la quantité d'eau absorbée doit alors être proportionnelle à la tension de la vapeur et par suite sensiblement proportionnelle à la température; la constitution physique du cheveu varie alors avec la température. C'est d'ailleurs ce que vérifie l'expérience.

Les tracés ci-joints du thermomètre et de l'hygromètre pendant les périodes du 21 au 25 janvier 1910 et du 18 au 22 mars où l'atmosphère est restée saturée (brouillard) sans interruption, montrent d'une façon saisissante les variations des indications de l'hygromètre avec la température.

M. DAVID.

SUR LA RÉCEPTION DE L'HEURE PAR TÉLÉGRAPHIE SANS FIL
A L'OBSERVATOIRE DU PUY DE DOME.

52.976 : 654.25 (44.591)

5 *Août.*

Dès le début de 1904 une antenne avec dispositif de réception (cohéreur à limaille) avait été installée à l'Observatoire du Puy de Dôme pour l'enregistrement des décharges atmosphériques.

Dès que l'idée eut été émise d'envoyer de la Tour Eiffel des signaux horaires par télégraphie sans fil, mon regretté directeur, M. Brunhes, avait songé à utiliser l'antenne pour la réception de ces signaux. Ce nouveau service fonctionne d'une façon très régulière à l'observatoire depuis le 25 juillet.

Les difficultés considérables d'avoir l'heure au Puy de Dôme, soit par détermination directe, soit par téléphone en communiquant avec l'observatoire astronomique le plus voisin, Lyon (une communication téléphonique Clermont-Lyon demande ordinairement 2 à 3 heures d'attente), sont de ce fait, presque complètement supprimées.

L'antenne utilisée est un double fil bimétallique de 4 mm de diamètre l'un des brins est fixé à la balustrade de la tour de l'Observatoire, par l'intermédiaire d'une tige d'ébonite; le fil descend à un poteau fixé 40 m plus bas et à environ 150 m de distance, il revient à la balustrade de la tour et de là va au récepteur. Le récepteur est un petit poste Ducretet de télégraphie sans fil avec détecteur électrolytique et téléphone.

La réception est excellente, les signaux de la Tour Eiffel sont très nettement perçus et se distinguent bien des craquements produits par les décharges atmosphériques. Même par temps fortement orageux, la perception des signaux reste assez bonne.

Le seul inconvénient (qui n'est pas négligeable dans un observatoire météorologique) est l'heure de *minuit*, à laquelle sont émis ces signaux horaires; car l'obligation d'être debout à minuit impose une surcharge sensible de travail à un personnel déjà beaucoup trop restreint. Il serait vivement à désirer que des signaux identiques soient envoyés à une heure déterminée de la journée; la demande en a été faite par M. Angot, directeur du Bureau central météorologique; nous souhaitons sa réussite.

<hr>

M. A.-F. LEGENDRE,

Médecin-Major de 1re classe des Troupes coloniales.

SUR LE CLIMAT DE TCHENTOU (SETCHOUEN-CHINE OCCIDENTALE).

551.56 (51.31)

4 *Août.*

I. *Orographie de la région.* — Les observations météorologiques dont nous donnons plus loin le résumé ont été faites dans l'extrême Ouest chinois, à *Tchentou* capitale du Setchouen (altitude approchée : 540 m; distance à la côte de Chine : 3000 km environ, à vol d'oiseau).

Tchentou est situé par 30°7′ de latitude Nord et 100°49′ de longitude Est, à peu près au milieu d'une vaste plaine, qui apparaît manifestement, avec sa ceinture de montagnes ou de coteaux, comme un ancien bassin lacustre.

Cette plaine, dans ses contours, a la forme d'un polygone irrégulier dont le grand axe égale 150 km et le petit axe 112 km. Comme je viens d'y faire allusion, elle est enserrée par une ligne presque ininterrompue de hauteurs : montagnes imposantes dans le Nord, le Nord-Ouest et l'Ouest, coteaux ailleurs. Les premiers contreforts des grandes chaînes atteignent facilement 1000 m au-dessus du niveau de la plaine et s'élèvent brusquement de la bordure de l'ancien bassin lacustre avec de fortes pentes. Les hautes crêtes doivent atteindre 5000 m (¹) au-dessus de la mer, si j'en juge par la masse des neiges qui les couvre, en plein été.

<hr>

(¹) Limite habituelle des neiges persistantes sous cette latitude.

Quant aux collines qui complètent la ceinture, leur altitude varie entre 1oo m et 3oo m. Celles de la limite méridionale font partie intégrante d'un système orogénique, vrai plateau de grès rouges, qui plonge en pente douce vers le *Yang Tse* et ne s'arrête qu'à son thalweg.

Toute cette région, hautes chaînes, contreforts et plateaux, est complètement déboisée. La plaine de *Tchentou* fait, cependant, exception à cette règle : les montagnes avoisinantes ne pouvant plus fournir de combustible, le paysan a été obligé. de planter des arbres le long de ses canaux et autour de sa maison. J'estime la surface ainsi plantée à un dixième environ de la superficie totale de la plaine. Ce sont les aulnes et les cyprès, les chênes et pterocaryas qui dominent. Les bambous croissent aussi un peu partout, mais surtout autour des fermes.

La plaine de *Tchentou* présente onze mois sur douze, une couverture de *végétation*, céréales et légumineuses, qui protège toute sa surface de juin à septembre et les trois quarts seulement de cette surface d'octobre à mai. L'été c'est le riz poussant partout, sauf sur quelques ondulations ou croupes, où le paysan sème du maïs, des patates et des arachides; l'hiver, c'est le blé, le colza, les fèves, le pavot, etc. qui dès novembre, sous ce climat plus tempéré que le nôtre, forment une masse appréciable de verdure, couvrant, ainsi que je viens de le dire, les trois quarts de la plaine. L'autre quart est représenté par ce qu'on appelle des *tong choui lien* et des *t'ang*, c'est-à-dire des rizières et étangs. La rizière, la récolte faite (septembre), n'est point desséchée; on s'efforce au contraire de lui conserver toute son eau.

On supplée aux pertes par infiltration et évaporation en entretenant, à côté, des *t'ang* ou réservoirs très profonds. Ils doivent fournir de l'eau jusqu'à la fin du printemps suivant, c'est-à-dire jusqu'à l'époque des pluies quelque peu abondantes. Il s'ensuit qu'indépendamment des *innombrables canaux* qui sillonnent la plaine, il existe une *nappe d'eau stagnante*, d'épaisseur appréciable, couvrant un quart de la surface totale. Mais c'est l'été, des premiers jours de juin à la mi-septembre, que la masse des eaux courantes et stagnantes surtout devient considérable : la plaine tout entière est transformée par l'irrigation en un *vaste lac*, profond de 2o cm à 25 cm, qui a pour but d'alimenter en humidité la précieuse céréale qui en a tant besoin : le riz.

II. *Généralités sur le climat.* — Avant d'aborder l'étude même des indications fournies par les instruments, il me semble opportun de résumer, en quelques mots, les observations ou remarques générales faites par les indigènes, par de vieux missionnaires ou par moi-même durant un séjour de cinq années. On pourra les comparer utilement aux observations régulières relevées depuis 19o6.

1o *Température.* — Janvier et février seraient, ainsi qu'en nos pays, les deux mois les plus froids de l'année. Mars, malgré quelques journées très chaudes, reste frais sinon froid dans l'ensemble.

Avril est franchement chaud.

Mai est très chaud; il est considéré par l'habitant comme le plus pénible des mois de l'année; juillet leur semble moins dur à supporter, bien qu'il soit reconnu cependant par certains, comme réellement plus chaud que mai.

Août est mieux toléré que juillet, l'abaissement de la température est sensible dès la deuxième quinzaine.

Septembre est un mois désagréable, mais relativement frais. L'abaissement de la température s'accentue plus franchement en octobre, mais le froid ne devient vraiment sensible qu'en décembre.

2° *Humidité.* — Janvier, février et mars sont des mois secs; la quantité de pluie qui tombe est insignifiante, surtout en janvier.

Avril est considéré comme pluvieux, si on le compare aux mois précédents.

Mai est encore sec; ce serait le plus beau mois, le plus ensoleillé.

Avec juin commence la vraie saison des pluies, se prolongeant jusqu'à septembre inclus.

Octobre est un mois de transition entre l'humidité estivale et la sécheresse hivernale; il est tantôt sec, tantôt pluvieux, sans caractéristique bien nette.

Novembre est beau et sec; il en est de même de décembre, moins ensoleillé cependant.

Les mois d'hiver dont la pluviosité, ainsi qu'il vient d'être dit, est si faible, sont cependant marqués par l'apparition de fréquents brouillards, ce qui fait dire que le ciel du Setchouen est brumeux à cette saison. Ces brouillards, en se précipitant certains jours, surtout en février, fournissent à la terre un peu d'humidité dont elle a un urgent besoin. En effet, les plantes de la deuxième récolte annuelle, semées au commencement de l'automne et atteignant leur maturité en avril ou en mai, (comme le blé) souffrent beaucoup de la sécheresse, et, n'était le *crachin* de février, périraient souvent. Le paysan qui ne peut irriguer son champ se plaint toujours de la sécheresse de l'hiver.

Ce *crachin* peut être remplacé par de la neige fondue, mais c'est fort rare. Personnellement, je n'ai vu que trois fois ce genre de précipitation. Cependant, les habitants vous citent une abondante chute de neige remontant à quinze ans, épaisse de près d'un demi-pied, laquelle aurait couvert, plusieurs jours durant, la plaine de *Tchentou*.

L'examen des observations régulières va, maintenant, nous permettre d'éclairer et de développer ce que pareil aperçu présente de fruste et d'incomplet.

III. — *Température.*

	Moyenne.		Moyenne.
	°		°
Janvier	6,7	Juillet	26,2
Février	7,3	Août	25,5
Mars	11,8	Septembre	21,4
Avril	17,1	Octobre	17,3
Mai	21,4	Novembre	12,2
Juin	24,3	Décembre	8,1

Ces chiffres représentent les moyennes de quatre années consécutives.

Répartition de la température par saisons (saisons météorologiques).

Années 1905-06, 1906-07, 1907-08, 1908-09.   Moyenne.

Hiver (décembre, janvier, février)............   7,4
Printemps (mars, avril, mai).................   16,7
Été (juin, juillet, août).....................   25,3
Automne (septembre, octobre, novembre).....   16,9

Les mois les plus froids ont été :

Années.	Mois.	Moyenne.
1906........................	Janvier	5,8
1907........................	Février	6,3
1908........................	Février	7,3

En 1909, janvier a été plus froid que février (5°,8 pour 7°,6).

Les mois les plus chauds ont été :

Années.	Mois.	Moyenne.
1906........................	Juillet	27,1
1907........................	Août	25
1908........................	Juillet	27,2

En 1905, juillet a été plus chaud qu'août (26°,6 pour 25°,2).

Normalement, juillet est le mois le plus chaud de l'année, ainsi que je l'ai déjà dit.

Amplitude d'oscillation annuelle.

Années.	Moyenne.	Maxima ([1]).
1906	21,3	27,4
1907........................	18,7	24,2
1908	19,9	24,6

Amplitude de l'oscillation extrême annuelle.
(Entre la température la plus basse et la plus haute.)

Années.	
1906	36
1907	31,5
1908	33,5

Moyenne annuelle de la température.

Années.	
1906........................	16,7
1907........................	16,4
1908	16,9

([1]) Différence entre la moyenne des minima du mois le plus froid et celle des maxima du mois le plus chaud.

Observations générales. — L'hiver est une saison très agréable au Setchouen, en raison de sa sécheresse et surtout de la douceur de la température : la moyenne de quatre années est 7°,4. Les gelées ne sont pas fréquentes et la température la plus basse enregistrée a été — 2°,8, en janvier 1906. Dès que le soleil se montre, il fait tiède. Mais les mois les plus agréables sont mars et novembre surtout, dont les écarts diurnes sont moins marqués.

Mai, en dépit de ses beaux jours, est très chaud : c'est un mois de transition trop brusque du printemps à l'été. L'organisme souffre de températures atteignant et dépassant même 30° : c'est pourquoi la majorité des Chinois le considèrent comme le plus *chaud* de l'année ce qui ne correspond pas et ne peut répondre à la réalité.

Les grandes pluies d'été, ont naturellement, pour effet, d'abaisser la température très sensiblement, sans parler des brusques précipitations orageuses qui font rapidement tomber le thermomètre de plusieurs degrés (de 5 à 10, quelquefois davantage); des chutes modérées se succédant à intervalles rapprochés, le maintiennent relativement bas.

L'été de cette plaine n'en est pas moins pénible; il atteint sensiblement l'organisme, en raison de la fréquence des journées orageuses. La baisse barométrique, si légère soit-elle, qui précède la phase de détente, l'ondée attendue, cause une dépression nerveuse également manifeste chez l'indigène et l'Européen, dépression beaucoup plus marquée qu'en nos pays.

Il est vrai de dire qu'à pareil moment, il souffle des vents de Sud et de Sud-Est, avec ciel clair, et la température dépasse largement la moyenne mensuelle.

Il existe aussi un état *électrique* qui, beaucoup plus que l'abaissement de la pression, à mon avis, cause le malaise qu'on éprouve. Une violente précipitation d'une demi-heure seulement peut tout faire rentrer dans l'ordre : relever le baromètre, modifier l'état électrique et abaisser très sensiblement le thermomètre. Alors même qu'il ne tombe que quelques larges gouttes de pluie, le vent qui les précède et les apporte rafraîchit toujours l'atmosphère.

Je ferai connaître plus loin la direction de ces vents, presque toujours des courants froids.

C'est le mois de juillet et la première quinzaine d'août qui constituent la période vraiment difficile à supporter de l'été setchouennais, juin et septembre et même mai sont très tolérables, et si la période des grandes chaleurs orageuses vous a quelque peu anémiés vous avez de longs mois agréables pour vous remettre.

Le climat setchouennais convient donc parfaitement à notre race; la meilleure preuve en est dans l'état de santé de l'enfant européen qui y naît : il s'y développe avec toutes les apparences de l'évolution physiologique normale en nos pays.

IV. — *Pluie.*

Moyennes mensuelles des années 1903-1904 et 1905-1909.

	Hauteur moyenne de la pluie.	Nombre de jours de pluie.	Moyenne mensuelle en mm.
	mm		
Décembre...............	4,6	3	»
Janvier................	6,4	5	»
Février................	11	6	»
Hiver.................			7,3
Mars	11,3	6	»
Avril.................	52,5	10	»
Mai	38	10	»
Printemps			34,1
Juin..................	116	13	»
Juillet................	206,9	13	»
Août..................	290,1	14	»
Été..................			204,3
Septembre.............	152,4	14	»
Octobre	40,3	12	»
Novembre	12	6	»
Automne............			68,1

Moyenne générale annuelle .... 942 mm

Nombre de jours de pluie 111

Ce Tableau est très significatif en ce qui concerne la répartition de la pluie selon les saisons.

On voit que la moyenne des précipitations d'hiver est près de 28 *fois* plus faible que celle de l'été; celle de printemps, 6 fois plus faible et celle d'automne près de 3 fois.

On remarque aussi que février fournit autant de pluie à lui seul que les deux autres mois d'hiver réunis.

Le régime de mars rappelle celui de février, et c'est l'année 1908 qui fournit la hauteur de pluie se rapprochant le plus de la normale. De l'avis de tous les indigènes, mars 1904, avec 22 mm, 4 et ses 13 jours de pluie, a été tout à fait exceptionnel, mars 1909, avec ses 3 mm, ne l'a pas été moins.

Avec avril, nous avons des précipitations plus nombreuses et surtout abondantes : ce n'est plus le *crachin* d'hiver. Certaines ont même la forme *orageuse*, et on peut entendre le tonnerre, mais c'est assez rare, à cette époque. Les mois d'avril de 1904 et 1909 doivent être considérés comme ayant été d'une *sécheresse anormale*, tandis qu'avril 1907 a été d'une pluviosité dont s'étonnaient les plus vieux habitants, cherchant, dans leur mémoire, une année pareille.

Avec juin, commencent les grandes pluies d'été, très fréquemment de forme orageuse, avec éclairs et tonnerre, mais c'est juillet et août, surtout ce dernier mois, qui fournissent le maximum de précipitations.

L'année 1907 est tout à fait *exceptionnelle* (¹); il faudrait remonter à 37 ans pour en trouver une équivalente. La quantité de pluie tombée a été plus du double de celle de 1905, considérée comme normale par les indigènes.

Septembre est aussi très pluvieux : sa moyenne est même plus élevée que celle de juin. La forme orageuse est rare.

Avec octobre, c'est, comme on le voit, un changement complet : les pluies sont plus rares et surtout moins abondantes qu'en septembre, puisque nous passons, pour la moyenne, de 152 mm, 4 à 40,3 mm.

Avec novembre, nous entrons franchement dans la période sèche s'étendant jusqu'en avril et à laquelle les indigènes, non sans raison, attachent aussi le mois de mai.

Hauteur de pluie annuelle. — Nous possédons les observations de 4 années consécutives : d'avril 1905 à avril 1909 (1905, observations Castel).

Années...	1905.	1906.	1907.	1908.
Total.....	845^{mm},6	974^{mm},8	1352^{mm},3	701^{mm},2

Moyenne des quatre années .... 968^{mm},5

Il est intéressant, aussi, de noter l'intensité des plus fortes précipitations et leur durée; c'est en été, naturellement, qu'on les observe :

1905.

14 septembre........... 80^{mm}
25 juin................. 64,6
1er août............... 93

1906.

16 septembre. 100 (en 6 heures)
25 juin........ 74 (en 1 heure, 66^{mm})
30 juillet..... 89 (en une nuit)

1907.

28 juillet.... 134^{mm} (en 6 heures)
20 août..... 196,6 (dont 172^{mm},5 de 1^h à 8^h, et 21^{mm},2 de 8^h à midi)
25 août..... 182 (de 5^h à 10^h)

1908.

1er août........... 75^{mm} (de 9^h du soir à minuit)

Comme on le voit, l'année 1907, si pluvieuse, a largement dépassé la moyenne, en raison de l'*intensité* des précipitations plutôt que par leur *fréquence*.

____

(¹) Août 1907 a donné 543 mm d'eau.
(²) La suite des observations envoyées par le Dr Esserteau, donne pour 1909, une hauteur de pluie de 1038,8 mm.

Neige. — J'ai observé quatre fois de la neige :

    Les 17 et 18 janvier 1903 .... quantité non mesurable
    Le 16 février 1907................ $4^{mm},4$
    Le 14 janvier 1909 .... $2^{mm},5$

Chaque fois cette neige fondait à mesure qu'elle tombait.

Grêle. — Je n'en ai observé qu'une fois, le 25 juin 1906.

La chute fut importante et dura une demi-heure environ. Les grêlons très drus avaient la taille de gros pois et même d'œufs de petits oiseaux (fauvettes, par exemple). Ils furent apportés par un coup de vent de NO.

Influence de la direction du vent sur le régime des pluies. — Les pluies sont généralement amenées, l'année durant, par des vents soufflant d'entre Nord et Est. Accidentellement et dans la seule saison chaude, des ondées diluviennes s'abattent par vent d'ESE, vents d'O et de NO, mais surtout d'ESE.

Humidité. — Le degré hygrométrique est assez élevé; il atteint et dépasse même celui de *Paris* : la moyenne annuelle de l'humidité relative a été de 79,4 °/₀ en 1907 et de 81,2 en 1908. Le minimum de l'humidité s'observe, non en hiver, ainsi que dans la partie orientale de la Chine, mais au printemps, en *mai* : la moyenne de trois années est de 72,3 °/₀. Mars vient immédiatement après mai avec un chiffre de 73,9 °/₀.

Le maximum d'humidité est atteint en été, à la fin de la saison des pluies : mois de septembre, 84,7 °/₀. Juillet se rapproche beaucoup de ce taux avec un pourcentage de 83,9.

Le degré hygrométrique élevé de l'hiver n'est indiqué pour l'habitant que par la présence de brouillards fréquents; car, comme on le sait, les précipitations sont insignifiantes et très rares, sauf en février où apparaît le crachin.

Maintenant, il ne faudrait pas généraliser et considérer que le climat de toute l'immense province du Setchouen est aussi humide que celui de *Tchentou*. J'ai expliqué au commencement de cette étude la situation topographique de la capitale, au fond d'un ancien bassin lacustre, au voisinage immédiat d'un puissant massif montagneux. Elle est, de plus, entourée de rizières, c'est-à-dire de milliers d'étangs et la plaine où elle s'élève est sillonnée d'innombrables canaux. La conformation de cette plaine en cuvette lui vaut aussi d'être plus chauffée que les hautes terres qui l'enveloppent et de devenir ainsi une zone de basses pressions, un centre de formation de nuées humides, un centre d'appel de courants froids qui viennent du Nord précipiter ces masses saturées.

Si l'on fait passer une ligne transversale EO par *Tchentou* on peut admettre que toute la moitié nord de la province a un climat sensiblement plus sec que celui de la capitale. Au Sud, au contraire, jusqu'à la vallée du *Yang Tse*, le taux d'humidité est non seulement égal, mais plus élevé que celui de *Tchentou*, si l'on en juge par le climat de *Tchong King*, en particulier.

L'extrême Ouest de la province, la région montagneuse appelée *Kientchang* jouit d'un climat remarquablement sec dont j'aurai l'occasion de parler plus tard.

Régime barométrique. — A *Tchentou*, climat continental, le régime barométrique est nettement caractérisé l'hiver, par une ère de hautes pressions et l'été par une ère de basses pressions. Comme on pouvait le prévoir, l'amplitude d'oscillation annuelle est considérable.

$$
\begin{array}{llll}
\text{Elle a été du 1}^{\text{er}}\text{ avril 1906 au 31 mars 1907 de......} & 16,5 \text{ mm} \\
\qquad\qquad\text{»} \qquad\qquad 1907 \qquad\text{»} \qquad 1908 \text{ de......} & 13,93 \\
\qquad\qquad\text{»} \qquad\qquad 1908 \qquad\text{»} \qquad 1909 \text{ de......} & 15,36 \\
\end{array}
$$

Les plus hautes pressions s'observent aux mois les plus froids, janvier ou février, même mars, ainsi qu'en l'année 1907, et les plus basses, au mois le plus chaud, juillet ou août.

Si l'on envisage l'amplitude d'oscillation diurne journalière, on observe, naturellement, qu'elle est maxima en hiver et minima en été : elle est en moyenne de 2,5 mm en janvier, de 0,94 mm en juillet. Et la diminution d'amplitude est graduelle et constante de l'hiver à l'été; il en est de même de l'accroissement d'août à décembre.

Comme on le voit, l'oscillation quotidienne du baromètre est élevée, l'hiver, et se rapproche plus du régime des tropiques que de celui des régions tempérées, malgré la latitude assez élevée de *Tchentou*, 30°,7.

L'oscillation journalière d'avril à *Tchentou*, est de 2,04 mm. Elle se rapproche de celle de *Singapour*, 2,2 mm et est sensiblement égale à celle de *Bombay* (latitude 19°) pour le même mois : 2,1 mm. A *Lisbonne* (39°) la variation n'est que de 0,9 mm et à *Paris* (49°), de 0,7 mm (*Angot*).

L'amplitude de l'oscillation diurne maxima en 1907 s'est produite en janvier : elle a atteint 7,6 mm; l'oscillation minima absolue de ce même mois a été de 0,2 mm. En 1908, le maxima a été atteint en mars : 4,9 mm avec oscillation minima de 0,1 mm.

En juillet 1907, l'amplitude maxima a été de 2,4 mm, supérieure de deux dixièmes à celle de juin, la plus faible de l'année.

En juillet 1908, elle atteint 2,1 mm seulement et a été la plus faible de cette année.

En été comme en hiver, les hautes pressions se produisent avec vent de NE; les basses pressions avec vent de SO, SE, ou du S-SE, Sud surtout. Il doit en être ainsi puisque le vent de NE est froid et le vent de Sud, chaud.

Après une période de vent du Sud, avec basses pressions, la montée du baromètre est *très brusque* et *très marquée*, sitôt que se met à souffler le vent de Nord. La baisse du baromètre, dans une période de vents de NE, est un signe certain de l'apparition prochaine du vent de Sud. Ces deux phases du régime barométrique lié au régime éolien sont nettement marquées au Setchouen et tout à fait caractéristiques du climat. Ce régime s'étend dans l'extrême Ouest aux confins thibétains, ainsi que j'ai pu m'en assurer dans une succession de voyages dans ces régions montagneuses.

Vents. — Les vents dominants soufflent du *Nord*, avec fléchissement marqué vers l'Est, donnant du NE ou N-NE, ou soufflent du *Sud*, tantôt avec fléchissement marqué vers l'Ouest ou l'Est. Ces brises de Nord et de Sud alternent par périodes plus ou moins longues ; le changement est tantôt hebdomadaire, tantôt bi-hebdomadaire, très rarement bi-mensuel. Les variations fréquentes appartiennent surtout à l'*été*. Dans cette dernière saison, elles se rapprochent manifestement et sont plus soudaines, sans transition notable, sans diminution graduelle d'intensité des souffles, comme à d'autres époques : en un mot, il y a sautes de vent.

Au point de vue *intensité*, les brises d'entre N et E diffèrent, sensiblement, de celles d'entre S et O. Alors que ces dernières sont presque toujours modérées, qu'elles oscillent entre 2 et 5, comme intensité (échelle télégraphique), atteignant, exceptionnellement, la cote 6, les vents d'entre N et E soufflent fréquemment *bon frais*, *grand frais* et même en tempête (intensité 9). C'est surtout en été qu'ils soufflent *grand frais* et en tempête, précédant puis accompagnant la puissante décharge des nuées à cette saison. Quand diminue la décharge, aussi mollit le vent : il passe à intensité *bonne brise*, *jolie brise*, durant en tout de 24 à 72 heures. Dès qu'il passe à la cote 3, c'est l'indice que le vent du Sud va s'établir. Il s'établit, en effet, pour trois à quatre jours, quelquefois cinq, mais rarement davantage : l'air raréfié par de hautes températures provoque, à nouveau, l'irruption du vent de Nord. Et ainsi de suite.

Le vent de SE ou d'E-SE, générateur aussi d'abondantes mais courtes précipitations, comme je l'ai dit, se lève bruyamment, d'habitude, ou passe rapidement d'intensité *jolie brise* à *bon frais* et *grand frais*, et même à *tempête*, mais il dure peu, surtout dès qu'il devient violent, *deux ou trois heures*, rarement davantage, plus souvent moins : c'est une brise rare des plus fugaces, une rafale à vrai dire, qui n'est pas toujours accompagnée ou suivie d'une précipitation. Ce vent est beaucoup moins fréquent que celui d'entre N et E et n'a qu'une influence *restreinte* sur la pluviosité générale. Soufflant en été, il rafraîchit toutefois l'atmosphère, même quand la pluie ne tombe pas ou tombe en quantité insignifiante par larges gouttes de pluie d'orage.

A l'automne et au printemps, mais surtout en hiver, les vents de NE ou de N-NE ne soufflent pas en grandes brises, aussi violentes qu'en été, où rarement du moins, et pour une courte durée. Cela s'explique facilement, la différence de température, l'hiver, étant moins accentuée qu'elle ne l'est, l'été, entre le Bassin Rouge (¹) et les hautes sommets thibétains prolongés dans l'Est par des chaînes non moins élevées.

Les vents du Sud, donnent rarement de la pluie. Ce sont eux, pourtant, qui constituent les grands véhicules d'humidité dans le Bassin Rouge, mais pour la précipitation de cette humidité, l'approche des courants froids du Nord est nécessaire.

Il existe encore des brises soufflant franchement de l'O ou fléchissant par intermittences de quelques degrés au Nord ou au Sud : elles donnent généralement un temps sec et serein. C'est qu'elles ont passé par le *Kientchang*, si pauvre en humidité.

Je viens de dire que le vent d'E-SE et de NE, surtout, soufflait quelquefois en tempête : c'est vrai, mais leur violence, à ces moments, n'atteint jamais celle des ouragans qui se déchaînent sur certaines régions continentales ou sur nos côtes pendant l'hiver. Ce sont de simples *coups de vent* de peu de durée, quelques heures seulement, non de vraies tempêtes persistant deux, trois jours et même davantage. Ces *coups de vent* montrent une intéressante *périodicité* en dehors de la saison estivale, en automne et hiver principalement : ils sont mensuels ou, plus souvent, bi-mensuels. Ils s'accompagnent fréquemment, de pluie, mais pas toujours : le temps peut rester beau et sec comme par vent de Sud.

Nébulosité. — Comme j'y ai déjà fait allusion, il y a nébulosité assez marquée, même en dehors de la période pluvieuse estivale. Des brouillards légers apparaissent assez fréquemment au milieu de l'automne, au petit matin, et s'observent tout l'hiver, en janvier et février surtout. Ils se résolvent vers 8 h ou 9 h, mais pour réapparaître souvent, à la fin de l'après-midi, sous forme de stratus.

Au printemps, ces brouillards disparaissent presque totalement. On remarque cependant quelquefois en avril, au milieu d'une belle journée ensoleillée, l'apparition soudaine d'immenses stratus très légers, transparents, qui masquent le bleu du ciel d'un immense voile gris plomb. Ces nuées descendues des hautes montagnes de l'Ouest et du Nord s'attardent rarement, disparaissent vite dans l'Est ou le Sud.

L'été, vraie saison des pluies, comme on le sait, n'a souvent qu'une nébulosité fugace et partielle qui se dissipe avec l'ondée orageuse. Septembre seul montre un ciel uniformément couvert, même en dehors des périodes pluvieuses : c'est le mois le plus désagréable de l'année.

Phénomènes périodiques intéressant les animaux ou les plantes. — J'ajouterai deux mots sur ce sujet.

En ce qui concerne les animaux, les insectes principalement et bêtes migratrices ou hibernantes, il est facile de deviner que, sous pareil climat, les époques de leur apparition et de leur disparition sont plus

---

(¹) Setchouen oriental : ainsi appelé en raison de la prédominance des grès rouges.

hâtives ou plus tardives, suivant la saison, que pour les espèces similaires de nos pays.

Les oies et canards apparaissent fin octobre et, au printemps, remontent vers le nord.

Les hirondelles s'en vont généralement en novembre, mais un certain nombre s'attardent jusqu'aux premières gelées, soit jusque vers la *mi-décembre*. Elles reviennent vers la fin de février ou les premiers jours de mars, au plus tard.

L'alouette, qui fuit aux chaleurs de mai, gagne la montagne ou les hauts plateaux voisins; elle reste jusqu'à l'automne.

Fin mars ou premières semaines d'avril, on commence à voir voleter la chauve-souris disparue dans la deuxième quinzaine de novembre, mais devenue rare depuis fin octobre.

Les moustiques et mouches apparaissent vers la mi-avril, les puces et mites de même; les pièges à puces se vendent dans la rue, à partir de la première semaine de ce mois.

L'éclosion des œufs de vers à soie se fait, aussi, dès les premiers jours d'avril.

L'hippobosque du chien se montre fin avril, mais à l'état de sujet isolé : c'est surtout en mai qu'il foisonne.

Le papillon du chou apparaît aux premiers jours de mai.

Les taons ne commencent guère à inquiéter les animaux qu'en juin, et dès septembre on n'en voit plus. Il n'en est pas de même des moustiques, mouches, puces et hippobosques, qui durent jusqu'en décembre, beaucoup plus rares, toutefois, depuis octobre.

Comme certaines fleurs s'épanouissent encore, tard en automne, et même en plein hiver, on a certaines espèces de papillons jusqu'en décembre.

Plantes. — Les phénomènes de la végétation printanière sont très précoces, débutant en février, au commencement. Dès la fin de ce mois, les cerisiers sont en pleine floraison; les pêchers, pruniers, abricotiers, poiriers, cognassiers suivent à une semaine d'intervalle. *Paulownia Imperialis*, si tardif à *Paris*, fleurit ici, dès fin avril. Fin mars, toutes les espèces d'arbres sont revêtues de leur feuillage. Dès fin avril, la récolte des cerises commence et à la mi-mai, celle des pêches. En juin, les pommes, poires et prunes sont mûres; les noix, kakis, jujubes, grenades, raisins, fin juillet ou première semaine d'août.

Au commencement d'octobre, apparaît sur le marché la *main de Bouddha* (*citrus sacrodactylus*); le citron commence, l'orange, la mandarine, la pamplemousse, quinze jours ou trois semaines plus tard. L'orange et la mandarine ne sont même abondantes qu'en novembre.

Céréales. — Il y a deux récoltes par an, sous ce climat, quelquefois trois même, partout où l'irrigation est possible. Le riz succède au blé dans le même champ les premiers jours de juin. La rizière une fois desséchée (septembre), on sème de la vesce (*vicia cracca*). Cette vesce

récoltée en décembre peut laisser la place à du colza qui sera récolté
en mai.

Plantes sauvages. — Beaucoup de plantes herbacées ont annuellement une double floraison, au printemps et en automne : les *renoncules*,
par exemple, *cardamines*, bourses à pasteur (*capsella*), gnaphalles,
sonchus, *hieracium* des murailles, etc. Certaines graminées repoussent
et refleurissent régulièrement.

Dans l'Ouest de la vaste plaine, dans les massifs encore sauvages
que le Chinois respecte par crainte superstitieuse, la végétation est
puissante, merveilleuse. Dans les *Oua Pao Shan* (shan, montagne),
où j'ai été le premier européen à pénétrer, existe la *lao ling* (forêt sécu-
laire), d'une densité et d'une vigueur de croissance qui rappellent la
jungle. En juillet, c'est un merveilleux épanouissement de fleurs de
toutes nuances, où dominent celles des rhododendrons et buddleias,
des troènes et hortensias. Sous le soleil, dans la gloire des cîmes et des
pics couronnés de chênes et de sapins argentés (abies Delavayi), cette
végétation est d'une inoubliable et troublante beauté.

VISITES INDUSTRIELLES.

<hr>

NOTICE SUR LA MANUFACTURE DES TABACS DE TOULOUSE (¹).

La Manufacture des Tabacs de Toulouse, située allée de Brienne, entre le canal de Brienne et la Garonne, occupe une superficie de 1,5 ha environ et un personnel de 40 préposés, 860 ouvriers dont 92 hommes et 768 femmes.

Sa fabrication est par an de :

130 000 kg scaferlati maryland, 200 000 kg scaferlati supérieur, 1 400 000 kg scaferlati ordinaire, 100 000 kg scaferlati de troupe et d'hospice, 6000 kg cigares millarès à 0,15 fr, 23 000 kg cigares Londrecitos à 0,15 fr, 34 000 kg cigares à 0,10 fr, 60 000 kg cigares à 0,05 fr B. T., 4000 cigares à 0,05 fr B. C., 60 000 cigarettes élégantes maryland, 2000 kg cigarettes élégantes supérieur, 20 000 kg cigarettes élégantes ordinaire, 110 000 kg cigarettes élégantes en boîtes de 200 pour la vente au détail.

(1 kg poids vénal (P.-V.) de cigares comprend 250 cigares).

(1 kg poids vénal (P. V.) de cigarettes comprend 1000 cigarettes).

Elle reçoit 3 800 000 kg de tabacs en feuilles de toutes provenances.

Le montant des salaires payés au personnel ouvrier s'élève à près de 900 000 fr par an. La durée du travail journalier est de 9 heures.

Le service de la Manufacture est divisé en sections, savoir :

1º Le service d'entretien qui a à sa tête un chef mécanicien, assisté d'un surveillant mécanicien et qui comprend les ouvriers d'art tels que : conducteur de machines, chauffeur, ajusteurs, tourneur, électriciens, forgerons, chaudronnier, menuisiers, vannier, maçon, bourrelier, graisseur, peintre, etc... qui sont chargés de la conduite des machines motrices ou de l'entretien des appareils mécaniques. Ce service est en outre chargé de la caisserie et de la tonnellerie.

2º Le Service général qui est chargé de la réception des matières et fournitures des magasins et des expéditions de toutes sortes.

3º La première section, chargée de la préparation préliminaire des feuilles qui sont ensuite envoyées dans les autres sections.

4º La quatrième section chargée de la fabrication des scaferlatis de toutes espèces.

5º L'atelier des cigarettes dirigé par un agent indépendant.

6º La cinquième section qui fabrique les cigares.

1º *Service d'entretien.* — La force motrice est fournie par la chute de la Garonne provoquée par le barrage du Bazacle. Le canal d'amenée de l'eau aux turbines part du quai Saint-Pierre et le canal de fuite passe sous le Canalet (canal

<hr>

(¹) Rédigée pour la visite du 2 août par les sections Navigation, Génie civil et militaire auxquélles s'étaient joints un grand nombre de sociétaires.

de fuite du moulin du Bazacle) et rejoint la Garonne. La chute moyenne est de
3,50 m, le débit de 4 m³ à la seconde. Deux turbines Kœchlin Jonval donnent
ensemble 150 chevaux. Elles actionnent deux dynamos génératrices de 60 kilowatts chacune qui alimentent 40 moteurs divers et l'éclairage électrique
comprenant 30 lampes à arc et 1000 lampes à incandescence.

L'atelier d'ajustage comprend : 2 tours parallèles, 1 machine à raboter,
machine à meuler, 1 étau limeur, 1 machine à percer, 1 machine à fraiser universelle, 1 scie à métaux, 1 machine à affûter les mèches américaines, 1 pompe
alimentant d'eau de Garonne la Manufacture. Le tout est mû par un moteur de
6 kilowatts.

Un petit atelier d'entretien se trouve au paquetage des scaferlatis. Un autre
à l'atelier des cigarettes. Ils seront détaillés plus loin.

La menuiserie comprend : 1 scie à ruban, 1 tour à bois, 1 scie circulaire,
1 machine à percer et mortaiser, 1 meule en grès, 1 banc d'affût pour scies
à ruban, mus par 1 moteur de 6 kilowatts. La caisserie possède 1 scie circulaire mue par le moteur précédent. La tonnellerie n'a pas d'appareils mécaniques. Ces deux ateliers préparent les emballages nécessaires au service. Les
électriciens ont un petit tour parallèle. Dans leur atelier se trouve 1 batterie
d'accumulateurs de 180 ampères-heures (au régime de décharge de 15 A. H)
destinée à assurer l'éclairage de nuit. La chaufferie comprend 4 chaudières
Belleville A3 pouvant fournir ensemble 1800 kg de vapeur à l'heure sous
15 kg de pression. Cette vapeur, détendue sert au chauffage des ateliers et des
séchoirs. L'atelier de chaudronnerie comprend 2 forges-à ventilateur mû mécaniquement et les établis nécessaires. L'atelier de la couturière possède 2 machines à coudre Singer mues par 1 moteur de 0,5 kilowatts.

2º *Service général.* — Il reçoit toutes les matières premières, toutes les fournitures sans exception. Il est chargé du magasin des tabacs en feuilles, emmagasine les tabacs fabriqués. Il livre aux sections les matières premières et
fournitures qui leur sont nécessaires. Il procède à toutes les expéditions. Les
appareils mécaniques de cette section se réduisent à quelques treuils à main. Il
est prévu, pour un avenir prochain, l'installation de monte-charges électriques
présentant toutes les garanties de sécurité. Le Service général fait de plus l'emballage de tous les résidus utilisables, côtes, débris, à l'aide de presses à bras.

3º 1ʳᵉ *Section. a. Composition.* — Cet atelier reçoit les tabacs en gros colis du
magasin. Il les fractionne et distribue les quantités voulues de chaque espèce de
feuilles aux ateliers suivants pour faire les mélanges indiqués pour chaque
produit.

b. Écabochage et coupage. — Des ouvrières coupent les pétioles des feuilles
appelées suivant les cas *caboches* ou *coupures.*

c. Préparation générale du scaferlati ordinaire. — Les ouvrières séparent les
feuilles des manoques (époulardage). Les manoques sont des poignées de 25
feuilles. Elles mettent ces feuilles en petits ballotins. Des mouilleuses mouillent
ces petits ballotins et des capseuses en font de gros ballots où les feuilles sont
mélangées et allongées parallèlement à elles-mêmes (capsage). Les gros ballots
sont transportés au dépôt avant hachage (quatrième section).

d. Préparation générale des scarferlatis supérieur et maryland. — Les ouvrières
se contentent de délier les manoques, les séparent en deux ou trois parties
(démanoquage) et font de petits ballotins qui sont mouillés par des hommes et
mis en tas pendant 24 heures. De là ils sont transportés à l'écôtage.

e. Écôtage. — Les ouvrières écôteuses enlèvent une partie de la côte de chaque feuille et font des ballots qui sont transportés au dépôt du hachage (quatrième section).

f. Lavage méthodique. — Les feuilles destinées aux intérieurs pour cigares à 0,05 fr sont placées dans des cuviers et subissent une macération de plusieurs jours dans l'eau. Cette opération uniformise le goût des tabacs divers, en diminue la force en nicotine et produit des jus à 110° densimétriques.

Après lavage, les tabacs sont essorés puis envoyés au séchoir des feuilles pour cigares ordinaires (cinquième section).

g. Triage des feuilles pour robes. Préparation des tabacs de Brésil. — Les feuilles destinées à faire des robes pour cigares ordinaires à 0,05 fr sont mouillées à l'eau, essorées, puis époulardées et triées. Les feuilles triées sont envoyées au robage (cinquième section) et les rejets aux intérieurs pour cigares à 0,05 fr.

Les feuilles de tabacs de Brésil destinées aux cigares 0,15 fr et 0,10 fr sont mouillées une première fois, puis épourladées; elles subissent une mouillade complémentaire et sont envoyées à l'écôtage du Brésil (cinquième section).

Appareils mécaniques : 2 écabochoirs doubles mus chacun par 1 moteur de 1 kilowatt; chaque appareil mené par deux ouvrières produit 2400 kg de tabac coupé;

1 décortiqueur qui défait les caboches ou coupures mû par 1 moteur de 1 kilowatt, production 1000 kg; 1 monte-charge à simple benne avec fermeture automatique des portes parachutes, etc., mû par 1 moteur de 2 kilowatts; 1 petit monte-charges de secours à double benne mû par 1 moteur ancien de 3 chevaux : 2 essoreuses mues par 1 moteur de 7 kilowatts pouvant essorer chacune 80 kg de tabacs à l'heure.

4° *Quatrième section.* — Les tabacs pris au dépôt avant hachage sont coupés en lanières par des hachoirs. On leur enlève ensuite l'humidité en les faisant passer dans des torréfacteurs chauffés au coke. Des carneaux évacuent les gaz et la vapeur d'eau dans une cheminée spéciale. Les tabacs sortent chauds. Ils sont remontés au premier étage par un monte-charges et passés dans un appareil sécheur où ils sont refroidis par un courant d'air. De là, ils sont remontés au premier étage par un monte-charges et mis en masses de 4000 kg à 20000 kg, où ils séjournent de 10 à 25 jours. Ils sont ensuite envoyés au paquetage effectué à l'aide de machines à pression hydraulique pour le scarfelati ordinaire en 5 hg et le scarfelati de troupe en 100 g et à l'aide de machines Belot pour le scaferlati supérieur en 50 g et les scaferlatis maryland et ordinaire en 40 g. Les paquets confectionnés passent dans un atelier de vérification de poids. Les paquets de 40 g en scaferlati ordinaire passent à la balance Dargnies. Les autres sont vérifiés à la balance ordinaire à fléau. Ils sont ensuite emballés en tonneaux pour le scaferlati ordinaire, en caisses pour les scaferlatis maryland et supérieur et enfin emmagasinés. Un atelier spécial timbre les vignettes et les coupe. Pour les scaferlatis maryland et supérieur une machine prépare des bobines à papier paraffiné.

Un petit atelier spécial d'entretien se trouve au paquetage.

Appareils mécaniques : 12 hachoirs produisant chacun, soit 900 kg de tabac haché supérieur ou maryland, soit 1100 kg de scaferlati ordinaire, soit 1400 kg de scaferlati de troupe; 4 torréfacteurs produisant chacun 5000 à 6000 kg de tabac torréfié par jour; 1 monte-charges à double benne élevant les tabacs torréfiés; 2 sécheurs produisant chacun 8000 à 9000 kg de tabac par jour; 1 monte-charges à double benne élevant les tabacs séchés : ces appareils sont mus par 1 moteur de 18 kilowatts; 3 machines à paqueter hydrauliques pour scaferlati-ordinaire en 5 hg et scaferlati de troupe en 100 g; 1 accumulateur mû par un moteur de 1 kilowatt fournit l'eau sous pression; 1 machine en 5 hg paquette à l'aide de 1 homme et de 2 femmes 1100 à 1200 kg par jour; 1 machine en 100 g à l'aide de 3 femmes paquette 320 kg par jour; 17 machines à paqueter mécaniques, système Belot, mues chacune par un moteur de 0,8 kilowatt et produisant chacune à l'aide de 3 femmes 400 kg de scaferlati ordinaire et maryland en 40 g ou 450 kg de scaferlati supérieur en 50 g; 4 machines à vérifier Dargnies, vérifiant chacune 440 kg de scaferlati ordinaire en 40 g à l'aide de 1 femme. Ces 4 machines sont mues par 1 moteur de 1 kilowatt; 1 tour parallèle, 1 machine à fraiser, 1 machine à percer, 1 meule en grès mus par 1 moteur de 2 kilowatts, 2 machines à rogner les vignettes et 1 machine à paraffiner mues par 1 moteur de 2 kilowatts; 1 machine à tamiser les débris mue par 1 moteur de 1 kilowatt.

5° *Atelier des cigarettes*. — Le scaferlati pris aux masses est d'abord séché dans un petit séchoir pour être envoyé ensuite aux machines Découflé.

Le scaferlati ordinaire pour machines Baron est envoyé directement des masses aux machines.

Les cigarettes mises en bondons de 20 sont confectionnées par des machines Decouflé menées chacune par 1 ouvrière. Les cigarettes sont serties et bourrées. Les cigarettes mises en boîtes de 200 pour la vente au détail sont confectionnées à la machine Baron à grand rendement. Elles sont formées d'un boudin continu à papier collé qui est coupé de longueur. Les cigarettes sont ensuite reçues par des ouvrières receveuses qui rejettent les produits défectueux et qui remplissent les bondons ou les boîtes. Les produits sont ensuite emballés et emmagasinés. Les bondons sont confectionnés dans l'atelier. Les rejets sont déchirés par une machine spéciale qui sépare le papier du tabac; 3 ajusteurs sont chargés de l'entretien des machines et ont un petit atelier spécial.

Appareils mécaniques : 18 machines Decouflé produisant chacune 18 kg à 20 kg de cigarettes par jour; 2 machines Baron produisant chacune à l'aide de 3 ouvrières 180 kg de cigarettes par jour; 2 machines à bondons; 1 machine à déchirer les cigarettes rejetées; 1 tour parallèle, 1 machine à percer, 1 machine à fraiser, 1 machine à meuler.

Tous ces appareils sont mus par un moteur de 6 kilowatts.

6° *Cinquième section*. — a. *Confection à 0,05 fr.* Les tabacs pour robes reçus de la première section sont livrés aux ouvrières robeuses qui taillent les robes dans les feuilles. Ces robes sont livrées aux cigarières par paquets de 1 k P. V. soit 250 robes. Les intérieurs reçus de la première section sont séchés par étendage à l'air libre dans les combles puis livrés aux cigarières. La cigarière confectionne son cigare à la main. Elle allonge les intérieurs, les enroule dans une feuille appelée *sous-cape*, puis entoure le tout de la robe. Elle coupe les cigares de longueur, en fait des paquets de 25 qu'elle envoie à la réception. Les ouvrières receveuses examinent les cigares, rejettent les défectueux. Les cigares passent ensuite au séchoir, puis vont au paquetage, où des ouvrières les mettent en paquets. Ils sont enfin emballés et emmagasinés.

b. *Confection des cigares à 0,10 fr et 0,15 fr.* — Les tabacs pour robes sont du Sumatra pour les cigares à 0,15 fr et du Java pour les cigares à 0,10 fr. Ils sont mouillés, époulardés, puis mouillés complémentairement et envoyés aux ouvrières étaleuses. Ces dernières trient les feuilles propres à donner des robes, les écôtent et les étalent en les lissant. Les paquets de feuilles sont livrés aux cigarières qui taillent elles-mêmes leurs robes.

Les tabacs de Brésil pour intérieurs sont reçus de la première section et livrés à l'écôtage. Les écôteuses les trient en deux parties, feuilles pour sous-capes et feuilles pour intérieurs. Les sous-capes sont écôtées, étalées et mises en paquets. Les intérieurs sont écôtés, un peu étalés et mis en dépôt de maturation pendant 10 jours où ils subissent une légère fermentation. Les sous-capes et les intérieurs passent au séchoir des feuilles de Brésil, et sont livrés aux cigarières. Elles allongent les intérieurs, les enroulent dans une sous-cape et placent la poupée ainsi obtenue dans l'alvéole d'un moule-bloc. Chaque moule-bloc est pressé à l'aide de presses à vis. Après un certain temps 'de pression la poupée est retournée et pressée de nouveau. Enfin la cigarière procède au capage (mise en place de la robe).

Les cigares sont envoyés à la réception, puis passent au paquetage où ils sont mis soit en paquets soit en coffrets. Ils sont ensuite emballés puis emmagasinés. Une ouvrière monte les coffrets à l'aide de planchettes reçues des ateliers de construction de Limoges. Une petite raboteuse électrique sert à rectifier les planchettes défectueuses. A part cet appareil, une descenderie et les ventilateurs des séchoirs, la cinquième section ne possède pas d'appareils mécaniques.

Dans l'intérieur de la Manufacture se trouvent : 1 four à incinérer qui brûle les résidus inutilisables; 1 réfectoire avec étuve à vapeur pour les aliments, 1 crèche et 1 garderie d'enfants; enfin 1 local [annexe, allée de Brienne, sert de dépôt aux vieux bois, aux tonneaux de cendres, à la réserve de charbon et à certaines fournitures.

PONT DES AMIDONNIERS, SUR LA GARONNE (¹).

Depuis de nombreuses années, le besoin se faisait sentir à Toulouse, de relier, par un pont sur la Garonne, le quartier des Amidonniers avec le faubourg Saint-Cyprien.

En 1901, la municipalité ouvrit à cet effet un concours public. Le jury chargé de statuer sur les résultats de ce concours conclut :

« Qu'aucun projet ne pouvait être recommandé pour l'exécution ». Mais il déclarait que : « moyennant une dépense n'atteignant pas 1 200 000 fr, il était possible d'établir sur la Garonne, aux Amidonniers, un pont qui, satisfaisant à toutes les règles de l'art du constructeur et à toutes les sujétions spéciales d'ordre technique, répondit, par son aspect architectural et ses dispositions décoratives, aux exigences de sa situation dans une ville importante par le chiffre de sa population, par ses monuments et par son double rôle de centre territorial et de métropole artistique ».

C'est en s'inspirant de ces conclusions que M. l'ingénieur en chef Séjourné, professeur à l'École des Ponts et Chaussées, dressa un projet de pont qu'il offrit gracieusement à la ville de Toulouse.

Ce projet, adopté par le Conseil municipal le 3 mars 1902, fut soumis pour avis au Conseil général des Ponts et Chaussées ; et une décision de M. le Ministre des Travaux publics du 14 mai 1903, l'approuvait en ces termes :

« J'estime, avec le Conseil, que ce projet constitue une *œuvre* des plus remarquables à tous égards et ne soulève en lui-même aucune critique, ni au point de vue technique, ni sous le rapport architectural ».

Un Décret rendu au Conseil d'État, le 3 septembre 1903, autorisa la construction, et les travaux purent être commencés dès 1904.

Le projet de M. Séjourné est basé sur le même principe qui avait guidé cet ingénieur dans la conception du grand pont construit sur la Pétrusse, à Luxembourg, c'est-à-dire, établissement de deux ponts parallèles, supportant un plancher en béton armé.

La longueur totale du pont des Amidonniers, entre les abouts du parapet des culées, est de 257,21 m.

L'ouvrage se compose de deux ponts jumeaux qui ont chacun 3,25 m de largeur en douelle au sommet et laissant entre eux un intervalle libre de 10 m. Les poutres du plancher débordent de 3 m, sur les tympans et forment consoles pour soutenir les trottoirs en encorbellement. On obtient ainsi une longueur utile de 22 m entre garde-corps, une chaussée de 13,20 m et 2 trottoirs de 4,40 m.

Chaque pont est à 5 arches elliptiques surbaissées au quart environ, savoir 2 arches de rive de 38,50 m d'ouverture, 2 arches intermédiaires de 42 m d'ouverture, 1 arche centrale de 46 m d'ouverture.

(¹) Note rédigée pour la visite faite le 2 août par les Sections Navigation, Génie civil et militaire et un certain nombre de membres de l'Association.

Les tympans au-dessus des piles sont évidés par des voûtes en ellipse de 10,10 m et 11,60 m d'ouverture, surbaissées au quart environ.

Pour donner à ce pont le caractère toulousain, on a fait : des tympans en briques; des culées, à murs courbes, avec de grandes chaînes d'angles comme aux vieux ponts de l'embouchure, des Minimes et Montaudran, sur le canal du Midi, et à grosses plinthes, dont la courbure du profil rappelle les couronnements des murs du quai de la Garonne.

Le plancher en béton armé est constitué par 84 grandes poutres transversales entretoisées par des pièces longitudinales, le tout recouvert par un hourdis, intimement lié avec les pièces elles-mêmes. La chaussée sera constituée par un pavage en bois. Le hourdis des trottoirs recevra un dallage au carborundum. Un robuste garde-corps en fonte sera fixé à l'extrémité de l'encorbellement des poutres.

L'ouvrage est aujourd'hui suffisamment avancé pour que son prix de revient puisse être très approximativement évalué à 1120000 fr. Le prix du mètre carré de surface utile (chaussée et trottoirs) ressort ainsi à 193 fr alors que ce prix est couramment de 400 fr pour les ponts voûtés pleins.

Le pont des Amidonniers tiendra donc, et de beaucoup, le record du bon marché des ponts voûtés en maçonnerie.

INSTALLATIONS DE LA SOCIÉTÉ PYRÉNÉENNE D'ÉNERGIE ÉLECTRIQUE DANS LE RÉSEAU DU TARN (¹).

La Société pyrénéenne possède, pour alimenter actuellement le réseau du Tarn, 2 usines génératrices : l'usine de Marssac et l'usine d'Arthez.

1° *Station de Marssac.* — Elle comprend : 1 alternateur triphasé Grammont à 10000 volts, d'une puissance nominale de 370 kilowatts, accouplé par pignon d'angle avec 2 turbines à axe vertical, système Bonnet, d'une puissance de 225 chevaux chacune. La chute brute du barrage de Marssac est de 3,740 m. L'usine aménagée fournit 300 kilowatts, mais pourrait donner 600 kilowatts pendant 11 mois de l'année, en utilisant tout le débit du Tarn. Cette station fonctionne en parallèle avec celle d'Arthez.

2° *Station d'Arthez.* — L'usine installée sur la rive droite du Tarn, à Arthez, est alimentée par une conduite forcée de 600 m de longueur, 2,25 m de diamètre, en béton armé; la chute brute moyenne est de 18,250 m; par une crue légère, elle tombe à 17 m, et par très forte crue, elle tombe à 12,500 m.

Elle comprend :

a. Groupes hydrauliques : 2 groupes hydro-électriques de 450 kilowatts alternateur Thomson-Houston triphasé 10000 volts, 50 périodes, 375 tours, excitatrice à bout d'arbre, accouplé directement avec : turbine Bouvier à axe vertical. La régulation peut se faire automatiquement au moyen de servo-

---

(¹) Note de M. Soucadauch, Directeur du Réseau du Tarn, à la suite de la visite de l'usine d'Arthez, près de Saint–Juéry faite le 5 août par les Sections de Navigation, Génie civil et militaire et un certain nombre de membres de l'Association.

moteurs, ou à la main. L'appareil de régulation est commandé mécaniquement mais il sera commandé plus tard électriquement par moteur synchrone de 5o chevaux.

b. Groupe thermique. — Ce groupe comprend : 1 machine Belleville grande vitesse, compound parallèle pouvant donner 33o chevaux à la pleine charge et à 42o tours actionnant par courroie un alternateur de la Compagnie générale de Nancy, pouvant donner 2oo kilowatts, sous 3ooo volts; un transformateur élévateur $\frac{3ooo}{1oooo}$ permet l'accouplement de cet alternateur avec les autres groupes. La machine peut marcher à échappement libre, ou à condensation. Le générateur est une chaudière Delaunay-Belleville avec surchauffeur de vapeur, et réchauffeur d'eau d'alimentation; elle est timbrée à 18 kg; 2 petits chevaux alimentaires, dont 1 de secours, servent à l'alimentation de la chaudière. En résumé, cette station peut donner 11oo kilowatts.

3o *Communes desservies ou qui sont prêtes à desservir.* — Ces deux stations, fonctionnent en parallèle et desservent en éclairage et force motrice les communes de :

Arthez, 1ooo habitants; Saint-Juéry, 225o habitants; Lescure, 8oo habitants; Albi, 14956 habitants; Marssac, 5oo habitants; Labastide-Lévis, 4oo habitants; Lombers, 65o habitants; Cadalen, 33o habitants; Graulhet, 5912 habitants; Carmaux, 8618 habitants; Brens, 65o habitants; Lagrave, 35o habitants; Valence d'Albi, 598 habitants; Réquista, 1ooo habitants; Réalmont, 1994 habitants; Lautret, 676 habitants; Castres, 19864 habitants; Mazamet, 1137o habitants.

4o *Régimes de marche.* — La tension de distribution est de 1oooo volts.

A Albi, la distribution se fait par double transformation 1oooo/2ooo et 2ooo/125. La canalisation à 1oooo volts aboutit à une sous-station d'où part la canalisation souterraine à 2ooo volts. Les abonnés de force motrice supérieure à 5 chevaux font eux-mêmes la transformation à 125 volts. Les principaux abonnés de force motrice sont les fabricants de chaux et ciments, la fonderie du Saut du Tarn, la verrerie ouvrière. A Carmaux, la Société pyrénéenne dessert les verreries de Carmaux, et des pourparlers sont engagés avec cette commune pour la concession d'éclairage. A Graulhet, la Société pyrénéenne ne fournit que la force motrice, soit 4oo chevaux, dans les diverses usines de mégisseries.

5o *Installation du réseau.* — La Société vient de construire une ligne haute tension de Réalmont à Castres, qui relie le réseau actuel du Tarn, au point terminus de la ligne à 55ooo volts venant d'Orlu (Ariège) permettant de secourir les 2 usines d'Arthez et de Marssac par l'usine d'Orlu. Dans le département du Tarn, la Société pyrénéenne est chargée de la fourniture de l'énergie électrique (éclairage), grâce à un traité passé avec la Compagnie Gaz et Eaux, dans les villes de Castres et Mazamet. Ces deux Centres industriels pourront ainsi bénéficier, dans un bref délai, des avantages nombreux et indiscutables que procure l'énergie électrique. Les réseaux de canalisations souterraines dans ces deux villes seront commencés incessamment. La Société poursuit l'étude de ses lignes jusqu'à Labastide-Rouairoux, où elle compte desservir de nombreux industriels.

En résumé, le réseau du Tarn, comprenant 18o km de ligne à 1oooo volts, dessert ou desservira 15 communes environ, présentant une population totale agglomérée de 71918 habitants.

TABLE DES MATIERES.

(Tome I.)

NOTES ET MÉMOIRES.

TABLE ANALYTIQUE.

PARIS. — IMPRIMERIE GAUTHIER-VILLARS,

46474   Quai des Grands-Augustins, 55.

RAPPORTS

TOME I

3ᵉ ᴇᴛ 4ᶜ Sᴇᴄᴛɪᴏɴs. — *Navigation, Génie civil et militaire.*

Développement et perfectionnement de l'outillage des chantiers de travaux publics (ou privés).

M. Jacquinot, Ingénieur en chef des Ponts et Chaussées, à Chaumont.

L'industrie des travaux publics et particuliers se transforme et évolue dans les temps modernes en suivant les mêmes lois que les autres industries, mais elle est en retard dans cette évolution et il en résulte actuellement une crise inquiétante en Europe et notamment en France.

Il est d'autant plus utile de rechercher les causes de ce retard que l'une d'elles peut consister en un préjugé persistant et très répandu.

Toutes les industries modernes, depuis le commencement du xɪxᵉ siècle, ont cherché à diminuer dans la fabrication l'élément main-d'œuvre. Beaucoup de travaux confiés autrefois à des ouvriers sont exécutés aujourd'hui par des machines bien plus rapidement, plus économiquement et avec une plus grande perfection. Il est résulté de cette transformation une plus grande régularité de production, une baisse notable des prix qui a provoqué une consommation plus importante. L'ouvrier lui-même, malgré les préventions parfois violentes qu'il avait au début contre les machines, leur doit une vie plus heureuse avec des salaires plus élevés, des loisirs plus nombreux et généralement des occupations plus intelligentes. Le pays où le machinisme est le plus développé, les États-Unis, est également celui où les salaires sont de beaucoup les plus élevés. Ils y sont tellement élevés que le développement intense du machinisme est d'une nécessité absolue pour toutes les industries américaines.

Il suffit d'avoir regardé attentivement un chantier de travaux publics ou particuliers pour être convaincu que le machinisme y est peu développé et les ouvriers trop nombreux. Les conséquences de ce fait sont les suivantes : le prix des constructions a augmenté ; on ne trouve plus assez d'ouvriers. Les délais d'exécution sont presque toujours trop longs et généralement dépassés. Il est parfois impossible de trouver des entrepreneurs pour les petits travaux aussi bien que pour les grands, et c'est là une crise qui préoccupe toutes les administrations de travaux publics. Cette crise risque d'être aggravée par ce fait qu'elle coïncide avec celle de l'apprentissage. Il y a donc lieu de rechercher tous les moyens de réduire la main-d'œuvre. Pour cela, il faut utiliser et perfectionner toutes les machines connues, en inventer d'autres.

Les États-Unis ont subi la même crise avant nous. Sous l'impulsion de la nécessité, ils ont créé et créent sans cesse des machines qui sont imparfaite-

a

ment connues chez nous, qui devraient y être répandues et généralement adaptées à nos besoins.

Il faut aussi créer de nouveaux matériaux. L'emploi du béton de ciment armé constitue à ce point de vue un progrès qui se poursuivra. L'armature n'est souvent pas indispensable et dans beaucoup de constructions on peut l'éviter en comprimant le béton. Pourquoi tous ces progrès sont-ils trop lents et comment pourrait-on les rendre plus rapides ?

Lorsqu'un industriel a fondé une usine, celle-ci dure généralement très longtemps. Elle va constamment en se perfectionnant avec méthode et continuité. Un noyau d'ouvriers stables et de plus en plus expérimentés se constitue. C'est un organisme vivant qui se développe régulièrement. Rien de semblable dans les travaux publics ou particuliers.

Un chantier dure quelques années, parfois quelques mois seulement. Quand il est terminé, l'entrepreneur en cherche un autre ; souvent il n'en trouve pas immédiatement. Les ouvriers se dispersent, sont exposés à de longs chômages et finalement condamnés presque toujours à une existence malheureuse.

Comment peut-on espérer qu'une industrie se perfectionne rapidement dans de pareilles conditions ? Elle devrait y être encouragée par les pouvoirs publics et par les associations d'entrepreneurs ou de propriétaires d'immeubles ; tous y ont le plus grand intérêt. Des enquêtes devraient être faites en Amérique ; des expositions périodiques devraient être organisées pour faire connaître les inventions nouvelles. C'est ainsi que les progrès extrêmement remarquables des machines agricoles ont été provoqués.

L'État devrait accorder une prime à ceux de ses entrepreneurs qui développent le machinisme ; il y trouverait de nombreux avantages de toutes sortes.

Il est à désirer que les ingénieurs et architectes fassent connaître au Congrès de Toulouse de l'Association française pour l'avancement des sciences, les renseignements intéressants qu'ils possèdent sur les principaux progrès réalisés ou à réaliser. L'auteur du présent rapport préliminaire en signalera quelques-uns dans une communication qu'il fera au Congrès.

5e SECTION. — *Physique.*

Sur la multiplicité des harmoniques des corps vibrants.

MM. G. Sizes et G. Massol. (1)

On enseigne que les tuyaux et les cordes ne donnent en vibrant que des harmoniques supérieurs à leur son fondamental, ces harmoniques suivant la loi des nombres entiers consécutifs ou des nombres impairs. En dehors de là, les autres corps sonores vibrent d'après une loi particulière à chacun d'eux, aucune relation générale n'ayant été reconnue entre le son le plus grave et les sons

---

(1) M. Gabriel Sizes, professeur au Conservatoire de Musique de Toulouse.
M. Gustave Massol, professeur à l'Université de Montpellier.

partiels plus aigus. C'est du moins l'opinion de Helmholtz admise généralement, laquelle veut que les diapasons, comme les cloches, n'aient que des sons accessoires très élevés, non harmoniques et qui s'éteignent rapidement. Comme Chladni, il admet que les nombres de vibrations de ces sons élevés sont entre eux comme les carrés des nombres impairs.

A l'appui de ce qui précède, Descartes écrivait en 1618 dans son *Compendium musicae* : « le son est au son comme la corde est à la corde ; or, chaque corde contient en soi toutes les cordes moindres qu'elle, mais non celles qui sont plus grandes ; par conséquent aussi chaque son contient en soi tous les sons plus aigus que lui, mais non ceux qui sont plus graves. »

Par contre, dès 1714, Tartini avait observé sur son violon des harmoniques inférieurs ; mais il les avait considérés comme des sons résultants.

Rameau écrivait en 1737 : « A l'égard des vibrations plus lentes que celles du corps total, si elles ne peuvent avoir d'action que sur de plus grands corps, elles servent du moins à fortifier dans l'oreille le son qui les occasionne ». Il reconnaissait donc en principe l'existence d'harmoniques plus graves que le son fondamental.

Romieu, dans un mémoire présenté en 1752 à la Société Royale des Sciences de Montpellier, constate le renforcement d'*harmoniques graves* par des combinaisons de sons plus aigus, mais en insistant sur *l'existence réelle* de ces harmoniques.

Savart a signalé depuis, pour les verges longues et minces, l'émission de sons graves (notamment l'octave inférieure du son fondamental) avec cette particularité d'être rauques et de ne sortir que par instants, comme par explosion.

M. Cornu écrit en 1896 dans le *Journal de Physique* : « Que les vibrations tournantes des cordes produisaient des sons qu'il appelle *anormaux*, lesquels offrent la particularité d'être toujours plus graves que le son fondamental.

La publication, en 1881, par M. Camille Saint-Saëns, d'une note sur *La résonnance multiple des cloches* fut le point de départ, entre le maître et l'un de nous, de conversations d'abord, puis d'études et d'observations acoustiques, qui leur permirent de conclure par la suite que : le son dit fondamental, produit par un corps sonore quelconque, ne devait être que l'harmonique le plus intense d'un ensemble extrêmement étendu d'harmoniques plus graves et plus aigus que ce son (1).

L'étude expérimentale des phénomènes fondamentaux de l'acoustique restait donc à refaire. Nous l'avons entreprise en octobre 1902. Les expériences ont été faites au laboratoire de M. G. Massol, à l'Université de Montpellier ; le présent rapport a pour but d'en faire connaître le principe et les principaux résultats.

Étant donné un corps solide, cloche, diapason grave, etc., nous nous sommes proposé de rechercher *tous* les sons qu'il peut émettre lorsqu'on le fait vibrer en l'attaquant de toutes façons. La méthode que nous avons employée peut s'appliquer à l'étude d'un corps vibrant *affecté en même temps d'un mouvement d'ensemble à peu près quelconque.* Elle consiste à fixer au moyen d'un peu de cire

---

(1) Ces études conduisirent M. G. Sizes à la rédaction, en 1900, d'un ouvrage sur l'acoustique musicale, destiné à la publicité ; il contient une étude approfondie des diverses gammes dites : Harmonique, Pythagoricienne, Tempérée, et la définition de la *gamme musicale moderne* ou gamme *commatique*. Un ensemble de phénomènes acoustiques comparés aux principales lois harmoniques, conduisent M. G. Sizes à une détermination logique et scientifique du *Comma* de cette gamme ; la seule qui soit pratiquée par les musiciens depuis trois siècles.

molle, en un ventre de vibration du corps sonore, l'extrémité d'un fil fin d'aluminium, disposé en spirale très lâche, dont l'autre extrémité, guidée par un anneau, inscrit ses vibrations sur un cylindre couvert de noir de fumée et tournant avec des vitesses uniformes connues.

Il est évident que plus l'amplitude du mouvement d'ensemble du corps vibrant (cloche lancée à toute volée, etc.) est considérable, plus la spirale doit être grande (6 à 8 mètres par exemple).

Les tracés sont ensuite étudiés à la loupe ou au microscope.

Cette méthode a été étudiée d'une façon approfondie, plus particulièrement à l'aide d'un diapason dont les branches atteignaient une longueur de 45 centimètres et dont le son fondamental était un ut_0 de trente-deux vibrations doubles.

Les vitesses du chronographe enregistreur étaient : un tour en une seconde, en dix secondes, en soixante secondes ; les vitesses intermédiaires étaient données par un second chronographe.

La caractéristique de cette méthode d'inscription est que la longueur du fil n'a aucune influence sensible sur la transmission des vibrations. Les tracés obtenus sont en général fort beaux ; ils sont d'autant plus lisibles que le nombre des harmoniques simultanés est moindre. Au delà de cinq harmoniques simultanés, la courbe, si bien venue soit-elle, est difficilement lisible. En général, le fil se divise en segments, lesquels se manifestent depuis le point d'attache jusqu'à l'extrémité, avec une telle netteté que dans bien des cas on peut mesurer ces différentes longueurs d'ondes au compas.

Pour éviter tout mouvement pouvant provenir du balancement du fil, on le fait passer de distance en distance dans un anneau placé à une hauteur convenable ; ce qui est d'ailleurs indispensable pour éviter les phénomènes de glissement provenant de la pesanteur. Dès lors, si la masse du fil est négligeable vis-à-vis de celle du corps vibrant, elle n'intervient pas pour modifier la vibration de celui-ci ; aussi, au cours de nos expériences, la longueur du fil a-t-elle pu avoir les valeurs : $0^m,80 — 1^m — 1^m,30 — 1^m,90$ à 4^m, sans que les résultats cessent d'être parfaitement concordants.

Cependant, pour écarter toute objection possible, nous avons eu recours à la méthode photographique. A l'extrémité de l'une des branches du diapason, nous avons fixé un petit miroir, très léger, dont le poids est compensé à l'extrémité de l'autre branche ; un rayon lumineux (soleil ou lumière électrique) réfléchi par ce miroir, tombe sur un objectif à grande ouverture.

Une feuille de papier extra-sensible remplace le papier enfumé sur le cylindre inscripteur, lequel se déplace devant l'objectif, à volonté, à l'aide d'un dispositif très simple.

Nous avons fait vibrer le diapason de la même manière, au moyen d'un archet de contre-basse. Mais, pour ne pas déplacer la mise au point du rayon lumineux dans l'objectif, nous avons dû limiter l'expérience aux précautions nécessaires.

Nous avons particulièrement étudié les vibrations *parallèles* au plan des deux branches du diapason, les vibrations *perpendiculaires* à ce plan, et les vibrations *tournantes* obtenues en excitant l'angle d'une des branches du diapason.

Nous avons obtenu ainsi des résultats identiques à ceux obtenus au moyen du fil métallique, soit en harmoniques graves, soit en harmoniques élevés ; mais nous avons cherché de préférence les grandes amplitudes, afin de démontrer qu'elles n'étaient pas dues à des mouvements propres du fil.

Comme confirmation, nous avons adapté une parcelle de miroir à l'extrémité d'un fil disposé comme il est dit précédemment et nous avons photographié ses vibrations. Malgré la difficulté que nous avons eue de maintenir son extrémité libre dans l'axe de l'objectif, nous avons obtenu des courbes de grandes amplitudes qui confirment les résultats précédents.

Nous serons heureux de mettre sous les yeux des membres du Congrès un grand nombre de feuilles d'inscription de courbes de toutes sortes ; leur nombre atteint à ce jour environ quatre cents.

Les résultats obtenus avec le diapason ut_0, jusqu'en 1907, firent l'objet de trois notes présentées par M. J. Violle à l'Académie des sciences, le 18 novembre 1907, 6 janvier 1908 et 17 mai 1909. Nous donnons ci-après les résultats complets à ce jour.

D'après ces résultats, nous fûmes amenés à considérer une loi plus générale et plus simple que celle de Chladni, une loi d'après laquelle les sons de l'échelle harmonique naturelle sont entre eux comme la série des nombres entiers. Tous les sons produits par un corps sonore doivent être des multiples entiers du véritable son fondamental, ou son 1. Dans la réalité, les séries de sons produites par les corps sonores ne sont, en général, que des échelles incomplètes.

Comme il pourrait y avoir amphibologie entre le son fondamental de l'échelle (son 1) et le son fondamental des physiciens (qui donne sa hauteur au son complexe), nous avons proposé d'appeler *son prédominant* le fondamental des physiciens et de réserver le nom de *son fondamental* au son 1 de l'échelle, c'est-à-dire à celui dont la hauteur est un sous-multiple exact de la hauteur de tous les autres sons partiels.

Tableau des harmoniques donnés par un diapason ut_0 *de trente-deux vibrations doubles, dont la classification permet de déterminer son échelle générale, laquelle a pour base un* fa_{-7} *de* $\frac{1}{3}$ *de vibration à la seconde.*

Ordre adopté : 1° noms des sons ; 2° nombre de vibrations ; 3° ordre des harmoniques et rapports à la fondamentale.

Harmoniques graves :

(fa_{-7})	fa_{-6}	ut_{-5}	fa_{-5}	la_{-5}	ut_{-4}	$mi^{\flat}_{-4}$	fa_{-4}	sol_{-4}	la_{-4}	ut_{-3}	$mi^{\flat}_{-3}$	mi_{-3}
$(0^v\frac{1}{3})$	$0^v\frac{2}{3}$	1^v	$1^v\frac{1}{3}$	$1^v\frac{2}{3}$	2^v	$2^v\frac{1}{3}$	$2^v\frac{2}{3}$	3^v	$3^v\frac{1}{3}$	4^v	$4^v\frac{2}{3}$	5^v
(1)	2	3	4	5	6	7	8	9	10	12	14	15

fa_{-3}	sol_{-3}	$si^{\flat}_{-3}$	ut_{-2}	$ré_{-2}$	$mi^{\flat}_{-2}$	mi_{-2}	fa_{-2}	sol_{-2}	ut_{-1}	$mi^{\flat}_{-1}$	mi_{-1}	fa_{-1}
$5^v\frac{1}{3}$	6^v	7^v	8^v	9^v	$9^v\frac{1}{3}$	10^v	$10^v\frac{2}{3}$	12^v	16^v	$18^v\frac{2}{3}$	20^v	$21^v\frac{1}{3}$
16	18	21	24	27	28	30	32	36	48	56	60	64

Harmoniques supérieurs :

sol_{-1}	$si^{\flat}_{-1}$	si_{-1}	(ut_0)	$ré_0$	fa_0	sol_0	$sol^{\sharp}_0$	$si^{\flat}_0$	si_0	ut_1	fa_1	sol_1	$sol^{\sharp}_1$
24^v	28^v	30^v	32^v	36^v	$42^v\frac{2}{3}$	48^v	50^v	56^v	60^v	64^v	$85\frac{1}{3}$	96^v	100^v
72	84	90	96	108	128	144	150	168	180	192	256	288	300

ut_2	$ré_2$	sol	$sol^{\sharp}_2$	la_2	$si^{\flat}_2$	si_2	ut_3	$ut^{\sharp}_3$	$ré_3$	$ré_3$	$ré^{\sharp}_3$	$fa^{\sharp}_3$
128^v	140^v	192^v	200^v	214^v	224^v	240^v	256^v	$266^v\frac{2}{3}$	280^v	288^v	300^v	360^v
384	420	576	600	640	672	720	768	800	840	864	900	1080

$sol^{\sharp}_3$	ut_4	$ut^{\sharp}_4$	$ré_4$	$ré_4$	$ré^{\sharp}_4$	$sol^{\sharp}_4$	si_4	ut_5	$ut^{\sharp}_5$	$ré_5$	$ré_6$
400^v	512^v	$533^v\frac{1}{3}$	560^v	576^v	600^v	800^v	960^v	1024^v	$1066^v\frac{2}{3}$	1120^v	2240^v
1200	1536	1600	1680	1728	1800	2400	2880	3072	3200	3360	6720

Nota. — Le *trait* placé sous un nom de note signifie que ce son est *en fonction de septième harmonique*, c'est-à-dire *affecté de l'altération résolutive descendante* propre à ce son, dans les rapports musicaux $\frac{1}{4}$, $\frac{1}{5}$ ou $\frac{1}{6}$ contenus dans *l'accord de septième mineure harmonique de dominante*.

La même méthode d'inscription, apppropriée selon les circonstances, a été appliquée à l'étude d'un ensemble de corps sonores formant trois séries :

Première série : Diapasons divers, verges, anches ou lames vibrantes; cordes de piano, contre-basse et monocorde.

Deuxième série : Cloches de grandes dimensions et timbres, cymbales, gongs, tam-tams et plaques vibrantes, dites plaques de Chaldni.

Troisième série : Tuyaux d'orgue, instruments à tube, tels que cor, trompette, trombone et divers.

Le défaut de place ne nous permet pas d'entrer dans le détail de toutes ces études; nous nous contentons de dire que toutes ont donné des résultats du même ordre, qui confirment, de la façon la plus parfaite, les résultats donnés par le diapason ut_0, exposés dans ce rapport.